KB002429

♥ 사랑하는 후배님들에게

"할 수 있어요!"

살아남으세요 

즐기세요 :)

여러분의 동아줄이 되어줄 … ♥ 똑게

첫째, 딸 은교
둘째, 아들 연우에게

너희들이 부모가 되었을 때
한결 더 확신을 가지고
수월하게 육아할 수 있기를 바래.

그 길목을 엄마가 닦아둘게.

엄마가 어떻게 너희를 키웠는지
궁금할 때쯤, 이 책을 보면
자세히 알 수 있을 거야.

사랑하는 엄마가

똑똑하고 게으르게

똑게 육아

영유아 수면교육 NO.1

로리(김준희) 지음

contents

Part 2. 똑게육아 기본기 다지기
_ 주차별 세부 업무 지침서

Part 3. '먹-놀-잠' '먹텀' '잠텀'을 잡으면 육아가 쉬워진다 _ 전공 필수과목 이수

Part 4. 영유아 수면 원리의 이해
_ 똑게 수면 프로그램 이론 심화반

Part 5. 건강한 잠연관 선물하기, 아기의 능력을 북돋워주는 진정 기술 마스터
_ 똑게식 진정 전략의 모든 것

Part 6. 똑게육아 원 포인트 레슨
_ 전략가들을 위한 핵심 테마 특강

Part 7. 길고 질 좋은 밤잠은 낮 시간에 달렸다 _정교한 낮 스케줄로 밤잠 잡기

· 일러두기

딱딱한 전문적인 내용을 말랑한 현실 육아에 적용시키기 위해 본문 내 일부 단어는 구어체를 사용하였습니다.

프롤로그

'육아'는 전쟁이 아니다,

나를 고양시키는 새로운 기회다

"아무도 도와주지 않았던 제 육아를 똑게가 살렸어요."

"입주 도우미 한 달 쓴 것보다 더 나아요."

"똑게를 알고 난 뒤 육아의 질이 완전히 달라졌어요."

2015년 《똑게육아》를 출간하고 나서 지금까지 수많은 독자들로부터 위와 같은 피드백을 들었다. 육아라는 것은, 특히 세상에 갓 태어난 신생아의 먹고, 자고, 싸는 일상을 책임지는 일은 노동 중에서도 최상위 육체 능력과 정신력을 요구하는 일이다. 그 일은 눈앞에 닥치고 내 발등 위의 불이 되어 떨어지기 전까지는 힘듦의 강도를 추측하는 것이 원천적으로 어렵다. 나 역시 첫아이를 낳기 전까지는 그러했다. 오죽하면 애 보느니 밭 매러 간다는 말까지 있을까. 그렇기 때문에 많은 이들이 육아는 '헬'이고, 여성 커리어의 '무덤'이라고 생각한다.

하지만 관점과 태도를 달리하면 육아는 전쟁이 아니라 나를 고양시키는 새로운 기회일 수 있다. 평범한 회사원이던 내가 대한민국 대표 영유아 수면 전문가로 거듭날 수 있었던 것도 두 아이의 육아가 아니었으면 불가능한 일이었다.

'인생의 정답을 찾지 말고 만들어나가자.'

내가 육아를 하면서 항상 가슴에 품었던, 그리고 지금도 여전히 품고 있는 말이다. 나는 무엇이든 공부를 하다가 '바로 이거다!' 하고 이해가 될 때 재미를 느낀다. 여러 학문, 전문가들의 의견 사이에 연결된 '끈'을 찾았을 때, 여기서 한 차원 더 나아가 나만의 이론을 만들었을 때도 큰 보람을 느꼈다. 지식을 내 시각에서 바라보고 더 깊은 차원으로 소화할 때, 그 과정에서 새로운 것들이 가슴과 머리에서 연결되는 느낌이 들 때는 삶이 경이롭게 느껴지기도 했다. 어떨 때는 이런 발견의 과정이 내가 살아 숨 쉬고 나의 심장이 뛰는 이유라고 생각될 정도로 설렐 때도 있다. 나는 쉽고 평범하게 성취를 이루는 것보다는 복잡하고 어려운 과제에 도전하는 것을 좋아하는 편이다.

육아를 하면서도 나의 그런 기질이 발휘되었다. 아니, 발휘될 수밖에 없었다. 고난이도 퀘스트가 쉴 틈 없이 계속 등장하는데 이를 지혜롭게 돌파해나가려다 보니 기를 쓰고 공부할 수밖에 없었다. '육아'는 내가 그동안 공부했던 어떤 분야나 사회에서 몸담았던 전문적인 일들에 견주었을 때 나 자신을 몇 배나 고양하는 과정이었다. 그런 부분이 나의 의지를 자극했고 이 주제에 더 몰입하는 계기가 되었다. 그 결과 만들어진 것이 바로 '똑게육아 프로그램'이다.

지금 이 책을 손에 쥔 독자들은 육아를 앞두고 있거나 육아의 늪에 빠져서 허우적대고 있을 것이다. 혹은 어느 정도 진정된 상태에서 '이게 대체 뭐지?' 하며 상황을 좀 파악해보고자 하는 생각을 갖고 있을지도 모른다. 또는 나와 비슷하게 공부를 좋아하는 성향을 가진 분일 수도 있다. 성격이 꼼꼼하고 체계적인 것을 추구하는 사람일 수도 있다. 어떤 경우든지 간에 한 가지 공통점이 있다. 바로 눈앞의 혼돈 상태에서 벗어나고 싶은 사람들이라는 점이다.

만약 나와 성향이 비슷하지 않은 분들이라면 이 책은 오히려 더 도움이 될 수도 있다. 나의 관점과 당신의 관점은 다를 것이기 때문이다. 어쩌면 당신이 생각하지 못했던 시각의 '인사이트'를 얻어갈 수 있을지도 모른다. 결과적으로 이야기한다면 《똑게육아》는 지난 10년간 깊이를 알 수 없는 수영장(육아라는 물속)에 빠져 그저 살아보겠다고 코만 물 위로 조금 내밀고 계속해서 허우적대던 많은 '신입 사원'들에게 충분한 가이드 역할을 해왔다.

첫째가 눈 깜짝할 사이에 10대가 된 것처럼, 《똑게육아》를 집필한 이후 세월은 빠르게 지나갔다. 2011년에 첫째를 출산하고 익명으로 연재했던 글들이 큰 인기를 얻게 되었고, 그 시절 나의 모습이 투영되는 초보 부모님들께 최대한 도움을 드리고자 온·오프라인에서 애쓴 지도 10년이 흘렀다. 그 과정에서 나는 한국인 최초로 미국에서 '영유아 수면 전문 자격증'을 취득했고, '긍정 훈육 자격증'까지 취득하며 보다 전문적인 컨설팅과 클래스를 진행해왔다. 영유아 수면교육을 비롯해 훈육에 대한 공부를 깊게 하면 할수록 독자들에게 내가 배운 새로운 지식을 더 효율적으로 전할 수 있는 방법을 고민하게 되었다. 그런 고민 끝에 나온 결과물이 바로 이 책이다. 이 책은 기존의 《똑게육아》 내용을 한 단계 더 디테일하게 끌어올린 '똑게육아의 결정판'이다. 수년 간의 영유아 수면 분야에 대한 심도 있는 연구와 10여 년 동안 국내외 부모들을 밀착 컨설팅하며 쌓아온 실전 경험을 바탕으로 이 책에서 나는 아기의 주수별, 개월수별 행동 지침을 제공하고자 한다.

'똑게육아 프로그램'의 혜택은 육아의 질 향상이나 엄마의 건강을 되찾는 데에서 멈추지 않는다. '똑게육아 프로그램'은 당신의 '육아 행복감'을 유지하고, '육아 효능감'을 극대화함으로써 출산 이후 극도로 예민해진 당신의 정신까지 보호할 것이다. 이 프로그램을 통해 여러분은 한때 일터에서 끗발 날렸던 업무 처리의 예리함과 자신감을 육아라는 분야에서도 되찾을 수 있을 것이라고 자부한다. 나는 잃어버린 여러분의 자아와 자신감까지 찾아주고자 한다. 건강한 자존감을 지닌 부모가 정신적으로 건강한 아이를 키울 수 있는 법이기 때문이다.

내가 그러했던 것처럼 이 책을 읽는 독자들도 육아를 오롯이 멋지게 해내다 보면, 어느 분야든 스스로 깊이 공부할 수 있는 지적 용량이 길러질 것이다. 내가 아기를 낳기 전 치열하게 배우고, 공부하고, 경험한 것들은 '지적 독립'을 위한 홀로서기 훈련에 불과했던 것 같다. 앞으로도 나는 궁금하고 알고 싶은 모든 것들을 평생 공부하며 재미나게 살아갈 계획이다. 독자들도 육아를 너무 지치는 일로 여기기보다는 새롭고 행복한 삶이 시작되었다는 신호탄이라고 생각하면 좋겠다.

이 책이 여러분의 인생 2막에서 새로운 시각을 열어줄 수 있기를 바란다.
또한 미처 생각하지 못하고 느끼지 못했던 시야를 틔워줄 수 있기를 바란다.

모두의 건투를 빈다.
결국 여러분은, 내 후배들은
'육아'로 더 성장하고, 더 멋진 사람이 될 것이라고
나는 믿는다.

그럼 지금부터 '똑게육아'를 본격적으로 시작해보자!

이 책을 100% 활용하는 법

이 책을 읽는 당신이 임신을 계획 중이거나 혹은 임신 중인 산모라면, 즉 아직 출산 전 상태라면 이 책의 내용이 뼈저리게 다가오지는 않을 것이다. '임신'은 여성의 삶에 커다란 변화를 가져오는 일이며, 그로 인해 매일의 일상에 고충이 많으리라는 점은 두 아이의 엄마인 내가 그 누구보다 잘 안다. 앞에서도 이야기했지만 육아의 어려움은 우리의 상상을 초월한다.

이 책은 육아에 대한 막연한 두려움을 상쇄시켜주는, 소위 마음 편하게 읽을 수 있는 '그런 교과서적인 소리는 나도 할 수 있겠다' 싶은 뜬구름 잡는 식의 책이라기보다는 갓 세상에 태어난 아기의 먹고, 자고, 노는 문제에 디테일한 도움을 주기 위한 육아 실용서, 백과사전에 가깝다. 만일 당신이 예비 부모라면 이 책을 읽기 전에 나의 또 다른 저서인 《똑게육아 올인원》을 읽기를 바란다. 《똑게육아 올인원》은 예비 부모들을 위해 '똑게육아 프로그램'의 엑기스만 뽑아 간략하게 정리한 책이다. 예비 부모들에게는 이 책의 내용이 육아의 워밍업을 하는 데 훨씬 더 큰 도움이 될 것이라고 생각한다. 《똑게육아 올인원》으로 육아의 워밍업을 했다면, 아이가 태어난 순간부터는 이 책이 당신의 '현대판 친정엄마' 역할을 해줄 것이다.

우선 이 책의 바탕이자 이 책의 핵심 내용인 '똑게 수면 프로그램'이 정확히 무엇인지, 지향하는 바와 궁극적인 목표는 어떤 것인지 독자들의 이해를 돕기 위해 똑게 수면 프로그램에 대해 개괄하고, 이어서 이 책의 목차 구성, 집필하게 된 동기 및 목적에 대해 설명하고자 한다.

똑게 수면 프로그램의 전체적인 큰 틀

똑게육아 수면교육은 아이의 건강한 성장과 양육자의 보다 더 예측 가능한 육아를 위해서 아기가 정해진 시간에 양질의 수면을 취할 수 있는 것을 목표로 한다. 이 목표를 달성하기 위해서 똑게육아 수면교육은 두 가지 틀을 중심으로 구성된다.

하나는 '**스케줄**(재우는 타이밍)'이다. 아기가 '언제' 먹고, 자고, 노는 것이 좋은지, 잔다면 얼마나 자는 것이 좋은지 등을 파악해 내 아이에게 최적화된 하루 일과를 구성하는 방법을 알려주는 것이다. 또 다른 하나는 '**진정 전략**(재우는 방법)'이다. 아이를 재우는 타이밍을 알았다면, 그 타이밍에 맞춰 아이가 수월하게 잠들 수 있도록 아이를 진정시키는 방법을 알려주는 것이다.

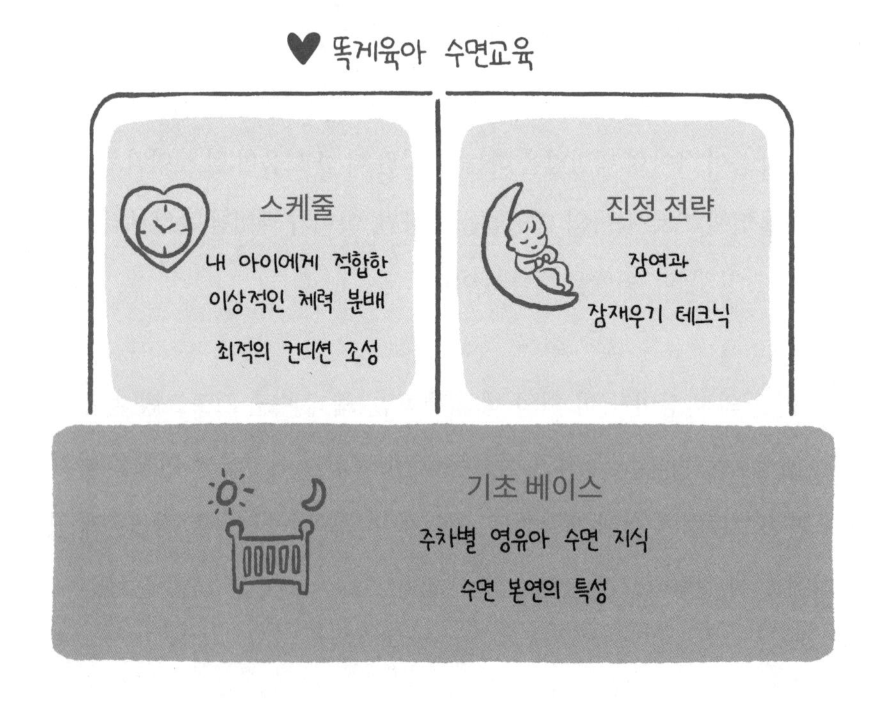

그리고 이 두 가지 틀을 뒷받침하는 기초 베이스는 **영유아 수면 지식, 수면 본연의 특성**이다. 이 책에서 서술하는 모든 내용은 영유아 수면 지식, 수면 본연의 특성에 대해 밝혀진 과학적인 연구들과 데이터들을 바탕으로 한, 영유아의 주차별 특징에 의거해 세세하게 설계된 내용을 담았다. 보다 구체적으로 부연하자면 똑게육아 수면교육은 하버드 의대(Department of Sleep Medicine at Harvard Medical School)와 SRI(Stanford Research International), 스탠퍼드 리서치 인터내셔널의 수면 의학과에서 수면 생리학 박사 과정을 이수한 수면 연구원들의 리서치 자료와 강의, 교본들을 토대로 완성했다. 이에 더해 미국과 호주에서 관련 자격증을 취득하는 과정 중에 습득한 영유아 수면에 관한 전문적인 지식을 모두 담았다.

이 책의 목차 구성

Part 1. 똑게육아 마인드 세팅, 필수 지식 탑재 (필수 교양과목 이수)

처음 해보는 '부모 직업 영역(job area)'에 필요한 마음가짐 및 기초 지식을 다 잡고 가는 파트다. 어떤 일을 수행하든 필수적인 교양을 익히는 과정이 필요하다. 여러분이 현재 사회에서 어떤 직업에 종사하고 있는지, 전공이 무엇인지는 상관없다. 부모가 된 이상 '부모 회사(corp)'에서 수행하는 '육아'가 당신의 0순위 직업이 된다! 이 세계에 발령받은 것을 축하한다. 이 필수 교양과목을 들으며 기본 소양부터 갖추고 마인드를 세팅하고 기초 지식을 습득하기를 바란다.

Part 2. 똑게육아 기본기 다지기 (주차별 세부 업무 지침서)

주차별 먹이기, 재우기, 놀아주기 노하우 및 주요 발달 사항 등에 대해 세세하게 전수하는 파트다. 줄글 형태로 조목조목 짚어주는 형태의 인수인계서가 성향에 맞는 분들은 이 파트만 제대로 읽어두어도 초반부 육아의 전반적인 부분이 모두 커버된다.

Part 3. '먹-놀-잠' '먹텀' '잠텀'을 잡으면 육아가 쉬워진다 (전공 필수과목 이수)

사랑하는 후배여, 이 일이 처음이라 당혹스러운가? 당신이 하는 일은 기본적으로 새 생명의 하루를 담당하는 일이다. 그렇다면 아기의 일과가 무엇으로 구성되어 있으며, 어떻게 일구어나가는 것이 이상적인지 알고 있어야 함이 기본이다. 기억해라. 사실 이 일만큼 빡센 일이 없다는 사실을. 10개 이상의 업무를 저글링 해야 하는 것이 바로 육아라는 분야다. 이 분야가 다른 분야와 달리 우리를 놀라게 하는 지점이 있다. 처음 경험할 때도 얼이 빠지지만, 이후로 얼이 빠질 일이 더 많아진다는 사실이다. 아이가 커갈수록 신경 써야 할 일들이 무한대로 늘어난다. (매니저+영양사+집안일+아이 정서 지원+코디네이터+건강 관리+정기검진 및 아플 때 병원 데리고 가기+요리+목욕 시키기+산책 시키기+아이 물건 제때 마련하기+학습 코치… 더 많은 일들이 있지만 여기에 차마 다 적기가 어렵다. 이해를 바란다.)

사실 인간 하나를 돌보는 데에는 무한 가지의 일들이 수반된다. 그런데 어릴 때는 아이의 행동반경이 좁기 때문에 사실상 먹고, 자고, 싸는 것 말고는 아이가 특별히 하는 일이 없다. (물론 이 사실을 이 시기의 아기를 키우는 그 당시에는 체감하지 못한다.) 이때 먹이기, 재우기, 놀아주기 등의 바탕 원리만 이해하면 이 시기의 육아가 쉬워지는데, 그 당시에는 그걸 알 길이 도통 없다. 육아의 세계에 처음 진입할 때의 컬처 쇼크가 너무 심하기 때문이다. 물리적으로 몸 쓸 일이 많아서 그렇기도 하다.

육아의 세계에
처음 진입했을 때의 컬처 쇼크

아이가 태어나서 백일이 조금 넘을 때(0~4개월 시기)까지 초보 부모들은 '이 모든 일을 어떻게 한 명의 인간이 다 할 수 있지?'라는 생각과 더불어 '부모니까 당연히 다 해내야지'라는 암묵적인 사회적 분위기 속에서 정신을 못 차리고 허둥댄다. 이 파트는 그런 후배들을 위해 나 로리가 준비한 '천기누설의 비책'을 담은, 똑게 수면 프로그램의 킬링 파트다.

· Class 1. 먹-놀-잠 사이클 이해하기

아이의 하루는 '먹(수유)+놀(노는 시간)+잠(자는 시간)'으로 구성된다. 여기서는 아기의 주수 발달에 따라 먹-놀-잠 사이클이 어떻게 전개되고 변화하는지 알아볼 것이다.

· Class 2. 먹텀과 잠텀 스케줄 일구기

여기서는 '먹텀(수유 시간 간격)'과 '잠텀(잠과 잠 사이의 깨어 있는 시간, 수면 시간이 아님)'의 정확한 개념을 설명하고, 아이의 하루 스케줄을 세우는 노하우를 알려줄 것이다.

· Class 3. 먹잠표를 이용한 주차별 스케줄 설계

여기서는 더욱 쉽고 직관적인 설명을 위해서 내가 개발했던 아기의 하루를 보여주는 좌변(먹) 우변(잠) 형식의 '먹잠표'를 이용해 주차별 스케줄 설계의 실제를 보여줄 것이다. 회사에 다닐 때, 회계장부를 분석할 일이 많아 아이의 먹고 자는 스케줄을 회계장부를 작성하는 좌변(차변) 우변(대변) 기입 형태와 비슷하게 정리했었다. 2015년도에 발간했던 《똑게육아》에서는 주로 이 형태로 아기의 하루 스케줄을 많이 보여주었다.

Part 4. 영유아 수면 원리의 이해 (똑게 수면 프로그램 이론 심화반)

똑게 수면 프로그램 운용에 필요한 기본적인 마인드 세팅과 필수적으로 이해해야 하는 개념인 '먹텀', '잠텀', '먹-놀-잠'에 대해 숙지했고, 주차별 지침도 파악되었다면, 이쯤에서 영유아 수면 원리 그 자체에 대해 심도 깊게 공부할 차례다. 이 지식을 자기 것으로 가지고 있는 자와 아닌 자는 초석의 단단함이 다르고, 전체적으로 영유아 수면교육을 바라보는 시각의 깊이가 달라 똑같은 내용을 읽고도 실전에서 적용할 때 그 아웃풋이 다를 수밖에 없다. 부디 방법론에만 목매달지 말고, 이 파트도 꼭 신경 써서 읽기 바란다.

· Class 1. 안전한 아기 잠자리 만들기

여기서는 내가 '영유아 돌연사 방지 자격증'을 취득하며 배운 가장 최신 버전의 영유아 돌연사 방지 관련 권고 사항에 대해 알아보고, 안전한 수면이 똑게 수면 프로그램에 있어서 0순위로 가져가야 하는 내용임을 다시금 강조한다. 더불어서 '똑게 안전 잠자리 체크리스트'를 제공하여, 아이의 잠자리 안전을 실질적으로 확인

해볼 수 있도록 했다.

· **Class 2. 영유아 수면의 이해**

잠을 잘 자는 아기와 잠을 잘 못자는 아기를 비교하며 서로 간에 어떤 차이가 있는지를 알아보고, '수면 사이클'에 대해 공부한다. 이로써 쭉 이어지는 수면 스트래치를 만들기 위해서는 어떤 점이 중요한지 알 수 있을 것이다. 영유아 수면의 본질적인 특성에 대한 내용도 담았다. 이를 위해 '서캐디언 리듬'과 '수면 압력'이라는 두 가지 요소를 가지고 그래프를 그려가며 설명할 예정이다. 이것들을 이해할 수 있다면 아기의 하루를 건강하게 운영하는 기초 토대를 잘 다질 수 있게 된다. 그 외에도 수면 의식과 편안한 수면 환경 조성을 위한 조건들에 대해 알아본다.

· **Class 3. 수면교육 중 아기 울음의 이해**

수면교육 중 발생하는 아기 울음에 대한 이해만 제대로 해두어도 아기 재우기에서 백전백승이다. 이 부분은 내가 수면 전문가 자격증 취득 공부를 하며 가장 공을 들여 완성했던 프로젝트의 연구 결과들을 요약해서 엑기스들만 설명한다. 이 내용들을 바탕으로 똑게 수면 프로그램을 똑똑하게 이해한다면 자신의 아기에게 건강하고 질 좋은 수면을 선물할 수 있게 될 것이다.

Part 5. 건강한 잠연관 선물하기, 아기의 능력을 북돋워주는 진정 기술 마스터

(똑게식 진정 전략의 모든 것)

똑게 수면 프로그램에서 빠질 수 없는 또 하나의 큰 축은 바로 아기를 자연스럽게 진정시켜서 달콤한 잠에 빠져들 수 있도록 도와주는 방법이다. **'진정 기술'**은

'아이의 건강한 스케줄'과 더불어서 똑게 수면 프로그램을 이끌어가는 쌍두마차의 또 다른 핵심이다. 여기서는 우선 'Class 1. 진정 전략의 대원칙'를 통해 진정 전략의 커다란 맥락을 잡은 뒤, 'Class 2. 진정 전략의 디테일'에서 세부적인 진정 기술을 알려줄 것이다. 이 파트를 통해 거시적 관점과 미시적 관점의 진정 전략을 모두 마스터하고 나면, 당신의 아이는 한결 부드럽게 꿀잠 속으로 빠져들게 될 것이다.

물론 아이를 진정시키는 것이 단번에 쉽게 가능하지는 않다. 그러므로 이 파트에서 알려주는 여러 진정 전략을 반복적으로 당신과 아기에게 적용해보고 그중 가장 효과가 있는 방법, 당신의 마음이 편안한 방법을 위주로 추려서 사용하기를 권한다. '일관성'을 잘 지키고, 올바른 '잠연관'에 대한 지식이 있다면 아이가 이상적인 셀프 진정 단계까지 나아갈 수 있다.

Part 6. 똑게육아 원 포인트 레슨 (전략가들을 위한 핵심 테마 특강)

이 파트는 앞의 내용을 모두 마스터한 전략가들을 위해 기본 지식보다 한 발 더 나아간 핵심 테마들로 준비했다. 사실 똑게 수면 프로그램의 기저에 깔린 원리와 그 본질은 동일하다. 그러나 각자가 어디에 포인트를 두고, 또 어느 시점에 어떻게 적용하느냐에 따라 수유 시간이나 아이를 재우는 시간 등이 미세하게 달라진다. 이 파트를 볼 때 주의할 점은 여기서 알려주는 내용들의 기술적인 측면만 표면적으로 적용하려고 하면 안 된다는 점이다. 언제나 해당 방법론의 바탕에 깔린 원리를 이해하고, 기본기를 완벽히 탑재한 뒤 실전에 적용해야 한다는 사실을 잊지 말자. 따라서 이 파트는 똑게 수면 프로그램의 기본기인 '먹-놀-잠'이라는 큰 틀의 개념, '먹텀'과 '잠텀'으로 하루 스케줄 일구는 방법, 진정 전략 등을 익힌 뒤에 보는 것을 권한다.

· **Course 1. 10pm 고정축 밤수 전략** (6주 안에 결판내기)

여기서는 '10pm 고정축 전술'을 토대로 아기의 하루를 영리하게 설계하는 법을 설명한다. 초반에 수면교육 전략을 어떻게 세우고 대처하느냐는 뒤따라오는 주수와 개월수의 하루 일과에도 큰 영향을 미친다. 이 코스에서는 '10pm 고정축 밤수'를 토대로 아이의 수면 패턴을 잡아주는 주차별 전략을 전수한다. (10pm 고정축은 많은 전략들 중 하나이기에 must가 아님에 유념하자) 6주로 네이밍하여 서술하고 있긴 하지만, 아기의 개월수에 상관 없이 순차적으로 상황에 맞게 적용해볼 수 있다.

· **Course 2. 12시간 밤잠 달성 코스**

아이의 하루 스케줄을 세우고 아이에게 잠자는 능력을 길러주는 방법은 모든 가정에 단일한 방법을 적용할 수 없다. 그 바탕에 깔린 원리는 동일하지만 아이의 기질, 양육자가 목표하는 바, 각 가정의 상황이 저마다 다르기 때문이다. 이 코스는 이름에서도 알 수 있듯이 목표를 구체적으로 정한 코스다. 직장에서 일할 때도 목표 KPI(Key Performance Indicator, 핵심 성과 지표)가 존재하는 법이다. 목표 KPI를 설정해두고 일을 하면 효율성이 더 올라간다. 이 코스는 확실하고 명료한 방법으로 아기에게 수면교육을 하고 싶은 양육자들을 위한 코스로, 12시간 밤잠을 달성하는 것을 목표로 설정하고 내용을 구성했다.

· **Course 3. 밤중수유 정복하기**

밤중수유는 신생아 시기(길게는 6~8개월 정도)에 일시적으로 발생하는 식사 시간이다. 아기의 **최종적인 '먹' 목표**는 눈을 뜨고 있는 낮에 **아침, 점심, 저녁** 이렇게 세 번 밥을 먹는 것이다. 즉, 여러분이 느닷없이 발령받은 이 일터에서 밤중수유는 아기가 7~9개월이 되기 전까지만 집중적으로 수행하게 되는 특수 업무인 셈이다.

(여러분이 임신·출산을 미리 계획했다 해도 체감상 그저 느닷없이 발령받은 상황으로 느껴질 것이다. 이런 세계가 있는 줄 누가 제대로 알고 발령받았겠나.) 이 코스에서 제시하는 밤중수유 전략을 제대로 이해하고 따른다면 짧게는 1~2주, 길게는 3~4주 안에 점차적으로 밤중수유 횟수가 하나씩 사라질 것이다.

Part 7. 길고 질 좋은 밤잠은 낮 시간에 달렸다 (정교한 낮 스케줄로 밤잠 잡기)

이 파트는 말하자면 심화 과정으로 생각해도 좋다. 앞선 파트들에서 배웠던 개념들을 모두 응용해 적용해보는 스케줄이 담긴 파트이기도 하다. 여기에 보다 더 디테일한 전략들을 소개하며, 각 시간대별로 어떤 행동을 하면 가장 좋은지를 모범답안지와 해설집 형태로 제시한다. 낮잠과 밤잠은 서로가 영향을 끼치며 긴밀하게 연결되어 있다. 밤잠을 먼저 잡고 낮잠 습관 잡기에 들어갈 수도 있지만, 반대로 낮잠을 어떻게 운영했는지가 밤잠에도 큰 영향을 끼친다. 여기서 제시하는 스케줄에서는 다른 스케줄에 비하면 **낮잠 수면량**이 적게 느껴지지만, 그 낮잠이 들어가는 시간대나 그 간격을 전략적으로 설정해 결국 전체 스케줄로 보면 최대 효율을 뽑아낼 수 있는 이상적인 낮잠 스케줄 짜기의 모범답안 예시를 제시했다.

· Class 1. '최대 깨시' 개념을 활용한 스케줄

이 클래스에서는 아기가 최대로 깨어 있는 시간, 즉 '최대 깨시(=최대 잠텀)'를 활용한 방법을 제시한다. 이 파트에서는 시간대별로 어떤 행동을 하면 좋은지, 그리고 그 기저에 깔린 원리는 무엇인지 구체적으로 설명했다. 그리고 그 설명을 독자들이 보다 이해하기 쉽도록 모범답안지와 그에 대한 해설집 형태로 정리했다. 먹이고, 재우는 등 각각의 일과에 들어가면 좋은 시각과 그때 하면 좋은 일들에 대해 자세한 해설을 더한 형식이다. 이 파트에서 제시하는 구체적인 내용들을 실전에서 적용하기 위해서는 주요 단어와 개념을 이해하고 있는 것이 중요하다.

· Class 2. '보충수유' & '충전낮잠'을 활용한 스케줄

이 클래스에서는 보충수유, 징검다리 낮잠, 충전낮잠과 같은 디테일한 전략과 대처를 담았다.

· Class 3. 모범답안지 실행을 위한 지식 전수

이 클래스에서는 Part 7에서 알아본 모범답안지의 스케줄을 실행하기 위해 알고 있으면 좋은 지식들을 전수한다.

비하인드 스토리 : 각자의 성향을 고려한 다양한 타입의 인수인계서

내가 이 책을 쓰게 된 동기는 '육아의 현장'이라는 새로운 일터에 첫 출근하는 신입 직원에게 인생의 선배이자 이 분야의 전문가로서 인수인계서 지침을 명확하게 남겨 도움이 되고자 하는 데에 큰 목적이 있다. 따라서 이 책에서 표면적으로 드러난 목차나 형식은 '클래스', '코스' 등의 용어로 정리했지만, 실제로 각 파트나 클래스의 내용은 내가 전수하고자 하는 다양한 타입의 인수인계서들로 이루어졌다고 생각하고 읽어주기를 바란다. 내가 책 곳곳에 준비해둔 인수인계서 타입들은 다음과 같다.

후배를 사랑하는 마음으로 작성한
성향 타입별 인수인계서

조목조목 주차별 인수인계서 ➡ 하나하나 전체적으로 꼼꼼하게! 줄글형 자세한 인수인계서

'먹-놀-잠' 사이클 인수인계서 ➡ 체계적 성향, 빅픽쳐 보기

먹잠표 인수인계서 ➡ 회계사 스타일 / 이과 / 도표 lover

제갈공명 같은 전략가 ➡ 10 pm 고정축 설정 스케줄

화끈하고 명확하게 ➡ 밤잠 12시간 달성 목표! 12시간 자기!

이상적인 모범답안지가 필요해 현실과 다소 동떨어져 있을지라도 ➡ 이상적인 답은 이건데 해설지 보고 문제풀이

내가 각각의 타입별로 작성한 인수인계서들은 아래와 같은 내용을 담고 있다고 보면 된다.

- **조목조목 주차별 인수인계서:** 주차별 아기의 성장 특징과 양육자가 해야 할 일들을 정리했다. (Part 2)
- **'먹-놀-잠' 사이클 인수인계서:** '먹-놀-잠'을 하나의 덩이로 보고 여러 덩이들이 최종적으로 몇 개의 덩이로 통폐합되는 과정을 보여준다. (Part 3)
- **먹잠표 인수인계서:** 회계장부의 대차대조표(B/S) 구성 방식을 차용하여 '먹(수유와 관계된 내용)'은 좌변에, '잠(수면과 관계된 내용)'은 우변에 나누어 서술하여 스케줄을 정리하는 방식으로 아기의 하루 스케줄을 풀어나가는 표들을 제시한다. (Part 3)
- **제갈공명 같은 전략가:** '10pm 고정축 밤수'를 스케줄을 일굴 때 어떻게 적용할 수 있는지 디테일하게 전수한다. (Part 6)

· **화끈하고 명확하게:** 아기가 밤에 11~12시간 통잠을 잘 수 있도록 이끄는 코스를 제시한다. (Part 6)

· **이상적인 모범답안지가 필요해:** 현실과 동떨어져 있다고 생각할 수도 있지만, 전문적인 관점에서 이상적이라고 여겨지는 스케줄을 제시하고, 그에 대한 해설도 덧붙였다. 몇 시에 무엇을 하면 좋은지를 구체적으로 담고 있는 모범답안지를 참고하여 아기의 하루를 체계적으로 나눠 전략적으로 이끌어 본다. (Part 7)

《똑게육아》를 집필한 뒤 다양한 피드백을 들었는데, 이과생들이나 아빠들이 더 보기 편했다는 피드백도 종종 들었다. 그 이유를 분석해보니 내가 직접 개발했던 먹잠표나 숫자들, 똑게 키항목들을 만들어 통계 수치를 내어 아기의 하루를 분석한 항목들 때문이었던 것 같다. 그래서 이번에는 이 책을 읽는 독자들이 각자의 성향에 따라 선택할 수 있도록 인수인계서를 여러 가지 타입으로 만들어보았다. 내가 직장에서 일을 하며 업무를 인수인계할 때를 돌이켜 생각해보면, 후배의 성향에 따라 내가 전달한 내용을 받아들이는 방식이 제각기 달랐던 적이 있었다. 가령 나는 해당 업무가 다소 어렵다고 해서 조목조목 차분히 설명해나갔는데 잘 듣는 것 같았던 후배가 잠깐 머리가 아프다며 자리를 비웠고, 나는 우연한 계기로 그 후배가 다른 동료에게 사내 메신저로 이런 메시지를 보낸 것을 본 적이 있다. "로리 팀장님, 착한 건 알겠고, 듣는 사람 이해시키려고 조곤조곤 친절하게 설명하는 것도 알겠는데, 너무 나긋나긋한 어조로 차분하게 설명이 이어지니 머리가 아파서 빠져나왔어." 이 사건 이후로 나는 어떤 사안을 전달할 때 좀 더 굵직하고 강한 어조와 압축적이고 간명한 설명으로 인수인계를 하게 되었다.

이 에피소드를 언급한 까닭은 사람마다 정보를 받아들이는 방식에 차이가 있기 때문에 그 점을 고려하여 이번 책에서는 다양한 방식으로 똑게 수면 프로그램의 핵심을 전달하고자 노력했다는 사실을 이야기하고 싶어서다. 즉, 어떤 경우에는 줄글 형태로 업무를 기술하는 방식의 주차별 업무 지침서를 참조하고, 도식이나 표 등으로 데이터를 간명하게 보여주는 편을 선호하는 독자라면 그에 초점을 맞춰 준비한 육아 업무 인수인계서를 보면 된다는 이야기다.

물론 이렇게 이 책을 볼 후배들의 성향을 고려해 다양한 타입의 인수인계서를 만들었지만, 그렇다고 해서 이 책의 내용이 모든 후배들의 성향을 만족시킬 수는 없을 것이라고 생각한다. 그것이 불가능한 일임에도 불구하고 내가 이렇게 인수인계서를 타입별로 작성하는 노력을 기울인 것은 육아라는 전쟁터 같은 현장에 새롭게 발을 디딘 우리 후배들이 자신에게 더 맞는 서술 방식을 선택하여 똑게 수면 프로그램의 내용을 이해하고 힘겹고 고된 육아의 시기를 잘 통과하기를 바라는 마음에서다.

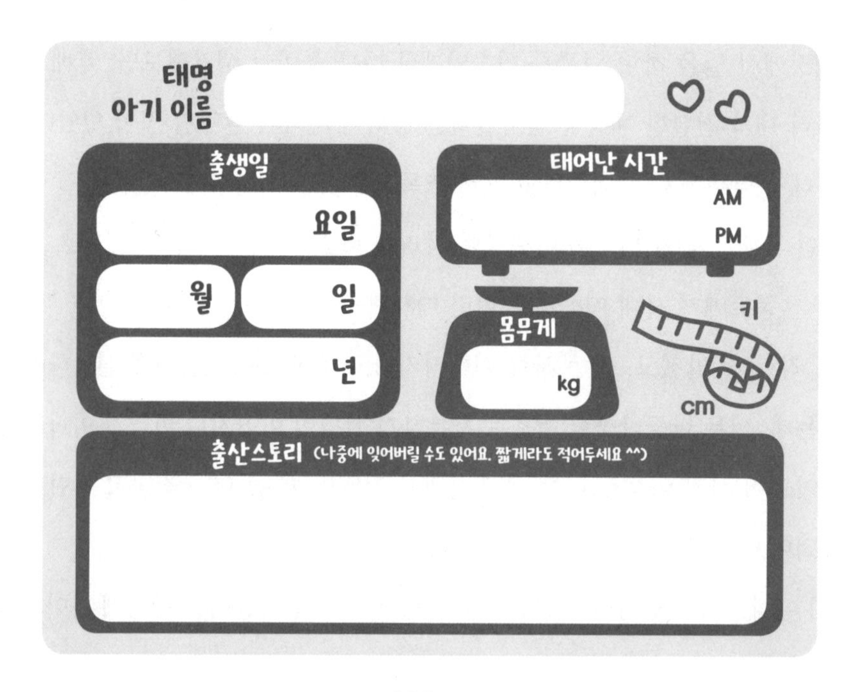

다시 돌아오지 않을 찬란한 시기.

지나고 나니 눈물 나게 그리워요.

그 시기를 부디 '똑게'와 함께 즐기세요!

단순히 살아남는 것을 넘어서서

아름다운 시간으로 창조하고

행복을 만들어나가세요.

똑게용어 정리

먹-놀-잠 아기의 하루를 3등분하면 '먹-놀-잠'으로 구성되어 있다. '먹'은 수유 시간이다. '놀'은 깨어서 활동하는 시간이다. '잠'은 말 그대로 아이가 잠자는 시간이다.

텀(term) 특정한 간격을 말한다. '수유텀', '먹텀', '잠텀' 등 똑게육아 용어에 자주 등장하는 단어다.

먹텀(수유텀) '수유 시간'과 그다음 '수유 시간' 사이의 간격. 먹텀은 수유를 시작한 시간부터 다음 수유 시작 시간까지의 간격을 말한다. 먹텀을 계산할 때 주의할 점은, 수유를 끝낸 시간을 기준으로 계산해서는 안 된다. 언제나 기준은 '수유를 시작한 시간'이다.

잠텀 잠과 잠 사이의 깨어 있는 시간으로 수면 시간이 아니다. '먹텀'과 '잠텀'을 활용하여 하루 스케줄 일구는 방법을 마스터하기 위해 정확하게 이해하고 있어야 하는 개념이다. 잠텀은 아기가 '깬 시각'부터 '잠드는 순간'까지의 시간이다. '잠과 잠 사이의 시간'이기 때문에 똑게육아의 또 다른 중요한 개념인 '먹텀'과 라임을 맞추고자 '잠텀'이라고 명칭을 붙였다.

깨시 아이가 '깨어 있는 시간'의 줄임말. '깨시 = 잠텀 = 먹+놀 시간'으로 생각하면 된다. 잠이 끝나고 깨어난 시간부터 다음번 잠이 드는 시간까지의 길이를 말한다. 이 책에서는 맥락에 따라 '잠텀' 대신 '깨시(깨어 있는 시간)'라는 용어를 사용하기도 한다. '적절한 깨시'를 계산하기 위해서는 아기가 깨어난 뒤 몇 시간 후에 방전되는지를 잘 관찰해보자.

총깨시 '총 깨어 있는 시간'의 줄임말. 각 잠텀들의 합이다.

총잠시 잠을 잔 총 수면 시간.

밤들시 '밤잠에 들어가는 시간'의 줄임말.

밤중깸 '밤중에 깨는 것'의 줄임말.

밤잠 스트래치 '밤중깸'이나 밤중수유 없이 한 번에 쭉 통으로 이어 잘 수 있는 시간.

잠연관(수면 연관) 아기가 푹 잠드는 그 순간까지 유지되었던 어떠한 조건(상황, 물건, 환경 등).

공갈 쇼핑 공갈젖꼭지를 아기 주변에 여러 개 두면 아기가 마음에 드는 것을 선택해 자신의 입에 가져다가 쓰는 것.

밤수, 꿈수, 깨수, 유령수유 모두 밤중에 이루어지는 수유를 일컫는 용어들이다. 밤수는 '밤중수유'의 줄임말로 말 그대로 밤에 하는 수유다. 꿈수는 '꿈나라 수유'의 줄임말로 반쯤은 잠든 채로 하는 밤중수유다. 부모의 스케줄에 맞게 전략적으로 설정해서 운영해볼 수 있는 수유 방식이다. 깨수는 밤중에 양껏 수유를 하기 위해 아기를 완전히 '깨워서 하는 수유'로 꿈수와 비슷한 전략으로 사용해볼 수 있다. 유령수유는 말 그대로 양육자가 마치 유령처럼 보이지 않는 존재가 되어 아기에게 그 어떤 자극도 주지 않고 부지불식간에 스르륵 하는 똑게육아 밤중수유의 기본적인 수유 방식이다.

캣냅(cat nap, 토막 잠, 고양이 잠) 낮잠 중에서 짧은 토막 잠을 말한다. 아기가 짧게 약 30~45분 정도 잠을 자고 깨어나는 것을 말한다.

서캐디언 리듬(circadian rhythm) 아이의 생체 본연에 내재된 생체 시계를 말한다. 우리 몸의 내부 호르몬에 의해 만들어지는 생체리듬이다. 잠 호르몬인 멜라토닌과 깸(각성)호르몬인 코티솔이 주로 이 흐름을 만든다.

수면 압력 이 개념을 이해하기 위해서는 모래시계를 떠올리면 좋다. 우리가 잠을 자지 않고 깨어 있는 순간부터 뇌 속에 쌓이는 '아데노신=피곤 물질'이 만들어내는 압력을 말한다. 잠을 자줘야 뇌에 쌓였던 '수면 압력=잠 빚=피곤 물질' 노폐물들이 사라지고 깨끗하게 청소된다.

수면 압력 – 생체 시계 = 실제 수면 욕구 똑게 수면 프로그램에서 제시하는 이 수면 수식을 직관적으로 이해하고 있다면, 아이의 하루를 설계하는 데 큰 도움이 된다. 아이의 뇌에 쌓이는 피곤 물질들의 압력 수치에서 아이의 신체 내부 호르몬의 흐름상 현재 깨어 있는(각성된) 정도를 뺀 값이 실제로 아이가 잠자고자 하는 욕구가 된다. 똑게식 수면교육에서는 위의 두 가지 요소를 모두 과학적으로 고려해 아이의 하루 스케줄에 녹여낸다.

항상성 모자라면 채워줘서 균형/일정함을 유지하려는 성질이다.

똑게용어 정리

활동 수면(active sleep), 렘(REM, Rapid Eye Movement), 얕은 잠 단계

'렘수면'이라고도 불리는 활동 수면은 신생아 수면 주기의 첫 단계로 눈꺼풀의 움직임, 빠르고 불규칙한 호흡, 몸을 움직이거나, 소리내기(고함 소리 또는 짧은 울음소리), 간간이 웃는 것이 특징이다.

조용한 수면, 논렘수면(NREM, Non Rapid Eye Movement), 깊은 잠 단계

아기들은 이 수면 단계에서 조용해진다. 소위 '딥 슬립(deep sleep)' 하는 단계라고 할 수 있다. 이 깊은 수면 단계에서는 소음과 움직임, 자세 변환 등으로 인해 아기가 깨어날 확률이 낮다.

7-7 체제 '오전 7시 기상, 오후 7시 마감'을 뜻하는 용어로 아이의 하루를 아침 7시에 시작해서 저녁 7시에 끝낸다는 뜻이다. 같은 맥락에서 '7-8체제(오전 7시 시작, 오후 8시 마감)', '6-7체제(오전 6시 시작, 오후 7시 마감)', '8-8체제(오전 8시 시작, 오후 8시 마감)' 등으로 다양하게 활용하여 사용할 수 있는 똑게용어다.

터미 타임(tummy time) 'tummy(터미)=배' + 'time(타임)=시간'의 합성어. 아이가 배로 엎드려서 있는 시간 혹은 엎드려 노는 시간을 뜻한다.

5S 속싸개(Swaddle), 옆&가슴팍에 살짝 압력 가해주기(Side & Stomach), 쉬~ 사운드(Shushing sounds), 살짝살짝의 바운싱(Swing), 빨기(Sucking) 행동 등 아기를 진정시키는 데 효과적인 다섯 가지 테크닉들의 영문 첫 글자인 S를 따서 '5S'라고 통칭한다. 4개월 전 아기를 진정시키는 테크닉을 일컫는 용어다.

똑게육아 원 포인트 레슨 똑게 수면 프로그램의 다양한 방식 중 한 가지 전략에 포인트를 둬서 레슨을 진행한다는 의미로 기초 지식이 탄탄하게 구축된 상태에서 적용해야 효과가 있다. 무분별하게 적용하지 말 것!

10PM 고정축 밤수 전술 똑게육아 원 포인트 레슨 전략 중 하나로 밤 10시에 고정축으로 밤중 수유 시간을 정해두고 펼쳐내는 수유 스케줄 전략을 일컫는 똑게용어다. (must의 덫에 걸리지 말 것!)

최대 깨시(최대 잠텀) 아기가 '최대로 깨어 있는 시간'의 줄임말. Part 7에서 '최대 깨시'로 아이의 낮잠을 설계하는 스케줄을 알아보기 때문에 이 개념도 알고 있어야 한다. 하루에 발생하는 각각의 잠텀(깨시) 중 낮잠 배분을 최적의 시간에 영리하게 이루어내는 스케줄이다. 각각의 '최대 깨시' 구간을 아기의 하루 중 최적의 시간대에 배치하여 아기의 하루 일과를 최대로 효율성 있게 가져가는 전략이다.

분할수유 Part 7의 스케줄을 이해하기 위해 알고 있어야 하는 용어다. 분할수유는 말 그대로 나눠서 하는 수유다. 수유해야 하는 양의 절반이나 거의 전부를 먹일 때, 일정 기간 동안 휴식을 취한 후에 직수로든 젖병으로든 남은 모유/분유를 먹이는 것이다. 아기가 아직 매우 어려서 깨어 있는 시간이 짧을 때는 아기가 깨어 있는 상태에서 전반부를 먹이고, 잠자기 직전에 후반부를 먹인다는 것을 의미한다.

보충수유 Part 7의 스케줄을 이해하기 위해 알고 있어야 하는 용어다. 보충수유는 수유를 마치고 나서 다음번의 중요한 낮잠이나 먹 시간을 제대로 루틴에 올리기 위해 추가로 수유를 더해주는 것이다. 그래서 영어로 'Top-up(위로 더해서 올려주는) 수유'라고 부른다. 먹이고서 더 채워준다는 의미다.

징검다리 낮잠 아기가 일찍 깼을 경우, 정상적인 낮잠들을 부드럽게 연결하기 위해 그날 짧게 재우는 낮잠을 말한다. 연결해주는 개념의 낮잠이기 때문에, 영어로는 '브릿징(bridging)'이라는 단어를 쓰기도 하며 똑게육아에서는 '징검다리 낮잠'으로 부른다.

아침일깸, 종달새 아침 기상 시간으로 설정해놓은 시각(통상적으로 7:00AM) 전에 즉, 아기가 새벽녘(주로 5:00AM~6:30AM) 무렵 일찍 일어나는 현상을 일컫는 용어다. 아기가 5~6개월 이후에 주로 사용하게 되는 용어다.

그 어떤 육아 정보보다 중요한 것은 잠과 관련된 정보다. 아기를 낳기 전에는 그저 그 작은 생명체에 대한 경이로움으로 벅차오르는 마음이 클 것이다. 하지만 정작 아기가 태어나고 나면 부모는 심신이 피곤하고 육아가 이렇게 힘든 일인 줄 상상도 못 했다면서 좌절감에 휩싸인다. 그러므로 가급적 일찍, 이 책을 손에 쥔 독자님이라면 바람직한 잠 습관을 아기가 배울 수 있도록 하자.

부모가 잠이 계속 부족한 상태라면 당연히 애착도 달성할 수가 없다. 부모가 피로의 끝까지 자신을 몰아붙여 넘치는 사랑과 희생을 보여준다고, 잠 문제의 상황이 좋아질까? **답은 땡! 오히려 정반대로 흘러간다.** 왜냐하면 그 헌신, 사랑, 희생을 보여준다고 생각하는 부모 자신이 (사실 아기는 충분히 잠 잘 수 있는 능력이 있고 바뀔 수 있는데도) 그 변화의 기회 자체를 막고 있기 때문이다. 아기가 충분히 자고 난 다음, 즉 깨어 있을 때, 더 많은 관심과 애정을 보여주면 된다. 아기에게 잠이 필요할 때는 양질의 잠을 선물해줄 수 있어야 한다.

《똑게육아》를 만났다면 여러분은 아기의 잠과 관련된 여러 문제들을 미리 예방할 수 있다. 아기의 잠으로 인한 숱한 고충과 언제까지 이어질지 알 수 없는 그와 관련된 지독한 스트레스를 방지할 수 있게 된다. 그러하니 아기의 잠과 관련된 문제를 어쩔 수 없이 겪어야하는 일로 치부하지 말자. 역사는 주도적인 사람이 창조해나간다. 당신도 그 창조의 물결이 될 수 있다. (내가 아기를 키울 때는 수면교육에 대한 확실하고 체계적인 정보가 없었다.) **절대 주저앉지 말자.** 주변에 다른 부모가 아기의 잠 때문에 넋이 나가 자포자기 상태라면 《똑게육아》를 그들에게도 알려주기 바란다. '몇 달만 참으면 돼…' 하고 포기하지 마라. 똑게육아 수면교육의 기본자세는 '아기의 능력을 믿는 것'이다. 여러분도 변화를 줄 수 있다. 여러분의 아기도 잘 자는 법을 배울 수 있다.

Part 1.

똑게육아 마인드 세팅, 필수 지식 탑재

필수 교양과목 이수

필수 교양과목 이수를 하기에 앞서

우는 아이를 달래야 할지, 말아야 할지에 대해서는 사람마다 의견이 분분하다. 그런데 이 주제에 대해서 《부모 *Parents*》라는 유명 잡지의 편집장이 셋째 아이를 출산하고 쓴 글의 내용은 아래와 같다.

"아이가 운다고 해서 즉시 안아줄 필요는 없다. 이것은 남편과 내가 8년 동안 부모 노릇을 하면서 터득한 것이다. 제발 여러분만은 전문가가 이미 확인한 내용을 다시 새롭게 터득하기 위해 8년이나 허비하는 일이 없기를 바란다."

이 대목은 소아과 전문의 마크 웨이스블러스(Marc Weissbluth) 박사가 1987년에 쓴 《행복한 잠 습관, 행복한 아기 *Healthy Sleep Habits, Happy Child*》라는 책에 나오는 내용이다. 웨이스블러스 박사는 1982년에 시카고 아동병원 부설 수면장애 센터를 설립했으며, 영유아 수면과 관련한 개인 연구소를 운영하고 있는 인물이다. 웨이스블러스 박사의 책에는 과학적인 근거 자료와 40년 넘게 진행된 임상 경험 및 사례가 많아, 국제 영유아 수면협회에서 동료들과 그의 책을 탐독하며 공부하기도 했다.

당신이 그동안 영유아 수면 전문 서적을 단 한 권이라도 제대로 읽어봤다면 한결같이 동일한 내용을 접했을 것이다. 앞의 책은 1987년도에 쓰였고, 우리나라에서 수면교육 책으로 많이 알려진 《베이비 위스퍼》는 20년 전에 출판된 책이다. 유명한 영유아 수면교육 책들은 거의 대부분 2000년대 초반에 출간되었다. 이 분야는 그 뒤에도 계속해서 전문화되었고 연구들은 한층 세심하게 펼쳐졌다. 그렇다고는 해도 10~30년 전의 육아 서적들을 읽어보면 주된 내용의 큰 틀은 사실상 거의 대부분 일치한다. 연구와 임상, 실제 컨설팅이 거듭되면서 자료가 좀 더 세밀하고 정확하게 발전한 것이 차이일 뿐이다.

아기 재우기는 엄연히 **'기술'과 '노력'이 필요한 분야다.** 이 분야의 구루들이 공통적으로 끊임없이 말하는 바가 있는데 그 내용을 제대로 이해하기 위해서는 마음부터 다잡고 들어가야 한다.

전문가들과 선배 부모들이 어렵게 내용을 남겨주고 전수를 해줘도 제대로 이해하고 적용을 하는 것은 여러분의 몫이다. 끊임없이 되풀이되는 주제이지만 실천이 잘 안 되는 분들을 위해 이 책에서 **내가 갈고닦은 최신의 고급 전문 지식을 전수하며** 어떻게 이해하고 적용할지 이제부터 자세하게 말씀드리려고 한다.

"제발 여러분만은 전문가가 이미 확인한 내용을 다시 새롭게 터득하기 위해 8년이나 허비하는 일이 없기를 바란다"라는 문장은 이 책을 읽는 당신을 향한 내 마음과도 같다. 당신이 '똑게'를 알게 되었다면 부디 똑게 우등생이 되어 1등석에 탑승하길 바란다! 이 책을 선택한 당신은 충분히 그럴 만한 자격이 있다.

Class 1. 애착이란 무엇일까?

아이를 키우면서 부모들이 하는 큰 착각이 있다. 바로 애착의 개념이다. 똑게 수면 프로그램에서 애착의 올바른 개념을 이해하고 가는 것은 매우 중요하다. 그렇지 않으면 똑게 수면 프로그램을 실제로 적용하면서 수많은 내적 갈등 상황을 만나게 된다. 애착은 아기가 칭얼대는 소리에 '후다닥!' 달려가는 것, 아기를 절대 품에서 내려놓지 않는 것, 아기를 밤새 꼭 껴안고 '인간 이불'이 되어 한 몸으로 잠드는 것이 아니다. 애착은 부모가 아이와 주파수를 맞춰가며 아이의 필요와 욕구를 적절히 잘 채워줄 때 발달한다. 아기가 어떻게 하면 잘 자고 잘 먹을 수 있는지, 아기에게 좋은 하루 스케줄은 어떤 것인지를 익히는 것이 애착을 형성하기 위한 기본이다.

부모 → 아이를 사랑하는 선생님

parent → loving teacher

'부모'라는 단어는 위와 같이 정의해야 한다. 독자들에게 그 의미가 더 잘 가닿을 것 같아서 영어로 된 전문 서적의 정의를 그대로 가져왔다. 여기서 '선생님(teacher)'이라는 단어는 '교육자(educator)'라고도 표현할 수 있다. 부모라는 단어를 위와 같이 바꿔서 생각해본다면 **부모의 역할(role)은 아기를 이끌고 격려하는 것**이라 할 수 있다. **아이를 사랑하는 것은 기본 중의 기본**이고 말이다. 여러분이 부모가 되었다면 아이가 배워야 할 것들을 **꾸준히 가르쳐주고 격려해줘야 한다**는 것을 잊으면 안 된다. 아이의 수면교육을 할 때도 이 명제는 유의미하다. 기억하자. 아기는 자기 자신을 위안하고 잠을 조절하는 방법을 알고 태어나지 않는다.

애착은 아기의 정서적, 지적 발달에도 중요하다. 애착은 나중에 아이가 부모와 분리되거나 독립적인 상황에서도 스스로 자신감을 가지고 몰입하고 헤쳐나갈 수 있도록 해준다. 이처럼 애착은 거듭 강조해도 모자람이 없는 개념이지만, 복잡하게 생각할 필요는 없다. 아주 간단하다. 아기와 애착을 형성한다는 것은 양육자가 아기의 필요(needs)를 잘 파악해서, '일관성'과 '차분함'의 태도를 갖고, 아기의 필요와 욕구에 적절히 공감하고 이를 충족시키며 양육하는 것이다.

나는 컨설팅을 진행하면서 걱정이 유독 많은 부모들도 종종 만나곤 했다. 이를테면 이런 식이다. "왜 속싸개를 해야 하나요? 아기가 속싸개를 안 좋아하는 것 같은데요", "왜 중간에 아기를 깨워야 하나요? 계속 자게 놔두는 게 낫지 않나요?" 이런 경우, 내가 아이의 먹과 잠 스케줄을 확립하라는 조언을 해도 쓸데없이 지나친 걱정과 추측을 이어가며 아기의 수면을 부모 스스로 망치기도 했다. 보통 이런 부모들은 아기가 내는 아주 작은 소리도 '소머즈'처럼 듣고 쏜살같이 아기에게 달려가곤 한다. 밤중에 아기는 많은 소리를 내고 원래 시끄러운 거라고 아무리 설명을 해도 듣지 않는다. 이들은 그런 식으로 반응하는 것이 더 강한 애착을 만들어가는 방법이라고 착각한다.

그런 부모들은 자신이 아기의 잠 패턴을 완벽하게 망치고 있다는 것도 모른 채 아기가 소리를 낼 때마다 안아줘야 한다고 확신한다. 그럴 시간에 차라리 차분히 앉아서 영유아 수면에 대해 공부해보면 어떨까? 물론 나도 안다. 이 시기에는 차분히 앉아서 책 한 줄 읽을 짬도 내기가 힘들다는 것을. 그렇기에 미리 공부해두거나 가족, 혹은 주변의 도움을 받아서라도 이 책만큼은 온전한 정신으로 읽을 수 있는 시간을 확보해두면 좋을 것이다.

여러분이 위와 같은 유형의 부모에 속한다면, 아기는 7개월이 되어서도 잠을 잘 못 자는 상태가 될 것이다. 그리고 이때 수면 습관을 고치려고 하면 아이의 저항은 더 거세지기 마련이다. 이런 상태에서 건강한 수면 습관을 알려주려고 하면 아이를 당연히 울릴 수밖에 없다. 하지만 여기서 이 '울음'을 똑똑하게 잘 이해해야 한다(236p 참고). 또한 이때의 울음은 적어도 그 목적과 방향이 아기의 건강과 성장에 필수요소인 **'수면 영양'**을 얻게 해주는 **가치 있는** 울음이다. 가능하면 4~5개월 이전 시기부터 잠자는 법을 알려주어 아기에게 꿀잠을 선물해주면 그것보다 애착을 달성하는 지름길은 없을 것이다. 부모의 사랑과 관심을 무작정 시도 때도 없이 퍼붓는 것이 애착의 전부라고 생각하면 큰 오산이다.

다시 한 번 강조한다. 애착은 일관되고 침착한 자세로 아기의 욕구를 적절히 잘 충족시켜주며 양육함으로써 얻을 수 있다. 아무런 규칙도 없이 하루 종일 아이를 안고 있거나 그저 아기가 예쁘다며 물고 빤다고 얻어지는 것이 아니다. 양육자가 건강한 마음가짐으로 아기를 제대로 돌보고 이끄는 건강한 규칙을 만들고 적용해야만 애착이 긍정적으로 완성된다. 자, 그럼 아래의 내용을 읽어보면서 여러분은 어떤 방법으로 아이와의 애착을 키워가려고 하는지 잠시 생각해보자.

① 아기를 자주 안아준다. 아기와 나는 한 몸! :)
② 아기에게 뽀뽀하거나 볼을 비벼대고, 코로 아이의 냄새를 맡고, 물고 빨고 하면서 애정 표현을 해준다.
③ 아기를 안거나 수유할 때, 아기의 눈을 사랑스럽게 들여다본다.
④ 아기에게 늘 다정하고 부드럽게 이야기한다.
⑤ 아기에게 열심히 언어 자극을 주는 것이 중요하다고 생각한다. 그래서 내가 하는 일, 지금 현재 상황들을 끊임없이 중계하며 아기에게 설명해준다. 나는야 독백 놀이의 달인!
⑥ 아기가 우는 의미를 '제대로' 파악해 적절하게 반응해준다.

위의 여섯 가지 항목 중에서 딱 하나만 고른다면 무엇이 애착 형성과 가장 관련이 있다 생각하는가? ①~⑤의 행동들도 아이를 양육할 때 필요한 행동들이지만, 건강한 애착 형성을 위해 꼭 기억해야 하는 항목은 ⑥이다. 이것이 양육의 기본으로 초석처럼 깔려 있어야만 그 외의 행동들도 의미 있게 기능한다. 아기가 기저귀에 똥을 쌌다고 우는 건데 무작정 안아주기만 한다거나(그것도 안절부절못하면서), 아기는 트림을 못해서 우는 건데 엄마 홀로 '독백놀이'만 계속한다? 말이 안 되는 것이다. 부모라면 그 어떤 것보다도 아기의 세계를 잘 이해해서 아기의 울음과 표현이 무엇을 의미하는지 통역을 잘하는 능력을 갖춰야 한다. 이 능력이 있어야 아기와의 조율을 잘 맞춰 진정한 애착이 생겨난다. 우리는 이 책에서 **'아기의 표현을 통역할 수 있는 능력'**과 **'조율할 수 있는 능력'**을 배워나갈 것이다.

주구장창 안아주기만 한다고 해서 애착이 생기고 완성된다면 오히려 쉽게?

현실적으로 생각해보자. 매 순간 아기가 소리를 낼 때마다 부모가 발 벗고 나서서 아기를 안아 올릴 수는 없는 노릇이다. 사실 이것은 아이를 달래는 매우 미련한 방법이다. (안아주지 말라는 말이 아니다. 상황 분석을 잘하고 '육아' 일터에 임하라는 이야기다.) 왜냐하면 결국 이런 방식의 아이 달래기로 힘들어지는 것은 부모 자신이다. 부모의 체력과 정신력이 바닥을 보이는 것이야말로 애착과 반대로 가는 지름길이다. 우리는 신이 아니기에 체력과 정신 에너지에 한계가 있다. 그러므로 자신의 한계치를 모르고 행동하다가 '폭발'했다면 그것은 당신 탓이기도 하다. 당신의 에너지를 비효율적으로 죄다 써버려 마이너스 상태로 갔고, 도저히 버티지 못해 펑 터진 거니까. 폭발한 당신은 아이에게 감정 컨트롤이 안 되는 모습을 보일 것이다. 아이에게 부모는 롤모델이므로 아이는 당신의 그런 모습을 바로 학습한다('아, 기분이 안 좋으면 저렇게 폭발해버리면 되는 거구나!'). 당신은 이 순간 불안정한 기운을 아기에게 선물했다.

아기는 부모의 감정 상태(초조함, 짜증, 폭발의 전조 기운 등)를 예민하게 알아차리고 그 기류를 고스란히 전달받는다. 이런 부정적인 기류들은 아이가 새로 만난 이 세상을 바라보는 기본 틀이 될 수 있다. 이 말은 곧 아기에게 긍정적인 사고를 물려주고 싶다면 부모 자신이 먼저 머릿속으로 그런 생각을 하고, 그 생각이 자연스럽게 행동으로 옮겨져야 함을 의미한다. 간단한 논리다. 물론 실천을 하기는 쉽지 않다. 그렇기 때문에 육아가 당신을 더 멋지게 만들어주는 것이다. 다행스러운 사실은 아기의 탄생 이후로 부모 자신이 더 좋은 사람이 될 수 있도록 끊임없이 연습할 기회들은 많다는 사실이다. 그러니 지금부터라도 노력해보자.

양육자의 '아기 울음 통역 스킬'은 어떻게 키울까?

아기가 일관성 있는 먹과 잠 스케줄에 올라탔을 때, 아기의 울음도 그 맥락 속에서 해석이 가능해진다. 일관성은 아기들에게 '안전함'과 '자신감'을 선물해준다. 아기의 신체와 뇌가 말 그대로 일정한 이상적인 리듬에 의해 질 좋은 영양분을 받게 되기 때문이다. 부드러운 큐(cue) 사인들을 만들어놓고 그것을 반복하면, 아이는 큐 사인 이후에 이루어지는 일들을 자연스럽게 알게 되고, 이로부터 아이는 심리적 안정감을 얻게 된다. 이러한 큐 사인들을 일관성 있게 운영하는 것이야말로, 아기에게 부모의 사랑을 보여줄 수 있는 좋은 방법이다. 아기가 심리적 안정감을 얻고, 이상적인 하루 스케줄에 적응하면 그 달콤한 과실은 아기만의 몫이 아니다. 육아로 인한 스트레스로 배우자와 다툴 일이 줄어드니 행복한 부부관계도 탄탄하게 형성되고, 주양육자인 어른은 자기만의 온전한 시간(잠을 잘 시간, 마음 편히 화장실 갈 시간, 커피가 식기 전에 마실 시간 등)의 확보가 가능해진다. 이러한 균형이 잘 맞아떨어짐으로써 건강한 가족 환경까지 아기에게 선물해줄 수 있다.

육아를 위해 가정 내에서 특정한 한 명(주로 여성)이 끊임없이 희생당하는 구조에서 주양육자의 스트레스와 원망의 화살은 아기나 배우자에게 향할 수밖에 없다. 그러한 부정적인 정서와 기운은 결국 아기의 정서를 해친다. 부모가 아기에게 줄 수 있는 그 어떤 선물보다 더 중요한 것은 평화로운 가정환경과 서로 사랑하는 부모의 모습이다. 아이 정서의 기초를 이루는 중요한 부분을 도외시한 채, 아이가 운다고 해서 주구장창 안아주고 자기 몸을 불사른다 한들, 아이의 자아는 흔들리게 되어 있음을 명심하자. 안정된 애착을 바탕으로 탄탄한 자존감을 가진 아이는 어디서건 빛이 나며, 그 건강한 정신으로 자기 앞에 다가오는 인생의 시련을 누구보다 잘 헤쳐나갈 것이다.

로리의 독설

아기의 울음소리에 그저 즉각적으로 반응하는 부모들은 아기가 원하는 대로 해준 것이라고 말한다. 그런데 워워~ 여기서 명확히 짚고 넘어가자. '아기가 원하는 대로' 이 부분 말이다. 사실 아기가 정말 원하는 것도 아니다! 당신이 서툴러서, 몰라서 그냥 편한 대로 그때그때 상황을 모면하며 살려고 반응한 것일 뿐이다. 프롤로그의 그림 기억나는가? 일단은 살려고 코가 물 밖으로 나와야 하니까, 정식 수영법이고 뭐고 간에 허우적대며 코를 물 밖으로 내민 거란 말이다. (아, 눈물 난다. 눈물 나… 나도 그랬다.) 아기가 원해서 그랬다고 변명하지 말자. 뭐가 뭔지 몰라서, 나름대로 살아보고자 당신 마음 편한 대로 한 것이다.

이런 식으로 상황에 끌려가며 자기 자신을 합리화해가며 나는 '너를 위해' 뼈를 갈아가며 최선을 다하고 있다, 라고 하다 보면 종국엔 까탈스러운 아기와 지쳐 나가떨어진 부모만 남는다. 나도 그랬다.

아니 이 세상에 엄마 말고 우리 애를 더 사랑할 사람이 어디 있어? 라고 생각하겠지만, 모든 분야가 그렇듯 이 분야도 경험을 무시 못 한다. 마음을 조금 내려놓고 임해야 한다. 경험 없는 초짜인데 잘하려는 마음만 가득해서 에러가 가득 발생하는 걸 인정해야 한다. 내가 초짜인 걸 겸허하게 인정하고 배우려고 노력해야 한다. 내가 제일 잘하는 게 아니다. 오히려 그런 면에서는 애 몇 번 키워본 경험이 있는 할머니가 더 잘할 수도 있다.

왜냐하면 할머니들은 적어도 한 번쯤은 다 봤던 거라 막 대수롭게 여기며 소스라치게 반응하고 그러지는 않는다. 즉, 여유를 가지고 반응한다는 뜻이다. 애가 울면, "우는 게 애지~", "애니까 당연히 울지~" 하면서 웃으며 반응할 수 있는 게 해당 필드에서의 경험인데 이걸 무시 못 한다는 거다. 그러니 경험이 없으면 공부라도 해서 익혀나가면서 그 처음 해봐서 벌어질 수 있는 에러들, 덫에 빠지는 부분들을 최소화해보자. 내가 도와주겠다.

똑게 시스템을 통해 마음 편안한 육아를 위한 필수 덕목인 일관성과 침착함을 장착하여 자신감에 찬 부모는 아기를 긍정적으로 바라보고 육아를 즐기게 된다. 반면, 제풀에 지쳐서 나가떨어진 부모는 기운이 넘칠 때는 아기를 물고 빨고 예뻐하다가도, 자기 몸이 힘들어지면 아기에게 소리를 지르거나 이성을 잃은 행동을 하게 된다. 심하면 우울증에 빠지기도 한다. 그토록 사랑했던 아기를 자신을 힘들게 만드는 부정적인 대상으로 생각하고, 육아에 대해서도 '와, 이거 사람 할 짓이 못 된다'라고 생각하게 되는 것이다.

부모가 된다는 것은 인생을 살면서 겪게 되는 변화 중에서도 정말 커다란 변화다. 아이를 낳는 것은 순간이지만, 부모가 되는 과정은 하루아침에 이루어지지 않는다. 아기와 부모 사이의 애착도 매일매일 조금씩 깊어진다. 그 과정이 선사하는 행복과 기쁨을 온전히 누리면서 내 아이에게 안전함과 진정한 애착을 선물하고 싶다면 똑게 수면 프로그램을 믿고 따라오길 바란다. 그리고 똑게 수면 프로그램을 적용하는 과정에서 심적으로 흔들리거나 중도에 포기하고 싶어지는 순간이 오면 이 말을 꼭 기억하자.

'육아의 컨트롤 키를 잡는 일은 누구도 대신해주지 않는다.
부모인 내가 잡아야 한다.'

아기의 주차별 본연의 특징을 양육자가 잘 이해하고 있어, 적절한 일상의 리듬에 아이가 올라타는 것. 그로 인해 늘 예측 가능한 상황 속에 놓이는 것은 중요하다. 아기의 환경과 삶에 일관성이라는 선물을 제공해서 **탄탄한 애착을 구축하고 누구보다 편안한 아기로 키워라.** 그러면 '부모'가 된 당신의 삶도 달라진다고 장담한다. 루틴을 구축하고 그것을 운용하는 초기에는 부모 역시 새로운 스케줄에 적응하는 어려움이 있을 것이다. 그러나 분명 그런 **노력**은 이후 **육아의 생산적인 게으름**을 가능하게 해주는 기초가 될 것이다. 말 그대로 '똑(똑하고)게(으르게)' 육아의 세계로 발을 내딛게 되는 것이다.

Class 2. 아기의 울음 이해하기

아기의 울음이나 짜증에 스트레스 받지 마라

애착에 대해 바르게 이해를 했다면, 이제 아기의 울음을 올바르게 이해할 차례다. 아기가 울면 초보 부모들은 지레 겁을 먹기 십상이다. 하지만 아기가 우는 것은 매우 당연한 현상이다. 말을 할 수 없는 아기가 소통할 수 있는 유일한 방법은 울음이다. 아기는 울음을 통해 자신이 불편한 상황에 처했음('배고파', '졸려', '기저귀가 축축해', '방 안이 너무 추워/더워' 등)을 주양육자에게 알린다. 이 간단 명료한 사실을 알면 아기의 울음이나 짜증에 스트레스를 덜 받을 것이다.

로리의 컨설팅 Tip - '역발상'으로 아기의 울음을 대하라!

연구에 따르면 이 시기의 아기가 하루에 우는 시간을 모두 합치면 평균 3시간인데, 이보다 적은 아기도 있고 많은 아기도 있다. 이런 맥락에서 오히려 부모는 아기가 잘 울지 않는다면 걱정해야 한다. 이런 아이들은 자기주장이나 의사표현이 약한 아이라서 어디가 아픈 것은 아닌지, 기력이 없는 것은 아닌지 살펴봐야 한다. 그래도 아기가 너무 울어서 예민한 것 같아 걱정인 부모라면 이렇게 생각해보자. 예민한 아이가 똑똑하다. 자신을 둘러싼 환경에 기민하게 반응한다는 것은 상황에 대한 파악이 빠르다는 방증이니 아기가 우는 것에 너무 민감해하지 말자. 오히려 아기의 울음을 통해 아기가 무엇을 필요로 하는지 부모로서 배울 수 있다고 생각하고 기쁘게 배울수 있는 '기회'로 받아들이자.

'정상적인 울음'과 '비정상적인 울음'의 차이

울음의 원인을 척척 알아채서 적절히 반응해주려면, 울음이 터진 '정황'과 '상황'을 판단할 수 있어야 한다. 울음 자체에만 몰입하지 말고 꼭 그 문맥을 같이 살펴봐야 한다. 아기의 울음은 '정상적인 울음'과 '비정상적인 울음'으로 나눌 수 있다. 비정상적인 울음, 즉 고통스러운 듯한 신음이 동반되는 울음, 자지러지는 듯한 울음에는 즉각적으로 반응해야 한다. (물론 이때도 양육자는 가능하면 침착한 태도를 유지하는 것이 좋다.) 하지만 정상적인 울음에 대해서는 다음 단계들을 거친 뒤 반응해보자.

1단계: 지금 아기가 하루 사이클 중 '어디'에 있는지 생각해보기

'낮잠을 자도록 아기를 뉘어야 하는 때인가?', '낮잠을 자고 있는 중에 우는 것인가?', '아기를 진정시키는 도움이 필요한가?', '얕은 잠에서 스스로 잠들 수 있으니 그냥 둘 것인가?', '스윙이나 바운서에 너무 오래 있었던 것은 아닌가?' 이는 아기가 우는 원인을 파악하기 위해 던질 수 있는 질문들의 일부에 불과하다. 이처럼 아기는 '배고픔' 외에도 다양한 이유로 울음을 터뜨린다. 이를 카테고리화해서 정리하면 다음과 같다.

아기가 우는 일반적인 원인은 아래와 같다.

(1) 쉬/응아를 했다.

(2) 피곤하다/졸리다.

(3) 배고프다.

(4) 지루하거나 싫증이 난다.

(5) 자극이 너무 많다.

여기에 일반적이지 않은 원인을 추가하면 다음과 같다.

(1) 덥거나 춥다.

(2) 옷에 머리카락이나 이물질이 들어가서 불편하다.

(3) 아프다(모기에 물려서, 트림이 안 되어서, 열이 나서 등)

즉, 중요한 것은 어떤 이유 때문에 우는지 파악하고, 그에 맞는 적절한 대응을 해주는 것!

2단계: 울음의 원인에 맞는 행동을 하기

놀랍게도 때로는 '아무것도 하지 않는 것'이 가장 좋은 방법이다. 예를 들어 아기가 잘 씻고, 잘 먹고, 잠을 잘 준비가 된 상태라면 스스로 잠드는 법을 배우게끔 잠자리에 두면 된다.

미국소아과협회는 "많은 아기가 울음 없이 잠에 빠져들지 못한다. 이때 잠깐 울게 놔두면 아기는 더 빨리 잠에 빠져들 것이다. 정말로 아기가 피곤하다면 울음은 아주 오래 지속되지 않을 것이다"라고 설명한다. 그러니 아기가 잠들기 전에 울더라도 너무 겁먹지 말자. 아기가 울기 시작하면 그 울음이 얼마나 지속되는지 재보자. 그 결과를 보면 아마도 놀랄 것이다. 한바탕 대소동이 벌어진 것 같았는데, 정작 아기가 운 시간은 몇 분에 불과했다는 사실을 깨달을 테니 말이다.

간혹 모든 것이 제대로 돌아가고 있다는 안도감과 안정감을 주기 위해 아기를 들어 올려서 안아줘야 한다는 느낌이 들 때가 있다. 이때는 기본적인 질문을 떠올려보자.

'지금 내 아기에게 진짜 필요한 게 뭘까?'

아기가 안정을 느끼는 행동은 둥가둥가를 무한 반복하는 것만이 아니다. 오줌을

싸서 기저귀가 축축한 아기는 기저귀를 갈아줘야 안정되고, 배고픈 아기에겐 먹을 것을 주어야 하며, 피곤한 아기는 잠잘 수 있도록 도와줘야 한다. 즉, 아기에게 지금 아기가 진짜 필요로 하는 반응을 주는 것이 중요하다.

그렇다면 비정상적인 울음에는 어떻게 대처해야 할까? 비정상적인 울음은 엄마가 바로 체크해봐야(with 침착한 태도) 하는데, 이런 울음이 나타나는 경우는 크게 세 가지로 구분할 수 있다.

(1) 아기가 수유 도중 우는 경우

① 젖의 사출(분출)이 너무 많아 먹는 것이 힘들거나

② 수유 자세가 적절하지 않았거나

③ 아기가 빠는 방법을 아직 마스터하지 못했거나

④ 모유가 잘 나오지 않거나

⑤ 젖병 젖꼭지가 아기와 잘 맞지 않거나

⑥ 분유가 아기에게 잘 맞지 않아서

(2) 먹자마자 우는 경우

아기가 수유한 지 30분 이내에 운다면, 그리고 그 울음소리가 단순히 칭얼거리는 수준이 아니라 고통스러운 울음이라면, 다음의 요인을 체크해봐야 한다.

① 가스

아기들은 모유/분유를 먹으면서 공기도 같이 삼키는데, 이 공기는 다시 배출되어야 한다. 아기를 어깨에 올려서 안거나 무릎 혹은 허벅지에 엎어두고 트림을 시켜보자(트림 자세에 대한 구체적인 내용은 106~108p 참고). 아기가 낮잠에 빠져들고 30분이 채 지나지 않아 우는 경우 역시 가스가 문제일 수 있다. 이때의 울음은 비명이나 괴성에 가깝다. 낮잠 도중이라도 트림을 시킨 뒤 다시 눕히도록 하자.

② 엄마가 먹은 음식

모유수유 중이라면 엄마가 무엇을 먹었는지 생각해본다. 매운 음식은 피하고, 아기가 배앓이를 할 때는 가스를 발생시키는 음식을 피한다.

③ 모유의 질

모유의 양과 관계없이 질이 좋지 않을 수 있다. 흔한 경우는 아니지만 모유수유를 하는 엄마의 5% 정도가 모유의 질에 문제가 있을 수 있다고 한다. 모유의 질을 높이려면 엄마가 먹는 음식을 체크하고, 소아과 의사와 상담해보는 것이 좋다.

(3) 잘 자다가 중간에 우는 경우

아기가 잘 자다가 갑자기 거세게 울며 깬다면 수유 관련 원인일 수도 있지만, 아기의 하루 일과가 어느 순간 망가졌기 때문일 수도 있다.

이 울음이 여러 가지 정황상 더 많이 먹고 싶다는 표현이라고 판단되면, 우선 먹여보고 아기의 반응을 통해 확인한다. 그리고 아기가 왜 배고프다고 사인을 나타냈는지 생각해보자. 이런 노력을 통해 아기의 다음 발달 단계를 더 건강한 방향으로 수정해나갈 수 있다.

이유를 알 수 없는 울음, '마녀시간'의 원인은?

늦은 오후나 이른 저녁에 터지는 아기의 울음이 잘 진정되지 않는다면 이 시간대를 마의 시간대 '마녀시간'으로 볼 수도 있다. 우리 어른들도 하루 일과를 보내다 보면 알 수 없이 짜증이 날 때가 있지 않은가. 그처럼 대부분의 아기들에게도 '그냥 기분이 좋지 않은 시간', '짜증스러운 시간'이 있기 마련인데, 이를 '마녀시간'이라고 부른다. 먼저 이 마녀시간의 원인부터 살펴보자.

(1) 영아산통

많은 부모가 아기가 오래 운다 싶으면 영아산통이 온 것 같다고 생각한다. 물론 이것이 원인일 수도 있지만, 영아산통을 겪는 아기는 전체 아기의 20% 정도에 불과하다. 영아산통은 특별한 원인도 알기 힘들고, 증상도 뚜렷하지 않다. 위장의 가스나 소화불량 때문에 배가 아픈 느낌이라는데, 아기가 말로 그 통증을 설명할 수 없으니 확인하기가 어렵다. 그러므로 아기가 길게 울 때 무조건 영아산통이라고 생각하기보다 그저 밤이 다가오면서 피곤함이 많이 쌓여 보챔이 심해지는 것은 아닌지 다른 이유들도 꼼꼼히 따져볼 필요가 있다.

(2) 피로 누적

아기가 건강한 잠 습관을 익히지 못했고, 하루 일과들이 제대로 잡혀 있지 않으면 시간이 갈수록 잠이 부족해진다. 이렇게 피로가 쌓여 저녁에 마구 우는 것이다.

(3) 과도한 자극

'낮'은 '밤'보다 아기에게 더 많은 자극을 준다. 빛, 소리, 활동 등이 합쳐져 아기에게 지나친 자극을 주면 아기는 짜증스러울 수 있다.

(4) 더 많이 먹고 싶은 욕구

아기들은 저녁이 되면 더 자주, 더 많이 먹고 싶어 하기도 하는데, 그것 때문에 울음을 터트릴 수도 있다. 그래서 오후/저녁 시간에 집중적으로 자주, 많이 먹여야 할 때도 있는 것이다. 그러므로 아기가 마구 울어댈 때 더 많이 먹고 싶은 것이 원인이라고 생각된다면, 이른 저녁에 집중수유(집중수유에 대한 구체적인 내용은 119~120p, 336p 참고)를 해보는 것도 방법이 된다.

(5) 양육자의 적은 관심

사실 저녁 시간에는 집 안이 바쁘게 돌아가기 마련이다. 엄마가 부엌에서 음식 준비를 하거나 퇴근한 남편을 맞이하는 등 분주한 상황 속에서 아기에게 충분한 관심을 적절히 주지 못해 아기가 울 수도 있다.

이와 같은 이유들로 마녀시간이 나타나는데, 이는 3~4개월이 되면 서서히 없어진다. 이를 좀 더 효과적으로 없애려면 다음의 3단계 방법을 사용해보자. 사실 많은 원인이 있지만 가장 큰 원인은 아기가 피곤하고 지쳤다는 것이다. 물론 배고플 수도 있지만, 대부분은 '정말 정말 피곤한 것'이 원인이다.

1단계: 아무것도 하지 않기

그렇다. 아무것도 하지 않는 것이다. 아기가 특별한 원인 없이 울 때는 무슨 짓을 하든 통하지 않을 것이다. 오히려 엄마의 행동들이 아기를 더 짜증나게 만들 수도 있다. 이럴 때는 그냥 아기를 내려놓고 애써 (감정은 친절한 중립 상태를 유지한 채) 무시한다. 아기에게 노래 불러주던 걸 멈추고 소파에 앉아 차를 한잔 마시는 것도 좋다. 평온함을 갖도록 노력해보자.

2단계: 몇 분(5분 이하) 지난 뒤 아기에게 다가가기

평소에 아기를 진정시켰던 행동을 다시 시도해본다. 불과 몇 분 전에 엄마가 그 행동을 했을 때 아기가 거부하면서 계속 울어댔더라도, 몇 분이 지난 뒤에 다시 시도하면 통할 수도 있다. 아기도 그 시간 동안 자신의 감정을 느끼고 스스로 컨트롤할 수 있는 소중한 기회를 가졌기 때문이다.

3단계: 만약 필요하다면 다시 1단계로 되돌아가기

2단계가 통하지 않으면 다시 아기를 내버려둔다. 잠깐 후퇴하는 것이다. 때로는 그냥 내버려두는 것이 과한 자극으로부터 아기를 보호할 수도 있다(62p 참고).

사실 마녀시간은 아기의 하루 일과가 잘 돌아가고, 아기가 혼자 잠드는 능력을 갖추게 되면 점점 줄어든다. 스스로 잠드는 능력을 터득했다는 것은 스스로 진정할 수 있는 능력을 갖췄다는 뜻이므로 심하게 울어댈 일이 없는 것이다. 즉, 마녀시간 역시 똑게 수면 프로그램으로 얼마든지 해결할 수 있다.

로리의 독설

수면교육에 관해 공부하면 할수록, 애가 문제가 아니라 당신이 문제라는 사실을 깨닫게 될 것이다. 아기는 그냥 자기만의 이유로 울었을 뿐인데, 거기에 괴상한 의미를 더 부여해서 확대해석하는 것은 지금 당신의 불안정한 마음 상태가 반영된 결과다. 당신이 아이를 사랑하는 마음과 별개로 당신은 이 '육아'라는 세계에서 관련된 일을 한 번도 해본 적 없는 초짜 신입사원이나 마찬가지이므로 그 불안정함과 불확실성을 제거할 방법은 단 하나! 빡센 공부와 실전 체험뿐이다.

* 관련 일 한번 해본 적 없는 당신

기억하자. 당신의 직업이 어린이집 선생이었건 소아과 의사였건 간에 그것과 실제 육아와는 상관관계가 0%, 빵 프로다! 자기 애를 직접 키워보는 부모가 되는 일은 완전히 다른 일(job)이다. 《똑게육아 올인원》에서 서술했듯이 이 일터에서의 오리엔테이션 기회는 없다. 자기 애를 자기가 키우는 것은 남의 애를 시간 정해서 출퇴근 하면서 보는 것이랑은 완전히 다른 업무다. 조카를 봐본 경험이 있다고? 피식 웃고 말겠다. 그것도 상관관계 제로다. (참고로 나도 조카를 갓난아기 시절부터 돌본 경험이 있는데, 내 애 낳아 육아하는 것은 상관관계 제로였다!)

스스로 문제를 해결할 수 있는 적극적인 아기로 만들려면?

반복해서 이야기하지만, 아기에게 울음은 '커뮤니케이션 수단'일 뿐이다. 아기가 울면 무작정 아기의 울음을 멈추겠다고 잘못된 대처를 할 것이 아니라, 울음의 원인을 파악하고 그것에 따른 리액션을 '제대로' 해주면 된다. 아기의 울음을 '육아를 도와주는 도구' 또는 '공부할 기회를 주는 선물'로 받아들이자.

한 연구 결과에 따르면 신생아 시기에 정상적인 시간 동안 울게끔 내버려둔 아이들이 더 활발하고 적극적인 문제 해결자가 된다고 한다. 연구 내용을 간략하게 정리하면 이렇다. 연구진은 다음의 두 집단이 생후 1년이 되었을 때, 부모와 분리된 상태에서 앞에 장애물이 있을 때의 반응을 관찰하는 실험을 진행했고, 그 결과는 놀라웠다.

(1) 신생아 시기에 정상적인 시간 동안 울게끔 내버려둔 아이들

스트레스를 받거나 겁을 먹지 않고 자기 나름의 방법으로 장애물을 넘어 엄마, 아빠를 찾아갔다. 그 상황에서 특유의 책략을 각자 발휘한 것이다.

(2) 신생아 시기에 부모가 항상 울음을 막아왔던 아이들

부모로부터 울음을 '진압'당했던 아이들은 단순한 장애물조차 극복하지 못했다. 그저 앉아서 울며 구조되기만을 기다렸다. 이 아이들은 스스로를 도울 수 있는 '주도권', '자주성', '진취성', '문제 해결력' 등의 항목을 잃어버린 셈이다.

우리는 위 실험 결과로부터 '우는 아기의 니즈를 파악하고 그에 맞는 대응을 해주기'보다, '아기가 우는 즉시 그 울음을 그저 그치게 하는 데 급급'하게 되면, 아기는 **'울음=모든 문제를 해결하는 방법'**으로 인식하게 된다는 것을 알 수 있다. 거듭 이야기하지만 비정상적인 울음이 아닌 이상, 아기가 우는 원인을 분석한 뒤 대응해도 늦지 않다. 그렇다면 아기의 울음소리에 어떻게 해야 침착하면서도 담대하게 대처할 수 있을까?

초보 부모를 위한 내 아기 울음소리에 대처하는 방법

(1) 아기의 울음을 '혼잣말'이라고 생각해보기

혹시 당신은 아기가 엄마를 초인적인 노동을 매번 기적적으로 해내는 사람이라고 알려주고 있지는 않은가? 그렇다면 레스토랑에서 목이 마른데 직원이 물을 안

주는 상황을 떠올려보자. 손님은 직원에게 "여기, 물 좀 주세요!"라고 외칠 수도 있지만, '아~ 목말라. 왜 물을 안 주지?'라고 생각하면서 조금 기다릴 수도 있다. 아기의 울음은 이런 외침이나 혼잣말과 같다. 이 손님(=아기)은 아직 말을 할 줄 몰라서 직원(=양육자, 주로 엄마)을 나지막하게 호출할 때도, 자기 혼자서 혼잣말을 할 때도 모두 '울음'으로 표현한다.

그런데 아기가 그냥 "아~ 목마르다"라고 혼자 중얼거렸을 뿐인데, 엄마가 후다닥 달려와 "네, 주인님, 여기 마실 것 대령했습니다. 어서 드시옵소서!" 하면서 물을 바로 가져다주면? 아기는 '어라? 내가 울기만 하면 이렇게 1초 만에 해결해주네', '이렇게 큰일이라도 난 듯 총알처럼 튀어오는 사람은 주로 이 사람이로군' 하면서 학습을 한다.

이런 상황이 반복되면 아기는 자신이 울자마자 **'즉각', '무조건' 엄마가 자신의 문제 상황을 해결해줘야 한다고** 생각한다. 그럴수록 엄마는 점점 지치고, 아기가 만족을 요하는 수준은 한껏 올라가고, 자신의 요구 사항에 대한 엄마의 피드백에 조금이라도 부족함이 느껴지면(엄마도 사람이니 매번 만족시킬 수는 없지 않겠는가) 불만이 쌓이는 악순환이 시작된다. 까다로운 아이가 탄생하는 배경이다.

이처럼 아기가 울면, 자신의 불만족스러운 상황에 대해 긴급하게 이 부분에 있어 당장 '충족을 요구'하는 것이 아니라 혼잣말을 한 정도일 수도 있다는 점을 기억하자. 그리고 나는 지금 아기의 울음을 **'엿듣고'** 있는 것이라고 생각해보자. 그다음 크게 당황하지 말고 다음과 같이 자연스럽게 반응해주면 된다. "○○야~ 뭐가 불편해? (차분히 미소지으며) 괜찮아~ 엄마가 네 옆에 있어. 어디 한번 보자." 아기의 울음을 무작정 초고속으로 막아버리기보다는 이런 식으로 잠시 시간을 두고 원인을 파악한 뒤, 문제를 해결해주는 단계를 밟아야 한다.

(2) 아기가 울면 마음속으로 10까지 세어보기

많은 육아 전문 서적에서 아기가 울 때 일부러라도 5분간 기다리라고 한다. 아기에게 인내심을 길러줄 수도 있고, 부모는 그 시간 동안 아기가 우는 원인을 파악할 수도 있다는 것이다. 그런 맥락에서 내가 EBS 다큐멘터리에서 보았던 한 프랑스 아빠의 태도가 인상적이었다. 그는 거실에서 태연히 컴퓨터 앞에 앉아서 할 일을 하며, 잠자리에서 우는 아기에게 이렇게 말했다. "응~ 아빠는 네가 울음을 그쳐야 네 곁으로 갈 거야." 방송에서 그는 아기가 울음을 그치고 나서야 아기의 잠자리로 다가간다고 설명하면서 이런 양육 방식을 통해 오히려 울지 않아야 부모가 보러 와준다는 걸 자연스럽게 알려줄 수 있다고 말했다. 울면 모든 것을 원하는 대로 할 수 있다는 잘못된 교육을 하지 않는다는 것이다. 미국소아과협회도 "잠들기 전 15분에서 20분 정도의 '분(화)'은 당신의 아기를 전혀 해롭게 만들지 않는다"라고 말한다(물론 다른 부분들에선 모두 문제가 없는 상태에서). 물론 초보 부모들에게 5분은 50분, 아니 5년처럼 느껴질 것이다. 만일 5분이 너무 길게 느껴진다면 마음속으로 1부터 10까지 세고 난 뒤 아이에게 달려가는 전략을 활용해보자.

로리의 컨설팅 Tip

1부터 10까지 셀 때, 조바심과 안절부절못하는 마음 때문에 숫자를 바람같이 세는 부모들도 있다. 그래서 나는 '1001, 1002, 1003⋯ ⋯1009, 1010'으로, 앞에 천을 붙여 숫자를 세라고 알려준다. 이렇게 세면 실제로 시계의 초침이 '째깍' 하는 만큼의 길이가 얼추 나온다.

Class 3. 기본자세

처음에 스스로 잠들지 못했던 아기도 똑게 스케줄과 진정 기법을 사용한다면 잠을 잘 자는 아이가 될 수 있다. 아이는 분명히 성장한다. 오늘은 불가능해 보였던 것이 다음 날에는 가능해지며 부모를 놀라게 할 수 있다. 여기서 중요한 건 부모인 우리의 자세다. 우리가 할 일은 항상 호기심 가득한 자세로 아기를 지켜보며 지원해주는 것이다. 그럼 지금부터 어떻게 해야 아이를 지켜보고 지원해줄 수 있을지 알아보자.

아기의 '내적조율' 이해하기

어떤 사람들은 혼자서도 자신의 기분을 좋은 상태로 유지할 줄 안다. 이를 두고 명상 서적 등에서는 '마음챙김'이라고도 한다. 마음챙김을 할 줄 아는 사람들은 늘 자신감이 있고 스스로를 편안하게 느낀다. 한편 어떤 사람들은 누군가의 지시가 없으면 불안해하고, 곁에 누가 있지 않으면 외로움을 느끼며 편안하지 못하다.

자기 자신을 편안하게 느끼고 스스로를 믿는 것을 '내적조율', 영어로는 'internal attunement'라고 한다. 내적조율은 수면교육에서도 중요한 개념으로 다뤄지므로 잘 알고 있는 것이 좋다. 이 능력은 아기에게 중요한 능력이며 서서히 발전된다. 이 능력은 당신과 아기가 분리되어 아기가 스스로 자신의 내면을 탐구하고 탐험하며 자신감을 기를 때 키워진다. 아기가 내적조율 능력을 키울 기회는 밤낮을 가리지 않고 충분히 주어져야 한다. 혼자서는 잠을 잘 자지 못하는 10대나 성인들을 만나보면 이 내적조율 부분이 발달되지 않았음이 발견된다.

그래서 우리가 육아를 할 때 아이에게 "너는 나를 필요로 해~"라는 메시지만 계속 날려서는 안 된다. 부모가 해야 할 일은 아기가 스스로 안전함을 느낄 수 있는 기회를 만들어주는 것, 평화롭게 잠들 수 있도록 도와주는 것이다. 근처에 엄마 아빠가 있음을 아이가 인지하고 편안한 마음으로 스스로 잠을 잘 수 있는 기회를 줘야 한다는 말이다. 아기가 자신을 믿고 안락함을 느끼게 되면 혼자 있는 상태에서도 불안해하지 않고 자신의 내면을 발전시키게 된다. 아이가 발달하는 과정에서 자기 자신, 그 자체를 편안하게 인식하는 것은 정말 중요하다.

그러니까 계속 연습해라. 아이를 기다려주고 관찰해라. 그냥 아기가 아기 자체인 채로 내버려둬라. 위의 내용들을 되뇌며 연습해라. 아기가 자신의 내부조율 능력을 발전시키는 모습을 그저 바라봐라. 그 과정에 개입하지 말아라! 육아를 잘하는 사람은 아이에게 **언제 개입해야 하는지, 언제 빠져야 하는지**를 잘 안다. 아기가 자신의 손을 바라보는 걸 그저 지켜봐라. 창밖 경치를 바라보는 걸 그저 지켜봐라. 천장의 조명 불빛이 움직이는 것을 바라보는 걸 그냥 지켜봐라. 사사건건 개입하려고 하지 마라. 기다려라. 아무것도 하지 마라. 아이가 끊임없이 당신의 자극이나 당신이 주입하는 것을 받아야 한다고 생각하지 마라. 아이가 혼자서 '내부조율' 하는 행위를 얼마나 오래 지속하는지 관찰하고 궁금해해라. 그것이 우리 부모들이 해야 할 일이다.

아기가 자기 자신의 세계에 집중해서 행복해하고 있다면,
그 시간을 방해하지 말고 그대로 둘 것!

그렇다면 아기가 좀 힘들어하고 고집을 피우거나 좌절했을 때는 어떨까? 이를테면 장난감을 만지려고 손을 뻗으며 앞으로 기어가거나 굴러가려 노력할 때 말이다. 거듭 말하지만, 아기를 도와주고 구해주고 싶은 우리의 충동에도 불구하고 가장 잘

조율된 반응은 그저 기다리고 바라보고 궁금해하는 자세임을 잊지 말자. 아기가 이렇게 낮 동안 내부조율 능력을 키울 시간들을 가져 자신감을 얻게 되면, 이는 밤잠에도 긍정적인 영향을 미친다!

똑게Lab 집중 특강

부모가 아이를 잠자리에 내려놓으며 불안해하면, 아이는 그 사실을 바로 알아차린다. 내면으로부터 부모에 대한 깊은 신뢰를 가진 아이는 부모와 잠시 떨어지더라도 마음이 안정된 상태로 쉽게 잠에 들게 된다. 부모는 자신의 아이에 대한 애정을 증명하기 위해서 줄곧 신체적·물리적으로 아이와 가까운 곳에 있지 않아도 된다.

지금 당신이 아이를 잠재우기 위해 하는 그 기상천외하고 부단히 지극정성인 행위들을 떠올려보라. 그리고 자신이 왜 그런 행위를 하고 있는지 자문해보자. 우리 모두는 좋은 부모가 되기 위한 안간힘을 쓰고 있는 것일 수 있다. 하지만 다시 한 번 생각해보면, 이 책을 제대로 정독하고 올바르게 이해한 뒤 적용해보는 것이 좋은 부모가 되는 길일 수 있다.

물론 아기가 울면 부모는 속이 쓰리기 마련이다. 또한 아기를 달래는 일에 실패할까 봐 걱정도 커진다. 그러다 보니 아기의 울음을 멈추기 위한 노력도 점점 더 격해진다. 아기가 울기 시작하면 부모는 무언가를 재빠르게 시도해보려 애쓴다. 그리고 그 수위는 점점 강해진다. 그러는 과정에 부모는 아기가 스스로 울음을 그치고 진정할 수 있다는 사실을 완벽히 망각하게 된다.

그동안 내가 만난 부모들은 자신이 알고서 계획한 것은 아니지만, 저마다 아기를 재우기 위해 부지불식간에 아기에게 가르쳐준 잠연관이 있었다. 아기에게 젖을 물린 채 등허리가 부서지고 발바닥이 뚫리는 듯한 고통을 감내하며 집안 곳곳을 끊임없이 돌아다니던 엄마도 있었다. 그 모든 일들은 우리 모두가 급변한 상황 속에서 살아남고자 나름대로 애쓴 결과다. 하지만 우리 똑게육아 독자님들은 아기를 위한다는 명목으로 지나치게 아기를 어르고 달래는 행위를 많이 하지 않았으면 한다. 조금만 제대로 알게 되더라도 아기와 부모 모두에게 고역인 그 수~많은 '특급 서비스' 격인 기상천외한 행위들을 하지 않아도 된다. 그 대신 우리의 인생에서 가장 찬란한 육아의 시기를 보다 맑은 행복으로 채워나갈 수 있다.

이후에 여러분이 읽게 될 내용을
한눈에 파악할 수 있도록 인덱스 형식으로 정리해본 로드맵

Part 2. 트림시키는 법
수유하는 법
잠재우기
→ 디테일하게 하나하나 배워보기

Part 3. '먹-놀-잠' 덩이로 하루 분석하기
먹텀 | 잠텀으로 아기의 하루 설계하기

Part 4. 영유아 수면 자체에 대한 공부
안전 잠자리 마스터
생체리듬, 수면 압력 이해
수면교육 중 발생하는 아기의 울음 이해

Part 5. 어떻게 재우느냐!
건강한 잠연관 선물하기, 고급 진정 테크닉 전수

Part 6. 원 포인트 레슨
코스① '10pm 고정축 밤수' 전술
코스② 낮수텀, 밤수텀 만들기 상세 전술 전수
코스③ 밤중수유 없애기 비법

Part 7. 긴 점심 낮잠 구현을 위한 전략적 스케줄
'최대 깨시', '분할수유', '보충수유' 접목 스케줄

아기의 능력을 믿어라.
아기는 스스로 할 수 있다. 부모가 그렇게 할 수 있도록 도와줄 수 있다.
이 문장을 마음에 새기도록 하자.

똑게Lab 집중 특강 - 최소한 아기의 울음이 올바른 방향으로 발생한다

아기의 울음은 여러분이 수면교육을 하건 하지 않건 어차피 발생한다. 최소한 올바른 목적의식을 가지고 수면교육을 행한다면 이때의 울음은 올바른 방향을 향해 발생한다. 이제 우리는 똑똑하게 이 아기의 울음이 최소한 올바른 목표점을 향해 발생할 수 있도록 제대로 활용하게 될 것이다.

최근의 연구에 의하면 아기가 자주 오래 우는 이유는 영아산통이나 배앓이 때문이 아니다. (분유의 성분이나 모유를 먹이는 엄마가 먹은 음식 때문에 아기가 배앓이를 할 가능성은 매우 미미하다고 한다.) 아기가 우는 이유 중 하나로 밝혀진 것은 갑작스레 들이닥친 수많은 자극과 정보를 아기가 나름의 방식으로 소화하기 위함이라는 것이다. 아기들이 주로 오래 우는 시간대는 늦은 오후나 초저녁 무렵이다(51~53p, 119~120p 참고). 즉, 아직 미숙한 아기가 온종일 겪은 여러 가지 경험들 때문에 커다란 피로를 느낀다는 의미다. 아기는 '우는 행동'을 통해 과도한 자극에 반응함과 동시에 그 이상의 다른 자극으로부터 자신을 차단한다. 늦은 오후나 초저녁 무렵의 아기는 시각, 촉각 등 일체의 자극에 심한 피로감을 느끼는 상태다. 그러므로 그런 상태의 아기를 진정시키려고 갖은 행동을 시도하는 것은 기름에 불을 붓는 행위가 될 수 있다. 우는 아기를 달래고자 양육자가 시도하는 기상천외한 방법들은 가뜩이나 버거운 아이에게 더 많은 자극과 부담을 안겨줄 뿐이다. 아기가 충분히 먹었고, 기저귀도 젖지 않았다면, 오히려 이럴 때는 진정 계단(262~267p)을 참고해 정적인 방법으로 아기를 진정시켜주는 것이 좋다. 온종일 아기가 힘들었다는 것을 알아주고, 아기의 마음을 이해해줄 수 있는 여러분이 든든하게 존재한다는 느낌을 전해주면 된다. 울기 시작한 지 5~10분 정도가 지났는데도 아기가 진정하지 못하면, 자기를 가만히 놔두길 바라는 것일 수도 있다. 아기가 스스로 진정하는 법을 배울 기회를 주자.

Part 2.

똑게육아 기본기 다지기

주차별 세부 업무 지침서

주차별 세부 업무 지침서를 읽기에 앞서

본 지침서는 후배들에게 전체적인 내용을 조목조목 알려주는 인수인계서의 형태로 작성했다. 크게 생후 0~6주와 6~12주 파트로 나눠지며, 각 주차에 속하는 재우기 업무, 먹이기 업무 지침을 자세히 서술했다. 중간에 기억하면 좋을 내용들은 업무상의 미션으로 표현했다. (125~126p에는 5개월 이후 내용을 담았다.)

주수에 대한 개념

이 책에서 이야기하는 해당 주수란?

참고로 이 책에서 이야기하는 해당 주수는 출산 예정일을 기준으로 한다. 만일 3~4주 일찍 태어난 아기들의 경우라면 더더욱 출산 예정일을 기준으로 계산한다. 1~2주 정도 일찍 태어난 아기들의 경우에는 4~5개월 시점에서 아기의 성장 속도와 몸무게를 관찰하여 제대로 크고 있다면, 그때부터는 실제 출생일 기준으로 가늠해도 무리가 없다. 2~4주 일찍 태어났다면 보수적으로 계산하여 6개월까지는 출산 예정일을 기준으로 가늠하면 된다. 아기의 몸무게와 성장 속도를 체크했을 때 별다른 문제가 없다면, 생후 6개월쯤 되었을 때는 3주 이상 일찍 태어난 아기들도 출생일을 기준으로 주수를 계산해도 무방하다.

이러한 이유로 이 책에서는 가능한 한 '생후'라는 단어는 넣지 않으려고 노력했지만, 문맥상 보편적인 의미로 '생후'를 넣은 부분들도 있으니 참고하여 이해하기를 바란다. 예정일보다 2주 이상 일찍 태어난 경우가 아니고, 성장에 문제가 없다면 아기를 잘 관찰해가며 이 책의 권장 주수를 생후 기준으로 보아도 큰 무리는 없다.

1. 생후 0~6주

태어나서 첫 6주 사이에 아기에게는 많은 일들이 일어난다. 아기들은 각기 다른 속도로 성장한다. 어떤 아기들은 잠을 더 자고 조용히 있고 싶어 한다. 어떤 아기들은 태어나자마자 눈을 초롱초롱 뜨고 세상을 활기차게 탐색한다. 아기들은 기질과 성장 속도를 비롯해 모든 면에서 다르기 때문에 다른 아기들과 당신의 아기를 비교하지 않도록 한다. 당신의 아기가 식사를 제대로 하며, 잠을 제대로 자고, 활동적이며, 살이 토실토실 잘 올라오고 있다면 아무것도 걱정할 필요 없다.

이 시기 아기는 목을 가누지 못하며, 작은 손으로는 당신의 손가락처럼 눈에 보이는 주변의 사물들을 붙잡으려 할 것이다. 또한 소리를 들을 수 있고, 큰 소리에 놀란다. 또 독특한 소리를 내기도 한다. 아기가 잠을 잘 때나 젖을 먹는 중에 동물의 소리처럼 재미난 소리를 내는 것을 들을 수 있다. 아기는 사물들에 초점을 잘 맞추지 못하지만 가까이 있는 것들은 볼 수 있다. 이 시기 아기들의 감각은 미숙한 상태이지만 점차 발전해나갈 것이다.

출생 직후 아기들은 자신의 움직임을 통제할 수 없다. 이 무렵 아기들이 보이는 모든 움직임은 무의식적인 반사작용이다. 그러나 운동 능력도 감각처럼 점차 발전해나간다. 태어난 지 한 달 정도가 지나면 아기는 배를 깔고 엎드려 있을 때 짧게나마 머리를 들어 올릴 수 있게 된다. 생후 6주 정도가 되면 다리를 차기 시작한다. 태어난 지 얼마 지나지 않은 아기는 당신의 표정에 관심을 갖기 시작한다. 생후 4주가 지나면 아기는 당신을 향해 즉흥적으로 미소를 짓기 시작할 수 있다. 아기는 당신의 얼굴을 보고 미소 짓는 법을 배운다. 그러므로 부드러운 목소리로 아기에게 말을 거는 활동이 중요하다. 이를 통해 아기는 당신이 누군지 알게 되고 당신을 알아보게 된다.

하루가 다르게 감각과 운동 능력이 발달해가는 아기를 위해 이 시기 부모가 해줄 수 있는 가장 멋진 선물은 **양질의 수면과 영양**을 제공하는 것이다. 잘 자고, 잘 먹어야 발달 단계에 맞춰 아기가 건강하게 성장할 수 있다. 그럼 이 시기의 아기를 키우는 초보 부모가 꼭 알아두어야 하는 재우기, 먹이기 업무의 기초를 지금부터 살펴보자.

Mission 1 - 잠자는 법도 가르쳐야 한다 (재우기 업무)

아기가 태어나서 몇 주간은 정말 잠을 잘 자는 것처럼 보이기도 한다. 또한 이 무렵은 산후조리원에 있을 시기이기 때문에 초보 부모로서는 아기를 재운다는 것이 어떤 일인지 전혀 감을 잡을 수 없다. 생후 처음 몇 주 동안은 아기가 꽤 졸린 상태이기 때문에 먹고 자는 것 외에 아기는 별다른 일을 하지 않는다. 이 무렵에는 잠을 잘 재우는 것을 고민하기보다 오히려 젖을 먹이기 위해서 잠자는 아기를 깨우는 것이 일이다.

물론 태어난 순간부터 활동적인 아기들도 간혹 있다. 이런 아기들은 눈빛이 초롱초롱하고 주변의 모든 것들에 많은 자극을 받는 것처럼 보이며, 잠들어야 할 시간에 별로 졸리지 않은 듯 보일 수도 있다. 그러나 대부분의 신생아는 원하든 원하지 않든 잠을 자야 한다. 양육자는 **'아기에게 진정 필요한 것(needs)'**과 **'아기가 당장 원하는 것(wants)'**을 분간할 수 있어야 한다. 특히 당신이 가장 중요하게 가슴에 새겨야 할 것이 있다. 아기들은 잠자는 법을 '배워야' 한다는 것이다.

어른들 입장에서야 졸리면 자연스레 잠들게 되니 잠자는 방법을 배워야 하나 싶기도 하지만, 아기가 살아가는 데에 있어 배워야 할 모든 것과 마찬가지로, '잠자는 법'도 배워야 하는 기술 중 하나다. 올바른 잠 습관은 아이의 건강한 성장을 위한 필수 조건이다. 생애 초기 잠 습관은 수유(영양 공급)와도 긴밀한 관계가 있기 때문에 더더욱 계획적인 설계가 필요하다. 그렇기 때문에 아기의 부모이자 주양육자인 여러분은 아기에게 잠자는 법을 꼭 가르쳐야 한다.

가장 이상적인 것은 아이가 태어나기 전에 이에 대한 공부를 한 뒤, 아기가 태어나자마자 똑게육아 수면교육을 시작하는 것이다. 생후 12주 정도가 될 때까지는 아기가 스스로 잠드는 것이 힘들 수도 있지만, 주양육자인 당신이 원하는 이상적인 목표를 처음부터 염두에 둔다면 이야기는 달라진다. 이 시기에도 아기가 '스스로 잠들기'를 배우도록 유도하는 진정 기법을 꾸준하게 사용하면 아이는 이른 시기부터 더 건강하게 잘 수 있게 된다.

잠이 잠을 부른다 = 수면이 수면을 만든다

위의 사실을 잊지 말자. 저 명제가 알려주려는 의미는 바로 이것이다. 낮에 잠을 잘 못 자야 밤에 더 잘 잠드는 것이 아니라는 것. 적절한 낮 시간에, 질 좋은 잠을 충분히 자야 밤잠도 잘 잘 수 있다. 그동안 나는 수면교육 컨설팅을 하면서 낮에 충분히 자지 못해서 밤새 깨어 있고, 잠드는 법을 모르기 때문에 상황이 계속 나빠지는 아기들의 사례를 많이 봐왔다. 그렇다면 적절한 낮 시간에 질 좋은 잠을 충분히 잘 자려면 어떻게 해야 할까? 그 세부적인 방법들이 앞으로 이 책에서 다룰 주요 내용이다. 세부적인 내용을 다루기에 앞서 생애 초기 아기의 올바른 잠 습관 형성을 위해 주양육자가 기억할 사항은 다음과 같다.

생애 초기 아기의 올바른 잠 습관을 위해 기억할 사항

(1) '잠텀'의 개념을 이해하자

이 무렵 신생아는 한 번에 약 1시간 정도만 깨어 있어야 한다. 그보다 더 오래 깨어 있는 스케줄로 가끔은 이끌어볼 수도 있으나, 세부적으로 먹과 잠 스케줄을 공부해서 운영하지 않는 한, 이 시기의 신생아는 보통 피곤해서 다시 잠을 자기 전까지 약 1시간가량의 자극과 활동만을 취한다. 이 책에서 나는 이 시간을 아이가 '깨어 있는 시간'이라고 해서 '깨시=잠텀'이라는 용어로 정의했다.

한 번 깨어 있는 시간 = 깨시 = 잠텀

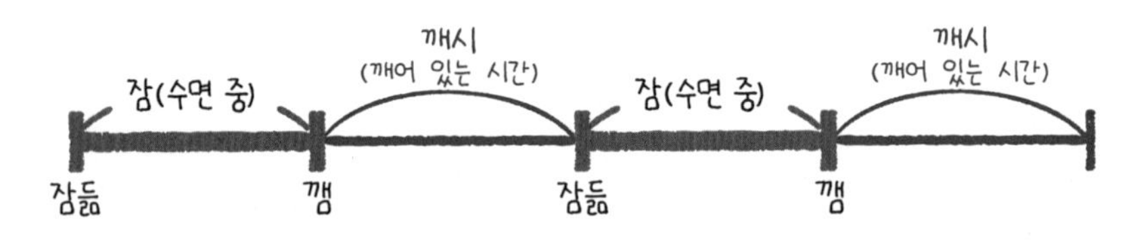

'잠'과 '잠' 사이 간격 = 잠텀

(2) 외출은 자제하자

신생아는 조용하고 평화롭던 엄마의 자궁에서 10개월을 살다가 북새통인 세상으로 나온 상태다. 아기의 작은 뇌는 보고 듣고 만지고 냄새를 맡고 느끼는 모든 것을 받아들이고 이해하려 노력하고 있다. 신생아는 아무것도 안 하고 누워 있기만 하는 듯 보이지만 사실 아기를 둘러싼 모든 환경은 아기에게 큰 자극이다. 따라서 생후 6주 동안은 집 밖에서 하는 활동을 되도록 제한할 것을 권한다.

아기는 세상에 적응할 필요가 있고 이 시기 아기에게 가장 중요한 장소는 집이다. 아기는 집에서 많은 시간을 보내게 된다. 따라서 집이야말로 아기가 가장 안전하게 느껴야 하는 장소다. 당신이 매일 아기를 밖으로 데리고 나간다면, 아기는 집에 적응할 겨를이 없어진다. 대신 바깥의 소음과 눈앞의 광경에 끊임없이 자극받을 것이다. 예측 불가능하고 과다한 자극이 주어지는 환경에서 아기는 불안함을 느낄 것이다. 이로 인해 자야 할 때 잠드는 것이 어려워진다.

종종 어떤 부모들은 자신의 아기가 유모차나 차 안에서는 잘 자는데, 오히려 집에서는 잘 못 잔다고 하소연한다. 이런 경우에는 잘 생각해봐야 한다. 아기가 유모차나 차 안에서 질 좋은 잠을 자고 있는지 말이다. 이 시기의 아기들은 자나 깨나 언제나 자극을 받는 상태다. 유모차 안에서 잠든 상태라고 할지라도 아기는 그 상황에서도 주변의 소음을 비롯해 자극을 받는 중이다. 이 시기의 아기를 키우는 부모들은 아기가 받는 자극의 양을 잘 확인해야 한다. 이러한 자극이 아기의 수면에 총체적인 영향을 끼치기 때문이다. 물론 집 안에서 받는 자극도 수면에 영향을 준다.

(3) 방문객은 철저히 관리하자

마지막으로 주의할 것이 하나 더 있다. 중요한 내용이니 꼭 유념해야 한다. 아기가 태어나고 나면 출산을 축하하고 아기를 보기 위해 방문객들이 많이 찾아올 것이다. 그러나 적어도 출산 후 6주 동안은 방문객의 수를 제한할 것을 권한다. 이는 아기뿐만 아니라 부모, 특히 엄마를 위한 것이기도 하다. 엄마는 출산 후 처음 몇 주 동안은 가능한 한 충분히 휴식을 취할 필요와 권리가 있다. 게다가 내가 여왕처럼 굴 수 없는 상대라면 그의 방문과 동시에 엄마는 방문자를 응대하기 위해 체력적으로나 정신적으로 에너지를 소진하게 된다. 회복은커녕 도리어 병이 날 수도 있다. 그렇기 때문에 이 시기의 방문객 관리는 정말 중요하다. 착한 여자 콤플렉스를 가지고 있던 여성이라면 이쯤에서 벗어던져야 한다. 이 시기는 그 어느 때보다도 엄마와 아기의 안위가 가장 중요함을 기억하자.

(4) 아기를 재촉하지 말자

갓 부모가 된 사람들이 깨닫지 못하는 것 중 하나가 바로 아기를 다룰 때는 인내심을 갖고 침착해야 한다는 사실이다. 육아는 득도의 과정이다! 많은 부모들이 똑게 프로그램으로 좀 더 체계적이고 똑게적인 삶의 궤도에 하루라도 빨리 탑승하고 싶어 하는 마음은 충분히 이해한다. 물론 그것은 우리가 앞으로 이루어 나아가야 할 좋은 목표점이다. 그러나 이 시기는 막 태어난 신생아가 주변 환경에 대해 배우고, 자신에게 일어나고 있는 모든 상황에 적응하기 위한 충분한 시간이 필요한 때임을 잊지 말자.

따라서 이 무렵 아기를 재울 때는 아기를 절대 재촉하지 않아야 한다. 물론 이는 수유를 할 때도 마찬가지다. 아기에게 당신이 하는 행동을 이해하고 적응할 수 있는 시간을 줘야 한다. 특히 가장 중요한 포인트는, 아기를 침대에 눕히기 전에 서둘러 재우지 말라는 점이다. 신생아는 잠들기 전에, 지난 깨어 있던 1시간 동안 받아들인 모든 자극을 소화해내기 위해서 긴장을 풀고 진정할 여유가 필요하다. 숨 돌릴 시간이 필요한 것은 어른만이 아니다.

아기도 다음 루틴이 오기 전 당신이 보내는 큐 사인들에 익숙해져야 한다. 당신이 다음 스케줄로 넘어가기 위해 서두르거나 고된 하루를 빨리 마무리하고 싶은 마음에 '얘가 밤잠은 언제 자려나, 얼른 밤잠 재우고 나도 좀 쉬자' 하는 식으로 조바심을 내면 아기는 그것을 느끼고 더 자주 스트레스를 받고 불안해한다. 그러면 아기를 재우는 것이 훨씬 더 어려워진다. 그러므로 너무 초조해하지 말고, 지금 이 시기가 아기와 당신이 서로 알아가며 유대감을 형성하는 놀랍고 멋진 시기라고 생각하며 아기를 재촉하지 말자.

생후 0~6주 디테일 루틴을 짜기 전 알아둘 것들

앞의 내용으로 마인드 세팅이 되었다면, 이제 생후 0~6주 신생아의 올바른 잠 습관 들이기를 위한 디테일한 방법을 알아볼 차례다. 체계적인 시스템과 일과는 아이들에게 커다란 안정감을 준다. 아이들은 다음 일과가 무엇인지 인지하게 되는 순간, 보다 협조적이게 된다.

이 책에서 제시하는 스케줄을 참고해, 일과들을 시행할 때는 처음부터 시간대 자체에 너무 집착하지는 말자. **왜 그 시간에 재우고, 먹여야 하는지에 대한 이해가 없이 무작정 그 시간을 지켜야 한다는 사실에 얽매이면 그 스케줄은 사실상 아무런 의미가 없다.** 자칫 엄마와 아기에게 스트레스만 줄 수도 있다. 스트레스는 엄마의 원활한 모유 생산에도, 아기에게 잠을 잘 자는 법을 가르치는 데에도 별로 도움이 되지 않는다. 여기서 제시하는 내용은 효율적인 아기의 먹과 잠 스케줄을 짜는 원리의 이해를 돕기 위한 틀로 이해하기를 바란다.

(1) 잠텀 시간 체크하기 (0~3주)

아기의 먹과 잠 스케줄을 짜기 위해서는 우선 우리 아기의 '깨어 있는 시간=깨시=잠텀' 시간을 체크할 필요가 있다. 앞에서도 이야기했지만 이 시기 신생아는 한 번 깨어 있을 때 1시간 동안만 깨어 있을 수 있다. 이 시간은 아기의 먹-놀-잠 일과 중 먹과 놀에 해당하는 시간으로 이때 먹는 것 외에 가능한 활동은 기저귀 갈기, 아기 안아주기, 트림시키기, 대화하기 등이다. 생후 초기에는 이외에 별다른 활동은 없다. 만일 이 시간이 1시간을 넘기게 되면 아기는 자극을 극도로 받은 상태가 되어, 오히려 잠들기가 어려워진다. **따라서 주양육자는 실제로 아기가 피곤한지 살피는 것도 좋지만, 동시에 잠텀을 물리적으로도 체크해야 한다.** 아기가 깬 지 1시간이 되어간다면 슬슬 재울 준비를 해야 한다.

신생아가 피곤함을 느끼고 있다는 신호들은 다음과 같다.

신생아가 보내는 피곤함의 신호

· 칭얼거리거나 울음 발생.

· 불규칙적인 팔다리 움직임이 많아짐.

· 눈을 깜빡이지 않고 허공을 응시함.

· 주먹을 움켜쥠.

· 얼굴을 찡그림.

· 하품함.

만약 아기에게 수유를 했고, 아기가 1시간 가까이 깨어 있었으며, 하품하는 모습을 보았다면 아기를 재울 준비를 한다. 가능하다면 아기가 또 한 번 하품하기 전에 속싸개로 감싸고 침대에 눕힌다.

(2) 잠텀 시간에 해야 하는 일들

이 시기에는 '먹'에 '놀'이 포함되어 있다.

0~6주차 아기의 하루 일과

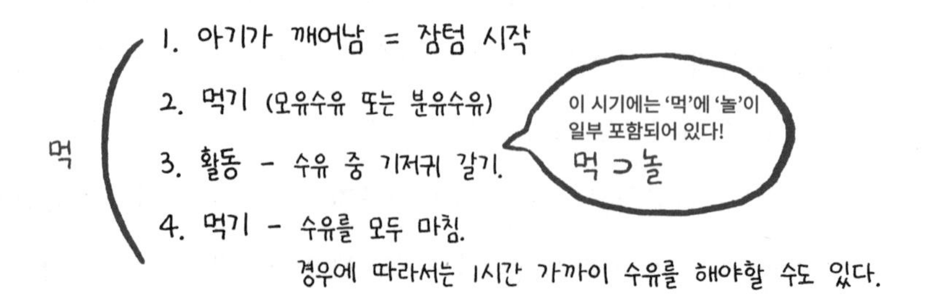

놀 (5. 추가 활동
아기 트림시키기, 속싸개로 감싸기, 기분 좋게 토닥여주기,
조용한 노래 불러주기, 안심되는 어조로 말 걸어주기.

잠 (6. 잠 - 침대에 눕힘.
잠텀 시간이 끝나가면 아기를 침대에 다시 눕힌다.

실전! 재우기 업무

마인드 세팅과 '잠텀' 개념에 대한 이해가 바로 섰다면, 이제 0~6주 아기의 재우기 업무를 무사히 수행하기 위해 실전 노하우를 전수받을 차례다. 다음의 내용을 하나하나 따라 읽어가다 보면 초보 부모로서의 두려움이 한결 작아질 것이다.

이 시기의 아기를 키우는 부모들로부터 내가 자주 듣는 말 중 하나는 아기가 이 무렵 특히 0~3주 무렵, 낮이나 이른 저녁에 잠들려 하지 않는다는 것이다. 여기서 기억해야 할 것은 아기는 자신이 무엇을 필요로 하는지 하나도 모른다는 점이다. 이는 당신이 부모로서 가르쳐야 한다. 즉, 아기가 잠을 자고 싶어 하지 않는 것처럼 보여도, **아이에게 잠은 건강한 성장을 위해 꼭 필요한 요소임을 양육자로서 제대로 인지하고 있어야 한다.**

대부분의 신생아들은 생후 몇 주 동안은 꽤 졸린 상태이며, 먹(수유)과 먹(수유) 사이에서 잠을 잘 잔다. 그러나 아기를 둘러싼 환경의 변화가 일어나면서 아기들은 주변 환경에 더 주의를 기울이게 되며, 잠을 자야 할 때 잠드는 것에 점점 더 많은 어려움을 겪게 된다. **이를 해결하기 위해 부모들은 종종 온갖 방법들을 시도한다. 그리고 오히려 이런 시도들 때문에 비극이 시작된다.** 이 시기 아기를 키우는 부모들은 다음의 두 가지 사실을 알고 있어야 한다.

(1) 아기가 눈을 뜨고 있더라도, 잠자리에 내려놓아도 된다!

많은 부모들이 아기가 잠에 들어야만 잠자리에 뉘일 수 있다고 생각한다. 어떤 부모들은 아기가 깊이 잠들지 않은 상태에서 침대에 눕히는 것을 두려워한다. 어설픈 상태로 침대에 눕히느니 푹 잠이 들 때까지 먹이거나 품에 안은 채로 얼러야 한다고 여기는 것이다. 그러나 그게 아니다! 아기가 깨어 있는 상태더라도, 아기를 잠자리에 내려놓아도 괜찮다. 사실 이것이 바로 뒤따르는 결과를 다르게 가져오는 한 끗 차이다. 개월수가 뒤로 갈수록 이렇게 하는 편이 더 좋다. 이걸 양육자가 당연하게 할 수 있어야 아기도 당연하게 받아들이고, 어려움 없이 상황에 잘 적응하며 해당 능력을 발달시킨다. 만약, 침대에 내려놓은 아기가 진정된 상태라면, 당신의 도움 없이 자보도록 아기를 내버려두어도 무방하다. 스스로 잠드는 법을 가르치는 좋은 시작이 된다. 똑게 수면 프로그램의 대원칙은 당신이 아이를 재우는 것이 아니라 아이가 스스로 잠드는 법을 익힐 수 있도록 당신이 (영리하게) 도와주는 것이다.

(2) '캣냅'을 이해하자!

많은 아기들이 이 무렵 짧은 토막 잠을 자기 시작한다. 이를 '캣냅(cat nap, 고양이 잠)'이라고 부르는데, 짧게는 30~45분 정도 잠을 잘 수도 있고, 수유 후에 불안정한 모습을 보이기도 해서 부모들이 매우 힘겨워한다. 하지만 이런 까다로운 시기야말로 머리에 '나는 아기의 주교육자'라는 모자를 쓰고서, 혹은 그 이름표를 달고서라도 당신이 아기에게 좋은 잠을 자는 방법을 알려줘야 하는 시

기임을 잊지 말자.

자, 그럼 본격적으로 0~6주 시기 아이의 재우기 업무의 실전을 순서대로 시뮬레이션 해보자.

(선) **진정 / 긴장 풀기 ➡ (후) 잠**

수면과 진정시키는 과정은 밀접한 관련이 있는데, 이때 중요한 것은 둘 사이의 순서다. 아기를 재우기 '전'에 아기를 진정시키는 과정이 있다. 아기는 잠들기 전에 안정된 상태여야 하기 때문이다. 일단 아기를 잘 안정시켰다면 아기는 별다른 말썽 없이 잠에 들 것이다.

아기를 효과적으로 진정시키는 방법에 대해 업무 지침서 파트에서 간략하게 예와 함께 설명하자면 아래와 같다(더욱 구체적인 진정 테크닉은 Part 5 참고).

당신은 수유를 잘 마쳤고, 아기는 수유 시간을 포함해 약 1시간 동안 깨어 있었다. 아기의 상태를 살펴보니 피곤한 기색도 보인다. 당신은 앞에서 설명한 진정시키기의 개괄적인 팁을 따라서 아기를 속싸개로 감싸고 침대에 눕혔다. 아기가 그 상태에서 바로 잠에 든다면 정말 최고의 순간이리라.

그런데 현실은 언제나 이론대로 굴러가지 않는 법. 아기가 침대에 눕자마자 꿈틀거리기 시작하더니 눈을 번쩍 뜨고 울기 시작한다. 처음이라 그런 것이니 침착하게 다음의 설명을 따라 아기가 잠들 수 있도록 차근차근 준비시키자. 조바심을 내기보다는 일보 전진을 위해 한 단계 후퇴한다고 생각하면 마음이 편안하다. 아기에게는 긴장을 풀 시간을 줘야 한다. 이것은 20분 정도의 시간이 걸릴 수 있다. 아기의 긴장을 풀어주는 방법은 다음과 같다.

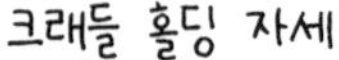

ㄴ자 자세

아기를 트림시키고, 속싸개로 아늑하게 잘 감싼 후, 당신의 팔로 아기를 받쳐 크래들 홀딩 자세를 취하거나, 턱 밑으로 아기를 똑바로 세워 안는다. 혹은 어깨 위에 안아서 'L'자로 아기를 들어 안아도 좋다.

그러고 나서 아기를 쓰다듬되 기저귀나 등 위를 약간 힘을 주어서 심장박동 속도에 맞춰 리드미컬하게 쓰다듬어야 한다. 아기를 쓰다듬을 때는 가만히 서 있든 방 안을 돌아다니든 당신에게 가장 편한 방식으로 한다. 아기가 꿈틀거림을 멈추고 허공을 응시하거나 눈꺼풀이 닫히기 시작할 때까지 계속 쓰다듬어라. 그 후 아주 조심스럽게 아기를 침대에 눕히고 아기가 잠들었다는 확신이 들 때까지 한 손은 아기의 가슴에 대고 다른 한 손은 아기의 다리에 올려놓는다.

앞에서도 이야기했지만 아기를 잠자리에 눕히고 당신이 자리를 떠날 때, 아기가 혹여 눈을 뜨고 있어도 겁먹지 말자. 그 상태로 아기를 두어도 나쁜 것이 아니다. 오히려 가능하다면 아기가 마지막에 스스로 잠들도록 기회를 주는 것이 이상적이다. 만약 당신이 아기를 침대에 눕힌 후 아기가 다시 꿈틀거리기 시작하거나 눈을 뜬다면 아기를 안아 올리지 말고 다시 한 번 아기의 어깨나 팔, 가슴을 심장박동 속도에 맞춰 가볍게 쓰다듬어준다. 이 토닥이는 행동을 아기가 '슬립존(sleep zone, 잠의 영역)'에 도달할 때까지 지속한다.

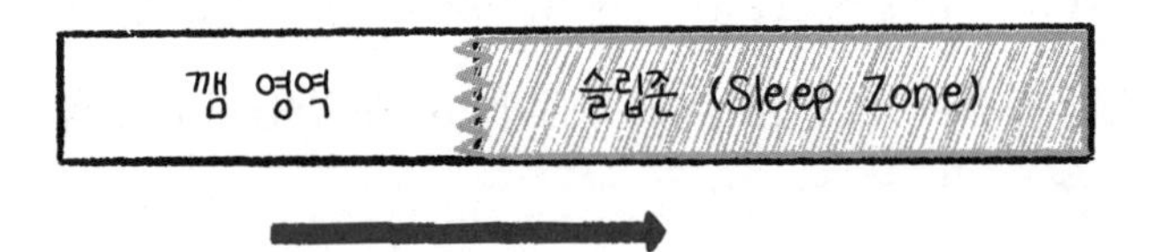

슬립존에 아기가 진입할 때까지 진정시킬 수 있는 액션들을 지속해본다.

아기가 슬립존에 들어간 것 같다는 판단이 들면, 잠시 자리를 떠나 아기가 잠드는지 보고, 아기가 잘 잠들지 못한다면 계속 방으로 돌아가서 아기를 토닥여준다. 그리고 진정되는 것 같으면 다시 자리를 뜨는 것이다(보다 자세한 내용은 Part 5 참고). 아기가 깨어 있었던 시간이 길수록 아기는 더 피곤할 것이기 때문에, 아기를 재우는 이 한 번의 진정 과정이 더 많이 반복될 수도 있다. 또한 아기의 잠자리로 돌아와 진정 토닥임을 줄 때마다 조금 더 긴 시간을 할애해야 할 수도 있다.

아기의 긴장을 풀어주고 진정시킬 수 있는 방법

· 아기가 배부른지 확인해라.
· 수유 후 최소 5분 동안 트림을 할 수 있도록 아기를 똑바로 일으켜 세워라.
· 속싸개로 아기를 아늑하게 감싸라.
· 아기가 진정될 때까지 어깨 위나 턱 아래에 올려놓고 몇 분 정도 쓰다듬어라.
· 인내심을 가져라! 아기가 진정하는 데 시간이 좀 걸려도 참아라.
· 아기가 진정되고 나른해할 때 침대에 눕혀라.
· 아기를 눕히고 나서 1~2분 정도 아기에게 손을 대고 있어라.
· 아기가 아직 잠들지 않았다면 자도록 내버려두어라. 아기에게 돌아갈 필요가 있다면 아기가 진정되거나 잠들 때까지 팔이나 어깨를 가볍게 쓰다듬은

다음 다시 자리를 떠라.

· 당신의 진정 기법에 자신감을 가져라. 아기는 당신이 불안해하거나 당황해하는 것을 기민하게 알아차리고 그것에 100% 반응하고 영향을 받는다.

(3) 여러 차례의 진정 과정에도 잠에 들지 못한다면?

만약 아기가 매우 피곤해하거나 과도하게 자극을 받았다면—1시간 30분 이상 깨어 있었거나, 차나 유모차에서 바쁜 하루를 보냈거나, 수많은 사람들이 아기를 안으려 하거나 쳐다보거나 놀아주려 했다면— 아기는 잠에 들 수가 없을 것이다. 아기는 얼굴이 빨개질 때까지 울 것이고, 다리를 들어 올리고 고통스러운 듯한 행동을 취할 것이다. 아기는 불평하는 듯이 보이다가 매우 큰 비명을 지를 것이다. 이럴 때, 아기는 반복해서 비명에 가까운 울음소리를 3~4번 정도 반복한다.

극도로 피곤한 아기는 깊은 수면을 취하는 것이 정말 어렵다. 극도로 피곤한 아기는 매우 '흥분된' 상태에 있기 때문에 활동 수면(active sleep) 혹은 렘(REM, Rapid Eye Movement)수면을 많이 취하게 되어 깊은 수면(deep sleep)으로 들어갈 수 없게 된다(209~213p 참고).이런 상태일 때 아기를 잘 재우고 충분한 수면을 취하게 할 수 있는 방법은 다음과 같다.

아기가 과도하게 피곤한 상태라면 아기를 안정시키는 과정을 연장해야 한다. 방법은 동일하다. 평소 아기를 재울 준비를 할 때 하던 것처럼 하면 된다. 아기가 꿈틀거리고 우는 것은 세상의 자극을 차단하고 잠에 들고 싶어서 그런 것이므로 우선 조용하고 어두운 방으로 먼저 데려간다. 그다음 방 안을 돌아다니면서 아기를 강하게 쓰다듬어주거나 아기가 잠들 때까지 쉬쉬 소리를 내주거나 노래를 불러주고 살짝살짝 흔들어줘도 된다.

그 과정에서 시간이 평소보다 더 걸릴 수도 있고, 몇 번에 걸친 아기의 비명을 견뎌야 할 수도 있지만, 아기는 반드시 잠을 자게 될 것이다. 만일 진정 과정을 반복해도 아기가 잠들지 않는다고 생각해서 유모차에 태우거나 밖으로 데리고 나가 산책을 한다면 자극이 과잉되어 문제를 더 악화시킬 뿐이다. 그러므로 그저 **침착함과 인내심**을 가지고 내가 알려주는 **진정 전략**을 계속 사용해보자.

시간이 오래 걸렸겠지만 아기가 눈을 감는 순간이 분명 찾아올 것이다. 그러면 이 경우에는 평소처럼 즉시 침대에 눕히지 말고 아기가 모든 활동적인 수면(얕은 잠) 단계를 거치고 깊은 잠에 돌입할 때까지 계속 안고 있도록 한다. 아기가 얼굴을 찌푸리고 눈이 꿈틀거리는 동안 아기를 눕히려고 한다면, 침대에 누이는 순간 아기는 눈을 번쩍 뜰 것이다. 이런 상황에서는 아기를 15~20분 동안 추가로 안아줘야 할 수도 있다.

깊은 잠(숙면)을 취하는 아기는 더 이상 얼굴을 찡그리지 않는다. 움직임도 잠잠해지고, 온몸이 축 늘어져서 무겁게 느껴진다. 또한 얼굴색이 창백해지고 눈가에 다크 서클이 생기는 경우도 있다. 아기가 언제 깊은 잠에 돌입했는지는 아기의 상태와 모습을 평소에 잘 관찰하다 보면 직관적으로 알 수 있을 것이다. 겉모습으로 아이가 깊은 잠에 빠졌는지 확신할 수 없다면 아기를 내려놓으려는 듯 조심스럽게 당신의 몸에서 떼어내어 아기가 깊이 잠들었는지 시험해도 좋다. 이렇게 했는데도 아기가 가만히 잠들어 있다면 아기는 깊은 잠에 돌입했기 때문에 침대에 눕혀도 깨지 않을 것이다.

지금까지 문장으로 정리한 내용을 한눈에 보기 쉽게 다시 한 번 정리하면 다음과 같다.

극도로 피곤한 아기를 재우는 방법

· 아기를 배불리 먹인다.
· 아기를 트림시킨다.
· 아기를 속싸개로 아늑하게 감싼다.
· 아기를 어두운 방으로 데리고 간다.
· 아기가 서너 번 반복해서 우는 동안, 아기를 당신의 팔이나 어깨에 안고 약하게 흔들거나 리듬에 맞춰 강하게 쓰다듬는다.
· 아기가 계속해서 울더라도 침착함을 유지해라. 이는 매우 중요한 덕목이다.
· 진정 전략을 일관되게 사용해라. 중간에 다른 방법을 사용하면 상황은 더 악화될 뿐이다.
· 아기가 울음을 멈추면 아기가 깊은 잠에 돌입할 때까지 계속 안아줘라.
· 당신의 진정 기법에 자신감을 가져라. 아기는 당신이 불안해하거나 당황해하는 것을 기민하게 알아차리고 그것에 100% 반응하고 영향을 받는다.

(4) 공갈젖꼭지를 사용해도 괜찮을까?

많은 부모들이 아기를 재울 때 공갈젖꼭지를 사용해도 되는지 물어보곤 한다. 나는 이 질문을 받을 때마다 '적절한 시기'에 '올바른 방법'으로만 사용한다면 공갈젖꼭지를 사용해도 괜찮다고 권한다. 만약 아기가 셀프 진정 방법으로 빠는 것을 매우 선호한다면 공갈젖꼭지는 아기가 하루 종일 당신에게 들러붙지 않도록 하는 데에도 도움이 된다. 공갈젖꼭지는 잘만 활용하면 아기가 어려움을 겪지 않고 쉽게 잠들게 하고, 도중에 깨더라도 다시 잠들도록 도와준다.

하지만 당신이 모유수유 중이라면 아기가 수유에 익숙해질 때까지 공갈젖꼭지는 물리지 않는 것이 가장 좋다. 왜냐하면 아기가 공갈젖꼭지와 진짜 젖꼭지를 혼동할 수도 있기 때문이다. 아기가 수유에 적응하는 데에는 보통 출생 후 2주 정도 걸린다. 즉, 최소 2주는 지난 뒤에 모유수유가 어느 정도 궤도에 올랐다 싶은 상태에서 공갈젖꼭지를 사용하자. 아기가 매번 잠들 때마다 공갈젖꼭지가 꼭 필요한 것은 아니므로, 공갈젖꼭지를 사용할 필요가 없는 아이라면 굳이 사용하지 않아도 된다.

모유수유를 하고 있다면 빠는 방식이 다르기 때문에 아기가 공갈젖꼭지를 빠는 것에 약간의 연습이 필요하다. (공갈젖꼭지들도 제품에 따라 재질과 모양이 조금씩 다르다. 내 아기가 선호하는 특정한 형태가 있을 수 있다.) 공갈젖꼭지에 적응시키려면, 아기가 빨기 시작할 때까지 공갈젖꼭지를 부드럽게 입에 갖다 대줘야 한다. 아기가 공갈젖꼭지의 감촉에 익숙해지면 진정되거나 잠들 준비가 될 때까지 공갈젖꼭지를 빨 것이다. 이 시기의 아기는 보통 공갈젖꼭지를 뱉어내고 잠을 잔다. 이때 공갈젖꼭지를 다시 입에 물리지 말자. 아기가 잠에 드는 마지막 순간에는 공갈젖꼭지 없이 잠들 수 있도록 하자. 공갈젖꼭지 사용이 습관으로 굳어지면 아기는 공갈젖꼭지 빨기에 중독되어 공갈젖꼭지를 꼭 빨아야만 잠에 들게 된다.

아기가 생후 4~5개월이 되면 공갈젖꼭지를 끊는 것도 방법이다. 왜냐하면 그 시기에는 아기가 공갈젖꼭지에 심각하게 중독되어 있지는 않을 것이기 때문에 큰 문제없이 공갈젖꼭지 사용을 중단할 수 있다. 만약 끊지 않고 이후에도 계속해서 사용한다면, 앞에서 언급한 잠에 있어서 공갈젖꼭지 사용의 대원칙(뱉었을 때 다시 물리지 않기)을 잘 지키도록 하자. 그러면 아기가 손을 움직일 수 있게 되었을 때 자기 스스로 공갈젖꼭지를 다시 입에 넣거나, 빠지지 않게 잡는 방법을 터득한다.

0~6주 아기 재우기 요점 정리

- 인내심을 가져라!
- 이 시기 아기는 한 번에 1시간 정도만 깨어 있으면 된다.
- 잠(수면)과 먹(수유)은 매우 밀접한 연관성이 있다. 아기를 재우기 전에 아기가 배부른 상태일 수 있도록 한다.
- 아기는 먹(수유)과 다음 먹(수유) 사이에 자야 한다.
- 초기에는 외출을 가급적 줄여라. 아기는 바깥세상으로 나가기 전에 자신의 집과 부모에게 먼저 익숙해질 필요가 있다.
- 아기를 재우기 전에 팔을 아래로 향하게 한 뒤, 속싸개로 아늑하게 감싸라.
- 아기가 피곤한 신호를 보이는지 유의하며, 그에 맞게 적절한 조치를 취한다.
- 진정 전략을 일관되게 사용해라. 중간에 다른 방법을 사용하면 상황은 더 악화될 뿐이다.
- 아기를 재우는 절차(수면 의식)를 세우고, 아이가 자라면서 해당 수면 의식 절차를 계속 따르게 한다.

Mission 2 - 수유에도 계획이 필요하다 (먹이기 업무)

수유는 수면처럼 아기의 삶에서 매우 중요한 부분이다. 아기들은 생존하고 성장하기 위해 음식을 필요로 한다. 아기를 재우는 법을 배우듯 수유하는 법도 초보 부모가 꼭 배워야 하는 영역이다. 실제로 영유아 수면 전문가 자격증을 취득하기 위해서는 모유수유 자격증을 먼저 취득해야 한다. 그만큼 먹이는 일이 중요하다는 뜻이다.

상상 그 이상의 세계, 모유수유

모유수유는 아기를 먹이는 가장 좋은 방법이다. 그리고 분유수유보다 방법적으로 편리하다. 지금까지 발표된 많은 연구와 문헌은 엄마의 젖이 아기에게 최고라는 사실을 입증한다. 그러나 나는 모유수유를 하지 않는 엄마들에게 죄책감을 줄 생각이 추호도 없다. 아기 엄마가 모유수유의 이점과 분유수유의 이점을 두루 교육받고 자신의 상황에 따라 모유수유를 하지 않기로 결정했다면, 그 결정은 온전히 지지받아야 한다고 생각한다.

게다가 여러 가지 이유로 모유수유를 할 수 없는 여성들도 있다. 만일 아기 엄마 스스로가 모유수유를 할 계획과 의지가 있었다면 이런 경우 매우 당혹스럽고 실망스러울지도 모른다. 당신이 이런 상황이라면 가능한 한 주위에 많은 도움과 조언을 구할 것을 권한다. 인근 지역 보건소, 소아과 전문의, 또는 수유 전문가 등 도움을 받을 수 있는 곳과 접촉해 충분한 도움을 받아라. 또한 모유수유를 하다가 분유수유로 바꾸기로 했다거나 처음부터 분유수유를 해야 하는 상황이라면, 그 사실에 절대 죄책감을 느낄 필요가 없다고 말하고 싶다.

아기가 잠자는 방법을 배워야 하는 것처럼 모유수유도 학습이 필요한 기술이다. 나는 엄마들로부터 모유수유를 하는 것이 이토록 어려운 일이었냐는 말을 정말 많이 들었다. '그냥 젖을 물리면 되는 거 아니야~'라고 말할 수 있는 영역이 아닌 것이다. 막연히 생각했던 육아와 실제 육아 사이에 큰 차이가 있는 것처럼 모유수유 또한 실제로 해보기 전까지 상상할 수조차 없는 영역이다. 그럼에도 불구하고 미리 이와 관련된 내용을 이해하고 있으면 실전에서 한결 덜 당황스럽고 덜 힘들 것이다.

자, 그렇다면 지금부터 상상 그 이상의 세계, 모유수유에 대해서 알아보도록 하자.

모유수유의 기본자세

출산 후 병원에서 퇴원하여 산후조리원에 들어가거나 집으로 돌아올 때쯤이면 모유가 생산되기 시작할 것이다. 모유수유를 계획했다면 아기가 젖을 잘 빨 수 있는 방법을 고민하고, 규칙적이고 일관된 수유 스케줄을 정립해나가야 한다. 그 과정이 쉽지는 않겠지만 아기에게 젖을 물리며 교감하는 과정은 당신과 아기 모두에게 정말 사랑스러운 경험임을 온몸으로 느끼게 될 것이다.

어떤 아기들은 아무런 문제없이 젖을 물리는 첫날부터 젖에 착 달라붙는다. 하지만 어떤 아기들은 엄마 젖에 달라붙기까지 시간이 좀 더 걸린다. 작은 입을 가진 아기들은 처음에 젖을 무는 것을 약간 어려워하지만 점차 익숙해진다. 핵심은 계속 수유를 시도하고 필요한 만큼 주위의 많은 도움을 받는 것이다. 시간이 흐르면 수유 요령을 터득하게 될 것이고, 그 후에는 당신과 아기 모두에게 수유가 정말 자연스러운 행위가 될 것이다.

병원에 입원해 있을 때나 산후조리원에서 아기에게 젖을 물리는 시범을 보고 배우기도 했겠지만, 불행히도 집에 돌아온 후에 꽤 많은 엄마들이 아기에게 젖을 잘 물리지 못한다. 아기가 젖을 제대로 물 수 있게 바른 자세를 잡고 있는지 확인할 수 있는 요소들은 다음과 같다.

아기가 올바른 자세로 젖을 잘 먹고 있는지 확인하는 법

· 아기가 물어도 아프지 않다. 처음에는 아기가 젖을 물 때 어느 정도 통증이 있을 수 있지만, 올바른 자세로 수유에 익숙해지면 통증은

완전히 가라앉을 것이다.

· 아기가 입안 가득 젖을 물고 있다. 젖꼭지뿐만 아니라 유륜도 입에 물 수 있도록 해라.

· 아기의 입술이 약간 안으로 접힌다. 이는 아기가 입안에 젖을 가득 물고 있다는 의미다.

· 아기의 턱이 젖에 붙어 있다.

· 아기가 삼키는 소리를 들을 수 있다. 삼키는 소리는 매우 작을 수도 있고 꿀꺽꿀꺽하는 소리가 선명하게 들릴 수도 있다. 삼키는 소리가 나는 것은 아기가 올바른 자세로 젖을 물고 모유를 먹고 있다는 것을 의미한다.

모유수유를 하며 겪을 수 있는 문제와 해결책

몇몇 엄마와 아기들은 첫날부터 아무런 문제없이 쉽게 모유수유를 한다. 그러나 어떤 엄마들은 모유수유에 어려움을 겪을 수 있으며, 특히 초기에 많이 힘들어 한다. 당신이 모유수유에 어려움을 겪고 있다면 결코 혼자가 아니라는 사실을 기억해라. 모유수유는 많은 연습을 필요로 하므로 어려움을 겪고 있다면 전문가의 조언을 구하거나 모유수유를 하는 엄마들과 대화해볼 것을 추천한다. 그러나 **모유수유를 성공적으로 해내고 이 일이 자연스럽고 편한 일이 되기까지는** 몇 주가 걸릴 수도 있기 **때문에** 무엇보다 최대한 인내해야 한다. 육아의 여러 업무들 중 우주 최강의 끈기가 필요한 부분이 바로 모유수유 마스터 과정이니 힘을 내도록 하자!

엄마들이 모유수유를 할 때 직면하게 되는 흔한 어려움이나 문제, 그리고 이를 해결할 수 있는 방안은 다음과 같다.

(1) 모유 부족

모유가 부족하거나 부족할 수도 있다는 두려움은 엄마들이 모유수유를 포기하는 주요 원인 중 하나다. 하지만 아기의 빠는 자세가 좋고 적절한 간격이 유지된다면 대부분의 엄마들은 아기를 먹일 수 있을 만큼 모유를 충분히 생산할 수 있다. 당신이 충분한 모유를 생산할 수 있다는 증거는 다음과 같다.

모유량이 충분한지 알 수 있는 지표들

· 아기가 24시간마다 6~8번 정도 용변을 본다.
· 아기가 매우 어린 경우 매 수유 이후, 혹은 두 차례 수유 이후 용변을 본다.
· 아기의 똥이 부드럽고 매끈하다.
· 아기의 피부 색깔이 좋고 근긴장도가 좋다.
· 아기가 깨어났을 때 정신이 맑고 먹을 것을 계속해서 요구하지 않는다.
· 아기가 살이 찌며 키가 자라고 있다.

아기의 몸무게를 잴 때는 유전적인 요소를 같이 고려해야 한다. 만약 당신과 당신 배우자의 키가 크지 않다면, 당신의 아기의 키가 클 확률은 낮다. 그러나 아기가 꾸준히 살이 찌고 있는 한 아무런 문제는 없다.

아기가 수유 때 마시는 모유의 양에 영향을 줄 수 있는 요인들이 또 있는데, 바로 (1) 아기가 엄마 젖을 취하는 자세와 (2) 아기가 젖을 무는 자세다. 아기가 모유를 잘 마실 수 있도록 이 두 가지 자세가 잘 취해지고 있는지 확인해야 한다.

① 수유 자세

좋은 수유 자세는 모유수유 성공의 핵심이라 할 수 있다. 좋은 수유 자세의 기본은 아기를 엄마의 가슴 높이까지 제대로 올리는 것이다. 또한 아기의 몸 전체가 엄마의 젖을 향하도록 안거나 돌돌 말은 수건으로 지지해줘야 한다. 이때 아기의 귀와 어깨와 엉덩이는 일직선을 이루도록 자세를 취해준다. 아기의 배가 엄마의 배를 향해 있어야 한다. 아기의 배는 하늘을 보고 아기의 목만 엄마 쪽으로 돌려서 젖을 물리게 하는 것이 아니라는 뜻이다.

아기의 머리 위치는 엄마의 젖꼭지 높이와 비슷하거나 약간 낮아야 아기가 제대로 유륜 전체를 물 수가 있다. 이때 아기의 위치를 제대로 잡아준 뒤, 젖을 아기 입속에 제대로 넣어주어야 한다. 엄마의 몸을 기울여서 젖을 아기 입에 물리는 방식은 엄마가 자세를 잡기가 너무 힘들고 몸이 상하게 되어 있다. 쿠션과 의자, 발받침대 등 엄마의 위치를 잘 잡을 수 있도록 보조 기구들을 활용해 몸의 부담을 줄여야 한다.

요람 자세

가장 대표적인 수유 자세는 요람 자세와 풋볼 자세이다. 두 자세를 번갈아가며 취해서 아기가 어떤 자세에서 더 잘 먹는지 관찰해보자.

요람 자세는 왼쪽의 그림을 참고해보자.

아기의 머리가 엄마의 팔꿈치 부근에 온다.

풋볼 자세는 아기를 옆구리에 끼고 수유하는 모습에서 '풋볼 자세'라는 이름이 붙여졌다. 유방이 크거나, 편평(또는 함몰)유두, 즉 유두가 작거나 짧은 산모에게도 좋다. 쌍둥이 엄마들의 경우 동시에 두 아이를 수유할 수 있어 유용하다. 제왕절개 수술로 출산한 엄마에게도 좋은 자세로, 수술 부위에 아기의 체중이 실리지 않아 통증 없이 편안하게 수유할 수 있다. 풋볼 자세에서는 아기가 더 깊숙이 젖을 물 수 있기 때문에 수유에 효과적이다. 그래서 특히 미숙아나 빠는 힘이 약한 아기들에게는 효율적이지만 사출이 심한 경우에는 권하지 않는다.

풋볼 자세

풋볼을 옆구리에 끼듯 아기의 머리를 손으로 받쳐 엄마의 팔 아래로 몸체가 오게 하고 아기의 몸이 일자가 되게 하여 평행이 유지되도록 수유쿠션, 돌돌 만 수건 등을 이용하여 지지해준다. 요람 자세와 풋볼 자세로 수유하면 유방의 유선 상하좌우가 골고루 빨리게 되어 유방 트러블이 예방된다.

누워서 수유하는 자세

처음 요람 자세나 풋볼 자세를 취할 때, 아직 회복이 덜 된 산모의 몸에 무리가 가지 않도록 손목 아대나 수유쿠션, 등쿠션, 발 받침대 등을 잘 활용해서 자신에게 그나마 편한 자세를 찾아 익숙해지는 것이 중요하다.

누워서 하는 수유는 엄마의 몸이 안 좋거나 각자가 처한 상황에 따라 적절하게 활용해볼 수도 있겠지만, 잠 습관(누워서 수유를 하게 되면 아무래도 먹-잠 연관에 빠지기 더 쉽다)에도 위험한 부분이 있고, 중이염에 걸릴 확률도 커지니 웬만하면 자제하는 것이 좋다.

산후 회복이 덜 됐거나 밤중수유 시에 엄마가 편안하게 수유하기 위해 활용해볼 수 있긴 한다. 눕수(누워서 하는 수유)를 간간이 활용한다 하더라도 눕수로 인해 빠질 수 있는 덫은 피해가야 한다.

엄마는 옆으로 눕고 유두와 마주 보도록 아기를 눕혀서 수유한다. 아기가 엄마

쪽으로 몸을 향할 수 있도록 수건이나 작은 베개로 아기의 등 뒤를 받쳐준다. 이 자세는 아기가 수유 중에 쉽게 잠이 들기 때문에 트림을 못하고 자는 경우가 많다. 그래서 아기가 자고 일어났을 때 속이 불편해 보이는 경우도 있으니 이 점도 유의하도록 하자.

② 올바르게 젖 물리기

아래의 잘못된 젖 물리기 예시 그림처럼 유두만 얇게 물리면 유두에 상처가 난다. 아기가 유륜까지 깊숙이 물었을 때 아기의 위아래 입술은 알파벳 K자 형태가 된다.

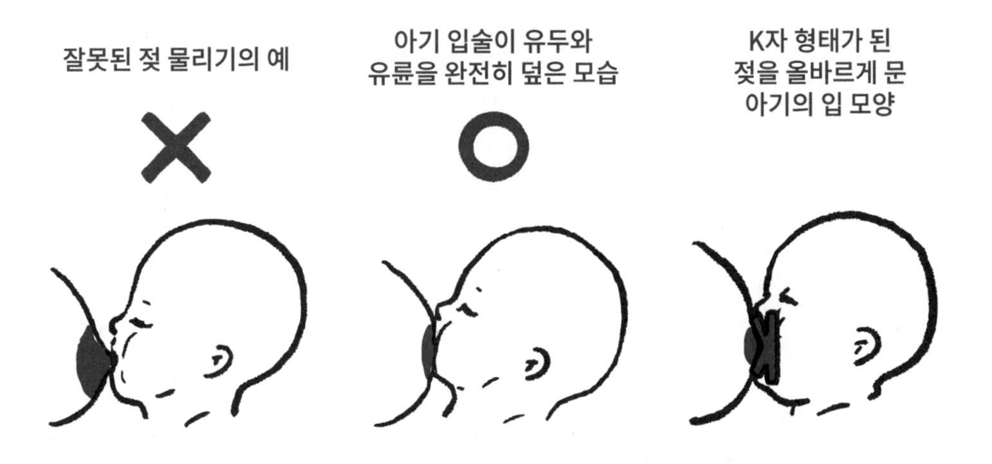

아기의 입을 벌리게 하기 위해 유두로 아랫입술을 자극하거나 입 주변을 톡톡 두드려볼 수 있다. 아기의 턱은 유방에 닿게 하고 유두를 아기 입천장을 향해 넣고 유륜이 안 보일 정도로 아기 입에 깊이 넣고 빨게 한다. 슬로 모션으로 설명하자면 아기의 아랫입술과 엄마의 유륜 아랫부분을 잘 맞춰서 아기가 입을 크게 벌렸을 때 앙~ 하고 넣는다.

올바르게 젖 물리기

지금까지 수유 자세와 올바른 젖 물리기 방법에 대해 알아보았다.

만약 당신이 정말로 모유를 충분히 생산해내지 못하고 있다는 생각이 든다면, 더 자주 먹임으로써 수유하는 양을 늘릴 수도 있다. 이를테면 24~48시간 동안 2시간에 한 번씩 수유를 해본다. 또한 젖을 교대하기 전에 아기가 첫 번째로 물린 쪽의 젖을 다 비웠는지 확인한다. 너무 빨리 교대하면 당신의 뇌는 모유를 많이 만들 필요가 없다는 메시지로 받아들여서 모유 생산량을 줄이게 된다. 더불어서 모유 생산량을 늘리기 위해 유축을 해볼 수도 있고, 전문가에게 마사지를 받아볼 수도 있다. 이 부분은 가능하다면 주변의 도움을 받아라.

로리의 컨설팅 Tip

모유수유 중인 아기이고, 생후 5일이 경과한 상황이라면, 아기가 젖을 잘 먹고 있는지 확인하기 위해 아래의 사항들을 점검해본다.

① 가슴에 모유가 잘 채워지고 있다.
② 아기가 젖을 먹으며 목구멍으로 넘기는 소리를 지속적으로 듣고 있다.
③ 하루에 최소 6~8개의 쉬 기저귀를 본다.

④ 젖을 먹은 뒤 아기의 변이 노랗게 변했다.

⑤ 아기가 2~3시간 간격으로 먹기 위해서 스스로 깨기 시작했다.

⑥ 젖을 먹은 뒤 아기의 표정이 만족스러워 보인다. 적극적으로 먹고, 다 먹은 뒤에는 긴장을 풀 듯 휴식을 취하는 모습을 보인다.

기억할 점은, 아기는 반사적으로 빤다는 것이다. 그렇기 때문에 아기가 계속 젖을 빤다고 해서 그것이 여전히 배고프다는 것을 의미하지는 않는다. 만약 아기가 유륜까지 잘 물지 못해 젖을 잘 빨지 못하고 그로 인해 엄마에게도 모유 생산 자극을 제대로 주지 못한다면 유축을 해서라도 모유를 돌게 만들어야 한다. 24시간 안에 8번은 자극을 줘야 한다. 아기가 젖을 올바르게 빠는 방법을 익히기 위해서는 계속 엄마와 꾸준히 연습하는 수밖에 없다.

(2) 모유 과잉 및 젖몸살

엄마들이 처음 모유수유를 시작할 때 모유 과잉 문제를 겪기도 한다. 이는 보통 6주가 되면 해결되지만, 초기의 젖몸살은 아기가 젖을 물 때 문제를 일으킬 수 있다. 젖이 가득 차고 유방이 단단해지면 젖꼭지가 납작해져서 아기는 젖을 무는 데 어려움을 겪는다. 이를 해결하는 방법은 모유를 조금 분비시켜서 유방을 부드러워지게 만들어 아기가 젖을 잘 물 수 있게 하는 것이다. 손으로 컵이나 천에 젖을 짜낼 수도 있지만 그것이 어렵다면 유축기를 사용해서 유방이 약간 부드러워질 때까지 모유를 조금 짜낸다.

또한 사출로 인해 모유가 너무 빠른 속도로 나오면 아기 스스로 입을 뗄 수도 있다. 모유의 사출 속도가 너무 빨라서 아기가 젖에서 입을 뗀다면, 사출이 멈출 때까지 모유를 짜낸 후 다시 아기에게 젖을 물린다. 그렇게 하면 아기가 젖을 물 때 유즙의 분비 속도가 더 일정해져서 아기가 젖을 더 쉽게 먹을 수 있다.

다른 쪽 가슴을 물리기 전에 아기가 전유(처음에 나오는 모유)를 다 마시고 지방 등 영양이 가득한 후유(뒤에 나오는 모유)를 마실 수 있게 하는 것도 중요하다. 너무 빨리 다른 쪽 가슴을 물리면 아기는 양쪽 가슴에서 나온 전유만 마시게 된다. 지방이 많은 후유를 한 방울도 마시지 않으면 아기는 유당(젖당)을 과도하게 섭취하게 되는데, 이는 아기에게 복통을 유발하고 가스를 차게 만들고 거품기가 낀 용변을 보게 만든다.

(3) 유두 통증

유두 통증은 모유수유를 시작할 때 흔히 겪는 문제다. 이 문제는 아기에게 젖을 제대로 물리면 해결할 수 있다. 젖꼭지가 갈라지는 주요 원인은 아기에게 제대로 된 방법으로 젖을 물리지 않아서다. 물론 어떤 여성들은 매우 민감한 젖꼭지를 가지고 있으며 아기를 올바른 자세로 수유할 때도 심한 통증을 느낄 수 있다. 그러나 가능하면 젖꼭지가 아파도 계속 수유를 하고, 가급적 정해진 수유 시간을 놓치지 않도록 해야 한다.

유두 통증을 완화시키는 방법 중 하나는 유방에 따뜻한 천을 대거나 따뜻한 샤워를 하며 따뜻한 물을 가슴에 흐르게 하는 것이다. 또한 짜낸 모유를 젖꼭지에 문지르면 젖꼭지가 부드러워지고 빨리 회복된다. 종이컵을 잘라서 유두에 얹어 테이프로 붙여서 아픈 유두가 옷에 닿지 않도록 해주며 유두 크림이나 연고를 발라둔다.

유두 보호기인 니플 쉴드(nipple shield)를 잠시 사용해볼 수도 있지만 모유수유를 성공적으로 안착시키려면 결국엔 니플 쉴드 없이 적응시키는 편이 좋다. 니플 쉴드를 계속해서 착용하게 되면, 모유수유의 장점 중 하나인, 다른 외부 장치 없이 내 몸을 수유에 바로 이용함으로써 얻어지는 편의성이 사라진다. 오히려 수유를 하기 위한 절차가 더 복잡해지고 일거리가 늘게 되니 아주 문제가 되는 경우가 아니라면 아기를 내 본래의 유두에 적응시키는 것을 목표로 하자. 연습을 꾸준히 하다 보면 아기는 결국 엄마의 가슴 그 자체에 적응하게 되어 있다.

수유를 할 때는 덜 아픈 쪽으로 먼저 수유하고 수유 자세를 다르게 시도해보자. 젖꼭지가 상처로 짓무르지 않도록 건조하게 유지한다. 꽉 끼는 브래지어나 옷은 입지 말고, 가능한 한 오래도록 가슴을 공기에 노출시키자. 방문객이 있으면 이와 같은 처방들을 수행하기가 어려우므로 산후 초기에는 손님의 방문을 더더욱 컨트롤해야 한다. 만약 유두 통증이 심해지거나 며칠이 지나도 차도가 없다면 수유 전문가로부터 도움을 받거나 병원이나 보건소에 상담을 요청하자.

(4) 유방염

유방염은 갈라진 유두나 피부, 또는 유관을 통해 박테리아가 유방에 들어가서 발생하는 유방 조직의 감염이다. 단, 유두 통증이 있다고 해서 반드시 유방염에 걸린 것은 아니다. 유방염의 증상은 다음과 같다.

유방염의 증상

· 가슴이 부드러워진다.

· 가슴을 만져보면 따뜻하거나 뜨겁다.

· 가슴이 부어오른다.

· 전반적으로 몸이 좋지 않다.

· 통증, 오한, 발열, 피로 등 감기와 유사한 증상들이 나타난다.

유방염을 치료하는 일반적인 방법은 항생제이므로 유방염이 의심된다면 하루 빨리 근처 병원에서 진찰을 받아보자. 때로는 24시간 후에 증상이 사라지거나 완화되기도 하므로 항생제는 하루 정도 기다렸다가 먹는 것이 좋지만, 자세한 내용은 병원 진찰을 통해 안내받도록 하자.

만약 유방염에 걸렸다면 가장 좋은 치료법은 아기에게 계속 수유를 하는 것이다. 수유가 너무 고통스럽다면 모유를 짜내거나 유축을 해서 생산량을 맞춰두다가 최대한 빨리 수유를 재개하도록 한다. 이외에 도움이 될 수 있는 사항은 다음과 같다.

유방염 극복에 도움이 되는 것들

· 온찜질을 하고 유방을 부드럽게 마사지하기.

· 너무 조이지 않는 편안한 속옷 착용하기.

· 잠을 푹자고 물 많이 마시기.

· (모유수유 하는 엄마들이 복용할 수 있는) 진통제를 복용하고 휴식 취하기.

(5) 유관 막힘

유선이 막히면 수유를 할 때 아기가 말썽을 피울 수 있다. 유관이 경화돼서 모유의 흐름이 막히기 때문이다. 보통 유관이 막히면 유방에 딱딱한 혹이 느껴지지만, 유관 경화가 있는 쪽으로 계속 수유한다면 유관 경화는 24~48시간 이내에 해결될 것이다. 아기가 젖을 빠는 것이 유관 막힘을 해소하는 가장 좋은 방법이기 때문이다. 수유하면서 아기의 턱을 막힌 쪽으로 향하게 하자. 또한, 막힌 쪽에 열을 가하고 마사지를 해도 좋다.

유축과 모유 보관법

유축은 오랫동안 아기에게 수유하기 위한 좋은 방법이다. 또한, 유축을 잘 활용하면 2~3시간 내에 다시 수유 업무에 투입되어야 했던 것보다 긴 시간 동안 아기와 떨어져 휴식을 취할 수도 있다. 다른 양육자가 유축해둔 모유를 젖병에 담아 먹일 수 있다면 엄마는 꽤 오래 잠을 잘 수 있다. 엄마가 아파서 직수를 하면 안 되는 상황에 처했을 때도 평소에 유축을 부지런히 하여 냉동된 모유를 쟁여두었다면 큰 도움이 된다.

유축을 해서 젖병에 담아 먹이는 것은 이와 같은 장점이 있지만, 어디까지나 엄마의 모유 생산량이 안정되고 아기가 젖을 제대로 물 수 있게 된 뒤에 유축을 하는 것이 좋다. 초반에는 모유직수(직접 수유)를 권한다. 즉, 생후 2~3주 정도 기다렸다가 유축을 해서 젖병에 담아 먹이는 것을 시도하기를 권장한다.

유축에는 손으로 짜내는 것과 유축기로 짜내는 것의 두 가지 방법이 있다. 유축기를 활용하는 것이 더 효율적이고 빠르지만, 만약 모유 생산량이 많다면 손으로 짜내는 것이 효율적일 수도 있다. 유축기도 수동과 전동 방식으로 나뉜다. 수동보다는 전동 유축기가 유축 시간도 짧고, 동시에 양쪽 가슴에서 짜낼 수 있어 효율적이다. 휴대성이 좋은 유축기도 있으니 상황에 맞는 것으로 준비하자.

유축을 시작할 때는 모든 장비를 소독하고 손을 씻었는지 확인해야 한다. 그리고 조용하고 편안한 자세로 앉는다. 손으로 짜기 시작해서 사출 단계까지 갈 수도 있고 펌프를 바로 사용할 수도 있는데, 유축기를 바로 사용할 경우 흡입력이 부드러운지 확인해야 한다. 펌프의 흡입력이 너무 강하면 피부가 긁히고 갈라질 수도 있다.

어떤 엄마는 사출에 도움이 되기 때문에 아기의 사진을 보거나 아기를 생각하는 것을 좋아하기도 한다. 어떤 방법을 사용하든 편안한 분위기에서 유축하도록 하자.

유축한 모유의 보관 및 해동 방법 팁

유축 모유 보관 기간

· 상온(24도 이하): 8시간 동안 보관 가능.

· 냉장고: 5일까지 보관 가능.

(냉장고 안에서 가장 온도가 낮은 뒤쪽에 보관할 것)

· 냉동실: 최장 3개월까지 보관 가능.

유축 모유 보관 시 유의 사항

· 용기나 냉장고의 냄새를 모유가 흡수할 수 있으므로 소독을 완료한 냄새가 나지 않는 용기를 사용하고, 뚜껑이 있는 용기를 사용한다.

· 모유를 냉동 보관할 경우, 모유가 얼면서 팽창하므로 용기의 위쪽에 공간을 조금 남겨둔다.

· 하나의 용기나 팩에 적은 양(50ml 정도)을 냉동한다. 너무 많이 냉동하면 아이가 다 먹지 못해 아까운 모유를 버리게 된다.

냉동한 유축 모유 해동법

· 냉동한 모유를 해동하기 위해서는 하룻밤 정도 냉장고에 넣어두거나 따뜻한 물(뜨거운 물)에 담가둔다. 상온에서 해동시켜도 괜찮다. 전자레인지 해동은 금지다.

· 해동한 후에 데우지 않았다면, 4시간 안에 사용하거나 24시간 동안 냉장고에 보관할 수 있다.

· 해동한 후 데웠다면 냉장고에 4시간만 보관해야 한다.

· 해동한 모유를 아기에게 먹이기 전에 부드럽게 휘저어서 분리되어

위로 떠오른 모유 안의 지방과 수분을 골고루 섞어준다. 이때 마구 흔들어 거품이 나게 만들지 않는다.

모유, 얼마나 먹여야 할까?

이 시기 아기는 2~4시간마다 젖을 먹을 수 있다. 수유 간격이 2시간보다 짧아지면 소화 등에 있어 문제를 일으키게 되므로 권하지 않는다. 수유 시간(먹는 시간)은 아이마다 다르지만 대개 신생아들은 40분~1시간 정도면 몇 시간 동안 먹지 않고 버틸 수 있는 양을 마실 수 있다.

분유수유는 모유수유보다 먹는 시간이 덜 걸리는 편이다. 분유를 벌컥벌컥 들이켜거나 너무 빨리 마시면 복통을 유발하고 배에 가스가 찰 수 있기에 분유수유를 할 때는 너무 빨리 마시지 않게 하는 것이 중요하다. 반드시 신생아용 젖꼭지를 사용하고, 아기가 분유를 벌컥벌컥 들이켠다면 20ml를 먹었을 때마다 수유를 멈추고, 다시 먹이기 전에 아기를 일으켜 세워서 트림시킨다.

어떤 아기들은 어렸을 때 하루 종일 잠만 자기도 한다. 이런 아기들은 너무 오래 자서 수유 시간을 놓치지 않도록 하는 것이 중요하다. 신생아는 24시간 동안 최소 6번 수유를 해야 하므로, 아기가 너무 오래 잔다면 깨워서 4시간마다 수유를 할 수 있도록 한다. 황달을 앓은 아기들은 다른 아기들보다 더 오래 잘 수도 있으므로 아기가 몇 번 젖을 먹었는지 기록하고 체크해야 한다. 또한 한 번 수유할 때 아기가 제대로 먹었는지, 얼마나 먹었는지도 확인해야 한다.

신생아를 모유수유 할 때 아기가 모유를 충분히 먹게끔 하기 위해 처음에는 20분 동안 빨게 하는 것을 원칙으로 삼아본다. 아기는 멈췄다가 빨다가 할 수 있으므로 실제 식사 시간인 20분을 다 채우기까지는 총 1시간 정도 걸릴 수도 있다. 이 과정에서 아기가 수유 도중에 잠들어버려, 먹기 위해 빨아야 하는 시간인 20분을 다 채우지 않았다면 아기를 깨워서 수유를 제대로 마무리하는 것이 중요하다. 이는 모유수유 초반에 한정된 조언이고, 이후에는 성별이나 아기의 빠는 힘과 방법에 따라 저마다 양껏 먹는 속도가 다르다.

로리의 컨설팅 Tip - 모유수유를 하는 엄마가 먹어야 할 음식

모유수유를 하는 엄마라면 수유 기간 동안에는 음식을 가려 먹는 것이 좋다. 엄마의 배에 가스를 차게 만드는 음식은, 아기의 배에도 가스를 차게 만든다는 사실을 유념하자. 브로콜리, 콜리플라워, 콩류, 튀긴 음식, 가공식품, 자극적이거나 맵고 짠 음식 등을 주로 조심하면서 저포드맵(Low FODMAPs) 식사를 하는 것이 좋다. 고포드맵(High FODMAPs) 음식은 복부팽만감, 더부룩함, 가스를 유발할 수 있으므로 체크해본다. 그 외에 유당불내증이나 밀가루(글루텐)에 알레르기가 있다면, 우유와 빵류도 조심해야 한다.

모유수유를 하는 엄마는 음식뿐만 아니라 물도 충분히 마셔야 한다. 가능하다면 하루에 2.5ℓ 정도 마시는 것을 권장한다. 질 좋은 야채와 과일도 잘 챙겨 먹어 비타민도 섭취해야 하지만, 가스를 차게 만드는 야채들은 조심해야 한다.

수유 도중에 아기가 잠들면?

수유하는 동안 아기를 깨어 있는 상태로 유지하는 것, 만일 아기가 수유 도중 잠들었을 때 깨우는 것은 꽤 어려운 일이다. 만일 이런 문제로 곤란하다면 수유를 잠시 멈추고 5분간 잠자게 한 뒤, 다시 깨워서 수유를 이어갈 수도 있다. 아기를 깨우는 가장 좋은 방법은 기저귀를 가는 활동이다. 기저귀를 갈기 위해 옷을 벗기고 기존에 차고 있던 기저귀를 풀어주면 아래의 시원한 자극과 접촉들 때문에 아기가 자연스럽게 잠에서 깰 수 있다. 이런 까닭으로 아이에게 수유를 시작하기 위해, 잠에서 깨운 직후에 바로 기저귀를 갈아주기보다는 수유하는 도중 아기가 잠들기 시작할 때 갈기 위해, 기저귀 가는 것을 미뤄도 좋다.

수유 도중에 잠든 아기를 깨우는 다른 방법은 기저귀를 갈기 전이나 후에 아기를 세워 안거나, 앉힌 자세로 트림을 하게 해서 아기가 정신이 번쩍 들게 만들어보는 것이다. 이러한 방법들을 사용해 잠드는 아기를 깨워가며 수유를 계속 시도해볼 수도 있다. 이때 유의할 사항이 있다. 수유 시간은 1시간 이상 지속되어서는 안 된다. 앞에서도 이야기했지만 이 시기의 아기들은 깨어 있는 시간이 1시간 이상 이어지면 피로를 느끼게 된다. 이때 다시 잠을 재우지 않으면 적절한 수면 시점을 놓치게 된다. 만일 분유수유를 하고 있어서 수유하는 데 1시간이 채 안 걸린다면, 남은 시간 동안에는 아기와 대화를 하거나 교감을 나누도록 하자.

분유수유

분유수유도 모유수유처럼 알아두어야 하는 정보들이 적지 않다. 방법의 차이일 뿐, 우리 아기에게 영양을 공급하는 방법이라는 점에서는 본질적으로 다르지 않기 때문이다. 우선 분유수유를 하기로 결정했다면 어떤 분유를 먹일지 선택해야 한다. 시중에는 수많은 종류의 분유가 있는데 그중에서 양육자의 판단 기준(영양 성분, 가격, 아이의 건강 상태)에 따라 우리 아기에게 가장 적합하다고 판단되는 분유를 선택해 수유를 시도해본다.

이때 아기가 특정한 분유를 별로 좋아하지 않는다면 다른 분유로 수유를 시도해보되 이전에 고른 분유도 너무 빨리 포기하지는 말고, 충분히 제대로 먹여보도록 한다. 아기가 많은 양의 분유를 토해내고 복통이 있고 방귀를 끼듯 용변을 본다면, 그 분유는 아기에게 안 맞을 가능성이 높다. 분유수유를 할 때는 모유와 달리 온도 조절이 중요하다. 온도를 확인하는 가장 좋은 방법은 손목 안쪽에 미량의 분유를 떨어뜨려보는 것이다. 분유는 따뜻해야 하지만 뜨거워서는 안 된다.

똑게 수유량 점검 공식

분유수유처럼 젖병으로 먹이는 경우라면 정확한 수유량을 파악할 수 있으므로 아기가 하루에 먹으면 좋을 양을 계산하는 공식이 있는데, 해외에서 기준으로 제시하는 양은 우리나라에서 사용하는 측정 단위와 달라서 계량이 헷갈릴 수 있다. 이런 경우, 아래의 내용을 참고하여 두 번의 변환을 거쳐야 한다.

1oz(온스)=30ml

1lb(파운드)=0.45kg

주로 해외에서는 몸무게는 파운드(lb) 단위로, 먹는 양은 온스(oz) 단위로 계산한다.

위 기준에 따르면, 아기 몸무게 1파운드당 2.5배를 곱하면 아기가 먹어야 할 양인 온스가 계산된다.

예를 들어 아기의 몸무게가 7lb(=3.15kg)라면, 먹어야 할 분유량은 7×2.5=17~18oz가 된다. 하루에 8번을 수유를 한다고 생각하면, 한 번에 적어도 약 2oz 정도 먹어야 한다. 다음은 내가 만든, 한국식 계량 단위에 맞춰 아기가 하루에 먹어야 하는 양을 ml로 변환하는 공식이다.

아기가 하루에 먹어야 하는 양 계산 공식

아기 몸무게(kg) × 2.2 × 2.5 × 30ml
= 아기 몸무게(kg) × 5.5 × 30ml
= 아기 몸무게(kg) × 165ml

《똑게육아 올인원》에서는 편의를 위해 아기 몸무게에 150ml를 곱하는 것으로 서술했다. 실제로 영유아 수면 컨설팅 업계에서 150ml를 곱하는 것으로 계산하는 경우도 많이 있다. 아래는 계산의 편의를 위해 아기 몸무게 1kg당 150ml를 곱하는 것으로 만든 똑게 수유량 점검 공식이다.

똑게 수유 가이드

아기 나이	1회 수유량	하루 수유 횟수
생후 1주까지	30~90ml	8번
1~2주까지	(아기 몸무게 × 150ml) ÷ 수유 횟수	8번
2~4주까지	(아기 몸무게 × 150ml) ÷ 수유 횟수	7~8번
4~6주까지	(아기 몸무게 × 150ml) ÷ 수유 횟수	6~8번
6~8주까지	(아기 몸무게 × 150ml) ÷ 수유 횟수	6~7번
8주~ 이유식 시작 전	(아기 몸무게 × 150ml) ÷ 수유 횟수	5~6번

아기에 따라 성향이 달라서 어떤 아기들은 더 배고파한다. 그래도 한 번 먹일 때, 초반에는 60~75ml를 넘기지 않는 것을 권한다. 너무 많이 먹이면, 속에 가스가 차고 불편할 수 있다. 아기가 먹은 양을 소화하기도 버겁다.

로리의 컨설팅 Tip

앞의 공식에서도 알 수 있듯이 사실 수유량은 아기의 몸무게와 관련이 있다. 그래서 아기 몸무게 1kg당 150ml를 곱해서 수유 총량을 계산해볼 수 있는 것이다. 그렇게 총량을 계산한뒤, 하루에 수유해야 하는 횟수를 알게 되면 1회당 수유량도 가늠할 수 있다. 하지만 이 타이밍에 혹시나 해서 다시 한 번 거듭 말한다. 한 회당 수유량은 기계처럼 매회 딱딱 맞아떨어지는 것이 아니다. 유독 다른 회차보다 더 잘 먹는 회차가 있으니 그것도 잘 관찰하여 파악해보면 좋다. 밤에 수면교육을 잘 시켜나가면 아기의 장도 건강해지고, 보통 '아침 첫 수유' 때 제일 잘 먹는다.

- 생후 한 달간 수유량 평균치: 한 회당 90~120ml

생후 1개월에 근접했을 때는 한 회당 수유량이 최소한 120ml는 되어야 하고, 수유 간격은 예측 가능하게 4시간 간격으로 일구어나가면 좋다.

아기는 자신에게 필요한 양을 자신의 식욕에 따라 먹을 것이다. 그래서 위와 같은 가이드라인을 볼 때는, 가이드라인에 제시된 양에 아이를 맞추려고 하기보다는 해당 내용은 참고만 하고 우선적으로는 내 아이를 관찰하는 것이 중요하다. 물론 평균치를 기준으로 상향치와 하향치의 범위를 알고 있는 것은 적정한 양의 수유에 상당한 도움이 된다.

생후 1개월 동안 회당 수유량이 90~120ml 정도 된다면, 아기는 보통 만족을 하게 된다. 이 양을 한 달이 경과할 때마다 30ml씩 증가시켜서, 최대 한 회당 수유량을 210~240ml까지 늘려간다. 만약 이 범주보다 아기가 더 많이 먹고 싶어 하거나 적게 먹고 싶어 한다면, 소아과에 갔을 때 전문의에게 상담을 받으면 좋다.

잘 먹는 것이 중요하긴 하지만, 소아 비만도 아기의 건강한 성장 발달에 문제를 일으키므로 너무 많이 먹이는 것은 아닌지도 체크해봐야 한다. 그런데 사실 컨설팅을 해보면, 모든 경우 '안 먹어서 걱정'이지 '많이 먹어서 걱정'인 경우는 없었다. 그래도 이 수준을 넘어가면 소아 비만이 우려된다는 수유량 수치가 있기는 하다. 24시간 안에서 960ml 이상 먹지는 않아야 한다.

아기가 젖이나 젖병을 계속 빠는 것을 보고 양육자가 이것을 배고픔으로 착각하는 경우도 있는데, 앞에서도 이야기했지만 빨기는 아기들의 본능적인 욕구다. 특히나 어떤 아기들은 빠는 욕구가 더 높을 수도 있다. 따라서 수유를 만족스럽게 한 후에 그저 공갈젖꼭지를 빨고 싶어 하는 것일 수도 있음을 기억하자.

마지막으로 가장 중요한 것은 모유수유를 하건 분유수유를 하건 간에 아기들 저마다의 먹고자 하는 욕구는 모두 특별하다는 사실이다. 어떤 가이드라인도 정답이 아니다. 어떤 가이드라인도 당신의 아기가 정확히 이만큼, 이 정도의 빈도로 먹어야 한다고 말해주기 어렵다. 말 그대로 최소/최대의 범위를 알려주는 '가이드라인'이니 참고만 하자. 즉, 우리 아기에게 적정한 수유량도 아기와 엄마가 처음에 수유의 합을 맞출 때처럼 서로 관찰하고 탐색하는 과정을 거치며 기꺼이 즐겁게 파악해나가야 한다.

먹이고 난 뒤도 중요하다

(1) 트림시키기

아기의 소화계는 아직 미숙하기 때문에 수유할 때 삼킨 모든 가스를 뱉어내기 위해서는 도움이 필요하다. 대개 모유수유를 한 아기들은 분유수유를 한 아기들만큼 트림을 많이 하지는 않지만 항상 예외는 있기 마련이다. 모유수유를 한 아기들이 엄청나게 큰 트림을 하기도 한다. 아기가 젖이나 젖병을 물고 있을 때 말썽을 피운다면 트림을 하게 해줘야 하며, 이 트림 과정은 수유 후 5~10분 혹은 20분이 소요될 수도 있다. 아기가 수유 직후에 울거나 힘들어 한다면 가장 먼저 확인해야 하는 것이 바로 트림이 잘 되었는지 여부다.

아기가 다음과 같은 모습을 보인다면 트림이 필요하다는 신호다.

트림이 필요하다는 신호

· 아기의 혀가 입천장의 윗부분으로 올라가 있다.

· 다리를 편다.

· 수면을 위한 진정을 하지 않는다. 또는 진정한 후 10분 뒤에 깨어난다.

· 아기 자신의 힘으로 설 수 있을 것만 같이 몸에 단단한 힘을 준다.

· 눈알을 뒤로 굴린다.

· 웃는 것처럼 보인다.

· 수유할 때 소란스럽다.

· 입술이 자주색으로 변한다.

수유가 끝나면 설령 아기가 잠이 들었다고 해도 깨워서 트림을 시켜야 한다. 아기를 조심스럽게 똑바로 앉히고 트림이 나올 때까지 기다려본다. 똑바로 앉히고 5분이 지났는데도 아무 일이 없다면, 이번엔 트림을 안 할 수도 있다고 생각해도 된다. 아기를 똑바로 앉혔는데 아기가 꿈틀거린다면 트림을 하려는 것이라 봐도 된다. 수유를 한 후 아기를 똑바로 앉힌 후 아기가 꿈틀거림을 멈출 때까지 진정시키도록 한다. 수유 후에는 가능한 한 아기에게 트림할 수 있는 기회를 많이 주는 것이 좋다.

트림을 시켜줘야 하는 경우

· 모유수유일 경우, 다른 쪽 가슴으로 옮길 때.

· 분유수유일 경우, 젖병에 담아준 분유를 반 정도 먹었을 때.

· 수유의 마지막에.

· 일정 시간 동안 놀이 매트에 내려놓았거나 욕조에 있을 때.

· 바닥에 내려놓았는데, 아기가 먹은 것이 입 밖으로 흘러내릴 때.

· 아기가 먹고 있다가 잠에 취한 것처럼 보일 때.

· 수유를 하는데 먹는 것이 느리고 뜸을 들이는 경우, 아기가 공기를 삼키고 있는 건 아닌지 체크해야 한다. 공기가 아기의 위장 속의 여분의 공간을 차지하면 아기가 배부르다고 느낀다. 이때 트림을 시키면 아기 위장 속 공기가 빠져나가 아기는 그 후 더 많은 모유나 분유를 양껏 먹을 수 있다.

수유 직후는 아니지만 아기가 다음과 같은 증상을 보인다면 트림을 시켜야 하는 것이 아닌지 확인해봐야 한다.

트림이 필요한 것은 아닌지 점검해봐야 하는 경우

· 아기가 잠자리에서 진정하지 않을 경우. 또는 아기가 진정하고 잠들었는데 10~15분 후에 깨어나는 경우.

· 외출 시 카시트나 유모차에 앉히기 전, 아기들이 몸을 구부리는 경우.

· 아기가 신경질적으로 울고 난 경우.

(2) 올바르게 트림시키는 법

수유를 마쳤다면 아기를 무릎에 앉히거나 어깨 위로 들어 올리고 아기가 트림할 때까지 기다린다. 트림이 나오게 만들기 위해서는 아기의 등을 두드리는 것만이 중요한 것이 아니다. 이때 정말 필요한 것은 트림이 나올 수 있는 자세를 취하는 것이다. 자세를 잘 취한 뒤, 아기의 등을 부드럽게 쓰다듬어주면 아기가 편안함과 안정감을 느낄 수 있다.

(3) 유용한 트림 자세

아기를 트림시킬 때 유용한 네 가지 자세를 알려주겠다. 다음의 자세들을 직접 해보면서 아기에게 가장 효과적인 자세를 찾을 수 있을 것이다. 이 자세들의 공통점은 아기의 등을 쓰다듬으면서 아기의 배를 약간 압박한다는 것이다. 이와 같은 트림 과정은 수유하는 동안, 아기의 상황에 따라서, 또는 아기가 먹는 효율에 따라서 1~3번 정도 해야 할 수도 있다. 분유수유를 하는 아기는 30~60ml를 마실 때마다 트림을 해야 하며, 모유수유를 하는 아기는 한쪽 가슴의 수유를 마친 후 트림을 시키고 다른 쪽 가슴 수유를 하는 것이 좋다.

만일 다음의 자세들 중 한 자세를 취했는데 아기가 몇 분 후에도 트림을 하지 않는다면, 계속 수유를 하기보다는 트림하는 자세를 바꿔본다. 트림할 때 아기가 먹은 모유나 분유를 살짝 게워낼 수도 있으므로 항상 트림 수건을 준비해놓아 양육자의 옷을 청결하게 유지하는 것이 좋다.

① 곧바로 세워 무릎에 앉힌 자세

손바닥을 아기의 배 위에 올려놓는다. 엄지손가락을 아기의 옆구리에 걸고 나머지 손가락은 가슴 부위에 감는다. 부모 무릎 위에 곧바로 세워서 아기를 앉히면 트림시키기가 쉽다. 아기의 가슴을 안전하게 받쳐주면서, 살짝 기대게 한다. 동시에 아기의 등을 쓰다듬기 시작한다.

곧바로 세워 무릎에 앉힌 자세

② 무릎에 배를 깔고 엎드린 자세

부모는 앉아 있고, 아기 배를 허벅지 위에 올려놓아 엎드리게 한다. 아기의 다리를 부모의 다리 사이에 내려놓고 엎드리게 해도 된다. 손으로 아기의 머리를 받쳐주고, 아기를 잘 지지해주기 위해 무릎을 모아주며 자세를 만들고 아기의 등을 두드려준다.

무릎에 배를 깔고 엎드린 자세

③ 어깨에 얹은 자세

부모의 어깨 높이에 트림 수건을 대고 아기의 가슴을 부모의 어깨와 가슴에 얹는다. 아기의 배를 부모의 가슴과 어깨 앞쪽에 댄 뒤, 아기의 등을 쓰다듬기 시작한다.

어깨에 얹은 자세

요람 자세

④ 요람 자세

부모는 아기를 요람 자세(크래들 홀딩 자세)로 안는다. 아기 얼굴이 아래를 보게끔 안으며 아기의 머리는 엄마의 팔꿈치에 기대게 한다. 아기의 한쪽 팔과 다리를 부모의 팔로 감싸고, 아기의 얼굴은 부모에게서 멀어지게 안는다. 부모의 다른 손으로는 아기의 등을 쓰다듬는다.

(4) 토와 용변

어린 아기들은 토를 자주 한다. 아기들이 토해내는 소화가 덜 된 우유를 '포셋(possets)'이라고 하는데, 아기가 불편해하지만 않는다면 포셋을 뱉어내는 것은 지극히 정상이다. 만약 아기가 토를 한 후 비명을 지르거나 운다면 역류 현상일 수도 있다. 분출성 구토 역시 이상 증세일 수 있으므로, 두 가지 경우에 해당한다면 소아과 전문의와 상담해야 할 수도 있다.

용변 역시 아기를 낳게 되면 우리가 집중하게 되는 아기의 생체 기능이다. 아기의 대변 속에서 겨자씨 같이 생긴 것을 발견할 수도 있는데 이는 정상이다. 모유수유를 한 아기는 매번 수유할 때마다 1~2번 용변을 볼 수도 있고, 일주일에 한 번만 용변을 볼 수도 있다. 모유수유를 한 아기가 변비에 걸리는 일은 극히 드물다. 아기가 반죽 같은 용변을 본다면 아무 문제가 없다.

분유수유를 한 아기들은 변비에 걸리기도 한다. 특히 분유를 바꿀 경우 변비에 걸릴 확률이 높다. 변비에 걸린 아기들이 본 용변은 작고 딱딱한 자갈 모양이며 아기가 용변을 볼 때 안간힘을 쓰고 얼굴이 빨개진다. 또한 아기가 용변을 보면서 울 수도 있는데, 이것은 아기가 변비에 걸렸다는 신호일 수 있다. 분유수유를 한 아기는 하루에 한 번 정도 용변을 본다. 아기들의 용변을 확인했을 때, 부드럽고 반죽 같다면 아무 문제가 없다.

(5) 역류

역류(reflux)란 위 속에 있던 모유/분유와 위산이 식도를 타고 거꾸로 올라오는 현상이다. 일반적으로 모든 아기는 어느 정도 역류 증세를 겪지만 대부분 이를 불편해하거나 괴로워하지 않는다. 하지만 수유 후에 아기가 매우 불안정하고 자주 울며 구토 증세를 보이거나 살이 별로 올라오지 않는다면(몸무게가 늘지 않는다면) 역류 증세로 불편해하는 것일 수도 있다.

역류 증세를 겪는 아기들 중 일부는 낮에 토막 잠을 자거나 밤에 자주 깨는데 잘 못 자는 것 외에는 별다른 역류 관련 증상을 보이지 않기도 한다. 이러한 아기들은 수유 중 깨작깨작 적은 양만 마시고 멈추기도 하는데, 이 역시 역류의 한 증상일 수 있다. 역류 증세를 겪는 경우, 도움이 되는 해결책들은 다음과 같다.

역류 증세를 완화시키는 방법

- 아기가 가능한 한 똑바로 서 있도록 만들어준다. 이는 꼭 역류 증세가 있지 않더라도 수유 후에 신경 써줘야 하는 부분이다. 수유 후에는 가능한 한 아기가 바로 서 있도록 하고 깨어 있는 시간 동안 스윙, 바운서, 흔들의자 등 세운 자세가 구현되는 곳에 둔다. 수유 후에는 아기를 평평하게 눕히지 않도록 한다.
- 비슷한 맥락에서, 수유를 할 때도 가능한 한 아이를 바로 세워서 수유한다(풋볼 자세). 그렇게 해서 아기가 수유하는 동안 바로 서 있도록

할 수 있다.

· 아기 침대를 비스듬히 경사지게 놓는다. 아기의 머리 쪽이 높아지도록 침대 다리 아래에 책을 괴어 잠자리를 기울어지게 만들어본다.

· 아기띠로 세워서 안아본다. 때에 따라 아기의 배를 밀게 되어 위산이 넘어올 수도 있지만 세운 자세라서 효과가 있을 수 있다.

· 스윙(아기 그네)을 사용해본다. 조금씩 흔드는 동작은 위로 세워진 자세를 만들어주기도 하고, 진정도 돕는다.

· 고무 젖꼭지를 사용해본다. 산을 씻어내고 통증을 완화시키기에 충분한 타액을 삼킬 수 있어 아기를 달래는 것을 도울 수 있다.

· 아기 허리둘레에서 기저귀를 너무 조이지 않도록 한다. 이 팁은 배가 아픈 아기에게도 적용할 수 있다.

· 모유수유 하는 엄마의 경우, 커피, 초콜릿, 초록색 사과를 피한다. 이런 음식들이 아기의 역류 현상을 악화시킬 수 있다. 위산 분비를 자극할 수 있는 과일 주스, 매운 음식, 기름진 음식도 피해본다. 또한 아기에게 알레르기가 있는지 테스트하기 위해 유제품, 계란 등도 식단에서 제거해본다. 엄마가 어떤 특정 음식을 먹고 모유수유를 했을 때, 아기가 게워냄이 더 심하고 토한다면 의사와 상담한다.

2. 생후 6~12주

생후 6~8주가 되면 당신이 말을 걸 때 아기가 당신의 얼굴을 쳐다보고 당신이 무엇을 얘기하는지 듣는 것처럼 보인다. 아기는 입을 움직여서 당신을 흉내 내려 할 수도 있다. 또한 아기는 우는 것 외에 다른 소리를 내기 시작할 수 있으며, 이것이 마치 당신에게 말을 거는 것처럼 들릴 수도 있다. 이 시기의 아기와 놀아줄 때 얼굴 위에 사물을 휘저으면 아기는 그것을 눈으로 따라갈 것이다.

또한 이 시기에 이르면 아기는 당신에게 미소를 지을 수 있으며 12주(3개월)가 되면 큰 소리로 웃을 수 있게 된다. 또한 당신이 터미 타임(tummy time, 272~276p 참고)을 위해 아기를 엎드려서 배를 깐 자세로 놓는다면, 매트에서 머리를 들어 올리기 시작한다. 아기를 정자세로 눕히면 다리를 강하게 차기 시작해서 매트 위에서의 시간을 좀 더 즐거워하는 것처럼 보일 것이다.

생후 6주에 이르면 아기가 더 기민해지고 주변 환경에 관심을 가지기 시작한다는 것을 알 수 있다. 또한 아기는 보다 긴 시간 동안 깨어 있을 수 있으므로 수유 시간과 수면 시간을 제외한 노는 시간을 더 가질 수 있다. 이 시기의 아기들은 아직 어리기 때문에 인형을 갖고 놀 수는 없지만 아기 체육관 밑에 누워 있거나 흔들의자에 앉아서, 또는 당신과 앉아서 '수다 떠는' 귀중한 시간을 보낼 수도 있다. 이전 시기보다 여러모로 수월한 단계에 들어선 것이다.

그럼 지금부터 보다 안정적인 궤도에 오른 아이의 발달 단계에 맞춰 이 시기의 아기를 키우는 초보 부모가 꼭 알아두어야 하는 재우기, 먹이기 업무들에 관해 살펴보도록 하자.

Mission 1 - 잠자는 스케줄을 정리해야 한다 (재우기 업무)

이 시기에는 본격적으로 먹과 잠 스케줄을 정립해나가야 한다. 단번에 잘 되지 않더라도 최소한 일어나는 시간과 자는 시간만큼은 일정해야 한다. 생후 6주가 되면 아기들은 낮과 밤의 차이를 알게 되며, 밤이 되면 더 오래 자고 낮에는 더 많은 시간 동안 깨어 있게 된다.

생후 6주 정도 된 아기는 한 번에 1시간 정도밖에 깨어 있지 않을 것이다. 때로는 1시간 10분~1시간 20분 정도로 깨어 있는 시간이 늘어날 수도 있지만, 생후 6주 아기를 1시간 반 이상 깨어 있도록 두면 아기가 너무 피곤해진다.

이후 아기가 성장하여 12주 정도에 이르면 낮잠은 정확히 하루에 3번 재우는 것이 좋다. 이 중 처음 2번의 낮잠은 1시간 30분~2시간 정도, 늦은 오후의 낮잠은 45분~1시간 반 사이로 재운다.

6~12주

	잠텀	낮잠 횟수
6주	약 1시간 최대 1시간 반	4~5회
12주	약 1시간 반	3회 (2번의 긴 낮잠 1번의 짧은 낮잠)

사전 예습과 참고를 위해 12~18주의 가이드라인도 알려주고자 한다. 다음의 표를 참조하면 된다.

12~18주

	잠텀	낮잠 횟수
12주	약 1시간 반	3회
18주	약 1시간 반~2시간 (하루에 한 회차에만, 2시간 잠텀)	3회 밤잠 11~12시간 (1~2회 수유)

로리의 독설

'12주 정도에 이르면 낮잠은 정확히 3번 재우는 것이 좋다'라는 대목과 관련해서 꼭 말해주고 싶은 부분이 있다. 이런 가이드라인에도 물론 예외는 있는 법이다. 내가 이상적인 규칙을 설명할 때 가장 꺼리는 현상은 바로 양육자가 그것을 유용한 지표로 사용하기보다는 그것에 얽매여버리거나 강박증에 걸려버리는 현상이다. 내 아이가 설사 현재 그렇지 않더라도 '아~ 그렇구나' 하고 가이드라인이 제시하는 방향만 인지를 하면 분명히 얻어가는 것이 있다. 큰 뼈대를 알아야 세부 전략을 세우고 어떤 업무를 해야 할지 판단되지 않겠는가. 이러한 이상적인 규칙을 알고 양육자는 편한 마음으로 육아에 임하면 된다. '육아에 있어서 이상적인 나아갈 방향과 규칙을 알게 되어 다행이다, 이런 것들을 알고 있어서 나는 행운아다'라고 생각하고 육아에 임해야지, 그 규칙에서 조금 벗어난다고 해서 '왜 안 되는 거지?' 하면서 수치(아기가 자는 시간, 먹는 시간, 먹는 양 등)에 집착하고 강박을 느껴버리면 본래의 목적에서 벗어난 셈이 된다. 그러므로 다시금 마음을 편하게 먹을 수 있도록 정신을 가다듬어보자.

이 시기에 도표와 그림에 적힌 시간대로 아이가 잠을 자지 않는다고 해도 조급하게 생각하지 말자. 또한 아기가 성장을 했다고는 해도 여전히 어리기 때문에, 이 시기 아기들이 밤잠을 자는 5~6시간 동안 먹지 않고 버티리라고 기대하는 것은 비현실적일 수도 있다. 물론 그렇게 오래 잘 수 있다면 매우 환상적인 일이겠지만 말이다. 지금도 나는 다른 아기들은 6주차가 되면 밤잠을 잘 자는데 왜 자신의 아기는 8주차가 되어도 밤잠을 잘 못 자는지에 대해 묻는 문의를 여러 루트를 통해 받는다.

만일 생후 12주가 된 아기가 밤에 5~6시간 쭉 이어진 잠을 자고 있다면 아기가 밤새 잔 것으로 봐야 한다. 그러니까 당신과 아기 모두 부담을 조금 덜어도 된다. 자신의 아기가 잠을 참~ 잘 잔다며 뽐내는 엄마들에게는 상냥한 미소를 지어주고 축하해줘라. 그렇게 마음의 짐은 덜되 아기에게 더 질이 좋은 꿀잠을 선물하기 위해 지금부터라도 아기의 먹과 잠 스케줄을 정리하기 위한 노하우들을 공부하도록 하자.

생후 6~12주 아기의 먹과 잠 스케줄 정립을 위해 꼭 기억할 사항

(1) 낮에 더 오래 자게 만들기

첫 6주가 지나면 하루 일과를 더 체계적으로 짜기 시작해도 된다. 이 시기의 아기는 자연스럽게 하루에 3~4번 낮잠을 자고 밤에는 더 긴 잠을 자기 시작할 수도 있다. 그러나 이 시기에 부모가 아무런 노력도 기울이지 않았는데, 모든 아기가 그렇게 자연스럽게 잘 수 있는 것은 아니다. 사실은 이 시점까지 부모가 어떻게 아이의 먹고 자는 스케줄을 끌고 왔느냐가 중요하다. 여기서도 역시나 제일 중요한 것은 당신이 아기에게 자는 법을 가르칠 수 있다는 사실을 스스로 확실하게 인지하고 있는 것이다.

우선은 정확한 기상 시간을 정하는 것에서 시작하자. 아침 6시 30분~7시는 어린 아기가 하루를 시작하기 좋은 시간이다. 하지만 아침 7시 30분~8시가 당신과 아기에게 더 알맞은 기상 시간이라면 그렇게 조정해도 괜찮다. 이 기상 시간은 아기의 먹과 잠 스케줄을 정립하는 **첫 번째 고정축**이다. **기상 시간을 정했다면 아기의 먹과 잠 스케줄 정립의 첫발을 뗀 셈이다. 이 시간을 기준으로** 아기가 깨어 있는 시간(깨시/잠텀)과 수유하는 시간(먹텀), **다시 재우는 시간을 일정한 간격으로 계획하면 된다.**

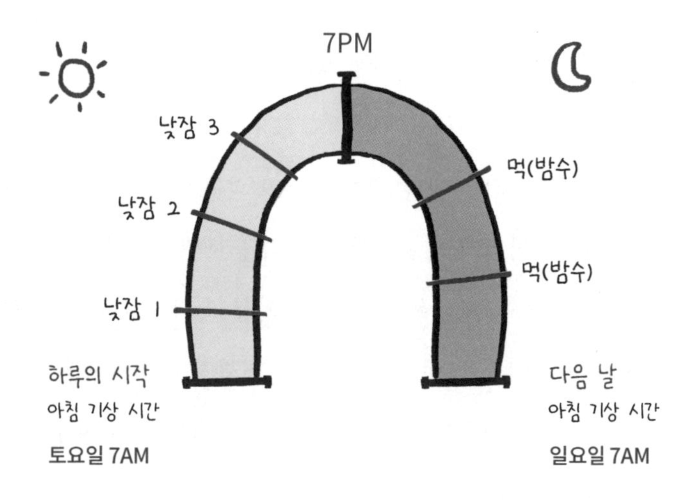

이 시기에는 3~4번의 낮잠을 낮 시간 동안에 적절하게 넣어주고, 12주에 도달했을 때는 뚜렷한 3번의 낮잠을 정립하는 것을 목표로 업무에 임하면 좋다.

6~12주 아기 루틴의 좋은 예는 아래와 같다.

6:30 또는 7:00AM

- 아침 기상, 일어나기.
- 작은 활동들: 기저귀 갈기, 엄마 아빠와 이야기하기.
  (5~10분이면 충분하다.)
- 먹이기: 수유 도중에 기저귀 갈기.
  (수유 도중 잠드는 아기를 깨워야 하고, 아기가 기저귀를 갈아야 하는 상황이라면)

- ▶ 조용한 활동들: 트림시키기, 바닥에서 놀리기, 바운서에서 놀리기.
- ▶ 긴장을 푸는 시간: 속싸개 하기, 진정 토닥이기, 진정시키는 말들 건네기, 화이트 노이즈, 부드러운 노래 들려주기.

7:30 또는 8:00PM

- ▶ 잠을 자기 위해 아기 잠자리에 눕혀짐.

이 시기 아기는 1시간 30분 이상 깨어 있으면 피곤할 수도 있지만, 1시간 정도 깨어 있는 것은 괜찮다. 아기가 피곤하다는 신호를 보내는지 유심히 살펴봐라. 보통 하품으로 첫 번째 신호를 보내는데, 이때 아기를 속싸개로 감싸며 서서히 재울 준비를 하는 것이 좋다. 아기가 두 번째 하품할 때까지 아직 이 단계에 이르지 못했다면 서두르는 것이 좋다. (물론 마음은 언제나 평온하게!) 이 시기의 아기는 피곤할 때 다음과 같은 신호를 보낸다.

6~12주 아기가 피곤할 때 보이는 신호

· 칭얼거리거나 울음을 터트린다.

· 팔다리가 보다 불규칙적으로 움직인다.

· 허공을 응시한다.

· 주먹을 쥔다.

· 얼굴을 찡그린다.

· 하품을 한다.

· 위 증상들이 2개 이상 같이 나타난다.

뒤에 이어지는 시간들에도 앞의 표에서 제시한 적정 깨시를 유지해나간다. 아기가 피곤하다는 신호를 보내는지 유심히 살펴보되, 아기가 1시간 30분 정도 깨어 있었다면 피곤하다는 신호를 보내지 않아도 재워야 한다. 아기의 신호를 알아채는 것이 중요한데 아기를 관찰하고 알아가는 과정 속에서 차차 이 부분도 알게 될 것이다. 어떤 아기들은 매우 분명하게 피곤하다는 신호를 보내지만 어떤 아기들은 아무런 신호도 보내지 않는다. 실제로 어떤 아기들은 피곤해도 그렇지 않은 것처럼 행동해서 아직 잘 준비가 안 된 것처럼 보이기도 한다. 마치 당신을 속이는 것처럼… 하지만 여기에 절대 넘어가지 말자. 당신의 아기는 제때 잠에 들어야 하며 적절한 시간에 재우지 않는다면 당신과 아기 둘 다 힘들어진다. '1시간 반 잠텀 룰'에 대해서는 Part 5에서 더욱 자세히 알아볼 것이다.

(2) 이 시기의 캣냅 특징 이해하기

이 시기의 아기들은 캣냅(토막 잠, 고양이 잠)을 좀 더 많이 자기 시작한다. 캣냅은 30~45분만 자고 깨어나는 것을 말한다. 대부분의 아기들이 토막 잠을 자는 단계를 거치는데, 토막 잠이 습관이 되면 아기는 1번의 수면 사이클 동안만 잠을 자게 된다. 토막 잠 단계를 넘어가기 위해서, 아기가 자야 하는 시간만큼 아기를 침대에 눕혀 놓을 것을 권장한다. 이 시기의 아기는 다음번 먹 시간까지 계속 자야 한다. 이렇게 해야, 아기에게 자연스럽게 1번의 수면 사이클보다 더 오래 자야 한다는 점을 알려줄 수 있다.

많은 부모들이 첫 번째 수면 사이클의 막바지에 아기가 깨어나면, 겉으로 보기에는 아기가 초롱초롱해 보이기 때문에 아기를 잠자리에서 일으키는 실수를 저지른다. 그러나 그렇게 일찍 낮잠에서 깨어나게 되면, 이어지는 '깨시'에서 원래 깨어 있어야 하는 시간인 1시간 30분을 미처 다 채우지 못하게 된다. 예를 들어 약 30분 정도가 지나면 다시 피곤하다는 신호를 보내기 시작하는 것이다. 그렇게 되면 당신은 평소보다도 더 일찍 아기를 다시 재우게 된다. 이런 식으로 아이의 먹과 잠 스케줄이 엉켜버리는 것이다. 이렇게 되면 당신이 세운 일과나 체계는 아무 쓸모가 없게 된다. 이런 식의 스케줄이 계속 이어진다면 아기는 더 오래 자는 법을 배울 수 없게 되며, 아기 역시 계속해서 불규칙하게 깨어났다 잤다가 하게 되므로 하루의 리듬이 다 깨져버리게 된다. 그렇기 때문에 먹고 자는 시간의 체계를 또렷이 갖추고 아기에게 1번의 수면 사이클 이상 자는 방법을 가르치는 것이 매우 중요하다.

(3) '밤들시' 정하기

이 시기의 아기들은 기상 시간과 낮잠 시간은 물론이고 밤잠에 들어가는 시간(앞으로 이 책에서는 '밤들시'라는 약칭으로 부를 것이다)도 확실하게 정해야 한다. 이 말은 쉽게 말해 아기가 매일 같은 시간에 밤잠을 자러 간다는 것을 의미한다. 밤들시는 매일 저녁 6~7시 사이여야 하며, 이는 밤중수유를 하는 때를 제외하고는 다음 날 아침 기상 시간이 되어 하루를 시작하기 전까지 밤사이에는 아기가 침대에 누워 있어야 한다는 뜻이다.

많은 부모들이 이 시간대에 아기를 재우더라도 저녁 8시 30분~밤 9시 시간대 사이에 아기가 깨어나면 일으켜서 같이 놀아주는 등 낮의 깨어 있는 시간처럼 반응하는 우를 범한다. 아기의 먹과 잠 스케줄을 제대로 정립하고자 한다면 절대 그래서는 안 된다. 밤들시 이후에는 노는 시간이 없어야 한다. 아기는 밤중수유를 위해 일어나고 기저귀를 간 후 그다음 수유 시간이 되기까지 밤중에 내내 자신의 잠자리에 누워 수면을 취해야 한다.

밤들시를 확실히 정해서 운영하는 것이 중요한 까닭은 그래야만 잠자리로 가는 절차(수면 의식)도 제대로 세울 수 있기 때문이다. 이 시기에 정립한 수면 의식은 유

아기까지 계속해서 이어진다. 수면 의식은 매우 어린 아기에게도 도움이 된다. 아기가 아무리 어릴지라도 수면 의식에 반응하고 곧 그 순서를 배우며 후속 절차를 기대하게 된다. 아기를 침대에 눕히기 전에 반복적으로 하는 모든 행동, 이를테면 속싸개로 몸을 감싸주는 행위 등은 아기에게 수면 의식 절차로 여겨진다. 이 시기 아기들을 위한 적절한 수면 의식 순서는 다음과 같다.

① 아기를 속싸개로 감싸준다.
② 아기를 안고 있는 와중에 커튼 및 블라인드를 내려 잠자는 곳을 어둡게 한다.
③ 아기를 팔에 안고 자장가를 불러준다.
④ 아기에게 입을 맞추고 "잠잘 시간이야"라고 말해준다.
⑤ 아기를 침대에 눕히고 몇 번 쓰다듬어준 후 방을 나간다.
(물론 안전 사항은 모니터링해야 한다. 아기가 잠든 후 안전을 위해 한 방에서 부모의 잠자리를 보이지 않게 분리해서 수면할 것을 추천한다.)

저녁 시간, 아기가 쉽게 밤잠에 들지 못한다면?

아기들은 다양한 이유로 인해 저녁 시간에 동요하고 잠들기 힘들어한다. 저녁 시간은 앞서 살펴봤듯이 '마녀시간'으로 불릴 만큼 까다로울 수 있다. 어른도 하루 일과를 마친 저녁이 되면 피곤이 몰려온다. 어린 아기는 깨어 있을 때 수많은 자극을 받아들이기 때문에 저녁 시간이 되면 더욱 힘들어하고, 이것이 아기가 잠들지 못하는 이유 중 하나다. 또한 모유수유를 하고 있다면 이 시간대에 엄마의 모유 생산량이 줄어들어서 아기가 그전보다 더 배고픔을 느껴서 잠들지 못할 수도 있다.

이를 해결하는 좋은 방법은 평소보다 아기에게 더 자주 수유하는 것이다. 마지막으로 수유를 한 뒤 2시간 가까이 지났다면, 아기에게 다시 수유를 해본다. 이렇게 했을 때, 아기가 잘 진정되는지 한번 살펴보자. 이를 '집중수유(cluster feeding)'라고 하는데, 집중수유는 아기가 저녁 시간에 동요할 때 잠들 수 있도록 도와줄 뿐만 아니라 아기를 배불리 먹임으로써 밤새 더 오래 잘 수 있도록 도와줄 수 있다. 또한 필요하다면 공갈젖꼭지를 사용해도 괜찮다.

아기를 진정시키고 나른한 기분이 들도록 이 시간대에 목욕을 시킬 수도 있다. 먹어야 하는 양의 절반 정도만 수유를 하고, 따뜻한 물에 목욕을 시킨 후, 다시 수유를 마치고 나서 속싸개로 아기를 아늑하게 잘 감싼 후 재워보도록 한다. 따뜻하고 편안한 목욕은 아기를 잠에 빠지게 하고 최소한 3~4시간 잘 수 있도록 도와준다.

아기가 피곤에 절어 있다면 아기를 재우기 위해 안고 있어야 할 수도 있는데, 저녁의 마녀시간대에는 그렇게 해도 큰 문제는 없다.

하지만 이 모든 과정의 목표는 스스로 잘 잠들 수 있는 아기가 되도록 만드는 것이므로, 애초부터 아기를 재울 때 당신의 개입을 최소화하도록 노력하고 아기가 깨어 있을 때 다시 재우는 것을 두려워하지 않아야 함을 기억하자.

Mission 2 - 수유량의 적절한 분배와 밤중수유 줄이기가 필요하다 (먹이기 업무)

아기에게 모유수유를 하고 있다면 생후 6주 정도에 도달했을 무렵, 모유가 규칙적으로 생산되고 있음을 느끼게 될 것이다. 그전에는 수유를 하고 난 뒤에 바로 젖이 가득 찼다면, 이 시기에는 수유가 필요한 시간대에만 자연스럽게 젖이 나올 것이다. 즉, 가슴에 항상 젖이 가득 차 있지 않게 되는 것이다.

또한 이 시기에 이르면 수유 시간 자체가 더 짧아지게 된다. 이쯤이면 당신과 아기 모두 젖을 먹이고 먹는 법을 숙달했을 것이기 때문이다. 아기는 수유하는 동안 잠들기보다는 예전 시기보다 더 깨어 있고 집중하게 된다. 따라서 예를 들어 그 전까지는 약 1시간가량 걸리던 수유 시간이 이 무렵에는 길게 걸린다고 해도 약 30~40분 정도면 충분할 것이다.

이 시기의 아기들은 이전 주수 때보다 많은 활동을 할 수 있게 된다. 아기는 보다 행동이 기민해져서 바닥의 매트 위에서 시간을 보내거나 당신과 좀 더 오래 이야기를 나눌 수도 있다.

이 시기는 아기가 눈을 뜨자마자 곧바로 수유하는 것을 그만두어야 할 때이기도 하다. 아기가 잠에서 깨어나면 일으켜 세우고 약간 교감을 나눈 뒤 수유를 하도록 해라. 이렇게 해야 아기가 눈을 뜰 때마다 곧장 수유를 요구하지 않게 되며 잠에서 깨는 것과 모유/분유를 먹는 것을 연관시키지 않게 된다.

이 시기 적절한 수유량과 수유텀은 얼마?

이 무렵에는 꽤나 확고한 아기의 수유 일과가 정립되어 있어야 한다. 즉, 아기가 언제 수유를 필요로 하는지 양육자는 잘 알고 있어야 한다. 이 시기의 아기들은 대부분 3~4시간마다 수유를 하게 되며, 저녁 시간에는 아기가 많이 동요하거나 급성장으로 인해 영양을 더 요구하는 것이 아니라면 2시간마다 수유할 필요가 없게 된다.

어떤 아기들은 이 시기가 되면 밤에 더 오래 자게 되어서 밤사이에 단 2번만 수유해도 되는데, 아직 이러한 단계에 이르지 않았다면 이렇게 되는 것을 목표로 하자.

모유수유를 하고 있다면 이 무렵 대개 한 번 수유할 때 한쪽 가슴을 완전히 비운 후 다른 쪽 가슴에서 나오는 젖도 수유할 것이다. 만약 한쪽 가슴에서 모유를 충분히 생산해서 다른 쪽 가슴을 물릴 필요가 없었는데 아기가 동요하기 시작하거나 재우기 어려워지거나, 잠들어 있는 것을 어려워한다면 다른 쪽 가슴에서 나오는 젖을 먹여야 할 수 있다.

분유수유를 하고 있다면 제품에 표기된 설명대로 수유한다. 아기가 젖병을 다 비우고 더 마실 수 있는 것처럼 규칙적으로 보인다면 더 주도록 한다. 몇몇 성장이 빠른 아기들은 더 많은 수유를 필요로 하므로 아기들이 계속 잘 자라도록 충분히 수유하는 것이 좋으며, 그렇게 하면 아기들은 다음번 수유 시간이 되기까지 문제없이 잘 수 있다.

밤중수유 끊기

밤중에 아기는 한 번의 밤잠 스트래치(밤중수유 없이 한 번에 쭉 통으로 이어 잘 수 있는 시간)를 4~6시간까지 버틸 수 있기 시작한다. 예를 들어 저녁 6~7시에 아기를 재웠다면 5시간 정도 자고 나서 자정이 될 때쯤에 깨어나게 된다. 그 후 아기는 3~4시간마다 수유를 원할 수 있는데 이는 크게 문제가 되지 않는다.

만일 밤 10시 정도에 밤중수유를 했다면 아기가 더 오래 수면을 취하는 시간대는 그 이후가 될 수도 있다. 이것 역시 괜찮다. 전략적인 고정축으로써 밤중수유를 운영하는 것은 밤새 더 오래 잘 수 있도록 도움을 줄 수도 있다(이에 대한 구체적인 내용은 323~357p 참고). 아기가 밤사이 더 오랜 시간 잘 수 있도록 만들어주는 것이 중요하다.

밤 10시 전후로 수유를 했다면 그 후에는 새벽 3시, 또 그 후에는 아침 6시에 수유를 하는 것이 이상적인 스케줄이다. 물론 아기들에 따라 적절한 밤중수유 시간대는 달라질 수 있지만, 밤중수유와 다음 밤중수유 사이의 시간 간격은 계속 그 추이를 관찰하며 아기의 건강에 좋은 방향으로 일관성 있게 운영해보도록 한다.

체격이 좀 더 큰 아기들은 밤에 더 쉽게 잘 수 있으며 밤중수유 또한 먼저 끊게 된다. 체격이 큰 아기들이 대개 수유량이 더 많고 많은 열량을 섭취하기 때문에 다음번 수유 시간까지 더 오래 버틸 수 있기 때문이다. 하지만 체격이 작은 아기들 중에서도 자연스럽게 밤중수유를 잘 끊는 아기들도 있다.

이 시기에는 일부러 부담을 가져가며 밤중수유를 끊지 말고 추이를 지켜보자. 잘 안 될 경우 생후 12주쯤에 이르러서 아기가 다음 수유까지 더 오래 버틸 수 있는지 테스트를 해도 된다. 예를 들어 당신이 밤 10~11시 사이에 수유를 하고 아기가 새벽 1시에 깨어난다면, 이 깨어난 새벽 1시 타이밍에 수유 없이 아기를 재울 수 있는지 테스트를 시도해볼 수 있다. 아기가 최대한 말썽을 피우지 않고 다시 잠들 수 있게 하는 데 도움이 되도록 공갈젖꼭지를 사용할 수도 있으며, 아니면 쓰다듬거나 목소리로 달래는 등의 진정 전략을 사용할 수도 있다(밤수텀 끌기 도구에 대한 구체적인 내용은 371~372p 참고). 아기가 낮 동안 더 오래 잘 수 있도록 당신이 쓴 진정 전략처럼, 이 시기의 아기는 밤에 다시 잠드는 데에 도움이 필요할 수 있다.

30~45분 정도 아기를 다시 재우려고 시도했는데도 아기가 깨어 있다면 수유가 필요한 것인지도 모르므로 아기를 일으켜서 수유를 하도록 한다. 만약 다음 날 밤에 아기가 다시 깬다면 그 전날과 똑같이 진정 전략(밤수텀 끌기 도구)을 사용해 막바로 수유를 하지 않도록 반응해서 실질적으로는 수유 없이 아기가 침대에 누워 있는 시간을 그 뒤 30분 정도 더 늘려야 한다. 그러면 아기는 자연스럽게 30분 뒤까지 자기 시작할 것이다. 1~2주 정도 아기가 새로운 시간대에 맞춰 깨어나게 한 다음, 다시금 추가로 그 뒤 30분 정도 수유 없이 자는 시간을 늘리도록 한다. 이러한 방법은 아기가 첫 번째 밤중수유와 다음번 밤중수유 사이의 밤잠 스트래치를 늘리는 것을 도와준다. 더 많은 방법은 Part 6의 '밤중수유 정복하기'를 참조하라.

당신만의 시간을 가져라

아기가 이 정도 주수에 이르면 당신은 신생아 육아의 늪에서 벗어나 당신만의 시간을 가질 수 있게 되고, 그럴 준비도 되어 있을 것이다. 이 시기에 이르면 아기는 정해진 수면 시간과 활동 시간을 통해 이전보다는 체계적인 하루를 보내게 되기 때문이다. 따라서 이제는 좀 더 확신을 갖고 당신의 하루까지 동시에 계획할 수 있다.

언젠가 한번은 아기를 낳은 지 얼마 되지 않은 나의 가까운 친구가 이렇게 말을 한 적이 있다. "이때껏 참 열심히 살아왔는데, 지금은 그저 방구석에서 애가 깰까 봐 숨죽이며 노심초사하고 있는 내 모습이 너무 싫다." 두 아이를 키우며 그 시절을 겪어본 나는 친구가 어떤 마음인지 깊이 이해가 갔다. 주변의 모든 것들이 일그러지고 있고 당신이 하는 일이라곤 그저 아기를 먹이는 것과 아기를 재우려고 하는 것뿐이라고 느낄 때, 얼마나 스트레스를 많이 받는지 안다. 바로 그렇기 때문에 당신과 아기 모두를 위해 아기의 먹고 자고 노는 하루 일과를 규칙적이고 일관성 있게 정해나가야 하는 것이다.

그렇게 하면 당신과 아기 모두의 하루에 리듬이 생기고 한 가지 일을 마치고 난 다음에 어떤 일을 해야 하는지 그 예측이 가능해진다. 친구들과 만나거나 바깥세상을 구경하고 쇼핑도 하는 등 지난 6주 동안 미뤄왔던 활동들을 계획할 수 있게 된다는 것 자체가 매우 고무적인 일이다.

그러나 당신이 밖으로 나가고 싶지 않다면 반드시 나가야 한다는 부담을 안을 필요는 없다. 아기의 생후 6주가 그러하듯이, 집에서 보내는 시간은 당신과 아기 모두에게 매우 중요한 부분이다. 아기들은 집에 있는 것을 좋아한다. 집은 그들의 안식처이자 그들이 가장 안전하다고 느끼는 장소이기 때문이다. 따라서 이 시기에 아기가 집에서 많은 시간을 보내는 것에 대해 죄책감을 느낄 필요는 전혀 없다. 당신이 집에만 머무르는 것이 답답하여 바깥공기를 쐬고자 한다면 그렇게 하는 것이 당신을 위해 좋다는 것이다.

똑게Lab 집중 특강 - 5개월 이후 스케줄 로드맵 족집게 강의

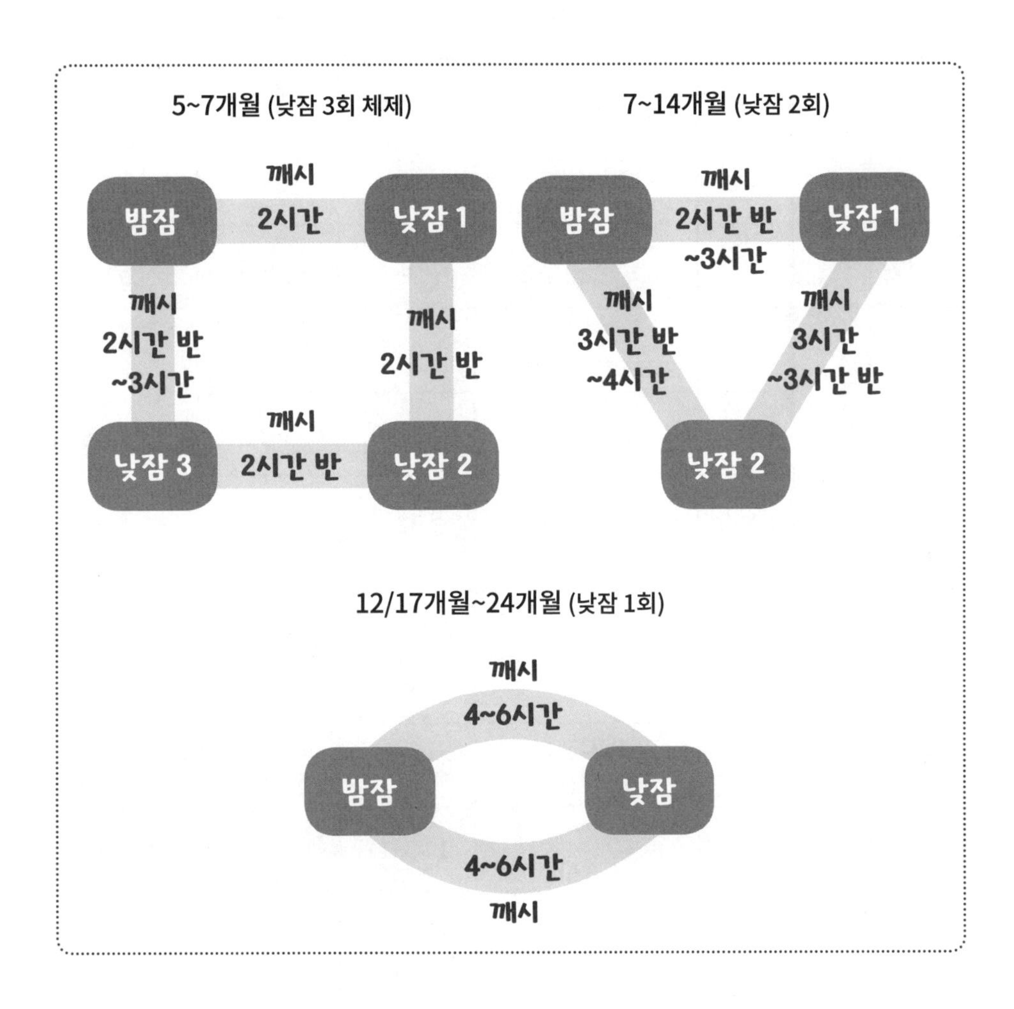

똑게 스케줄 키 항목 가이드라인

*0.25h = 15분, 0.5h = 30분, 0.75h = 45분, 1h = 1시간

개월수	낮잠 변환	낮잠 횟수	잠텀 =깨시	총.깨.시(h)	총 낮잠 수면 시간(h)	총 수면 시간(h)
<2		4회 이상	0.75~1h	4~8	6~8	16~20
3	4→3	4	1~1.25h	6~8.5	5~6	15~18
4		4~3	1~1.5h	8.5	3~5	14~16
5		4~3	1.5~2.15h (잠텀① 1h 가능)	9	3~4.5	
6	3→2	3~2	1.5~2.5h (가끔 오후에 한 번 3h)	9.5	3~4	13~15.5
7		3~2	2.5~2.75h	9.5~10	3~3.5	
8		3~2	2~3h	9.5~10	3.25	
9		2	3~3.5h	10	2.5~4	13~15
10~12		2	3~4h	10		
12~14	2→1	2~1	3~4h(낮잠 2회) 4~6h(낮잠 1회)	10.25~10.5	2~3	
15~18		1	4~6.5h (낮잠 수면 길이와 관련)	10.5~11		13~14
19~23		1		11.5~12	1.5~3	12.5~14
2년		1		11.5~12		
3년		1~0		12~13	0~2	11.5~14

Part 3.

'먹-놀-잠' '먹텀' '잠텀'을 잡으면 육아가 쉬워진다

전공 필수과목 이수

Class 1. 먹-놀-잠 사이클 이해하기

이번 클래스에서는, 아기의 하루를 '먹-놀-잠' 사이클이라는 한 덩이로 구성해 아기의 하루 흐름 변화의 큰 그림을 알아보겠다. '먹-놀-잠', 이 한 덩이가 아기가 성장함에 따라 어떻게 변화되는지 그 추이를 이해해보고 그에 따라 달라지는 당신의 업무를 가늠해보면 좋다.

아기의 하루를 3등분하면 '먹-놀-잠'으로 구성되어 있다. '먹'은 수유 시간이다. '놀'은 깨어서 활동하는 시간이다. '잠'은 말 그대로 아기가 잠자는 시간이다.

아기의 하루 3등분

아기의 하루를 깨어 있는 시간, 수면 시간을 기준으로 2등분하면 다음의 그림으로 표현할 수 있다.

아기의 하루 2등분

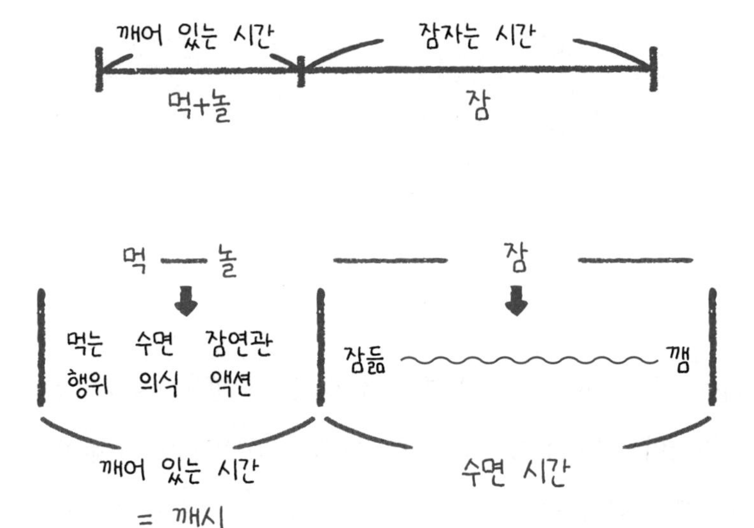

위의 그림으로 아기의 하루 일과를 구성하는 요소들에 대해 어느 정도 이해가 이루어졌으리라 믿는다.

아기의 하루 스케줄은 이러한 '먹→놀→잠' 루틴의 반복으로 이루어진다. 단, **'밤중수유'**와 **'하루의 마지막 수유'**의 경우에는 '먹·놀·잠'이 다 제대로 갖추어진 채 '먹→놀→잠' 순서대로 진행되지 않는다. 이 두 개의 수유에 한해서는 '먹(유령수유)→잠'의 순서라고 이해하면 된다.

· 밤중수유 = 밤수

· 하루의 마지막 수유 = 막수

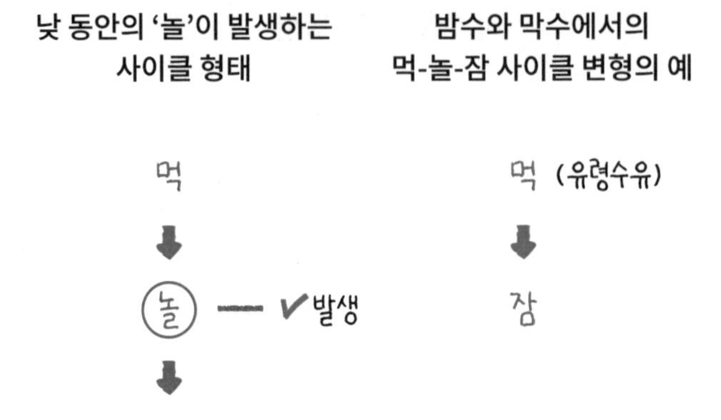

신생아는 '먹-놀-잠' 사이클을 한 번 소화하는 데 평균 2시간 30분이 걸린다. 하루는 24시간이므로 이를 2.5시간으로 나누면 '9.6'이라는 결과값이 나온다. 즉, 신생아 시기에는 '먹-놀-잠' 사이클이 매일 9~10번 반복되는 것이다.

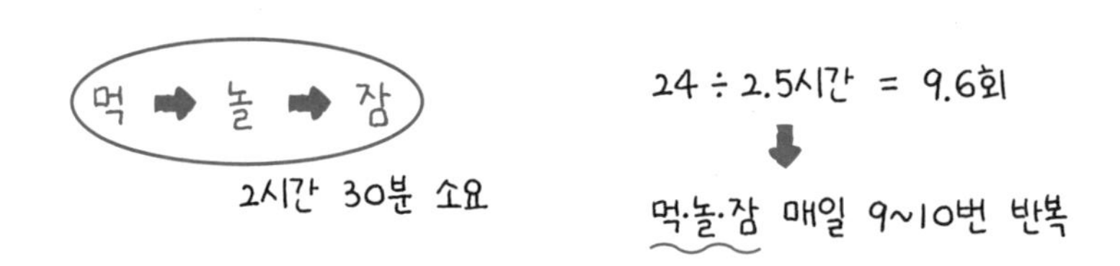

'먹-놀-잠'의 순서를 추천하는 이유

아기에 따라 먹고, 자고, 깨어서 노는 루틴은 '먹-놀-잠'의 순서로 이루어질 수도 있고, '놀-먹-잠'으로 이루어질 수도 있다. 그중에서도 '먹-놀-잠'의 순서를 추천하는 까닭은 **'수유텀'**과 **'잠연관'** 때문이다. 보다 구체적으로 설명하면 이렇다.

아기는 충분히 잘 자고 나서 신체 에너지가 최상일 때 효율적으로 잘 먹을 수 있다. 아기가 엄마 젖이나 젖병을 빠는 데에도 굉장한 힘이 든다. 오죽하면 '젖 먹던 힘'이라는 말이 있을까. '놀-먹-잠' 사이클이 되면, '놀'에서 에너지를 다 써버려서 아기는 먹는 데 쓸 에너지가 부족해진다. 자연스레 먹는 양이 줄어들 수 있다. 먹는 양이 줄어들어 양껏 먹지 못하면 아기는 금방 잠에서 깨어날 우려가 있다. 수유텀이 짧아지는 것이다.

먹→놀→잠 순서를 추천하는 이유 두 가지

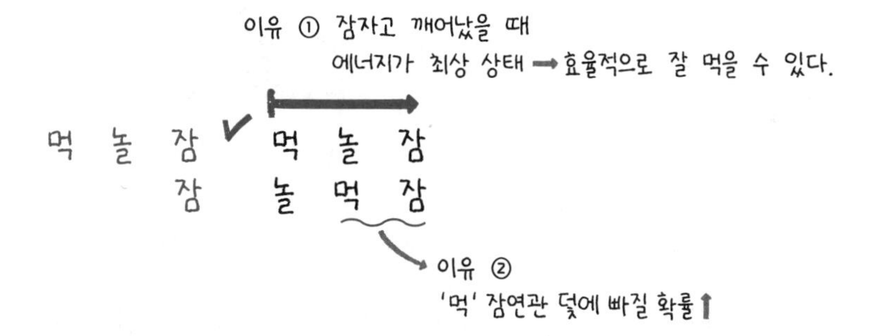

또한 '놀-먹-잠'의 사이클로 아기의 하루를 운용하면, **'먹-잠'**이 이어져서 부지불식간에 **'수유=잠연관'**이 된다. 쉽게 말해서 젖이나 젖병을 물려야만 아기가 잠드는 상황이 발생할 수 있는 것이다. 또 먹고 나서 바로 재우면 트림을 제대로 시원하게 시키기가 어려워 아기가 잠자리에 들고 나서 힘들어할 수도 있다.

이 두 가지 이유 때문에 똑게 수면 프로그램에서 '먹-놀-잠'의 순서를 추천한다. 하지만 꼭 이 순서에 집착할 필요는 없다. 당신과 아기의 상황이 위의 두 가지 이유에 해당하지 않는다면 말이다. 수유 후에 트림만 잘 시키고 재운다면, '놀-먹-잠'도 나쁘지 않다. '먹-놀-잠'이든 '놀-먹-잠'이든 중요한 핵심은 아기의 상황에 맞춰 수유 시간을 바탕으로 '먹', '놀', '잠'의 사이클을 하루에 몇 회로 구성하고, 어떻게 꾸려가야 할지 파악하고 설계할 수 있는 능력을 갖추는 것이다.

아기는 기계가 아니기 때문에 당신이 치밀하게 아기의 하루 일과를 세팅해두었다고 해도 어떤 경우에는 다음 번 수유 시간에 맞춰서 일어나지 않을 수도 있다. 짧게 자고 일어날 수도 있는 것이다. 그렇게 되면 본의 아니게 '먹→놀→잠→놀→먹'의 순서가 될 수도 있다.

'먹→놀→잠→놀→먹'의 순서가 펼쳐진 예

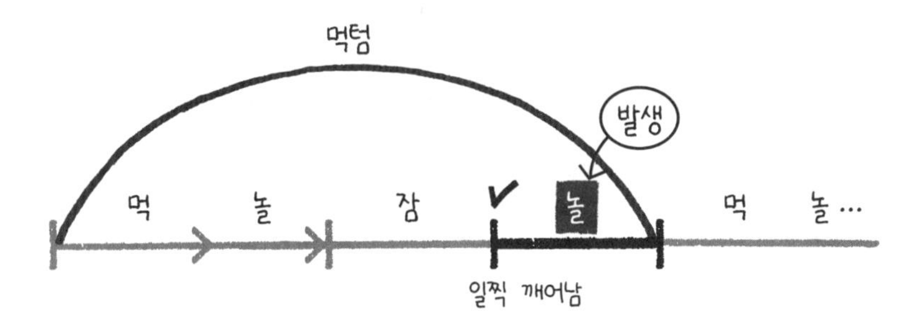

이런 변칙적인 상황에서도 아기의 하루 일과 운용을 어그러지지 않게 다시 잘 조율하려면 '먹-놀-잠' 스케줄을 운용하는 큰 틀에서의 원리를 알고 있어야 한다. 다음에 이어지는 내용에서는 '먹-놀-잠' 사이클이 주차별로 어떻게 변화해나가는지, 그 변화에 맞춰서 양육자는 어떻게 대응해야 하는지 자세하게 알아보도록 하겠다.

주차별 '먹-놀-잠' 사이클의 변화 양상과 그 원리

(1) '먹-놀-잠' 통폐합(merge) 원리의 이해

아기의 '먹-놀-잠' 하루 스케줄은 한 번 정해놓는다고 해서 끝나지 않는다. 아기는 하루가 다르게 성장하며, 그에 따라 먹는 양, 자는 시간의 길이도 급격한 변화를 거듭한다. 양육자는 이러한 아기의 발달 상황에 맞춰 수유량, 수유 시간, 수면 시간, 깨어 있는 시간 등을 유연하게 조정하고 새롭게 설계할 수 있어야 한다.

또한 같은 개월수의 아기라고 해도 저마다 차이가 있기 때문에 '먹-놀-잠'스케줄에는 정답이 있을 수 없다.

이 책에서 나는 고기를 잡아서 주기(하나의 정해진 스케줄)보다 고기 잡는 법(양육자 스스로가 자신의 상황에 맞게 스케줄을 짤 수 있는 능력)을 제시하고자 한다. 그러기 위해서는 아기의 '먹-놀-잠' 스케줄이 주차별로 어떤 식으로 변화하는지, 그 변화의 원리는 무엇인지 설명해야 한다.

다음 페이지에 도표로 제시한 1~2주차의 먹-놀-잠 사이클표와 12~13개월 무렵의 먹-놀-잠 사이클표를 비교해보자. 먼저, 1~2주차 같은 경우는 9개의 먹-놀-잠 사이클이 24시간이라는 시간의 긴 축 안에 골고루 분포되어 있다. '먹' 시작 시점부터 다음번 '먹' 시작 시점 사이의 길이는 약 2시간 30분이다. 이 정도의 길이가 아기에게 충분한 영양(먹)과 수면(잠)을 공급하기 위한 기본 바탕이다. 다음 페이지에서 살펴볼 표에서는 하루의 시작을 아침 7시로 잡고 스케줄을 계획했지만, 시작점은 각 가정의 상황에 따라 아침 6시 혹은 8시 등으로 적절하게 변경하여 운용할 수 있다.

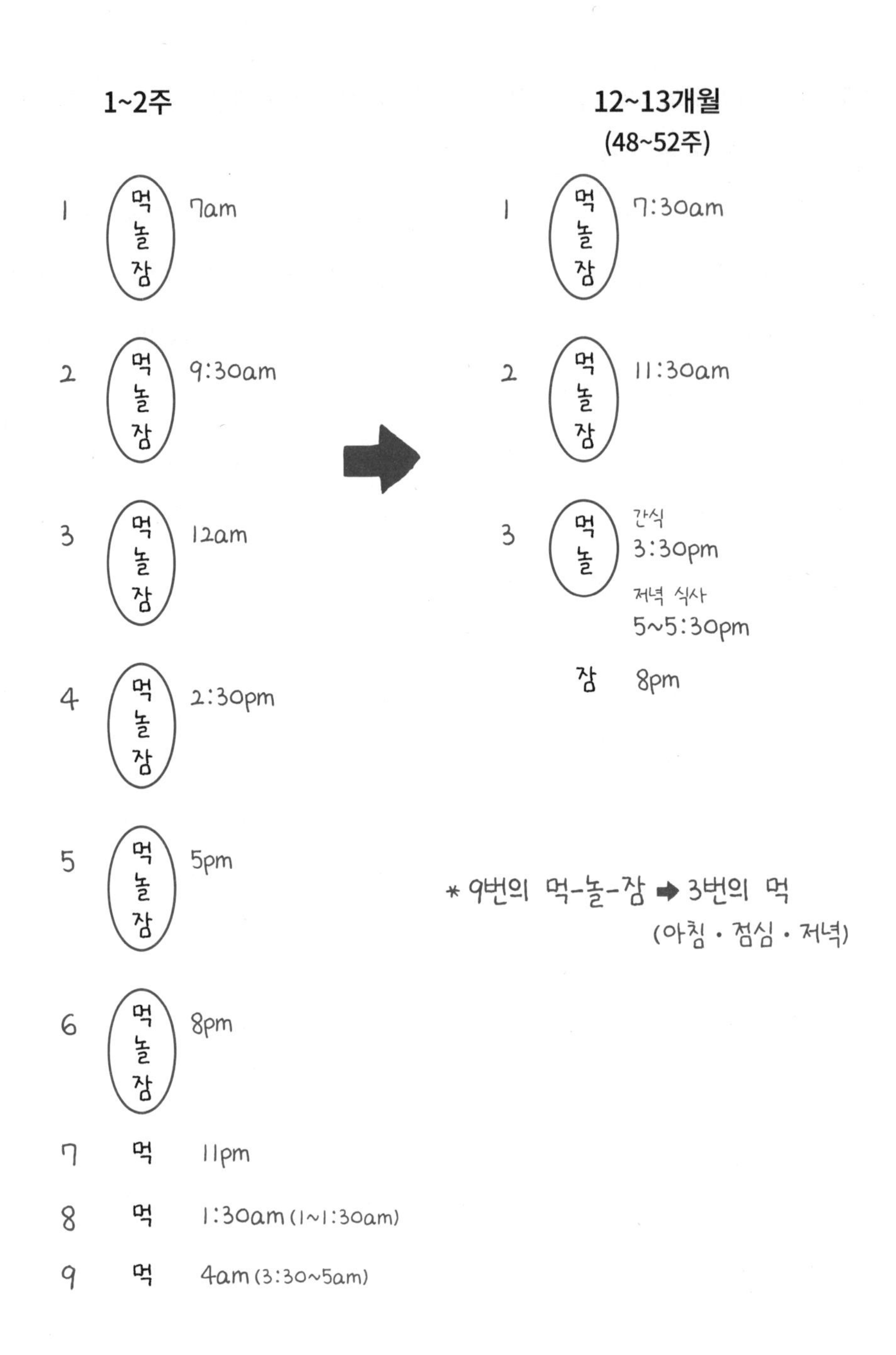

아기가 성장하며 '9번의 먹-놀-잠 사이클' → '3번의 먹 타임'으로 변화한다

거듭 말하지만, 육아의 실제 업무는 매니징에 가깝다. 그것도 스케줄만 챙겨주는 역할에서 그치는 것이 아니라 아기의 성장에 따른 적절한 영양 공급, 심리 변화의 돌봄, 기하급수적으로 늘어난 살림까지 그 영역이 전방위에 걸쳐 있다. 다른 부분들을 수월하게 해내기 위해서는 아기의 하루를 효율적으로 매니징할 수 있어야 한다. 이 능력은 아이가 초등학교에 입학한 뒤에도 압도적으로 중요한 요소가 된다. (아기가 어린 지금이 아이가 성장하여 취학 아동이 되었을 때보다는 덜 복잡하다는 것을 현재로서는 알 길이 없을 테지만, 지금 이 부분에 대해 고민하고 직접 설계해보고자 노력하는 당신의 태도는 다음 육아 시즌에서 좋은 밑거름이 되어줄 것이다.)

그나저나 직관적으로 생각했을 때 이와 같은 '먹-놀-잠' 사이클을 하루에 9번씩이나 반복해야 한다는 사실은 '부모라는 직업'이 얼마나 고단할 일인지를 알 수 있게 해주는 대목이다.

그렇지만 후배님들아, 여기 한 가닥 희망이 있다. 다시 표를 살펴보자. 1~2주차는 하루에 9번의 먹-놀-잠 사이클을 반복하지만, 아기가 12~13개월에 이르면 하루에 3번 식사하는 체제로 바뀌는 것을 알 수 있다. 매일 9번이나 반복되는 먹-놀-잠 사이클의 관리는 평생에 걸쳐 해야 하는 일이 아니라는 이야기다. 아주 일시적인 기간 동안에만 일어나는 **특정 업무 수행 기간**이라고 생각하고 이 일에 임하면 한결 마음이 편할 것이다.

그렇다면 이쯤에서 질문을 하나 던지겠다. 아기의 먹-놀-잠 사이클이 9번에서 3번으로 줄어들었다. 그렇다면 6번의 먹-놀-잠 사이클은 어디로 사라진 것일까? 이를 이해하기 위해 알아야 하는 것이 '통폐합 이론'이다. 쉽게 말해 아이가 성장함에 따라 각각의 사이클들이 점차 8번, 7번, 6번…으로 통합되어 없어지고, 궁극에는 아침/점심/저녁 하루에 3번 식사를 하는 패턴으로 수렴된 것이다. 이쯤에서 우리는 다음의 3가지 질문을 생각하며 이 특별 업무 수행 기간에 임하면 된다.

① 어떤 변화를 기대하면 되는가?

② 각 사이클 사이의 합병은 (평균적으로) 언제쯤 이루어지는가?

③ 먹-놀-잠 사이클 합병 기간에 양육자는 어떤 도움을 줄 수 있는가?

여기서 한 가지 여러분들이 명심했으면 하는 것은 이 파트에서 내가 제시하는 수치는 대략적인 평균치라는 사실이다. 즉, 아기의 상태나 가정의 상황마다 먹-놀-잠 사이클이 합병되는 시점이나 주차별 횟수는 저마다 다를 수 있다. 앞에서 1~2주차에 먹-놀-잠 사이클의 횟수는 보통 9회 정도라고 이야기했지만, 어떤 아기는 10번의 먹-놀-잠 사이클, 어떤 아기는 8번의 사이클이 하루 24시간 안에 펼쳐져 있을 수 있는 것과 같은 논리다.

(2) '먹-놀-잠' 사이클 통폐합 원리의 전제 사항

그렇다면 이 통폐합 이론을 대원칙으로 먹-놀-잠 사이클을 알아보기 전에, 양육자들이 체크하고 가야 하는 중요한 전제 사항들을 우선 검토해보도록 하겠다.

① 아기의 현재 주차의 능력치를 제대로 알아야 한다

아기가 현재 낮잠을 줄일 수 있는 때가 아닌데 혹은 밤중수유를 없앨 수 있는 때가 아닌데 무작정 감행하는 우를 범해서는 안 된다. 양육자는 아기의 발달 상황을 늘 세밀하게 관찰하여 그에 맞춰서 먹-놀-잠 스케줄을 구성해야 한다. 아기가 신체적으로 해당 미션을 수행할 능력을 가지고 있을 때, 편안한 적응을 위한 환경을 조성해주는 것이 양육자의 역할이다. 예를 들자면, 2주차 된 아기는 한밤에 밤중수유 없이 8시간을 쭉 이어서 잘 수 있는 능력이 없다. 즉, 1~2주차 때 밤중수유를 생략해보려고 시도하는 것은 생각할 수 없는 일이다.

② 먹-놀-잠 사이클의 길이는 각 구간마다 다르다

생후 완전 초기 주차의 먹-놀-잠 사이클은 어떤 구간이든 간에 꽤나 일정한 길이를 보인다. 그러나 주차가 뒤로 갈수록 각각의 먹-놀-잠 사이클은 구간마다 고유한 특색이 생긴다. 예를 들어 4개월 정도 되면, 어떤 먹-놀-잠 사이클은 2시간 30분 길이인데, 다른 먹-놀-잠 사이클은 3시간 30분 길이까지 늘어날 수가 있다. 이후 6개월 정도가 되면 각 사이클의 길이는 또 달라진다. 즉, 아기의 월령, 상황별 그 아기에게 필요한 부분, 하루 일과의 언제쯤인지 여부(오전이냐 오후냐, 낮이냐 밤이냐 등)에 따라 먹-놀-잠 사이클의 길이는 각 구간마다 다를 수 있다.

③ '첫 수유와 마지막 수유는 일정한 시간에!' 원칙을 기억하자

먹-놀-잠 스케줄을 구성할 때, 시기에 상관없이 꼭 유념하고 지켜야 하는 원칙이 있다. 바로 '첫 수유와 마지막 수유는 일정한 시간에 이루어져야 한다'는 원칙이다. 특히 아침 기상 수유는 아기의 하루를 계획할 때 전략적으로 쓰인다. 아침 첫 수유 시간을 고정적으로 박아두고 그 시간을 일관되게 유지하면, 아기의 하루 일과는 이후 그것을 기준으로 규칙적으로 돌아간다.

반대로 아침 첫 수유 시간이 가변적이면 아무리 먹텀(수유 시간과 그다음 수유 시간 사이의 간격)을 일정한 간격으로 유지한다고 해도 아기가 젖을 먹는 시간이 매일 달라진다. 우리 모두 알다시피 식사를 규칙적으로 하는 것은 성인의 건강에도 매우 중요한 요소다.

물론 매일 철두철미하게 같은 시간에 수유를 할 수는 없다. 따라서 아침 첫 수유 시간은 계획한 시간에서 ±20분 정도의 유연함을 발휘해도 괜찮다. 그러나 이와 같은 적절한 유동성은 일관된 루틴이 성립된 상태에서만 의미가 있음을 기억하자. 이처럼 규칙성 있게 아기의 하루가 운영이 되어야 양육자 입장에

서도 아기가 언제 먹고 언제 자는지를 예측할 수 있어 자신의 하루를 효율적으로 보낼 수 있다.

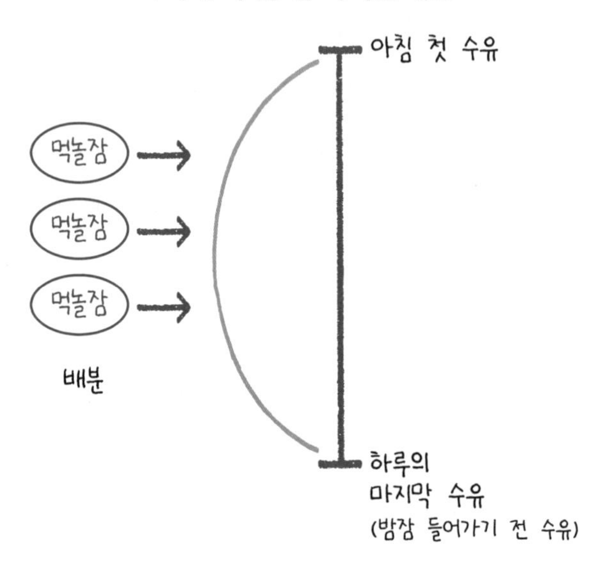

아기가 밤잠을 한 번에 8시간 쭉 이어서 자게 되면, 그때야말로 아침 첫 수유와 하루의 마지막 수유가 매우 전략적인 두 개의 중요한 수유 고정축이 된다.
즉, 아기의 먹텀 길이가 어떻든 간에 이 두 개의 수유 시간을 고정적으로 정해놓고, 그사이에 나머지 먹-놀-잠 사이클을 균형 있게 분배해서 아기의 하루 일과를 운영하면 된다는 뜻이다.

④ 아기마다 통폐합되는 시점은 다를 수 있다

아기마다 발달 상황, 신체 조건, 개인적인 잠 욕구가 서로 조금씩 다를 수 있다. 그래서 나는 독자들이 이 책에서 평균치 정도만 참고하고, 주변의 다른 아기와 자신의 아기를 비교하지 말기를 권한다. 출산 직후에 여성은 호르몬의 문제, 감당하기 버거운 일상 등으로 심리적으로 불안정해지기 쉽다. 이럴 때 지인의 아기는 벌써부터 통잠을 몇 시간씩 자는데 우리 아기는 그렇지 않다고 생각하면 난데없이 경쟁심이 샘솟기도 한다.

다음은 산후조리원 동기였던 민수 엄마와 윤정이 엄마의 이야기다. 민수는 6주차에 밤잠 8시간을 쭉 이어서 잤다. 윤정이는 10주차에 8시간을 쭉 이어서 잤다. 4주의 격차가 있었던 것이다. 이 때문에 윤정이 엄마는 조바심이 났다. 그런데 얼마간의 시간이 지나고 상황이 역전되었다. 12주차에 이르자 윤정이는 12시간을 쭉 이어자기 시작한 것이다. 반면에 민수는 이 무렵 10시간 이상 통잠을 자지 않았고, 생후 1년간 밤잠을 10시간 이상 자지 않았다.

이 사례에서 눈여겨볼 것은 민수와 윤정이 모두 먹-놀-잠 사이클의 통폐합 과정을 거쳤다는 사실이다. 밤잠을 자는 시간이 다를 뿐, 두 아이 모두 두 차례의 밤중수유가 없어지는 과정은 동일하게 밟았다. 다만 두 아이가 각자 다른 잠 욕구를 가지고 있었기 때문에 통폐합의 과정이 각자 다른 타이밍에 구현된 것일 뿐이다. 그러므로 **내 아기와 다른 아기를 절대 비교하지 말자.** 이는 비단 수면교육에서뿐만 아니라 육아 전반에 걸쳐서 적용해야 할 내용이다.

⑤ '2보 전진, 1보 후퇴'의 원리를 기억하자

새로운 먹-놀-잠 패턴이 '뉴노멀'이 되기 위해서는 해당 패턴이 새롭게 선보인 후 보통 4~6일 정도 유지가 되어야 한다. 그런데 먹-놀-잠 사이클의 통폐합이 이루어지는 과정에서 아기는 퇴행하는 현상을 보일 수도 있다.

예를 들어, 나윤이는 6주차부터 밤에 5~6시간을 내리 자기 시작하다가 7주차에 이르러서는 밤잠을 7시간 자기 시작했다. 새로운 패턴이 나타난 셈이다. 이 패턴으로 며칠 밤을 자다가도 갑자기 다시 밤잠을 5시간 자기도 한다. 그렇다고 해도 걱정할 것 없다. 중간중간 퇴행하는 듯 보여도 결과적으로 아기가 밤잠을 자는 시간은 차츰 늘어나 나중에는 10시간 이상 쭉 이어서 자게 된다. 먹-놀-잠 사이클의 통폐합 변화 시기에는 2보 전진했다가 1보 후퇴하는 것이 매우 흔한 현상이다.

⑥ 위에서 이야기한 모든 원리들은 모유수유든 분유수유든 수유 방식과는 관계없이 동일하게 적용된다.

주차별 통폐합 이후의 스케줄표와 양육자의 할 일

지금까지의 내용으로 먹-놀-잠 사이클이 통폐합되는 원리와 전제 사항을 이해했다면, 이제부터는 하루에 평균 9번 정도 반복되는 먹-놀-잠 사이클이 아이의 발달 단계에 따라 언제, 어떻게 통폐합되는지 그 구체적인 내용을 알아볼 차례다. 더불어서 해당 시기에 양육자는 아기를 위해 어떤 일들을 수행해야 하는지도 함께 알아보자.

(1) 첫 번째 통폐합: 3~6주차

자정 12시 이후의 밤중수유는 보통 2회에 걸쳐 이루어진다(새벽 2시/새벽 5시 부근). 아기가 3~6주차 무렵이 되면 한 번의 밤잠 스트래치를 늘려도 좋다(3시간→3시간 30분~4시간). 그러면 결과적으로 새벽 2시와 새벽 5시에 이루어졌던 밤중수유가 새벽 3시에 한 번 하는 것으로 합쳐지는 모양새가 된다.

통폐합 ①
3~4주차 무렵

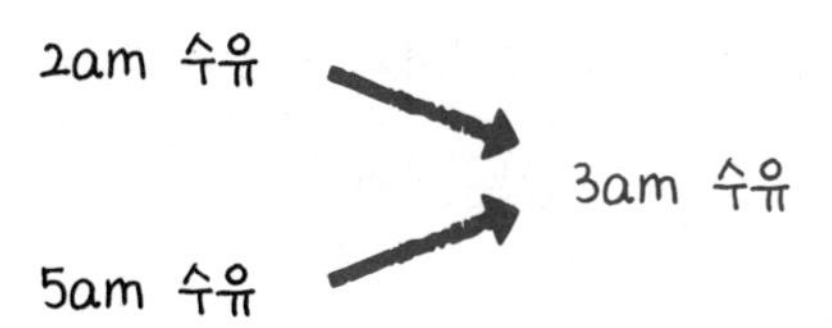

이렇게 한 번의 통폐합이 이루어지면, 9번의 먹-놀-잠 사이클이 8번으로 줄어든다.

통폐합 ① 이후
3~6주 먹·놀·잠 스케줄표

1	먹 놀 잠	7am
2	먹 놀 잠	
3	먹 놀 잠	
4	먹 놀 잠	
5	먹 놀 잠	
6	먹 놀 잠	
7	먹	
8	먹	1~3am

각자 자신의 아기를 관찰하며 각 '먹놀잠'이 발생하는 시간들을 적어보세요.

이 시기에 양육자가 똑게 수면 프로그램을 제대로 이해하고 적용하여 하루를 보낸 아기들은 대략 밤 11시부터 새벽 3시까지 잠을 잔다. 그 뒤 새벽 3시에 밤중 수유를 마치고 나면 아침 6시 30분~7시까지 잠을 잔다. 즉, 밤잠을 4시간씩 쭉 이어자는 스트레치가 뉴노멀로 자리 잡는 것이다.

◎ 이 시기 양육자의 할 일

위의 과정을 이해하고 이 기간에 아기의 깨어 있는 시간이 조금 길어진다는 사실을 양육자가 인지하고 있으면 좋다. 먹텀은 2시간 30분~3시간을 유지한다.

(2) 두 번째 통폐합: 7~10주차

7~10주차에는 새벽 12시 부근의 수유가 탈락되고, 약 8시간의 밤잠 스트레치로 자기 시작한다. 이로써 8번의 먹-놀-잠 사이클이 7번으로 줄어든다.

통폐합 ② 이후
7~10주 먹·놀·잠 스케줄표

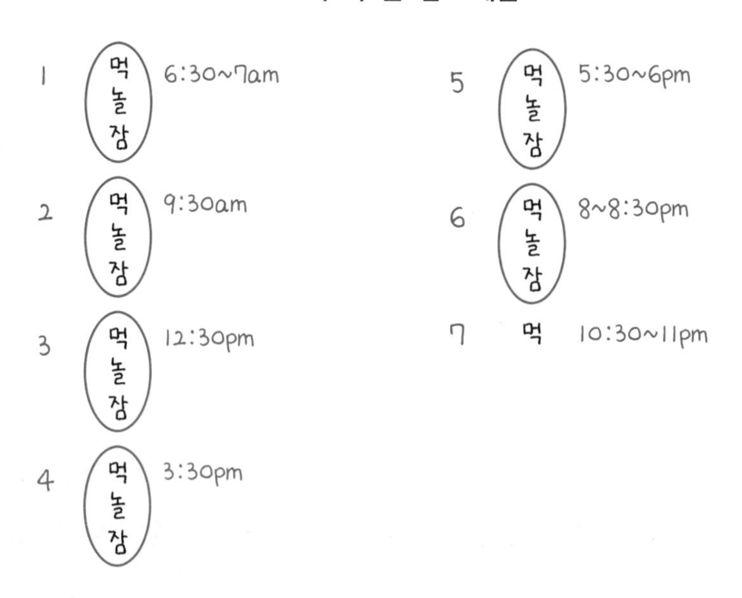

이때 주의할 점은 아기가 하루에 먹어야 할 총 칼로리의 양이 줄어서는 안 된다는 것이다. 이 말은 곧, 한 번 수유를 할 때 아기가 먹어야 할 젖의 양이 늘어나야 함을 뜻한다. 낮에 먹는 양이 더 늘어나야 하는데, 보통은 밤사이에 공복이 길게 유지되다 보니 아침 첫 수유 때 먹는 양이 늘게 된다.

이쯤에서 아이가 밤중에 몇 시간 동안이나 수유 없이 쭉 잘 수 있는지 알아보자. 이를 간편하게 계산하는 법칙이 있다. 이를 **'어림짐작 법칙'**이라고 한다. 이 법칙을 제안한 학파는 아기가 생후 4주 이후에는 한 주마다 밤잠을 1시간씩 늘릴 수 있다고 주장한다. 즉, 생후 5주차에 접어든 건강한 아이는 밤에 5시간을 쭉 통잠으로 잘 수 있고, 생후 7주차에 접어든 건강한 아이는 7시간의 통잠을 잘 수 있다는 것이다. 더욱 일목요연하게 정리된 내용은 아래의 표를 참조하자.

아기의 수면 능력에 대한 어림짐작 법칙
(아기 주수는 보수적으로 안전하게 예정일로 계산해보기)

5주가 되면 ⟶ 5시간 쭉 자는 밤잠 가능
6주가 되면 ⟶ 6시간 쭉 자는 밤잠 가능
7주가 되면 ⟶ 7시간 쭉 자는 밤잠 가능
8주가 되면 ⟶ 8시간 쭉 자는 밤잠 가능
9주가 되면 ⟶ 9시간 쭉 자는 밤잠 가능
10주가 되면 ⟶ 10시간 쭉 자는 밤잠 가능
11주가 되면 ⟶ 11시간 쭉 자는 밤잠 가능
12주가 되면 ⟶ 12시간 쭉 자는 밤잠 가능

거듭 이야기하지만 아이들마다 잠 욕구가 조금씩 다르다. 12시간의 밤잠을 자야 하는 아이도 있고, 10~11시간만 자도 충분한 아이도 있다. 위의 표는 머릿속으로 계산하기 편하기 때문에 제시한 내용일 뿐, 위에서 제시된 시간을 자신의 아이에게 딱 맞춰 적용할 필요는 없다. 현실적으로 스트레스를 받지 않기 위해서는 아기의 주차에 해당되는 시간에서 2시간 정도를 빼고 생각하는 것이 좋다. 즉, 당신의 아기가 생후 6주차라면, 밤잠을 쭉 이어서 4시간(6시간-2시간)을 잘 수 있다고 생각하면 적당하다.

◎ 이 시기 양육자의 할 일

두 번째 통폐합이 이루어지는 시기에 먹-놀-잠 스케줄의 효과적인 조정을 위해 양육자가 해야 할 일이 몇 가지 있다. 7~10주차 두 번째 통폐합 이전 시기, 즉 아기가 밤잠을 길게 이어서 자기 전까지는 낮에 3시간 간격으로 수유를 했을 것이다. 하지만 이 시점에서는 두 번의 통폐합이 이루어졌으므로 수유 시간의 조절이 이루어져야 한다.

이 시기 아기는 밤잠을 대략 8시간 쭉 이어서 잘 수 있게 된다. 그러면 먹-놀-잠 스케줄을 분배해야 하는 시간은 총 16시간(24시간-8시간)이다. 16시간을 7번의 '먹'으로 나누면 그 결과값이 정수로 딱 떨어지지 않지만 비슷한 비율로 배분한다면 2시간 30분 정도로 나온다. 여기서 눈치가 빠른 독자 분들은 한 가지 이상한 점을 느꼈을지도 모른다. 원래는 3시간 간격으로 식사를 했는데, 오히려 2시간 30분에 한 번씩 식사를 해야 한다니. 뭔가 이상하지 않은가? 그냥 수치만 생각하게 되면 오히려 후퇴한 듯하지만 각각의 먹텀 수치는 다를 수 있으며 2시간 30분마다 수유를 해야 할 때가 분명히 있음을 기억하자(집중수유를 해야 하는 경우).

그렇다면 아기가 밤잠을 자는 시간을 제외한 16시간의 하루 일과 동안 7번의 '먹'을 어떻게 분배하는 것이 효과적일까?

① 아침 첫 수유 시간을 정한다

아침 첫 수유 시간을 정하는 것은 먹-놀-잠 사이클을 운용하는 첫걸음이다. 기준점이기 때문이다. 이때 선택지는 '기존의 아침 첫 수유 시간을 유지'하거나 '새로운 시간대로 세팅'하는 것, 두 가지다. 둘 중 무엇이든 관계없다. 다만, 아침 첫 수유 시간을 늦게 시작하면 하루의 마지막 수유 시간도 자정 무렵으로 많이 미뤄진다는 사실을 기억하자. (물론 이상적인 시간대는 존재한다. 이에 대해서는 뒤의 심화과정 파트들에서 배워보도록 하자.)

② 하루의 마지막 수유 시간을 정한다

앞에서도 언급했지만 아침 첫 수유 시간과 더불어서 하루의 마지막 수유 시간도 고정적으로 정해두어야 한다. 이렇게 두 번의 '먹'을 고정축으로 세웠다면, 그 사이에 5번의 먹-놀-잠 사이클을 끼워 넣으면 된다. 그리고 5번의 먹-놀-잠 사이클은 그 길이가 동일할 필요는 없다. 아이와 당신의 상황에 따라 어떤 구간은 좀 더 길고, 어떤 구간은 좀 더 짧을 것이다.

(3) 세 번째 통폐합: 10~15주차

이때부터 아기는 밤잠을 10~12시간 이어서 자게 된다. 밤중수유를 하나 더 탈락시키는 것이다. 이 과정에 돌입하면 먹-놀-잠 사이클은 7번에서 6번으로 줄어든다. 아침 첫 수유 시간은 여전히 동일하다. 양육자가 자신의 편의나 가족 모두의 이익을 위해서 그 시간을 바꾸지 않는 한 말이다. 이 무렵이 되면 하루의 마지막 수유 시간은 꽤 예측이 가능해진다. 왜냐하면, 아침 첫 수유 시간(하루 시작점, 밤잠에서 깨어나는 시점)으로부터 10~12시간 전이 하루의 마지막 수유 시간이 될 것이기 때문이다.

아침 첫수 시간 – (10~12시간) = 막수 시간

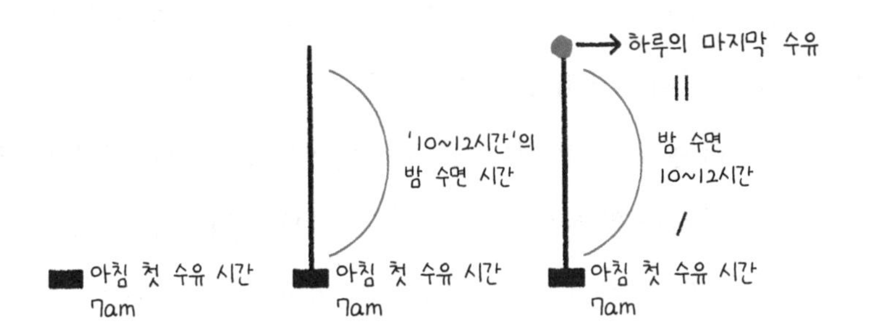

통폐합 ③ 이후
10~15주 먹·놀·잠 스케줄표

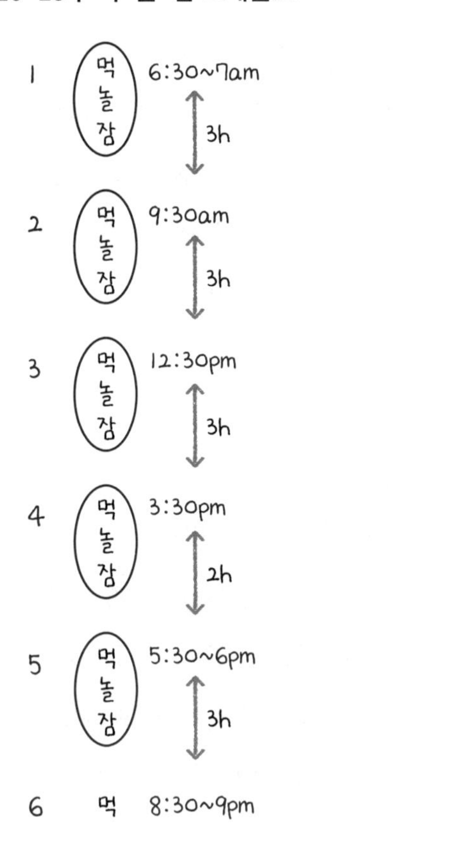

◎ 이 시기 양육자의 할 일

모유수유를 하는 엄마라면 원활한 모유 생산을 신경 써야 하므로 이 시기에 아기가 밤잠을 10시간 이상 잘 수 있다고 하더라도, 24시간 체제 안에서 가슴에 자극을 충분히 주는 것이 좋다. 30대 중반 이상인 엄마라면 더욱 그러하다. 즉, 모유수유 중이라면 밤 10~11시에 한 번 더 수유를 하는 것을 유지하기를 권장한다. 원활한 모유 생산을 위해 이 시간대에 수유하는 것을 4~5개월까지 지속하는 경우도 있다.

또한 이 시기 양육자는 세 번의 통폐합을 거친 하루 일과에 아기를 안정적으로 적응시켜야 한다. 예를 들어, 아기가 밤잠을 11시간 자고, 아침 첫 수유는 7시에, 하루의 마지막 수유는 저녁 8시 무렵에 한다고 가정해보자. 우리의 미션은 이 사이에 4번의 '먹'을 배치하는 것이다. 이 무렵 아기의 깨어 있는 시간은 현저히 길어진다. 이때는 낮잠의 길이 변화보다 밤잠에서 충분한 영양분을 잘 받는 것이 중요하다. 토막토막 끊겨진 밤잠이 아니라 죽 이어지는 알찬 양질의 '잠 영양분'을 먹을 수 있어야 낮의 스케줄이 잘 굴러간다. 그 질 좋은 밤잠 영양분을 토대로 낮의 더 늘어난 '깨시(깨어 있는 시간)'를 버틸 수 있는 법이다. 이러한 스케줄은 아기가 이유식을 시작할 무렵인 4개월/4개월 반~6개월까지 이어진다.

주차에 따른 '먹', '놀', '잠' 시간의 변화

지금까지 먹-놀-잠 덩이들의 통폐합 과정을 보았다면, 이번에는 하나의 먹-놀-잠 사이클 안에서 각각의 먹-놀-잠이 차지하게 되는 시간의 양적인 변화에 대해 알아보겠다.

(1) 첫 번째 달 - '먹' 구분을 어떻게 주나?

아기의 하루 스케줄에서 '먹', '놀', '잠'의 구획을 지으려면 생후 첫 달에 계속 잠에 취한 듯한 아기, 젖이나 분유를 먹이려고 해도 계속 졸음에 차 있는 아기를 적극적으로 깨워가며 먹여야만 한다.

그렇다면 자는 아기는 언제 깨워야 하고, 언제 그대로 내버려둬도 될까? 내가 제시하는 기준은 3시간 사이클이다. 그보다 더 길게 자면 아기를 깨워야 한다. 3시간 사이클은 아기의 장을 비롯해 소화기관, 소화 능력을 탄탄하게 만들어주기에 적절한 간격이다. 또한 잠 패턴도 예측 가능하고 건강한 방향으로 형성할 수 있다.

젖이나 분유를 먹을 시간이라며 아기를 적극적으로 깨우지 않는 예외의 타이밍은 바로 **하루의 마지막 수유(막수)와 밤중수유(밤수)**다. 아기가 첫 번째 달에는 통상적으로 밤에 4시간 스트레치로 자는 경우가 많다. 하지만 생후 첫 달 초기에는 아기가 밤에 4시간 이상 먹지 않고 자게 해서는 안 된다. 밤에 먹지 않고 4시간 보다 더 길게 잘 경우, 생후 첫 달 초기에는 꼭 깨워서라도 아기에게 수유해야 한다. 먹이고 난 뒤에는 다시 바로 재운다. 4주 이하의 아기들은 너무 어리기 때문에 수유(영양분 공급) 없이 밤잠을 권장 시간보다 길게 재워서는 안 된다.

(2) 0~3개월 사이의 깨어 있는 시간의 변화

생후 2주차까지는 아기의 먹는 시간과 노는 시간에 특별한 구분이 없다. 먹는 시간이 곧 깨어 있는 시간이며 노는 시간이 먹는 시간에 포함되는 격이다. 생후 2~3주차가 되었을 때부터 약간의 먹-놀-잠 루틴이 보이기 시작한다. 이 패턴이 보이면 아기가 한 단계 레벨업 했다고 봐도 좋다. 아기의 하루는 점점 규칙이 보이는 모양새를 찾아갈 것이다.

그 과정을 아래의 그림으로 표현해보았다.

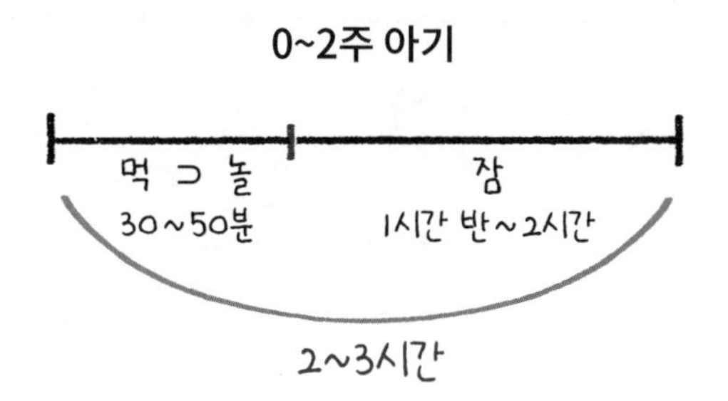

생후 1~2주 사이에는, 30~50분 정도의 시간이 먹이기에 해당되는데, 이 시간에 기저귀 갈기, 트림시키기 등의 위생과 관련된 활동들과 껴안고 키스하기 등의 스킨십을 하는 시간이 포함된다. 잠은 보통 수유(먹) 뒤에 따라오는데 1시간 30분~2시간 정도의 길이다. 그래서 전체 먹-놀-잠 사이클은 2~3시간 정도의 길이다.

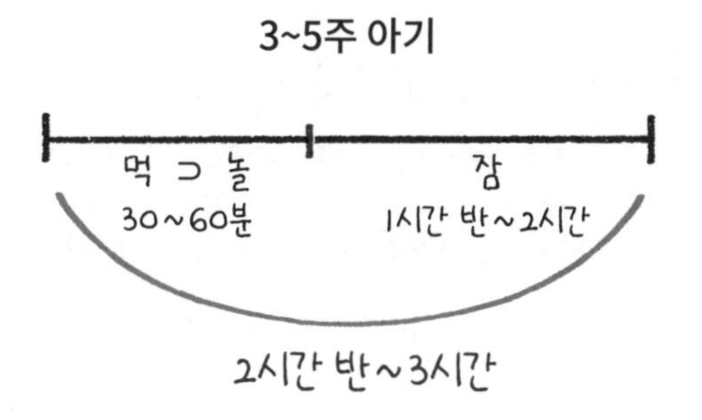

생후 3~5주차 때는 먹-놀-잠의 시간 배분이 약간 바뀐다. 생후 3주차부터는 노는 시간이 분리되어 나타나긴 한다. 노는 시간은 30분 정도 지속될 수 있다. 앞의 시기와 대비했을 때 먹은 시간에 더해서 30분 정도 더 버틸 수 있게 되는 것이다. 이후에 1시간 30분~2시간 정도의 낮잠 시간이 따라온다. 건강한 잠 습관이 형성되고, 더 긴 깨어 있는 시간이 동반된다면, 다음 단계에서는 아기가 더욱 또랑또랑한 상태로 깨어 있을 것이고 깨어 있는 시간도 더 길어지게 된다.

6~12주 아기

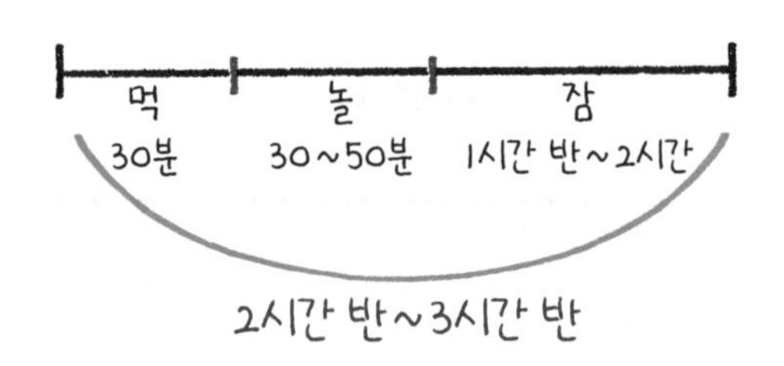

생후 6주차가 되면 아기의 깨어 있는 시간은 더욱 분명해지고, 먹는 시간도 더 정확하게 측정된다. 이후에 1시간 30분~2시간 길이의 낮잠 시간이 따라온다. 생후 12주까지 깨어 있는 시간은 60분까지 늘어나고 그보다 더 길어질 수 있다. 그때까지 아기는 밤에 어느 정도는 쭉 이어서 자는 통잠 능력이 구축되어 있어야 한다. 그래서 하루 24시간 기준으로 1번의 밤중수유를 생략할 수 있어야 한다.

(3) 아기의 성장에 따라 '먹-놀-잠' 루틴이 흔들릴 수 있다

여기서 우리가 유의해야 할 부분이 있다. 아기가 성장함에 따라 깨어 있는 시간이 길어지면서, 아기의 '먹-놀-잠' 루틴이 '놀-먹-잠'으로 바뀌지 않도록 조심해야 한다. 사실 이 부분은 갑작스러운 변화라기보다 점진적으로 일어나는 일인데 다음의 예로 설명할 수 있다.

엄마가 생후 7주차 아기에게 수유를 했다. 그런데 오늘은 아기가 적당한 시간을 깨어 있지 않고 잠들어버린 것이다. 그렇게 되면 아기는 본래 자던 낮잠 길이보다 짧게 자고 일어나게 된다. 짧은 낮잠을 자고 일어난 아기는 자연스레 먹는 것에는 관심이 없다. 아직 배가 고프지 않기 때문이다. 그러나 우리는 아기를 계획한 먹-놀-잠 스케줄에 따라 매니징을 해야 하므로, 이럴 때 수유하는 것을 20~30분 미루게 된다.

아기가 충분한 휴식을 취한 뒤(낮잠을 잘 자고 일어났을 때), 즉 잠 에너지가 충전이 잘된 뒤에 바로 젖이나 분유를 먹이면 에너지와 컨디션이 최고조인 상태에서 먹기 때문에 아기는 양껏 매우 잘 먹을 수 있다. 그런데 위의 상황처럼 본의 아니게 낮잠을 자고 일어난 뒤에 얼마간의 시간이 흐른 상태에서 먹이게 되면, 아기가 잠시 놀면서 에너지를 소진한 상태로 젖이나 분유를 먹게 되기 때문에 낮잠 직후에 수유를 할 때보다는 양적으로 덜 먹게 된다.

물론 이런 일이 한두 번 정도 일어나는 것은 사실 큰 문제가 아니다. 그러나 이러한 미묘한 전환이 이틀 이상 지속될 경우, 아기의 루틴은 '놀-먹-잠' 사이클로 어느새 바뀌게 된다. 그리고 '놀-먹-잠' 루틴은 다음과 같은 이유로 아기의 성장에 문제를 초래한다.

충분하지 않은 깨어 있는 시간 ➡

'충분하지 않은 잠'을 가져옴 ➡ '짧은 낮잠'으로 이어짐 ➡

'짧은 낮잠'은 '충분하지 않고 비효율적인 수유'로 연결됨

따라서 젖이나 분유의 수유는 낮잠 뒤에 바로 따라붙는 것이 좋다(특히나 초창기 주수에는). '놀' 뒤에 오는 것이 아니라!

Class 2. 먹텀과 잠텀 스케줄 일구기

이번 장에서는 아기의 '먹텀'과 '잠텀' 스케줄을 일구는 방법에 대해서 알아보겠다. 이번 장의 핵심은 '수유텀', 즉 '먹텀'을 잘 만들어서 아기가 배고프지 않게 만드는 것이다. 아기가 때에 맞춰 적절한 양의 모유/분유를 잘 먹어 배가 차 있으면, 놀기도 잘 놀고 잠도 잘 잔다. 하루 일과가 안정적으로 굴러가는 것이다. 먹텀을 잘 일구는 것이 무엇보다 중요한 까닭이다.

적절한 먹텀 계산법

그렇다면 똑게육아에서 먹텀(수유텀)은 어떻게 계산할까? 먹텀은 수유를 시작한 시간부터 다음 수유 시작 시간까지의 간격을 말한다. 이를테면 아침 7시에 수유를 시작해서 7시 20분에 수유를 마친 뒤, 오전 10시에 그다음 수유를 했다고 치자. 이 경우에 먹텀은 '10-7=3', 즉 3시간이다. 먹텀을 계산할 때 주의할 점은, 수유를 끝낸 시간을 기준으로 계산해서는 안 된다. 언제나 기준은 '수유를 시작한 시간'이다.

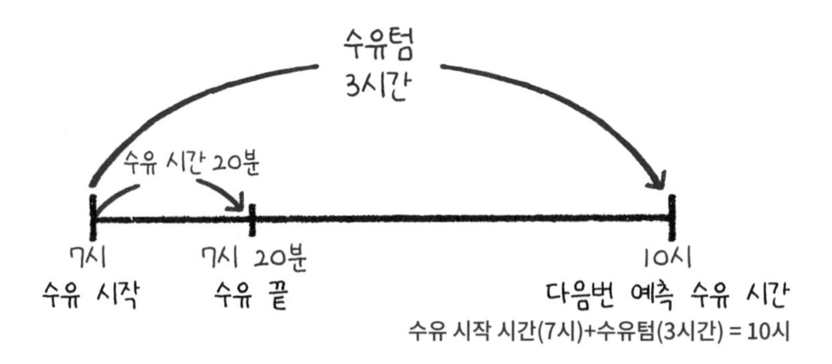

일반적인 수유 방식과 그 단점들

똑게식 수유 공식을 소개하기에 앞서, 먼저 일반적으로 사용하는 수유 방식과 그 단점들에 대해 알아보겠다. 이 부분에 대한 이해가 선행되어야만 왜 똑게 수유 공식에 따라 아기의 먹텀을 조절하는 것이 효과적인지 제대로 받아들일 수 있기 때문이다. 일반적으로 많이 통용되는 수유 방식은 크게 두 가지다. 하나는 '아기가 원할 때마다 먹이기'이고, 다른 하나는 '딱딱 시간 맞춰 먹이기'다.

(1) 아기가 원할 때마다 먹이기

말 그대로, 아기가 모유/분유를 먹기 원할 때마다 젖이나 젖병을 물리는 수유 방식이다. 이 수유 방식에서 먹텀을 계산하는 공식에 0을 넣은 것은 '배고프다는 신호'를 제외하고 수유 시간에 영향을 미치는 요인이 없다는 것을 시각적으로 보여주기 위해서다. 이 수유 방식을 따르게 되면 양육자는 다른 요소들은 전혀 고려하지 않고, 아이가 배고프다는 신호를 보이는 것에만 신경을 쓰고 아이에게 모유/분유를 수유하게 된다.

원할 때마다 먹이기 수유 공식

배고프다는 신호 + 0(zero) = 수유 시간

이때, 양육자는 아기가 다음과 같은 신호를 보내면 아기가 배고픔을 호소한다고 판단한다.

· 무언가를 빠는 소리.

· 입으로 손을 가져가는 움직임.

· 작은 흐느낌, 우는 소리 등.

그러나 이와 같은 신호는 변수(변하는 수)다. 아기는 꼭 배가 고프지 않아도 위와 같은 신호를 보낼 수 있다. 일정한 간격 없이, 쉽게 말해 시도 때도 없이 아기가 내비칠 수 있는 신호라는 뜻이다. 아기가 보내는 배고픔의 신호를 수유 시간의 기준으로 삼으면, 아기에게 규칙적으로 수유를 하는 것이 원천적으로 불가능하다. 그렇다면 이 방법으로 수유 시간을 운영했을 때의 문제점을 구체적으로 살펴보자.

① 배고프다는 신호만 100% 믿는 것은 오류가 있다

오직 배고프다는 신호가 나타날 때만 먹이면 자칫 수유가 '아기의 울음'에 의해 좌우되는데, 이것은 매우 위험하다. 약하거나 소극적인 아기는 자신의 감정을 잘 표현하지 못할 수 있다. 또한 너무 졸린 아기들은 4~6시간 동안 먹고 싶다는 신호를 보내지 못할 수도 있다.

② 충분한 영양을 주지 못할 수 있다

한 번의 수유가 스낵킹(snacking), 즉 짧게 전유(앞젖)만 먹는 상황을 초래할 수 있다. 그로 인해 아기가 영양을 충분히 공급받지 못하거나 몸무게가 잘 늘지 않을 가능성이 있다.

③ 엄마가 심하게 피로해질 수 있다

예를 들어 배고프다는 신호의 간격이 2시간보다 짧게 반복되면, 엄마는 수유를

2시간 간격 미만으로 되풀이해야 한다. 당연히 엄마는 체력적으로 지치기 마련이다. '피로'는 엄마들이 모유수유를 포기하는 가장 큰 이유다.

④ 아기가 매우 짜증스럽게 변할 수 있다

짤막짤막하게 여러 번 수유하는 것은 아기가 원하는 대로 피드백해주고자 엄마가 온몸을 던진 셈이나 마찬가지다. 그러나 육아의 특성상 이러한 헌신은 의도하지 않은 부정적인 결과를 가져올 수 있다. 무엇보다 아기에게 양껏 수유를 하기가 힘들어진다. 또한 항상 수유로 위안을 주어 아기의 울음을 달래기 때문에 자칫 '예민한 아기'가 될 수 있다. 루틴 형성도 힘들어져 결국 '먹'뿐만 아니라 '잠'과 '놀'에 이르는 전체 하루 일과가 불규칙·불안정해진다. 결국 잠 습관도 제대로 들이기 어려워진다.

(2) 딱딱 시간 맞춰 먹이기=엄격한 수유 스케줄 공식

이 수유 방법 및 공식에서는 '시계'가 아기가 언제 먹을지를 결정한다. 이 경우에는 수유 시간을 항상 예측할 수 있기 때문에 시계는 상수(변하지 않는 수)로 작용한다.

엄격한 수유 스케줄 공식

시계 + 0(zero) = 수유 시간

이 방식은 얼핏 보면 '아기가 원할 때마다 먹이기'에 비해 규칙적인 수유가 가능할 것처럼 보이지만, 역시 단점이 존재한다.

① 아기의 배고프다는 신호를 무시할 수 있다

오직 시계에만 의존해 먹이다 보니 정작 아기가 허기지다고 보내는 신호를 간과할 수 있다. 예를 들어, 급격한 성장기에는 평소보다 더 많은 수유가 필요한데, 시계에만 의존해 기계적으로 수유를 하다 보면 이런 상황들을 미처 고려하지 못하게 된다.

② '엄격한 스케줄'은 충분한 모유 생산 자극을 주지 못할 수 있다

때로는, 특히나 모유수유 정착 초창기에는 엄마의 모유 생산에 수유 행위나 그 간격이 적절한 자극을 주고 있는지, 그리하여 신체적으로 모유 생산이 잘 이루어지고 있는지 등도 같이 모니터링을 해야 한다. 이러한 상황에 맞는 고려 없이 그저 시계에만 의존해 딱딱 맞춰 수유하는 엄격한 스케줄은 충분한 모유 생산 자극을 방해할 수도 있다. 충분하지 못한 모유량은 엄마들이 모유수유를 포기하는 두 번째 이유다.

부모도 아기도 편해지는, 똑게 수유 공식

수유 방법 및 공식을 세울 때 고려해야 하는 가장 큰 기준은 '어떤 지표를 사용할 것인가?'이다. 앞에서 언급한 두 가지 방법은 각각 '배고프다는 신호'라는 변수를 이용하거나, '시계'라는 상수를 이용한 수유 방법이었다.

어떤 지표를 사용할 것인가?

배고프다는 신호

시계

상수

대개 부모들은 육아를 할 때, 자기가 행한 어떤 방식이 있었다면 소위 '내가 한 방식이 옳아!!' 하는 신념에 빠지게 된다. (내 사랑하는 아이에게 내가 적용한 것이니 이 방법에 오류는 없으며, 이것이 절대적 신념처럼 맞다고 생각하고 수호하려 든다.) 일종의 자기보호의 측면인 셈이다. 부모들이 이런 습성을 가지고 있다는 점을 우리 독자님들은 꼭 염두에 두고 논리적으로 현명하게 생각하고 접근해보자. 아기들은 뭐든지 빨리 배우고 쉽게 길들여진다. 초보 부모는 힘겨운 육아에서 살아남으려고 한 행위지만, 그 행위들로 인해 아기는 잘못된 행동과 반응을 학습하게 된다. 그렇게 된 상황에서 확실한 지식 없이는 중도에 변화를 주기란 쉽지 않다.

자, 그럼 지금부터 부모도 아기도 편해지는 똑게 수유 공식을 구체적으로 알아보겠다. 우선 아래의 공식을 머릿속에 제대로 입력해두고 시작하자.

똑게 수유 공식

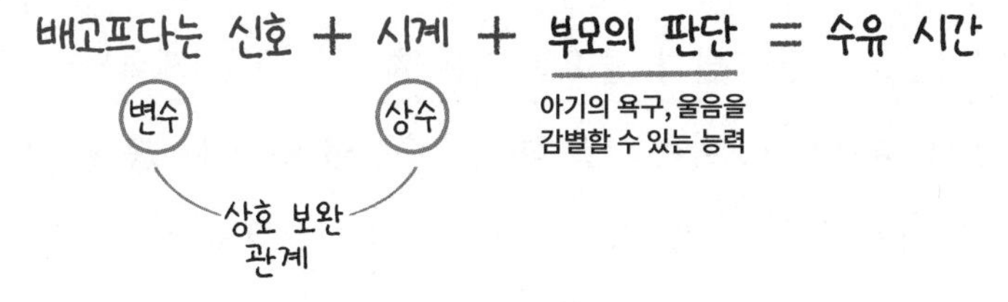

→ 이 수유 공식으로 우리는 '안정된 아기'를 만들 수 있다.

똑게 수유 공식에서는 '배고프다는 신호'와 '시계', 이 두 가지를 모두 고려해서 수유 시간을 이끌어나간다. 변수와 상수는 대치 관계가 아니라 서로의 부족한 부분을 보완해주는 상호 보완 관계다. 똑게 수유 공식은 기본적으로 '아기가 배고플 때 수유를 한다'는 관점에서 접근한다. 여기에 더해 '시계'라는 상수를 고려해 ① 너무 자주 혹은 ② 너무 긴 간격으로 수유하지 않도록 주의하고자 한다.

(1) 똑게 수유 공식의 핵심 1 - 부모의 판단

똑게 수유 공식에서는 '부모의 판단'이라는 스킬이 매우 중요하다. 이는 아기의 욕구, 즉 울음을 감별할 수 있는 능력을 뜻한다. 이 판단 능력만 갖추면 주양육자는 무척 자유로워질 수 있다. 이런 맥락에서 나는 아래와 같은 질문을 받으면 무척 안타까운 마음이 든다.

"로리 님, 저는 80일(80일÷7일(일주일)=11.4주) 된 아기를 키우고 있어요. 이번에 아기가 낮잠이 좀 늦게 들어서 잠든 지 30분밖에 안 지났어요. 그런데 먹텀은 3시간이 되어가요. 아기가 배고플 테니 깨워야겠죠? 잠든 지 얼마 지나지 않았는데 그래도 시간에 맞춰서 깨워야겠죠?"

이 수강생은 수유 방법 중에서 '딱딱 시간 맞춰 먹이기'를 따르고 있었는데, 거기에 너무 얽매여 있어서 스트레스를 받는 경우라 할 수 있다. 나는 아이의 현재 주수에는 3시간 30분 정도의 먹텀도 전혀 문제가 없으니 30분을 더 재워도 괜찮다고 조언을 해드렸다. 실제로 생후 8주 이후부터는 먹텀을 4시간으로 끌고 가라고 조언하는 전문가들도 굉장히 많다. 중요한 것은 맹목적이고 기계적으로 정확한 시간을 지키는 것에 얽매이기보다는 그날 하루의 수유를 어떻게 했는지 메모해가면서 전체적인 관점에서 판단하는 것이다. 나무를 보기보다 숲을 보는 눈을 기르는 것은 수유에서도 꼭 필요한 자질이다.

(2) 똑게 수유 공식의 핵심 2 - 양껏 먹이기

부모의 올바른 판단과 더불어서 똑게 수유 공식에서 또 다른 중요한 열쇠가 있다. 바로 양껏 먹이기다. 모유수유를 할 경우, 아이가 양껏 먹기 위한 전제 조건은 모유 생산이 원활하고 충분히 이루어져야 한다는 것이다. 그리고 이때 모유 생산의 핵심은 '(가슴을 빠는) 적절한 자극'과 '(수유 시간의) 적절한 간격'이다.

모유 생산의 핵심

(가슴을 빠는) 적절한 자극 + (수유 시간의) 적절한 간격

아기가 젖을 빠는 강도

아기의 견고한 소화 체계를 만들 수 있다.

여기서 '자극'은 아기가 '젖을 빠는 강도'를 뜻한다. 이는 아기의 배고픔 정도에 따라 달라지기 때문에, 아기가 젖을 빠는 힘은 '모유가 소화되고 체내에 흡수되는 시간'과도 연결된다. '(수유 시간의) 적절한 간격'은 4~6주 이전의 아기의 경우, 2시간 30분~3시간이 일반적이다. 이 간격으로 수유한 아기들은 하루에 여러 번 짧게 수유한 아기들보다 견고한 소화 체계를 갖출 수 있다.

여러 상황들로 인해 분유수유를 하는 엄마들을 위해 덧붙이자면, 이 수유 공식에서 모유냐 분유냐는 그다지 중요한 문제가 아니다. 모유수유를 하는 엄마들의 경우에도 아래에서 서술할 모유수유에 대한 잘못된 편견 때문에 똑게 수유 방식을 적용하기 어려운 것은 아닌지 주저하는 경우가 있는데, 이에 대해서도 살펴보자.

① 모유수유 아기들은 밤에 푹 잘 수 없다?

그렇지 않다. 이 또한 증명된 사실이다. 내 경우를 이야기하자면, 나는 두 아이 모두 14개월까지 완모직수를 했다. 결국 어떤 잠연관과 잠 패턴을 알려주는지가 관건이지 모유수유를 한다고 해서 잘 못 자는 것이 아니다. 초보 부모의 무지함과 실전 경험의 전무함, 주변 상황이 내 뜻대로 펼쳐지지 않는 부분들 때문에 모유수유를 하면서 안 좋은 잠연관에 빠질 확률이 높을 뿐이지, 모유수유와 질 좋은 수면은 상관관계가 없다.

② 모유가 분유보다 빨리 배고파진다?

비교 자체가 의미 없다. 모유냐 VS 분유냐를 비교할 것이 아니라 '한 번에 완벽하게 먹이는 양껏 수유'인지 '수많은 스낵킹 수유'인지가 중요하다. 모유가 분유보다 더 빨리 소화되는 것은 맞다. 하지만 이 정보를 토대로 모유수유 아기들을 더 자주 먹여야 한다고 이해하기보다는 '더 잘 효율적으로 양껏 먹여야 한다'라고 받아들여야 한다. 그래야만 모유수유 아기들이 성장에 필요한 영양소를 충분히 공급받아, 그 수유텀을 지탱할 수 있다.

③ 모유의 생산은 수유 횟수와 연관이 있다?

이 말은 부분적으로 맞다. 예를 들어 하루 8번 모유수유를 한 엄마와 VS 하루 2번 모유수유를 한 엄마의 모유 생산량을 비교하면 전자가 더 많은 양의 모유를 생산할 것이다. 그렇지만 오직 수유 횟수만으로 수유량을 판단하기는 어렵다.

좀 더 극단적인 예로 하루 12번, 15번, 20번씩 젖을 물린 엄마와 VS 하루 8~10번 젖을 물린 엄마의 경우를 비교해보자. 이 경우 하루 12번, 15번, 20번씩 젖을 물린 엄마가 하루 8~10번 젖을 물린 엄마보다 절대적으로 더 많은 모유를 생산하는 것은 아니다.

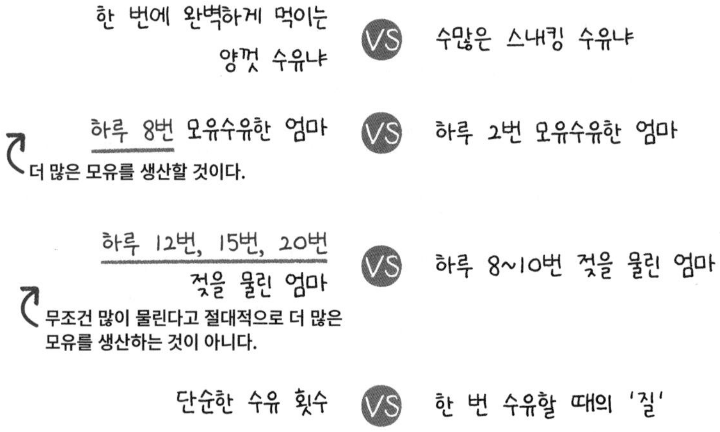

한 번에 완벽하게 먹이는 양껏 수유냐 VS 수많은 스낵킹 수유냐

하루 8번 모유수유한 엄마 VS 하루 2번 모유수유한 엄마

더 많은 모유를 생산할 것이다.

하루 12번, 15번, 20번 젖을 물린 엄마 VS 하루 8~10번 젖을 물린 엄마

무조건 많이 물린다고 절대적으로 더 많은 모유를 생산하는 것이 아니다.

단순한 수유 횟수 VS 한 번 수유할 때의 '질'

우리가 비교해야 할 것은 '수유 횟수'가 아니라 한 번 수유를 할 때의 그 '질'로 비교해야 한다. 똑게 수유 방식을 통해 하루의 먹-놀-잠 사이클이 일정한 루틴으로 잘 형성된 아기들은 그렇지 못한 아기들보다 수유 횟수는 적을지 모르지만, 한 번의 수유 시 양질의 모유(나 분유)를 섭취함으로써 더 많은 칼로리와 영양분을 섭취한다.

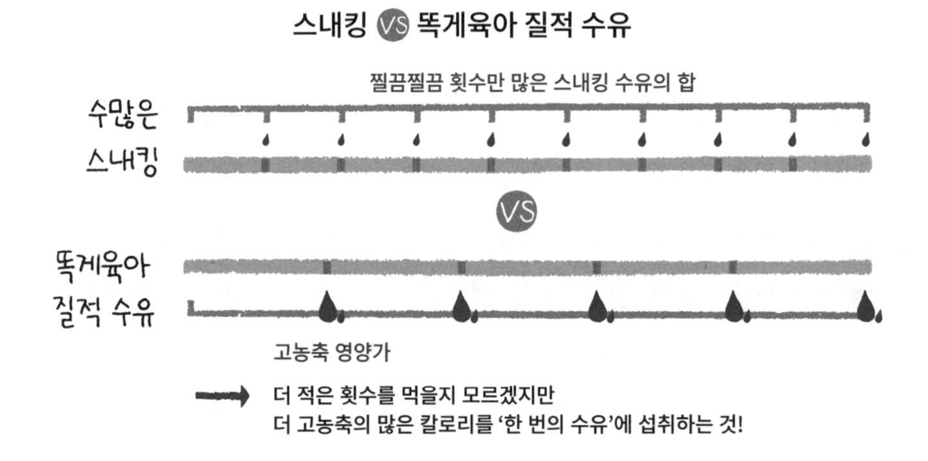

적절한 잠텀 계산법

앞의 내용을 통해 적절한 먹텀과 똑게 수유 방식에 대해 이해했다면, 지금부터는 '잠텀'에 대해 알아보자. '먹텀'과 '잠텀'은 톱니바퀴처럼 맞물려 돌아가며 아기의 하루 루틴을 형성한다. 잠텀은 아기가 '깬 시간'부터 '잠드는 순간까지의 시간'이다. '잠과 잠 사이의 시간'이기 때문에 먹텀과 라임을 맞추고자 '잠텀'이라고 내가 용어를 만들었다. (Part 2. 세부 업무 지침서 68p에서도 알아본 바 있다.)

여기서 한 가지 유의할 점이 있다. '잠텀'과 '수유텀'을 헷갈리지 말자. 수유텀은 수유를 시작한 시간부터 다음 수유를 시작하는 시간 사이의 간격을 말한다. 즉, 수유 시작점부터 다음 번 수유 시작점까지의 길이다.

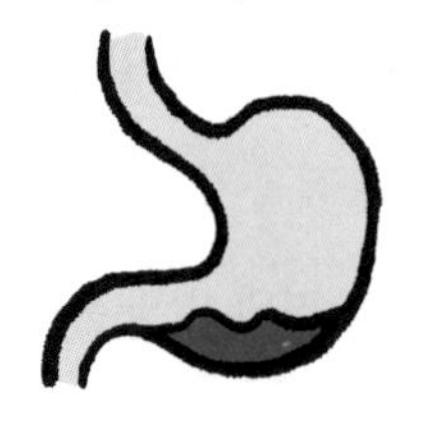

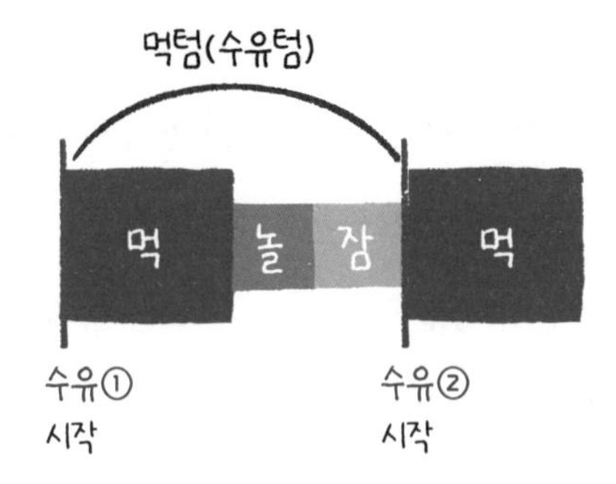

잠텀은 아이가 잠에서 깨어난 뒤 다시 잠드는 시간 사이의 간격이다. 잠이 끝나고 깨어난 시간부터 다음번 잠이 드는 시간까지의 길이다. 이와 같은 두 용어의 혼동을 피하기 위해 이 책에서는 맥락에 따라 '잠텀' 대신 '깨시(깨어 있는 시간)'라는 용어를 사용하기도 한다. 잠텀이라는 개념이 먹텀(수유텀)과 계속 헷갈린다면, '잠텀=깨시=먹+놀'로 이해하면 명확하다.

적절한 잠텀을 계산하기 위해서는 아기가 깨어난 뒤 몇 시간 후에 방전되는지, 즉 언제 '잠'이라는 배터리를 충전해줘야 하는지 잘 관찰해야 한다.

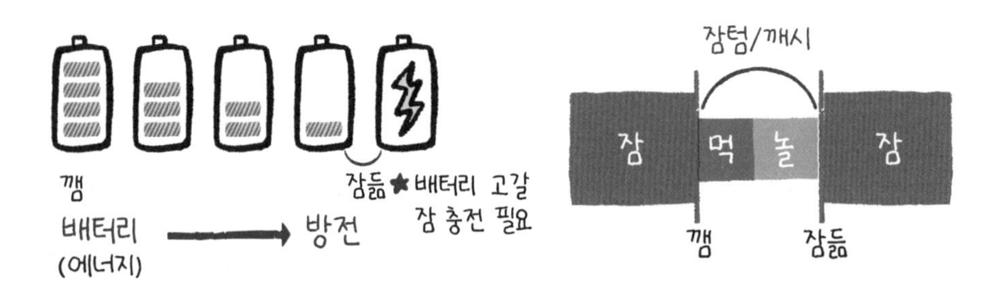

잠텀 시간에는 '수면 의식'을 치르는 시간과 아기를 진정시켜서 '깨어 있는 상태 → 잠 상태'로 모드를 전환시키는 시간도 포함된다. 따라서 양육자가 목표로 세운 잠드는 시간보다 최소 15분 전에 아기를 잠자리에 눕히거나 수면 의식을 시작해 서서히 '잠' 단계로 들어갈 것을 권한다.

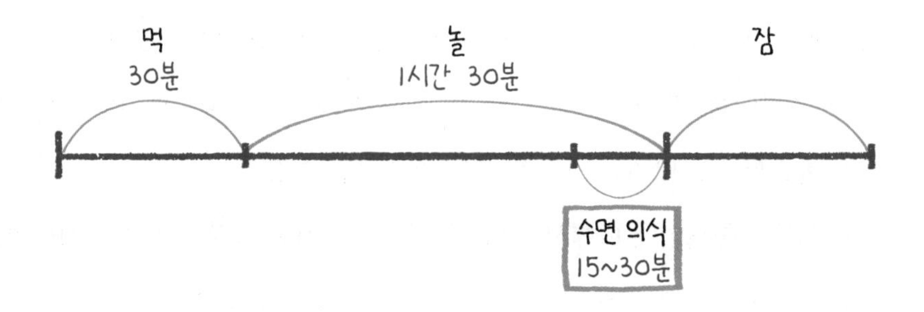

먹탱크, 잠탱크로 이해하기

양육자는 아기가 적절한 시간대에, 적절한 간격으로, 적절한 양의 질 좋은 영양(모유/분유)과 수면을 취할 수 있도록 아기의 하루 일과를 계획해야 한다. 나는 이 과정을 부모들이 쉽게 이해할 수 있도록 '먹탱크'와 '잠탱크'라는 개념을 만들어 설명하곤 한다. 두 개의 에너지 탱크를 머릿속에 이미지화해서 떠올리면 아기의 먹잠 스케줄을 일구는 방법이 한결 수월하게 이해될 것이다.

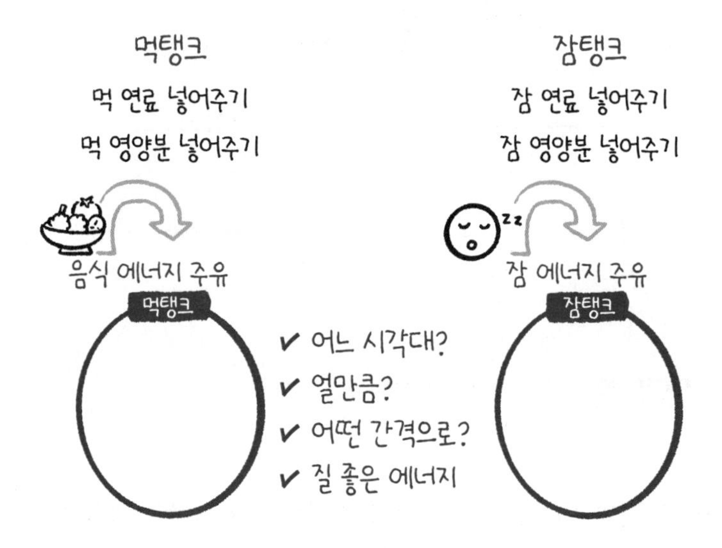

결국 아이의 하루를 꾸려나가면서, 위의 두 가지 주요 탱크를 잘 채워주면 아기의 하루는 그야말로 편안해지며 부모는 육아를 참 잘한다는 이야기를 듣게 된다.

물론 아기가 커나가면서 다른 자극이나 적절한 놀이 시간에 대해서도 생각해야 하지만, 생애 초기에는 '잘 먹고' '잘 자는' 일이 워낙 중요하기 때문에 '먹'과 '잠' 두 가지만 잘 마스터해도 아기와 양육자 모두 행복해질 수 있다.

특히나 '잠'의 중요성에 대해서는 더 생각해볼 일이다. 대개의 양육자들이 먹는 것은 중요하게 생각하여 정크 푸드는 가급적 주지 않으려고 하고, 영양분이 부족하지는 않은지, 아이가 양껏 잘 먹고 있는지 걱정을 한다. 그러면서 왜 잠은 '정크 잠'을 주려고 할까? 아기의 수면에 관한 부분도 먹는 일처럼 생각한다면 더욱 이해가 쉬울 것이다. 그런 맥락에서 나는 아래와 같은 그림을 통해 부모들에게 이 부분을 인지시키려 노력하고 있다.

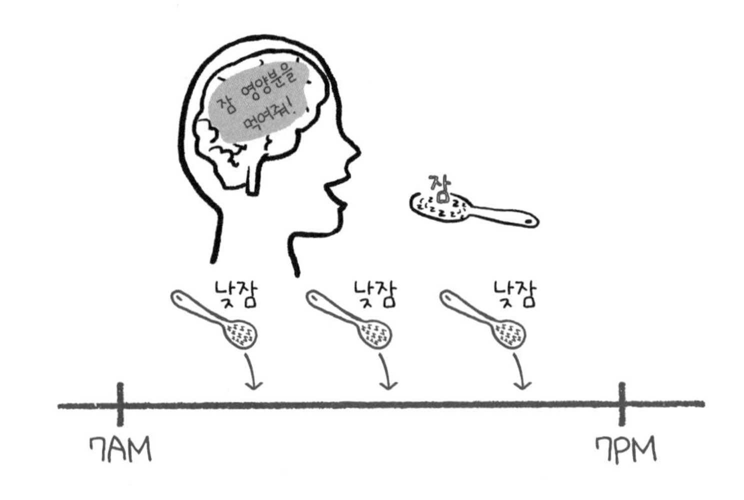

먹텀과 잠텀으로 아기의 하루 설계하기

혹시 지금까지의 내용으로도 여전히 먹텀과 잠텀이라는 개념이 헷갈린다면, '먹텀=먹(는) 간격', '잠텀=깨시(깨어 있는 시간)'로 이해하고 들어가자.

'먹텀'은 말 그대로 '먹는 식사 시간의 간격'을 의미한다. 이 먹텀은 성인 건강에도 매우 중요한 요소다. '잠텀'은 말 그대로 '잠에서 깨고 난 뒤, 다시 잠드는 시간=잠과 잠 사이=깨어 있는 시간'을 의미한다.

자, 이제는 먹텀과 잠텀의 개념을 확실히 이해했는가? 그렇다면 지금부터는 먹텀과 잠텀을 이용해 아기의 하루를 설계하는 기본 원리를 배우고 활용해보록 하자. 이때 가장 좋은 것은 '먹→놀→잠' 순서가 지켜지는 것이겠지만, 아기는 유기체이므로 언제나 기계적으로 스케줄을 따르지 않는다. 즉, 다음번 수유 시간으로 예정된 시간까지 자지 않고, 그보다 짧게 자고 일어날 수도 있다. 이런 경우는 '먹-놀-잠-놀-먹'이 될 수도 있다.

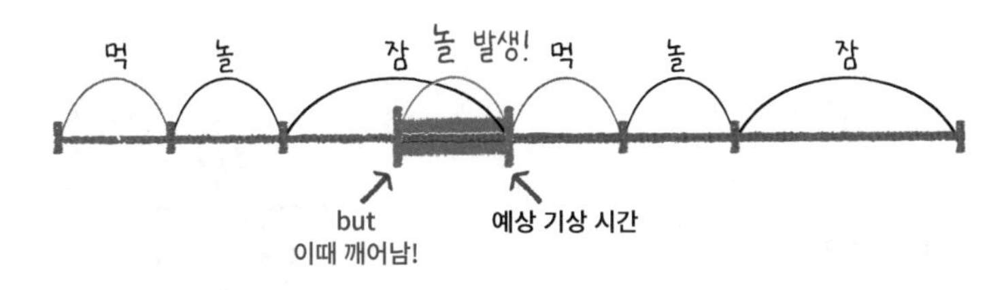

→ 이것이 바로 먹-놀-잠-놀-먹이 되는 예

계속해서 강조하지만, 정해놓은 스케줄을 기계적으로 100% 지키는 것보다 큰 틀의 원칙은 지키되, 아기의 컨디션에 따라 발생하는 변수에 양육자가 적절하게 반응하여, 아기의 하루 일과 전체를 유연하고 규칙적으로 운용하는 것이 똑게육아의 핵심이다.

어렵고 복잡해 보인다면, 게임처럼 생각하면 한결 마음 편하게 접근할 수 있다. 결국 우리가 하려는 일은 낮잠 영양분을 아이의 상황과 컨디션에 맞춰서 어떤 간격으로, 얼마만큼 줄지 설계하는 것이다. 이때 아기에 따라서 잠 욕구가 많은 아기도 있고, 적은 아기도 있음을 기억하자. 즉, 잠텀 역시 정해진 정답이 있는 것이 아니라 아기에 따라 다를 수 있다.

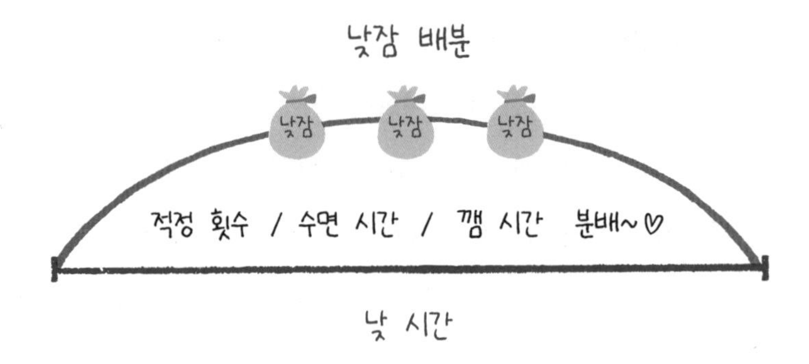

대략적으로 보수적 관점의 주차별, 개월수별 아기가 깨어 있을 수 있는 시간은 아래와 같다.

아기의 주차별 '최소 깨시(최소 잠텀)', '최대 깨시(최대 잠텀)'를 알고 있으면 하루를 계획해나가기 좋다. Part 7에서 살펴볼 모범답안지 유형 중 '최대 깨시'를 활용

해 뽑아내는 하루 스케줄(423~480p 참고)도 이 개념을 적용하는 것이다. 낮잠 배분을 최적의 시간에 영리하게 이루어내 최대 잠텀을 최적의 시간대에 구현하면서 하루를 최대로 효율성 있게 가져가자는 전략이라고 할 수 있다. 스케줄을 어떻게 일궈두느냐에 따라 개월수별, 시간대별 최대 잠텀은 좀 더 늘어날 수 있다.

어디까지나 위의 수치는 범위를 산정해두긴 했지만 대략적인 평균치이기 때문에 각각의 아기들의 최소 잠텀, 최대 잠텀의 수치는 위의 수치보다 더 적을 수도, 더 많을 수도 있다. 앞에서 제시한 수치는 평균치라 생각하고 이 수치를 참고해 내 아이의 잠텀 수준을 체크해보면 된다.

이 스케줄링을 양육자가 인지한 채 반복적으로 하다 보면, 아이가 깨어 있기에 적절한 시간(잠텀), 각 낮잠의 적절한 수면 길이를 잘 배분할 수 있게 된다.

다시 한 번, 먹텀과 잠텀으로 아기의 하루 일과를 설계하는 방법을 요약하면 다음과 같다.

① 현재 우리 아기의 적절한 먹텀과 잠텀을 알아낸다.

② 수유 시작 시간에는 먹텀을 더해준다 → 다음번 수유 시간이 예측 가능해진다.

③ 잠에서 깨어난 시간에는 잠텀을 더해준다 → 다음번 재울 시간이 예측 가능해진다.

이때 '먹→놀→잠'의 루틴이 제대로 지켜진다면, '잠에서 깨는 시간 = 수유 시작할 시간'이 된다.

본격적인 똑게식 하루 일과 설계 시작 전에 해야 할 일

본격적으로 똑게식 하루 일과 설계를 시작하기 전에 해야 할 일이 있다. 직접 생후 1~6주 아기의 먹텀, 잠텀을 관찰해보는 것이다. 이 시기에 아기가 보여주는 '먹', '잠'의 시간을 기록해 어떤 패턴을 보이는지 살핀다. 똑게에서 알려주는 지식들을 탑재한 후 생후 1~6주에 아이가 자연스럽게 보여주는 패턴을 관찰해보면서 아기의 하루 일과에 대해 배워가면 좋다. '똑게육아 잠 차트'와 '똑게육아 아기 체크 시트'는 똑게육아의 멤버십 회원이라면 다운 가능하다.

이때 중요한 것은 양육자가 종이 위에 손으로 직접 필기를 해가면서 아기의 하루가 어떤 식으로 굴러가는지 그 감을 잡는 부분이다. 스마트폰 등의 기계를 활용한 입력보다 내 몸의 일부를 이용해 정보를 머릿속에 각인시키자. 출산 직후 정신적·신체적 쇼크로 잠들어 있던 당신의 뇌가 슬슬 깨어나는 듯한 느낌이 들 것이다. 처음 만난 육아의 세계가 전쟁터처럼 느껴질 테지만, 그래도 짬을 내어 '뇌를 가동하여' 글씨를 써보며 상황을 내 나름대로 차분히 정리해보자.

로리의 컨설팅 Tip

반사적으로 다짜고짜 몸을 움직이기보다는 뇌를 풀(full)가동해보자.

아기 체크 시트와 잠 차트를 스스로 필기해보면서 몸 대신 뇌를 써보자. 위급하다고 느낄수록 뇌를 샤프하게! 냉정하고 이성적으로! 만들어보자. 아기의 울음에 '몸 운동'을 하지 말고 먼저 '뇌 운동'으로 답해보자. 표정은 의식적으로라도 편안하고 인자하게, 아이를 셋 정도는 키워본 경험이 있는 할머니의 너그러운 미소를 지어본다.

기억하자. 아이가 태어났다고 해서 여러분의 뇌가 멈춘 건 아니다!!! **몸보다는 뇌를 써보자. 몸을 조금은 보호해주자.** 여러분은 모두 충분히 똑똑하다. 지금, 이 순간에 이미 이 책을 찾아서 읽고 있지 않은가. 여러분은 정말 훌륭한 부모다. 자기 자신을 믿어보자. 처음엔 깊이를 알 수 없는 물속에 빠졌다는 느낌이 들겠지만, 내가 알려주는 대로 차근차근 따라오다 보면 어느 순간 큰 그림이 보일 것이다.

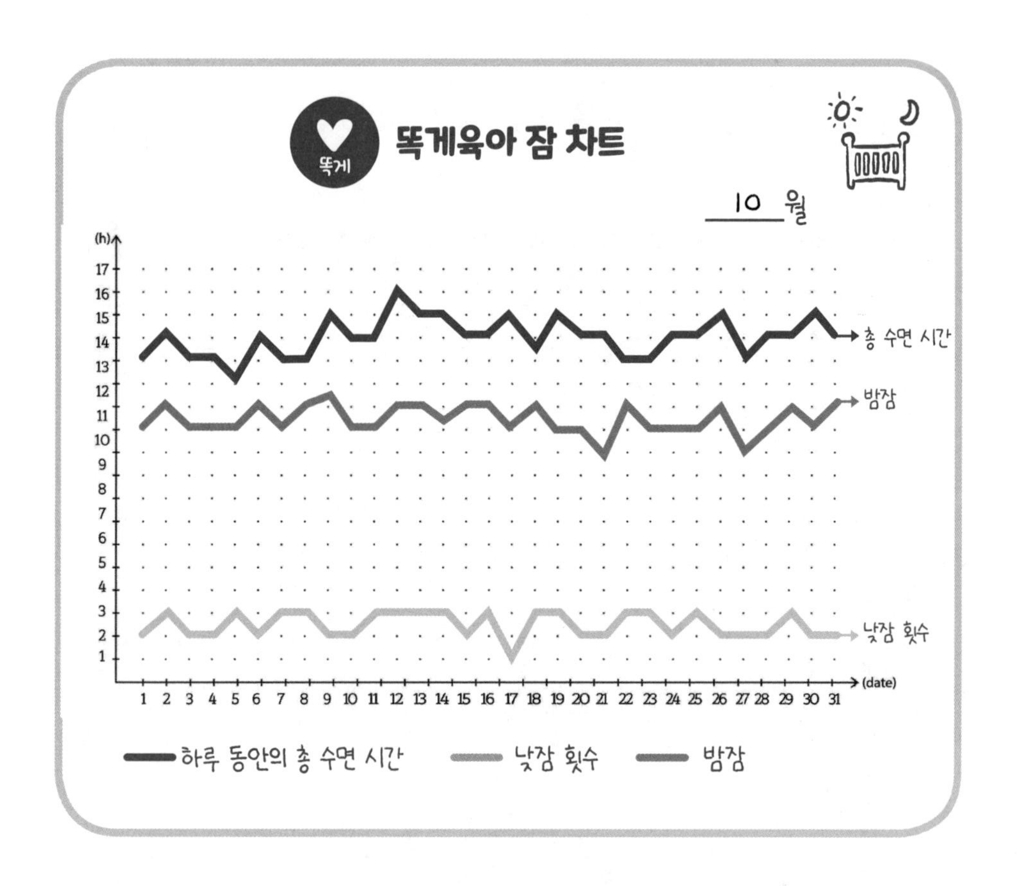

내 아기 낮잠 체크하기

내 아기의 낮잠은 몇 시경에 들어가면 좋을지 체크해보세요.

(4개월=낮잠 4번, 5개월=낮잠 3번, 6~12개월=낮잠 2번, 13개월 이후=낮잠 1번)

똑게육아 잠 체크 시트

10 월

요일	일	00	01	02	03	04	05	06	07	08	09	10	11	12	13	14	15	16	17	18	19	20	21	22	23	총 잠시간
목	1			먹			먹	C 3		먹	놀		C 2	먹			먹	먹C 3		놀	먹				먹	12
금	2		먹				먹	놀	C 2			먹	C 4			놀	먹				먹	놀			먹	13
토	3																									
일	4																									
월	5																									
화	6																									
수	7																									
목	8																									
금	9																									
토	10																									
일	11																									
월	12																									
화	13																									
수	14																									
목	15																									
금	16																									
토	17																									
일	18																									
월	19																									
화	20																									
수	21																									
목	22																									
금	23																									
토	24																									
일	25																									
월	26																									
화	27																									
수	28																									
목	29																									
금	30																									
토	31																									

잠듦 놀 놀 (깨어 있음) C 깸 & 울음 Cry 0~5 강도로 체크 먹 먹

Class 3. 먹잠표를 이용한 주차별 스케줄 설계

자, 이번 클래스에서는 직접 쓰고 매니징하기 유용한 먹잠표로 아기의 하루 스케줄을 보여주며 각 주차별 설명을 곁들이도록 하겠다. 나는 두 아이를 키울 때 '똑게 먹잠표'를 개발해 사용했다. 먹과 잠을 구분해서 각각 왼쪽과 오른쪽에 기입해나가면 아기의 하루를 설계하기에 용이하다. 이는 내가 금융회사에서 일했을 때 자주 보던 대차대조표(Balance Sheet, B/S)를 떠올려 만든 것이다. 이처럼 먹과 잠을 분리해 각각의 변에 기입하면 아기가 얼마만큼의 간격으로 먹었는지, 얼마나 충분한 수면을 취했는지 파악하기가 더 쉽다.

직접 쓰고 관리하기 좋은 먹·잠 매니징 기법

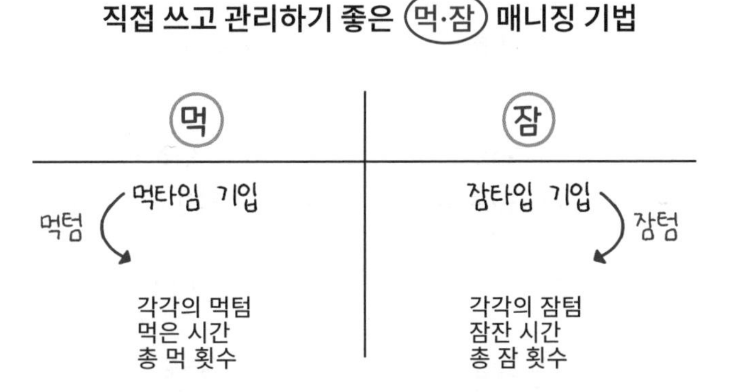

먹텀, 잠텀은 아기의 하루를 구성하는 데 있어 톱니바퀴처럼 연결되어 있다. 먹잠표를 체크해가며 먹텀, 잠텀만 잘 분석하여 아기의 하루를 일궈나가면 굳이 먹→놀→잠의 순서를 크게 신경 쓰지 않더라도 어느 정도 하루 일과의 윤곽이 보이게 된다. 이해를 돕기 위해 이번 클래스의 초반에는 앞서 살펴보았던 먹-놀-잠 스케줄을 응용한 표를 고안해 보여주고, 그 이후에는 본격적으로 먹잠표 안에 아기의 하루를 적는 예시를 보여주도록 하겠다.

1~2주차

1~2주차 아기의 스케줄

구분		시간	잠텀	활동	먹텀(수유텀)
1	먹 = 놀	7시		수유①(첫 수유)	
	잠	8~10시	1시간	낮잠①	3시간
2	먹 = 놀	10시	1시간	수유②	
	잠	11시~12시 30분		낮잠②	2시간 30분
3	먹 = 놀	12시 30분	30분	수유③	
	잠	1~3시		낮잠③	2시간 30분
4	먹 = 놀	3시	40분	수유④	
	잠	3시 40분~5시 30분		낮잠④	2시간 30분
5	먹	5시 30분	30분	수유⑤	
	잠	6시		낮잠⑤	2시간
6	먹	7시 30분		수유⑥(막수)	
	잠	7시 30분~8시		밤잠	3시간 30분
	먹	11시		밤수①	2시간 30분
	먹	1시 30분		밤수②	2시간 30분
	먹	4시		밤수③	

갓 태어난 신생아 때는 깨어 있는 시간이 총 30분 정도 된다. 이 시간 동안 '수유, 트림시키기, 기저귀 갈아주기, 껴안아주기, 뽀뽀해주기' 등의 활동이 이루어진다. 엄마와 아기가 모유수유에 익숙하지 않을 경우에는 이 시간이 50분까지 이어질 수도 있다. 즉, 이 시기의 잠텀은 30~50분이라는 말. 따라서 깨어난 지 30분 정

도 뒤에는 다시 아기를 잠자리에 눕히면 된다. 앞의 표는 '먹텀'과 '잠텀'을 같이 표시해주며 앞서 살펴본 '먹-놀-잠 스케줄' 체제 또한 눈에 보일 수 있도록 구현해본 것이다. 똑게육아에서 고안한 아기의 하루 스케줄을 잘 파악할 수 있도록 도와주는 '먹잠표'들을 실전에 적용해보며 활용해보자.

3주차

이 무렵에는 배에 가스가 잘 차기도 하고, 깨어 있는 시간이 늘어나면서 낮잠 자는 것을 힘들어하기도 한다. 낮잠 시간이 45분으로 짧아지기도 한다. 이럴 땐 배를 바닥에 대고 자게 하면 도움이 되지만 엎드려 자는 자세는 영유아 돌연사의 원인이 될 수도 있으므로 '5S'를 적극 활용하여 낮잠 시간을 연장해준다(5S에 대해서는 203p 참고).

4주차

이 시기에 양육자가 가장 많이 범하는 실수는, 아기와의 놀이를 위해 아기가 오래 깨어 있기를 바라는 것이다. 그러나 생후 4주차까지는 '먹=놀', 즉 '먹' 시간이 곧 '놀' 시간이다. 이 무렵에는 아기가 깨어 있는 시간 동안에 수유를 하고, 트림을 시키고, 기저귀를 갈아주는 행위만 해줘도 충분하다. 앞으로 아기와 놀 시간은 무궁무진하다. 이 시기까지는 졸려하는 아기를 예쁘게 바라봐줘야 한다.

이번에 보여줄 스케줄에서는 '엄마 활동 시간'을 같이 넣어보았다. 아기의 낮잠 시간을 활용해 '양육자만의 시간'도 적게라도 넣어보자. 집안일은 가능한 한 아기가 깨어 있을 때 하고 아기의 낮잠 시간을 엄마만의 시간으로 만들자.

메모란에 엄마 활동 시간을 넣은 4주차 먹-놀-잠 스케줄 예시

	구분	시간	활동		메모
1	먹 놀 잠	7시 8시 15분	잠텀 1시간 15분	수유① 낮잠①	먹텀(수유텀) 3시간	아침 첫 수유 엄마: 같이 자기
2	먹 놀 잠	10시 11시 15분	1시간 15분	수유② 낮잠②	3시간	엄마: 점심 먹기
3	먹 놀 잠	1시 2시 15분	1시간 15분	수유③ 낮잠③	3시간	엄마: 같이 자기
4	먹 놀 잠	4시 5시 15분	1시간 15분	수유④ 낮잠④	2시간	고양이 잠(45분)
5	먹 놀 잠	6시 7시 15분	1시간 15분	수유⑤ 낮잠⑤	2시간	집중수유① 엄마: 저녁 먹기
6	먹 잠	8시		수유⑥ 밤잠		집중수유②/막수
	먹	10시		밤수①		꿈수일 수도 아닐 수도 있다.
	먹	1~2시		밤수②		
	먹	4~5시		밤수③		

5주차

5주차에 이르면 아기는 잠에 있어서 큰 변환을 겪는다. 아기가 발달적으로 큰 도약을 하는 원더 윅스(wonder weeks) 시기이기 때문이다. 원더 윅스 시기는 급성장기와 비슷한 개념인데, 급성장기가 신체적 발달의 급격한 성장을 강조한다면, 원더 윅스 시기는 뇌 발달의 측면을 강조한 개념이다. 이 시기가 지나면 아기는 좀 더 예측 가능한 패턴을 보여준다.

6주차

6주차는 급성장기라서, 2시간 30분 간격으로 자주 먹여야 할 때도 더러 생긴다. 생후 5주차는 원더 윅스 시기고, 생후 6주차는 급성장기이기 때문에 이 무렵에는 1~2주 정도 평소보다 울음이 많을 수 있다. 이런 시기적 특성을 이해하여 아기의 잦은 칭얼거림에 너무 조바심을 내지 말자. 밤잠 수면 의식은 밤잠에 들어가기 30분 전에 시작하면 좋다. 아기가 생후 6주차에 접어들면, 깨어 있는 시간 동안의 '놀'이 더욱 분명해지고, 수유 간격도 패턴이 잡히기 시작한다.

□ 수유 시간: 30분 정도
□ 깨어서 노는 시간: 30~50분 정도로 증가하기 시작한다.
생후 12주차까지 '놀'은 1시간 정도로 늘어난다.

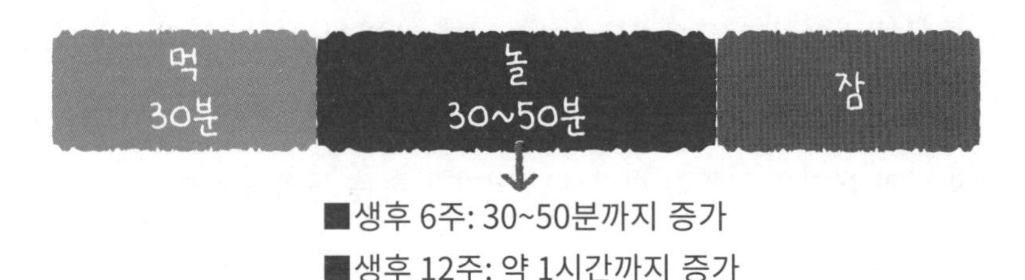

■생후 6주: 30~50분까지 증가
■생후 12주: 약 1시간까지 증가

똑게육아 놀 전략

똑게육아에서는 놀 전략을 아래의 3가지로 나누어서 전략적으로 운영하도록 코치한다.

① 1:1 스페셜(Special) 타임
② 솔로(Solo) 타임
③ 블렌딩(Blending) 타임
* 퀄리티(Quality) 타임

① 1:1 스페셜 타임

아이와 양육자 '단둘이 보내는 질적인 시간'을 뜻한다. 만약 아이에게 형제가 있다면, 형제와 함께 보내는 시간은 스페셜 타임에 해당되지는 않는다. 1:1 스페셜 타임을 보낼 때는 아이 한 명에게 집중해 아이가 좋아하는 활동을 같이 재미있게 즐기면서 함께 질적인 시간을 보내면 된다. 5~20분 정도를 권장한다.

② 솔로 타임

아이가 안전함이 보장된 상태에서 스스로 혼자서 탐험해보며 창의성을 기르는 시간이다. 예를 들어 양육자의 보호하에 혼자 패트병을 건드리며 놀고 있다거나, 혼자서 거실 벽의 패턴을 골똘히 바라보고 있거나 하는 등의 활동이 솔로 타임에 해당된다. 이때 아이가 혼자 있다고 해서 발전하고 있지 않은 것이 아니다. 아이의 발달을 위해서는 이 시간을 잘 활용해야 한다. 첫아이를 키울 때 아기의 하루 일과 중에 솔로 타임을 의도하고 배정하지 않으면 그저 24시간 밀착 방어를 이어가며 '놀'에 임하게 된다. 현명한 부모의 똑똑한 의도적인 방치가 아이의 발전을 더 이끌어내는 부분이 분명히 있음을 알고 양육자가 이를 잘 활용하면 좋다. 이 시기 아기의 솔로 타임을 두 가지 상황으로 구분해서 설명할 수 있다. 바로, 아기의 눈에 양육자가 보이는 상태에서 아기가 혼자 노는 시간과 아기의 눈에 양육자가 보이지 않는 상태에서 아기가 혼자 노는 시간(양육자는 아기가 보이는 상황이어야 한다)으로 구분해 생각해야 한다.

③ 블렌딩 타임

부모가 집안일을 비롯해 자신의 일을 하면서 아이와 함께 시간을 보내는 것을 뜻한다. 예를 들자면, 엄마가 식사 준비하는 것을 아기를 하이체어에 앉혀두고 바라보게 하며 시간을 함께 보낼 수 있다. 엄마가 집에서 홈트를 하면서 아기가 이 모습을 바라보게 할 수도 있고, 부모가 좋아하는 음악을 감상하면서 아기와 시간을 보낼 수도 있다. 청소기를 돌리고, 빨래를 개고 정리하는 과정도 아기와 자연스럽게 시간을 같이 보낼 수 있는 일이다. 낮잠 시간에 아기를 유모차에 태우고 나가 카페에서 양육자가 좋아하는 음료를 마시며 조용히 책을 읽는 시간도 똑게육아에서 제시하는 블렌딩 타임의 대표적인 예다.

* 퀄리티 타임

'아이와 보내는 질적인 시간'을 의미하는 퀄리티 타임은 스페셜 타임처럼 시간을 제한해두고 아기에게 200% 집중해서 시간을 보내는 것과는 구분해서 생각을 해야 하기에 별도로 설명하겠다. 퀄리티 타임에는 앞에서 이야기한 스페셜 타임,

솔로 타임, 블렌딩 타임이 모두 포함된다. 그야말로 어떤 방식으로든 아이와 함께 질적인 시간을 공유한다면 그것이 곧 퀄리티 타임이라고 생각하면 된다. 계속해서 아기에게 온 신경을 집중하는 것은 아니지만, 아이와 함께 식사를 한다거나 책을 같이 읽는다거나 하는 자연스러운 상황 속에서 아이와 같이 보내는 시간을 뜻하는 것이다.

이때 퀄리티 타임이었는지 아니었는지를 결정짓는 것은 아이와 함께 시간을 보내는 부모의 정서 상태와 기운이다. 아이와 함께 하는 시간을 부모 자신이 행복하게 즐겼다고 생각할 때 비로소 아이와 질적인 시간을 같이 공유했다고 볼 수 있다. 블렌딩 시간으로 공유했건, 각자 솔로 타임을 보내면서(물리적으로는 함께 같은 공간에 있는 솔로 시간을 의미한다) 보냈건 간에 말이다. 예를 들어 엄마는 책을 쓰고 있었고, 아기는 배밀이를 하고 있었다고 치자. 이것도 아이에게 솔로 타임을 제공한 것으로 볼 수 있으며, 아기와 엄마는 퀄리티 타임을 같이 보낸 것이다. 즉, 양육자와 아이가 같이 '질적으로 풍성한 시간을 함께 보냈어!'라고 말할 수 있다면, 퀄리티 타임을 보낸 것이다. 아기는 엄마와 직접적으로 상호작용을 하지 않더라도 엄마가 밥을 먹고 있는 모습이나 청소하는 모습, 혹은 공부하는 모습 등 여러 모습을 관찰하는 와중에 그로부터 많은 것들을 배운다. 이를테면 엄마가 매번 자기에게 관심을 집중할 수는 없다는 사실, 누구에게나 식사 시간은 소중하다는 사실, 수저를 바르게 이용하는 방법, 음식을 천천히 씹어 삼키는 방법, 컵으로 물을 마시는 방법 등을 배운다.

로리의 컨설팅 Tip

이렇게 3가지로 배분한 '놀 전략'은 굉장히 간단해 보이지만 처음 육아를 해보는 부모들에게 매우 유용하고 중요하다. '자녀 양육'이라는 일터에 첫발을 내딛은 부모들 중에는 아이가 혼자서 멀뚱멀뚱하게 놀고 있는 상황 자체를 못 견뎌하는 부모들도 꽤 많기 때문이다. 그래서 아이는 혼자 즐겁게 탐험하며 잘 놀고 있는데도 부모는 자신이 아이를 방치했다는 죄책감을 가지기도 한다. 그런데 우리가 여기서 유념해야 할 부분이 있다. 아이가 둘 이상만 되어도 아이가 하나일 때처럼 24시간 전담 마크를 하는 것이 불가능해진다는 사실이다. 과거 우리 부모님 세대 때만 해도 자녀를 한 명만 낳는 경우가 드물었다. 결국 양육을 할 때는 부모와 자식 사이에 어느 정도의 자율성과 적당한 거리가 중요한 셈이다. 24시간 내내 VVIP 고객을 모시듯 자녀에게 헌신하는 것이 능사는 아닌 것이다.

하지만 이런 큰 틀에서의 메시지를 이해했다고 하더라도 현장에서 초보 부모들을 만나 긴밀하게 상담하다 보면 '놀 전략'을 3가지 경우로 나누어 실전에서 적용하는 것을 어려워하는 경우가 많았다. 왜냐하면 1:1 스페셜 타임이든, 솔로 타임이든, 블렌딩 타임이든 '의식적으로' 설정해두지 않으면, 그때그때 실전에서 적용하기가 쉽지 않기 때문이다.

그런 부모들을 위해 나는 하루 일과 중에 몇 분간을 1:1 스페셜 타임으로 의식적으로 할애해서 그 시간에 집중력을 가지고 자신의 에너지를 다해 운영해보는 방법을 추천한다. 이렇게 정해진 1:1 스페셜 타임을 집중해서 잘 끝냈다면 그날 자신이 아기에게 먹여야 할 '필수 놀 영양소'는 먹인 셈이므로 부모는 끊임없이 자신도 모르게 스스로를 압박하는 죄책감에서 해방될 수 있다. 이런 식으로 하루 일과 중에서 얼마간의 일정한 시간을 아이와 함께 노는 시간으로 설정해두면 아이와 보내는 시간을 정량적으로 체크할 수 있을 뿐만 아니라 양육자의 마음에도 안정감이 깃든다. 그렇게 되면 그 외의 시간은 솔로 타임이나 블렌딩 타임으로 운영해도 큰 스트레스를 받지 않게 되고, 마음속의 죄책감도 사라진다. 다시 한 번 강조하지만, 퀄리티 타임, 즉 아이와 보내는 질적인 시간은 '내가 그 시간을 진심으로 즐기고 있는가'의 여부가 키 포인트다. 그저 같이 시간만 많이 보낸다고 해서 아이에게 좋은 영향이 가는 것이 아님을 기억하자. 부모의 정서 상태가 대체로 우울하고, 육아를 하는 과정 전반에 걸쳐 스트레스를 과다하게 받는다면 그것은 오히려 아이에게 더 좋지 않다.

생후 6주가 지나면 더 이상 밤중에 3시간마다 깨워서 수유하지 않아도 된다. 단, 이는 아기 몸무게와 관련이 있으므로 담당의와 상의해서 결정하는 것이 좋다. 또한 이 시기에는 밤잠 스트레치('밤잠 통잠'으로 이해해도 된다)가 최소 4~5시간으로 늘어난다. 따라서 느슨한 밤중수유 전략을 구사해볼 수 있는 시기다. 즉, 첫 번째 밤중수유와 두 번째 밤중수유 사이에 4~5시간의 간격을 두고, 두 번째 밤중수유와 세 번째 밤중수유 사이에 3시간의 간격을 유지하는 식으로 밤중수유 시간을 조절해보는 것이다.

밤수텀 점점 늘리기

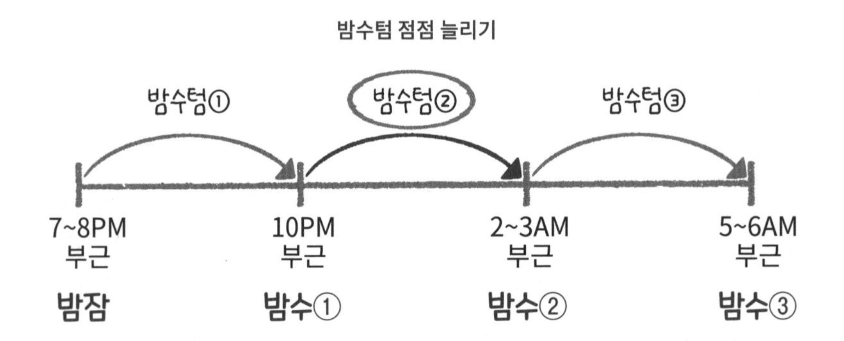

지금부터는 본격적으로 '먹잠표'를 활용해 아기의 하루 스케줄을 보여드리도록 하겠다.

똑게육아 먹잠표 기입 방법

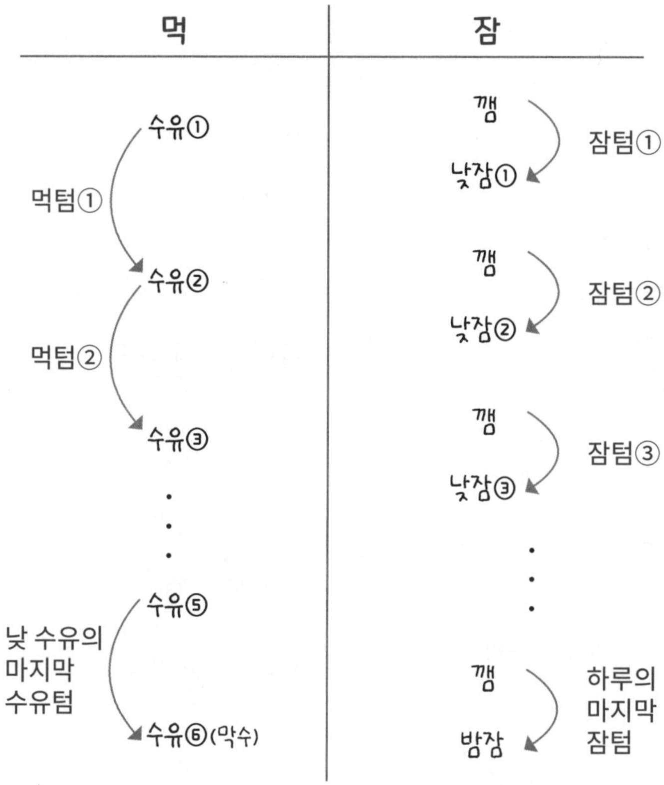

먹	잠
수유①	깸
먹텀①	잠텀①
수유②	낮잠①
먹텀②	깸
수유③	잠텀②
· · ·	낮잠②
수유⑤	깸
낮 수유의 마지막 수유텀	잠텀③
수유⑥(막수)	낮잠③
	· · ·
	깸
	하루의 마지막 잠텀
	밤잠

지금까지의 내용을 토대로 0~6주 아기의 하루 스케줄을 똑게 먹잠표로 정리하면 다음과 같다. 여기서 밤중수유는 일부러 기입하지 않았다.

0~6주 아기 스케줄 먹잠표

먹텀(수유텀)	먹		잠		잠텀
	7시	수유①	7시	깸(아침 기상)	45분
3시간			7시 45분	낮잠①	
	10시	수유②	10시	깸	1시간
3시간			11시	낮잠②	
	1시	수유③	1시	깸	1시간
			2시	낮잠③	
3시간			3시 45분	깸	45분
	4시	수유④	4시 30분	낮잠④	
2시간			5시 30분	깸	50분
	6시	수유⑤(집중수유)	6시 20분	낮잠⑤ 고양이 잠(40분 길이)	
2시간			7시	깸	1시간 30분
	8시	수유⑥(막수)	8시 30분	밤잠	

아기를 잠자리에 눕힌 시간을 적는 것은 선택 사항이지만, 초반에는 그것까지 적는 편이 수면교육 과정을 효율적으로 관리하기에도 좋다. 아래의 표에서는 아기를 잠자리에 눕힌 시간까지 적어보았으니 참고해보자.

0~6주 아기 스케줄 먹잠표 (눕힌 시간 추가)

먹텀(수유텀)	먹		잠		잠텀
	7시	수유①	7시	깸(아침 기상)	
			7시 30분	눕힘	45분
3시간			7시 45분	낮잠①	
	10시	수유②	10시	깸	
			10시 45분	눕힘	1시간
3시간			11시	낮잠②	
	1시	수유③	1시	깸	
			1시 45분	눕힘	1시간
3시간			2시	낮잠③	
			3시 45분	깸	
	4시	수유④	4시 15분	눕힘	45분
2시간			4시 30분	낮잠④	
			5시 30분	깸	
	6시	수유⑤(집중수유)	6시 15분	눕힘	50분
2시간			6시 20분	낮잠⑤	
	8시	수유⑥(막수)	7시	깸	
			8시 15분	눕힘	1시간 30분
			8시 30분	밤잠	

7~8주차

7~8주차에 이르면 잠텀은 1시간 정도가 된다. 즉, 깨어난 지 1시간이 지나면 잠자리에 다시 눕혀야 한다는 뜻이다.

■ **7~8주**
☑ **잠텀: 1시간 정도. 깨어난 지 1시간이 지나면 눕혀야 한다는 뜻.**

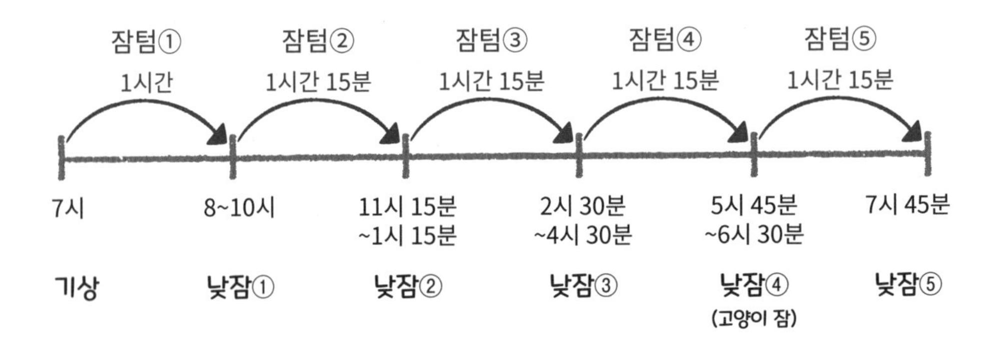

* 눕힘→잠듦의 소요 시간을 15분으로 잡았을 때, 깨어난 지 1시간 후 눕히면 OK!

아기를 잠자리에 눕히고 잠들 때까지 걸리는 시간을 15분으로 잡는다면, 아기가 잠에서 깨어난 지 1시간 뒤에 다시 잠자리에 눕히는 것이 좋다. 예를 들어 아기가 아침 7시에 일어났다면, 첫 번째 낮잠 시간은 오전 8~10시, 두 번째 낮잠 시간은 오전 11시 15분~오후 1시 15분, 세 번째 낮잠 시간은 오후 2시 30분~4시 30분, 네 번째 낮잠 시간은 오후 5시 45분~6시 30분이 된다. 이후 저녁 시간에 아기는 짤막하게 캣냅(고양이 잠)에 들었다가 오후 7시 45분에 밤잠에 드는 패턴으로 하루 일과를 마무리하는 것이다.

8~9주차

신생아 시기가 끝나면서, 이 무렵부터 본격적으로 밤잠이 늘어난다. 낮잠 시간도 예측이 가능해진다. 2주차 때와 비교하면 뚜렷한 패턴이 보이기 시작할 것이다. 자, 그렇다면 8주차~2개월 아기의 개괄적인 하루 스케줄을 살펴보자.

- ☑ 잠텀(깨어 있는 시간): 1시간~1시간 30분. 어떤 아기들은 이것보다 짧을 수도 있으니, 내 아기의 피곤 사인을 잘 관찰해보자.
- ☑ 먹텀: 더 고르게 분포되기 시작. 3시간~3시간 30분 텀.
- ☑ 8주 이후부터는 밤잠텀이 길어짐.
  밤수② 1am, 밤수③ 4~5am 둘 중 하나가 없어져가는 추세.

특히 이 무렵의 큰 특징 중 하나는 밤잠의 길이가 한 번 더 길어지는 시기라는 점이다. 이때 아기들은 통폐합의 원리에 따라 밤중수유를 '최소한' 한 번 없애게 된다. 이를테면 이 무렵 두 개의 밤중수유(새벽 1시의 밤중수유와 새벽 4~5시의 밤중수유)를 하나로 통합한다. 어느 쪽 밤중수유를 없앨지는 아기에 따라 다르다. 만일 밤중수유 간격을 늘리지 못한다고 해도 걱정하지 말자. Part 5에 나오는 진정 전략을 따르면 아이의 밤중수유 간격을 자연스럽게 넓힐 수 있다.

이 시기에 밤중수유를 통폐합했다면, 더욱더 하루의 첫 번째 수유 시간과 마지막 수유 시간이라는 두 개의 고정축을 단단하게 세팅해둔 상태에서 아기의 하루 스케줄을 짜야 한다. 그래야만 아기의 하루 일과가 보다 더 규칙적으로 굴러간다.

이를 토대로 잠텀이 1시간일 때와, 더 늘어났을 때의 스케줄을 어떻게 구성할 수 있는지 똑게 먹잠표에 근거하여 알아보자.

8주차 아기 스케줄 먹잠표

☑ 잠텀: 1시간 ☑ 먹텀: 3시간 ☑ 낮잠 횟수: 4번

먹텀(수유텀)	먹		잠		잠텀
	7시	수유①	7시	기상	1시간
3시간			8시	낮잠①	
	10시	수유②	10시	깸	1시간
3시간			11시	낮잠②	
	1시	수유③	1시	깸	1시간
2시간 30분			2시	낮잠③	
	3시 30분	수유④	3시 30분	깸	1시간
2시간 30분			4시 30분	낮잠④	
	6시	수유⑤	6시	깸	1시간
	7시	수유⑥(막수)	7시	밤잠	

밤 10시 30분	밤수①
새벽 1시	밤수②
새벽 4시	밤수③

(새벽 1시 밤수②) 이게 없어졌다고 가정

2개월 후반기, 먹텀과 잠텀이 조금씩 늘어났을 때는 다음과 같은 스케줄이 나타난다.

2개월 후반 아기 스케줄 먹잠표

☑잠텀: 1시간 30분 ☑먹텀: 3시간

☑첫 번째 밤중수유와 세 번째 밤중수유 사이에 깨지 않음(밤수② 사라짐)

먹텀(수유텀)	먹		잠		잠텀
	5시	밤수③			
	7시	수유①	7시	기상	1시간
3시간 30분			8시	낮잠①	
			9시 30분	깸	1시간 20분
	10시 30분	수유②	10시 50분	낮잠②	
3시간 30분			1시 30분	깸	1시간 30분
	2시	수유③	3시	낮잠③	
3시간 30분			4시 30분	깸	1시간 30분
	5시 30분	수유④	6시	낮잠④ (고양이 잠)	
2시간 30분			6시 45분	깸	1시간 45분
			7시 30분	밤잠 수면 의식	
	8시	수유⑤	8시 30분	밤잠	

밤 10시 30분	밤수①
새벽 3~4시	밤수③

밤수②는 없어진 상태

12주차(3개월)

이때는 아기가 두 번째로 맞이하는 급성장기다. 이 시기부터는,

□ 낮수텀을 3~4시간

□ 밤수텀을 8시간 이상으로 벌릴 수 있다.

예를 들어 3개월 아기가 낮잠을 5번 잔다고 가정하고 스케줄을 짜보자. 앞서 3개월 아기의 평균 낮잠 횟수는 4번이라고 했지만, 모든 아기가 동일한 시점에 동일한 스케줄에 올라탈 수는 없다는 사실을 강조하기 위해 5번으로 상정해보았다. 아기에 따라, 또 그 아기가 이끌려온 스케줄(당신이 의도했건 의도하지 않았건, 끌고왔던 스케줄이 패턴이 있었건 없었건 그조차도 당신이 이끌어온 부분이 있다), 환경에 따라 3개월 초반기에는 낮잠을 5번 잘 수도 있는 것이다.

똑게 먹잠표에 표기하여 보여드리면 다음과 같다.

☑잠텀: 1시간 30분 ☑먹텀: 3시간 ☑낮잠 횟수: 5번

▶ 아침 낮잠(낮잠①)을 길게 자고 그 후 낮잠을 짧게 자는 경우의 스케줄로 만들어보았다.

아침 낮잠을 길게 자는 것은 수면을 학문적으로 봤을 때, 단연코 이상적인 스케줄은 아니지만, 상황에 따라서는 그렇게 진행될 수 있으므로 하나의 사례로 제시해보기 위해 다음의 스케줄표를 만들어보았다.

생후 3개월 아기의 하루 스케줄 [낮잠①을 길게 자고, 뒤의 낮잠들은 45분씩]

간격	먹		잠 (괄호 안은 눕힌 시각 기입)		간격
	7시	수유①	7시	기상	1시간 15분
3시간			(　　)8시 15분	낮잠①	
	10시	수유②	10시	깸	1시간 30분
3시간			(　　)11시 30분	낮잠②	
	1시	수유③	12시 15분	깸	1시간 15분
			(　　)1시 30분	낮잠③	
3시간 15분			2시 15분	깸	1시간 15분
			(　　)3시 30분	낮잠④	
	4시 15분	수유④	4시 15분	깸	1시간 15분
3시간 15분			(　　)5시 30분	낮잠⑤	
			6시 45분	깸	1시간 15분
	7시 30분	수유⑤ (막수)	7시 30분	밤잠 (수면 의식 후 잠듦)	
3시간					
	밤 10시 30분	밤수①			
2시간 30분	새벽 1시	밤수②			
4시간	새벽 5시	밤수③			

밤수는 하나만 남아 있을 수도, 다 없어졌을 수도, 경우에 따라 두 개가 남아 있을 수도 있다.

마찬가지로 45분 낮잠 또한 이상적인 현상은 아니지만, 과도기나 그 외의 여러 상황 때문에 나타날 가능성이 있어 샘플 스케줄을 만들어보았다. 표에서 색연필로 동그라미를 친 밤중수유는 이 시기에 모두 통폐합되어 없어졌을 수도 있고, 경우에 따라 하나만 남았을 수도 있다.

3개월 아기에게 좀 더 이상적인 스케줄도 구현해보았다.

☑잠텀: 1시간 30분 ☑먹텀: 3시간

☑낮잠 횟수: 3번이라고 가정하되

▶ 낮잠①을 짧게 자고, 그다음 낮잠을 길게 자는 경우의 스케줄이다.

생후 3개월 아기의 이상적인 하루 스케줄 [낮잠 3회 체제]

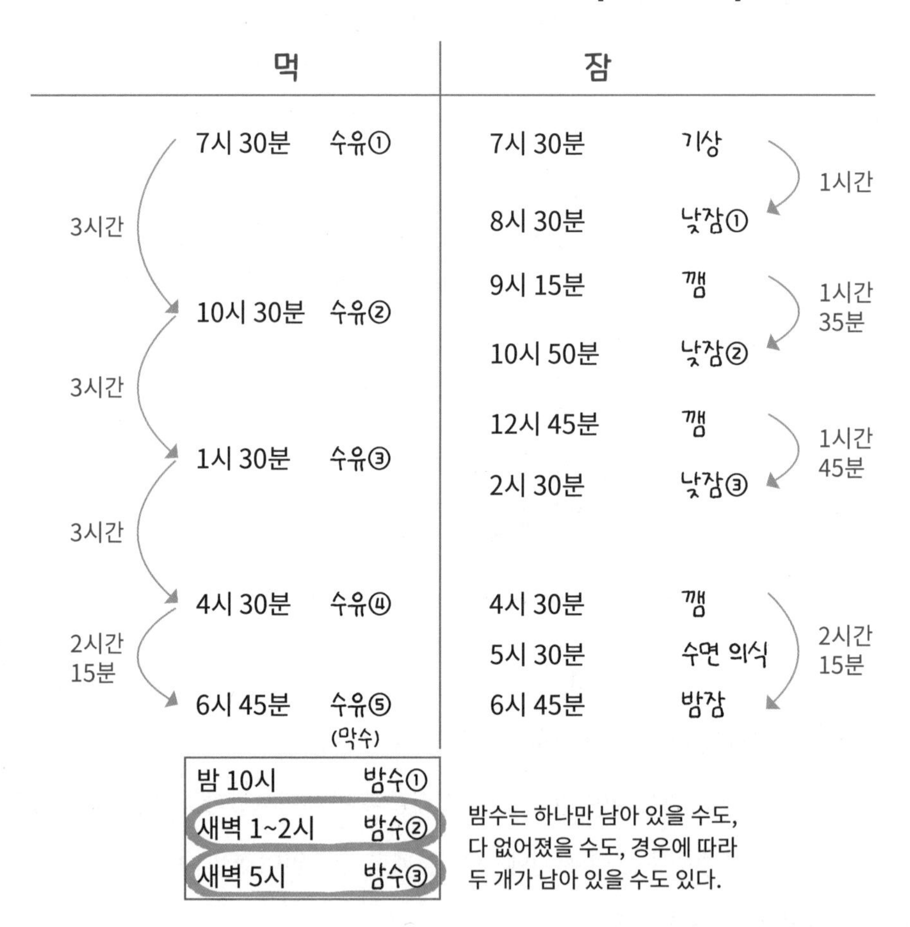

3개월 이후부터 잠텀은 갈수록 길어질 것이다. 표에서 색연필로 동그라미를 친 밤중수유는 모두 통폐합되어 없어졌을 수도 있고, 경우에 따라 하나만 남았을 수도 있다.

일일 똑게 키 항목 분석

다음은 일일 똑게 키 항목을 토대로 분석해본 표의 예다. 아래의 키 항목들을 스스로 체크하면서 아기의 하루를 관리해주면 큰 도움이 될 것이다.

생후 3개월 아기의 일일 똑게 키 항목 분석

·0.25h = 15분 ·0.5h = 30분 ·0.75h = 45분

먹

낮수 횟수	수유텀	밤수 횟수	밤수텀	첫수	막수	밤수
5회	3/3/3/2.5h	1회	3.25/5h	7:30AM	6:45PM	10:30PM (아직 한다)

먹+놀 = 깨어 있는 시간

잠텀	총 깨어 있는 시간
1/1.5/1.75/2.25h	6.5h

잠

낮잠 횟수	낮잠 수면 시간	총 낮잠 시간	밤잠 시간	밤중깸, 밤수 소요 시간	총 수면 시간
3회	0.75/2/2h	4.75h			

스케줄

아침 기상 시간	밤잠 들어가는 시간	눕힌 시각 → 잠든 시각 (소요 시간)	수면 의식 소요 시간(낮/밤)

12주까지의 '먹-놀-잠' 요약

12주까지의 '먹-놀-잠' 요약표

구분	먹	놀	잠
4주 전	■ 먹텀: 2.5~3h ■ 잠텀: 50~60분 ☑ 양껏 수유에 집중 ☑ 모유수유 마스터 & 먹다 자는 아기를 깨우기 때문에 최대 1시간동안 수유할 수도 있다.	■ '먹=놀', '놀'이 거의 없다. ■ 양껏 먹는 동안 깨어 있게 한다: 기저귀 갈기, 발 자극, 말 걸기, 세워 안기, 엉덩이 씻기기, 얼굴 씻기기 등	■ 한번의 낮잠 수면 길이: 1~3h ■ 밤에 3~4시간 이상 수유 없이 자면, 깨워서 먹여야 한다.
4주	■ 낮수텀: 2.5~3.5h ■ 밤수텀: 4h ■ 잠텀: 1~1.25h ☑ 급성장기: 2~2.5h로 양껏 많이 먹여야 할 때가 있다. ☑ 수유 소요 시간: 최대 40분	■ '놀' 시간이 생긴다. ☑ 똑게식 놀 전략 참고 ① 1:1 스페셜 타임 ② 솔로 타임 ③ 블렌딩 타임 ☑ '안아주기' 활동 '놀' 시간에 넣기	■ 5~7번의 낮잠 ■ 한번의 낮잠 수면 길이: 1~2.5h ■ 밤잠 통잠은 4시간으로 늘어날 수 있다.
8주	■ 낮수텀: 2.5~3.5h ■ 밤수텀: 6~8h ■ 잠텀: 1.25~1.3h ☑ 수유 소요 시간: 최대 30분 ☑ 이제부터 모유수유가 정착되고 아기 입도 커지면서 잘 빨 수 있게 된다. 늦어도 이때가 되면 모유수유는 궤도에 오르며 마스터된다.	☑ 눕히면 좋은 시간, 잠 오는 신호를 캐치해서 관찰해보기 ☑ '놀' 시간이 늘어난다. 놀①②③ 시간 적절히 배정 ☑ 터미 타임/안아주기 넣기	■ 4~5번의 낮잠 ■ 한번의 낮잠 수면 길이: 1~2.5h ■ 밤잠 통잠은 6~8시간까지 늘어날 수 있다.
12주	■ 낮수텀: 2.5~4h ■ 밤수가 서서히 없어진다. ■ 잠텀: 1.3~1.5h ☑ 두 번째 급성장기 ☑ 모유수유는 이제 더 익숙해져서, 아기가 언제 배가 꽉 찼는지도 쉽게 알 수 있다.	☑ 낮잠에서 일찍 일어나거나, 잠드는데 힘들어한다면, 잠텀을 점검해본다. ☑ 놀①②③ 적절히 배정 ☑ 터미 타임/안아주기 넣기	■ 3~4번의 낮잠 ■ 한번의 낮잠 수면 길이: 1~2.3h ■ 밤잠 통잠은 9~11시간까지 늘리는 것이 가능해진다.

먹잠표 운영을 위한 잠텀 계산법

마지막으로, 먹텀과 잠텀으로 하루를 분석하는 똑게육아 먹잠표를 제대로 구사하기 위해 '잠텀 = 깨어 있는 시간'의 실제 계산법을 알려드리겠다.

'총 깨어 있는 시간' 계산법을 알아본 뒤, 각각의 잠텀을 배분하는 법을 알아보도록 하자.

총 깨어 있는 시간 = 하루의 깨어 있는 시간을 모두 합한 값 (모든 각 잠텀을 더한 값)

먹+놀 = 깨어 있는 시간 = 잠텀

▶ 총 깨어 있는 시간 계산해보기

① 현재 개월수에 필요한 '총 수면 시간'을 체크한다.

② '24시간 - 총 수면 시간'을 통해 '총 깨어 있는 시간'을 도출한다.

③ 조금 더 정확하게 계산하고 싶은 분들은 현재 아기가 밤수를 하고 있는지, 밤중에 깨는 시간이 있는지를 체크하고 이를 앞의 '깨어 있는 시간'에서 다시 한 번 빼준다. 즉 '24시간 - 총 수면 시간 - 밤수 소요 시간 - 밤잠 중 깨는 시간 = 총 깨어 있는 시간'으로 보다 정확하게 도출해볼 수 있다.

총 깨어 있는 시간을 계산했다면, 이 수치를 토대로,

▶ 각 잠텀의 길이를 생각해볼 수 있다.

① 현재 개월수에서 하루에 필요한 낮잠 횟수를 체크한다.

② 낮 동안의 잠텀 횟수는 '낮잠 횟수+1'이 되는데, 이는 마지막 낮잠과 밤잠 사이에 간격이 있기 때문이다.

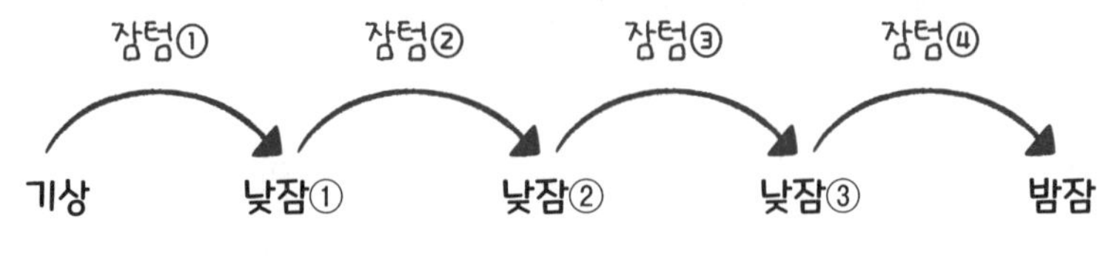

③ 필요한 잠텀 횟수를 도출했다면 '총 깨어 있는 시간'을 잠텀에 적절히 배분한다.

예를 들어보겠다. 똑게 수면 프로그램을 통해 '내비게이터용'으로 현재 내 아기에게 필요한 '총 수면 시간'이 15시간이라는 것을 알게 되었다고 가정해보자. 그렇다면 내 아기에게 적절한 '총 깨어 있는 시간'은 24-15=9시간이 된다. 그다음으로는 현재 내 아기에게 필요한 낮잠 횟수도 확인해본다. 4번이 현재 개월수에 권장되는 낮잠 횟수라고 가정하고 예를 들어보겠다. 아래와 같이 배분해볼 수 있다.

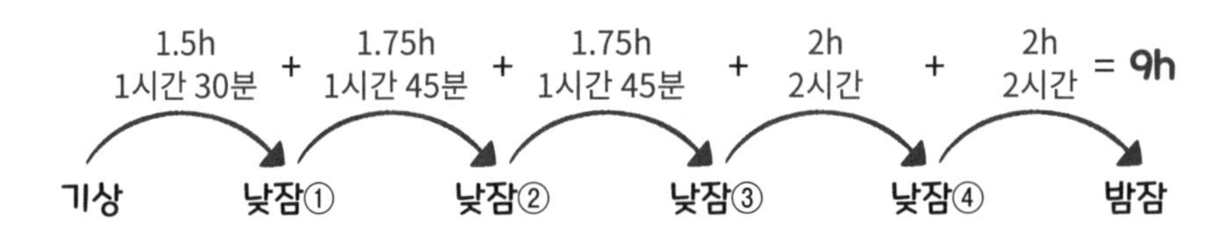

만약 아기가 아직 2번의 밤수를 하고 있다면 2번의 밤수 소요 시간을 1시간으로 가정해 '밤수 시간'으로 소요되는 1시간을 더 빼, 24-15-1=8시간, 즉 총 깨어 있는 시간은 8시간이 된다. 그럼 이 8시간을 잠텀 5번에 배분해야 한다. 이를테면 1.25+1.5+1.5+1.75+2=8시간으로 배분할 수 있다. (분수를 소수점 숫자로 계산하는 법. 15분 ÷ 60분 = $\frac{15}{60}$ = 0.25)

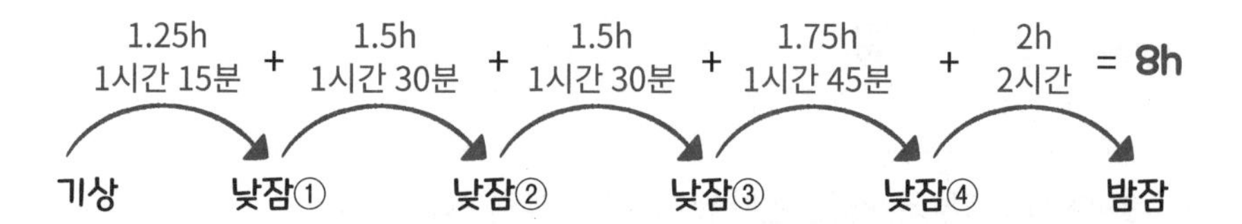

아기가 2번의 밤수 때문에 너무 피로한 상태라면, 총 깨어 있는 시간을 7시간으로(8시간 보다 적게 깨어 있는 플랜으로) 세팅해 운영할 수도 있다. 이렇게 되면 각 잠텀은, 1.25+1.25+1.5+1.5+1.5=7시간으로 배분할 수 있다. 어느 연령대에도 이 방법으로 계산할 수 있다.

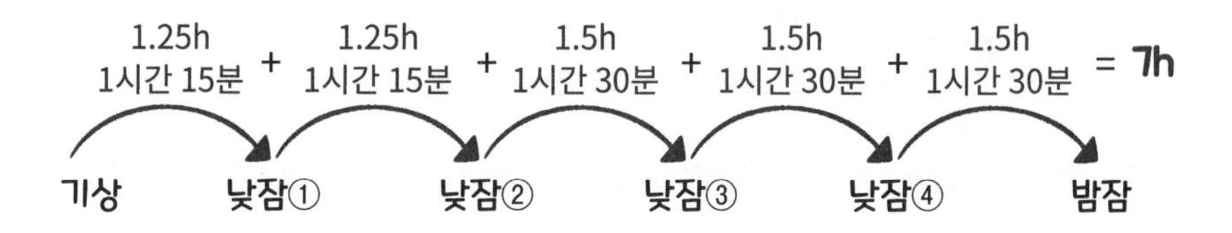

아기에 따라 잠 욕구가 많은 아기도 있고 적은 아기도 있다. 잠텀 역시 아기의 이때까지의 잠 패턴 및 본연의 타고난 잠 욕구에 따라 달라질 수 있으니 유의하자.

3~4개월 이후부터는'낮잠 변환'에 대한 지식이 필요하다.

각 개월수에 따른 적정 낮잠 횟수

개월수	낮잠 횟수
5개월	3회 (고양이 잠을 잔다면 4회)
9개월	2회
15~20개월	1회
3년 반~5년	낮잠이 없어짐

개월수	낮잠 변환
3~5개월	4→3
6~9개월	3→2
10~18개월	2→1*

* 낮잠 1회로의 변환: 가장 빨리 나타날 경우 10개월 무렵 평균적으로 15~18개월에 2→1회로 변환됨.

· 보통 첫 번째 잠텀이 짧고, 밤잠으로 가까워지면서 잠텀이 더 길어지지만, 때에 따라, 아이에 따라 다르다. 하루 종일 너무 피곤했다면, 밤잠 바로 전의 잠텀이 가장 짧을 수도 있다.

· 낮잠 변환은 정상적인 아이의 발달 단계다. 더 적은 횟수로의 다음 단계 변환을 부모가 미리 알고, 제대로 도와주면 그때 발생할 수 있는 아이의 피곤함, 밤잠 문제, 짧은 낮잠, 짜증 등을 방지할 수 있다.

· 개월수가 늘어가면서 '아침에 일찍 깨는 현상'이 발생하기도 하는데, 이런 경우 '낮잠 자는 시간 배분'을 잘못한 경우가 더러 있다. 즉, 낮잠①에서 너무 오래 재우는 등의 경우인데, 이럴 때는 아이의 개월수에 맞는 '밤잠 시간'과 '낮잠 시간'을 체크해보고, 적절한 낮잠 시간을 적절한 횟수에, 적절한 잠텀으로 운영해 해결한다.

· 낮잠 변환기를 미리 알고 있다면 잠텀을 10~15분씩 늘려보며 변환을 도와줄 수 있다.

Part 4.

영유아 수면 원리의 이해

똑게 수면 프로그램 이론 심화반

Class 1. 안전한 아기 잠자리 만들기

영유아 수면 전문가 자격증을 취득하려면 영유아 돌연사 방지 자격증과 국제모유수유 전문가 자격증 또한 필수적으로 가지고 있어야 한다. 따라서 해당 과정을 밟는 중에 안전한 잠자리에 대한 자세한 공부도 더불어 할 수 있었다. 이 안전 잠자리에 대한 지식은 똑게 수면 프로그램 운용 시 꼭 알아두어야 할 사전 요소이며 수면교육의 0순위 조건이다. 무엇을 아이에게 가르치든 아기의 안전이 가장 우선시되어야 하는 것은 매우 당연한 일이다.

영유아 돌연사의 원인

우선 다음의 벤다이어그램을 보자. 미국소아과협회의 자료에 따르면, 다음의 세 가지 요소는 영유아 돌연사 발생과 관련된 원인들이다.

첫 번째 요소부터 살펴보도록 하자. 선천적으로 약한 아이란 미숙아나 선천적으로 약한 아기, 혹은 장애를 지닌 아기를 말한다. 출생 직후에 병원에서 특정한 병명으로 진단이 내려지지 않는 경우도 많기 때문에 이 부분은 정확히 알 길이 없는

영유아 돌연사 주요 원인 3가지

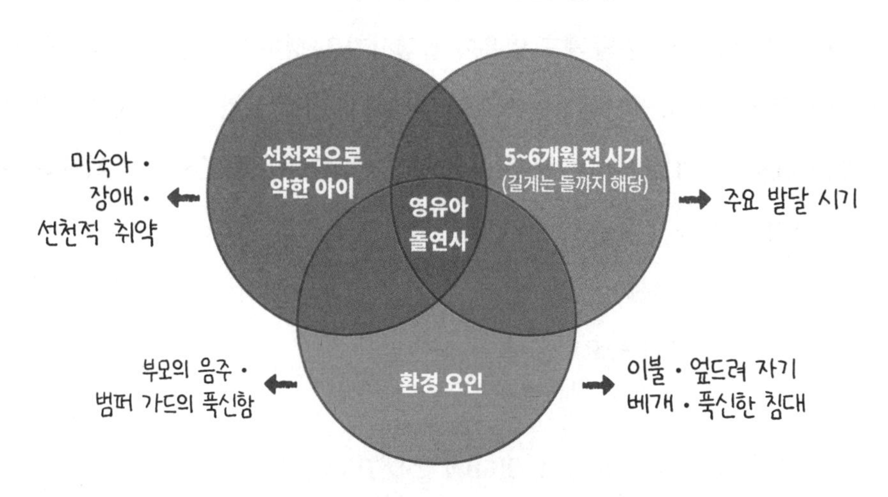

지점이 있다. 그러므로 양육자는 아기가 숨을 쉬는 모습이 불안해 보이지는 않는지, 잘 호흡하고 있는지 세밀히 관찰하며 조심해야 한다.

다음으로, 우리가 누구나 물리적으로 가늠할 수 있는 요소인, '5~6개월 전 시기' 지표에 대해 살펴보자. 보통 5~6개월 시점을 아기 성장 발달의 분기점으로 삼는데, 6개월 이후에 아기는 근육이 많이 발달해서 움직임이 정교해진다. 따라서 숨이 막히는 상황에서 스스로 몸 근육을 써서 움직일 수 있는 6개월 시점이 지나면 영유아 돌연사를 겪을 확률도 줄어든다.

마지막으로 환경 요인이란 양육자가 아이의 안전한 잠자리와 관련해 사전 지식이 있는지 여부를 비롯해 **아기를 둘러싼 양육 환경 전반**을 의미한다. 이를테면 부모가 음주를 하지는 않는지, 아기의 잠자리가 너무 푹신하지는 않은지, 아기의 호흡을 가로막을 위험이 있는 이불이나 베개 등이 놓여 있지는 않은지, 6개월 이전의 아이를 엎드려 재우지는 않는지 등의 여부가 바로 환경 요인이다. 실내 온도의 경우에는 적정 온도를 유지해야 아기가 호흡을 건강하게 할 수 있다.

만약 한 후배님이 "로리님, 저는 아이를 엎드려 재웠는데도 괜찮았는데요?"라고 묻는다면, 나는 이렇게 답해줄 것이다. 앞의 벤다이어그램에서 1~2개의 원인에만 해당된 경우였기에, 운 좋게도 영유아 돌연사가 발생하지 않은 것뿐이라고. 세 개의 요인 중 하나라도 해당된다면 영유아 돌연사의 확률은 언제나 존재하니 꼭 조심하도록 하자. 세 가지 원인이 모두 다 겹쳐질 때, 영유아 돌연사 발생 확률은 급등한다. 그리고 세 가지 요인 중 환경 요인 영역에 속하는 양육자의 책임감과 사전 지식, 특히 영유아 돌연사에 대한 지식 여부가 가장 중요하다. 아기를 키우는 데 있어 '안전'은 그 무엇보다 중요함을 절대 잊지 말자.

백 투 슬립(Back to Sleep), 바닥에 등 대고 재우기

'바닥에 등 대고 재우기'는 사실 그 역사가 길지 않다. 1992년에 미국에서 'Back to Sleep'이라는, 바닥에 아기 등을 대고 재우자는 캠페인을 한 것이 그 시초다.

이 캠페인은 영유아 돌연사를 연구하다 보니, 바닥에 아기 등을 대고 재우면 그 사고 발생 수치가 줄어든다는 사실이 통계 결과로 밝혀져 시작된 것이다. 사실 나의 엄마(친정 엄마, 시어머니) 세대만 해도 5개월 전 아이를 엎드려 재우는 일에 익숙하시다. 우리나라에는 1992년보다 더 늦게 들어온 캠페인이기 때문이다.

영유아 돌연사 비율과 잠자는 자세 사이의 상관관계 그래프
SIDS Rate and sleep Position

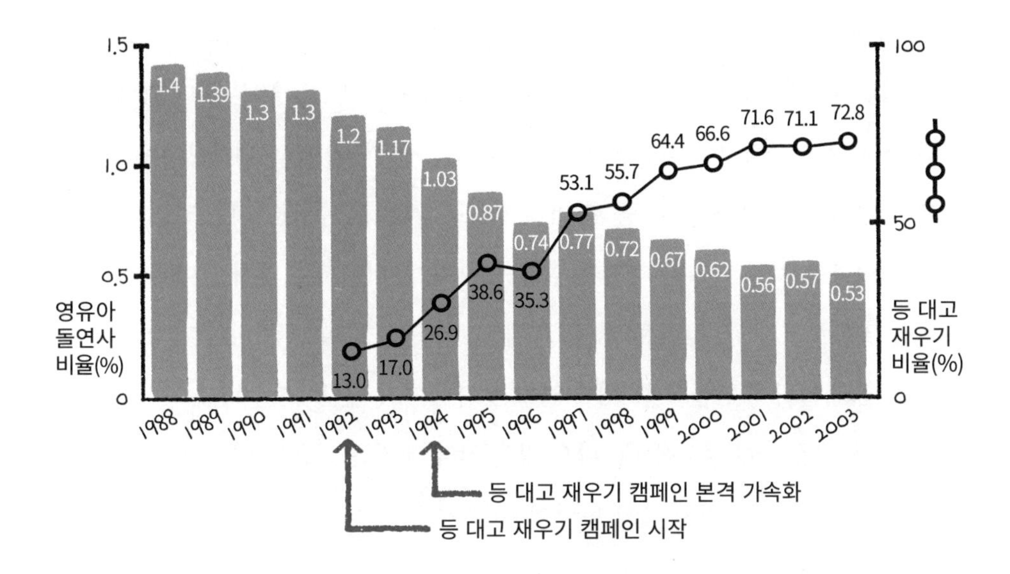

바닥에 아기 등을 대고 재우는 것은 영유아 돌연사 방지를 위한 가장 중요한 권고 사항이므로 꼭 지켜주는 것이 좋다. 이로 인한 단점까지 면밀하게 살펴본다면, 등을 대고 재울 때의 장점과 그 단점을 보완할 방법을 함께 모색하여 적용할 수 있다. 다음은 바닥에 아기 등을 대고 재우기 시작하면서 나타날 수 있는 2가지 단점이다.

(1) 목, 등, 다리 등의 근육을 발달시킬 기회가 줄어든다.

(2) 평평한 뒤통수 (flat head)

이런 까닭으로 아이에게 배밀이를 연습시키는 '터미 타임'의 기회를 주는 것은 바닥에 등 대고 재우기의 단점까지 극복할 수 있는 중요한 놀이 시간이 되어준다.

하늘을 보고 누웠을 때 캣냅 극복하는 법

캣냅은 낮 동안 짧게 자는 토막 잠을 의미한다. '고양이 잠'이라고도 부르는 캣냅은 약 2~4개월 정도 된 아기에게 정말 흔하다. 아기가 20~30분 만에 깨어날 경우 이 시간은 양육자가 간식을 먹거나, 이메일을 확인하거나, 샤워를 할 수 있는 충분한 시간이 되진 않는다. 이 중 한 가지 정도는 겨우 할 수 있겠지만 말이다. 이런 일이 일어나는 이유는 여러 가지가 있지만, 이번 코너에서는 앞서 알아본 것 외의 이유를 말해보고자 한다. 바로 '등 대고 자는 자세'도 그 이유 중 하나다. 이 자세는 아기를 쉽게 놀라게 만들고 잘 깨게 만드는 자세이기 때문이다.

아기가 얕은 잠에 들었을 때, 다시 깊은 잠에 빠지는 것은 어렵기 마련이다. 이때 2개월 이후의 아기라면 배를 바닥에 대고 자면 좀 더 쉽게 수면 사이클을 연장할 수 있다. 그러나 연구 결과에 따르면 등을 대고 자는 자세가 영유아 돌연사의 위험을 상당히 낮추기 때문에 이는 선택 사항이 아닌 **반드시 따라야 하는 원칙**이다.

안전을 위해 아기를 엎드려 재울 수는 없지만, 이 단계에서는 4개월 전 아기를 진정시키는 테크닉인 5S를 고려해서 가슴팍에 압력, 즉 꽉 조이는 안정감 등을 주어 보다 질 좋은 잠을 자게 할 수 있다. '사이드 앤 스토머크(Side & Stomach, 배와 옆구리를 어딘가에 댄 자세)'는 하늘을 보고 누워 자는 필수 안전 조건을 따라야 하는 상황에서, 더없이 중요하다. **배와 가슴 쪽에 싸여 있는 듯한 압력**이 없으면 휑한 느낌 때문에 아기는 공중에서 훅! 하고 낙하하는 느낌을 받는다. 기억해라. 아기는 10개월간 자궁이라는 타이트하게 조여진 공간에서 살았다. 따라서 엄마의 자궁 밖으로 나온 지금, 뭔가 휑한 절벽에서 끝없이 추락하는 느낌일 것이다. 또한 아기는 손과 발이 자기 것인지 아직 모른다. 스스로 자기 몸을 움직일 수 있다는 것을 모르는 발달 단계이기 때문이다. 이와 같은 이유로 자신의 손발이 대체 왜 움직이는지 모르기에 불안정하다. 그러나 이 다음 단계에서 아기는 스스로 굴러다니며 가장 편안한 수면 자세를 가지게 된다. 그렇게 되면, 낮잠 수면 시간은 자연히 성숙해지기 때문에 1시간에서 2시간 반까지 늘어나게 된다.

4개월 전 아기 진정 테크닉 5S

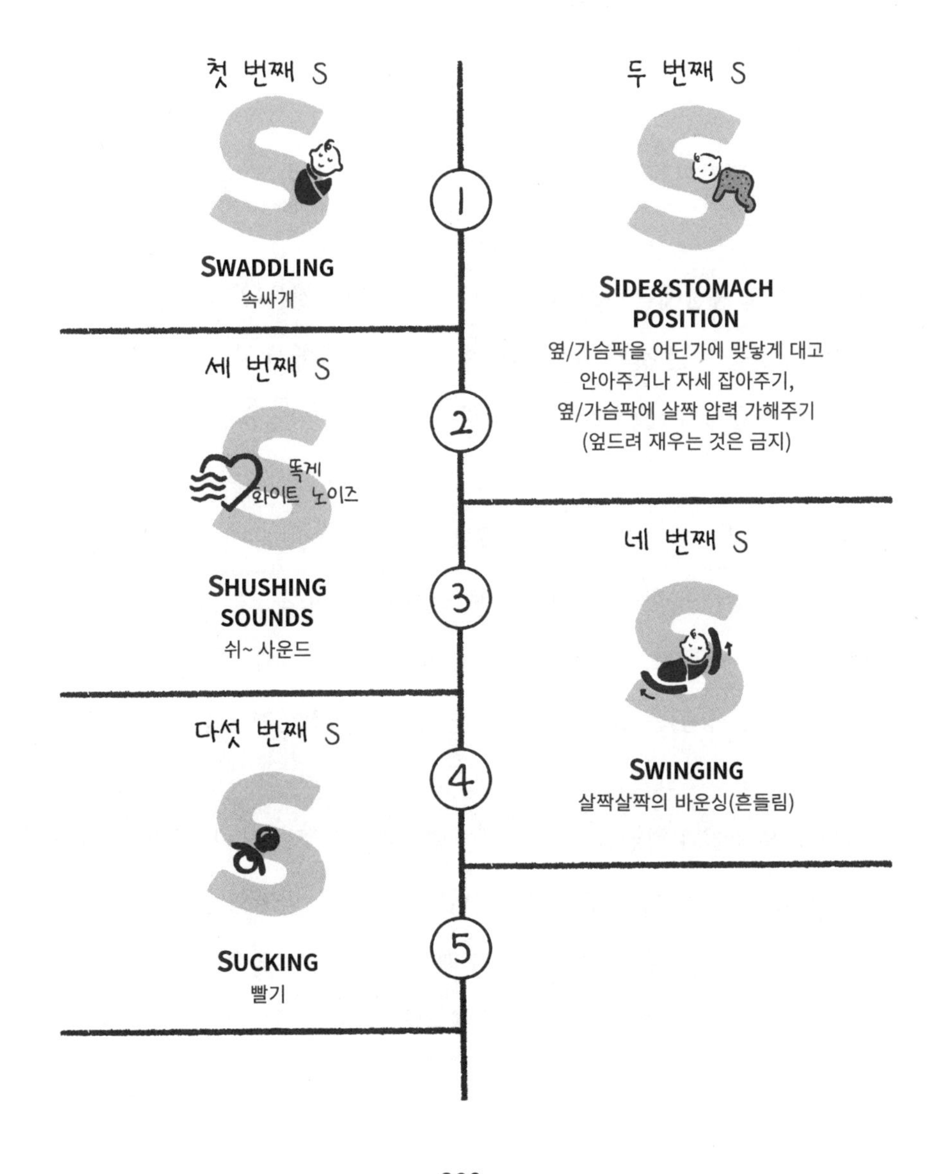

안전한 수면을 위한 권장 사항들

그렇다면 어떻게 해야 아기를 안전한 환경에서 재울 수 있을까? 다음은 미국 소아과 아카데미의 가장 최신의 권장 사항을 일목요연하게 정리한 것이다. 아래의 내용들은 질식 및 기타 수면 관련 사망뿐만 아니라 갑작스러운 영유아 사망 증후군 위험을 낮춰줄 수 있는 최선의 방법이므로 무조건 준수하도록 하자.

- 낮잠이든 밤잠이든 언제나 아기가 등을 대고 자도록 한다.

- 이른 몇 달 동안에는 부모와 한 침대를 사용하는 것은 위험하다. 그러나 같은 방에서 잠을 자는 것은 권장된다. 부모와 같은 방에서 자는 것은 영유아 돌연사의 위험을 낮추는 것으로 나타났다. (3개월 이전 - 방 공유 ○ / 잠자리 공유 ×)

- 항상 아기를 눕힐 매트리스가 단단한지 확인해야 한다. 아기가 사용하는 매트리스는 단단해야 한다. 처지거나 부드러운 매트리스 또는 물러졌거나 오래된 매트리스는 피한다. 카시트를 비롯해 아기가 앉은 자세로 사용해야 하는 육아 아이템(바운서 등)은 일상적인 수면을 취할 때 권장하지 않는다.

- 부드러운 물건과 헐렁한 침구는 침대 밖으로 모두 치워둔다. 여기에는 범퍼 패드와 모든 종류의 웨지 또는 포지셔너도 포함된다. 아기의 얼굴에 이 물건들이 닿을 경우 질식의 위험이 높아지기 때문이다. '영유아 수면 자격증' 취득 시, '영유아 돌연사 방지 자격증'도 함께 취득했는데, 강의 시간에 들은 사례 중 하나가 매우 가슴 아팠다. 아기 잠자리에 무심코 넣어둔 세모난 역류 방지 쿠션

으로 인해 아기가 사망한 사례였다. 아기의 잠자리에 다른 물건은 하나도 없었는데, 그 세모난 지지대 쿠션으로 인해 영유아 질식사가 발생한 일은 실제 사건이다. 그러므로 5개월 전 아기 잠자리에는 봉제 인형, 베개 또는 담요도 두지 말고 단순한 시트만 깔도록 한다.

· 일단 아기가 어느 방향으로든 조금이라도 구를 수 있게 되면, 속싸개를 하면 안 된다.

· 아기를 지나치게 감싸거나 덥게 입히지 않는다. 과열이 우려되므로 수면 중인 아기에게 모자를 씌우지 않는다. 이와 같은 맥락에서 실내온도는 18~20도 정도로 시원하게 유지하자. (우리나라 정서에는 이 정도 온도가 겨울철에는 춥게 느껴지는 온도이다 보니 강연 등에서는 20~23도 정도도 괜찮다고 이야기하고 있지만, 18~20도가 실내 권장 온도이니 참고하자.)

· 모유수유는 영유아 돌연사의 위험 감소와 관련이 있다. 적어도 첫 6개월 동안은 모유수유를 하는 것이 여러모로 좋다.

· 낮잠 시간과 취침 시간에는 아기에게 공갈젖꼭지를 건네준다. 잠이 들 때 공갈젖꼭지를 빠는 것은 영유아 돌연사의 위험을 줄이는 것으로 나타났다. 하지만 공갈젖꼭지가 아기의 입에서 떨어진 후에는 다시 입에 넣어줄 필요는 없다.

· 아기가 누운 상태에서 얼굴 높이 바로 근처에서 약간의 공기 순환이 이루어지는 것이 좋다. 공기청정기를 틀거나 바닥 근처에 선풍기를 놓아두고 사용해도 좋다.

· 임신 중과 출산 후에 엄마가 연기에 노출된다거나 술이나 약물을 복용하는 것은 피한다.

· 영유아 돌연사 위험을 줄이기 위한 방법으로 사용하는 가정용 CCTV IP카메라만을 너무 믿지 말고, 안전 규칙을 철저히 따르도록 한다. 또한 카메라나 베이비 모니터를 사용하여 아이를 모니터링하는 경우에 모니터가 아기 잠자리로 떨어지지 않도록 유의한다.

· 유아는 질병관리청의 권고 사항에 따라 예방접종을 해야 한다.

· 양육자의 감독하에, 아기가 깨어 있는 시간에 터미 타임을 갖도록 하여 근육의 개발을 촉진하고 평평한 머리의 발생을 최소화한다.

안전 잠자리 퀵 요약

☑ 잠자리 공유 ✕
(만약 잠자리 공유를 한다면 어른 몸무게, 잠버릇, 생활 패턴, 흡연 및 음주 여부, 침구 종류 등 위의 안전 요소들을 더욱 철저히 점검한다. 미국소아과협회에서는, 만약 '잠자리 공유'를 꼭 하려 한다면 생후 6~12개월 이후에 할 것을 추천한다. 단, 위의 안전 요소들이 갖추어진 상태에서!)

☑ 자는 방 공유 ○

☑ 모유수유, 공갈젖꼭지 사용

☑ 온도 등 환경 요소 체크

☑ 부모의 책임감, 지식 갖추기

똑게 안전 잠자리 체크리스트

다음은 앞의 내용을 토대로 만든 안전 잠자리 체크리스트다. 만에 하나 모를 위험 확률을 생각해서 아기 침대 안이나 아기 잠자리 주변에 자극을 줄 수 있는 물건, 조금이라도 안전하지 않은 물건은 모두 없애야 한다. 다음에 제시된 물건들이 아기 잠자리에 존재하는지 체크해본다.

□ **장난감류.** 몸에 배길 수도 있고 자기 전에 자극을 줄 수도 있다.

□ **모빌.** 설치한다면 떨어지지 않게 잘 부착하고, 아기가 모빌을 만질 수 있는 개월수가 되면 떼어내는 것이 안전하다.

□ **뮤직 박스나 음악이 나오는 인형.** 아기 침대에 부착하는 것이라면 혹시 떨어질 수도 있으니 단단히 고정하자. 음악이 나오는 인형은 아기에게 과한 자극을 줄 수 있으므로 주의해서 사용해야 한다. 인형은 털이 없고 잠자리에 같이 두어도 안전한 것을 사용해야 한다.

□ **잠친구 인형.** 4~5개월 전에는 아기에게 굳이 잠자리 내에서 잠친구 인형을 마련해주지 않아도 된다. 안전함이 우선이다. 잠친구 인형은 4개월 이후부터 만들어줘도 늦지 않다. 애착인형으로 낮에 보여주는 것은 괜찮겠지만 말이다.

□ **범퍼.** 4개월 전인 신생아 시기에는 아이가 몸을 움직이긴 힘들지만, 아이가 범퍼를 잡아당길 수 있거나 잡고 일어설 수 있는 상황이 된다면 그 위험 가능성에 대해 생각해봐야 한다. 또 아기 침대에 붙어 있는 천으로 된 범퍼는 얇기 때문에 애초에 침대 테두리에 단단히 고정해야 한다. 4개월 전 아기에게도 범퍼가 갑자기 떨어져 질식사의 원인이 될 수 있으니 유의한다.

□ **이불.** 4개월 전에는 속싸개를, 5개월 이후 아기가 속싸개를 졸업한 후에는

수면조끼류의 입는 이불을 추천한다. 아기에게 움직이는 힘이 생기는 4개월 뒤에 손에 쥐고 물어뜯어도 안전한 것으로 하나만 선택해서 잠 이불로 만들어주는 것은 괜찮다. 하지만 이불은 얼굴을 덮을 수 있으므로 5개월이 되어 아기가 손과 팔을 자유자재로 쓸 수 있을 때 제공해도 늦지 않다. 이불을 일찍 제공할 경우 안전을 위해 모니터링이 필수다. 하지만 위험이나 사고는 갑작스럽게 예기치 않게 터지므로 애초에 제공하지 않는 것을 추천한다.

□ **아이에게 자극이 될 수 있는 다른 물건들.** 위의 물건들 외에 자극이 될 만한 다른 물건이 있는지 살펴보자. 안전은 수백 번을 강조해도 지나치지 않다.

똑게Lab 토막 강의

- **긍정적 잠연관:** 아기가 주도적으로 스스로 잠이 들고 연장할 수 있는 것.
  떼기도 쉬움. (예: 화이트 노이즈)
  주로 수면을 위한 환경적인 부분들이 이에 속함.

- **부정적 잠연관:** 스스로 잠에 빠져들거나 연장할 수 없는 것.
  누군가의 도움이 필요한 잠연관, 잠목발.
  수면 환경 조성의 도움이 아닌 지속적인 타인의 강도 높은 도움이 필요.
  의존도 높은 것들.

※ 잠연관, 잠목발 정의는 277~278p 참고

Class 2. 영유아 수면의 이해

왜 우리 아기는 잠을 잘 못 자나?

(1) 잠을 잘 자는 아기 vs. 잠을 잘 못 자는 아기

우리는 밤중에 푹 잠을 자는 것 같지만, 사실 밤중에 규칙적으로 깬다. 우리 본연의 수면 사이클에 의해서 말이다. 이는 성인이든 영유아든 똑같다. 다음의 그룹 중에서 어느 그룹이 더 잠에서 자주 깰 것 같은가?

잠을 잘 못 자는 아기 그룹 VS 잠을 잘 자는 아기 그룹

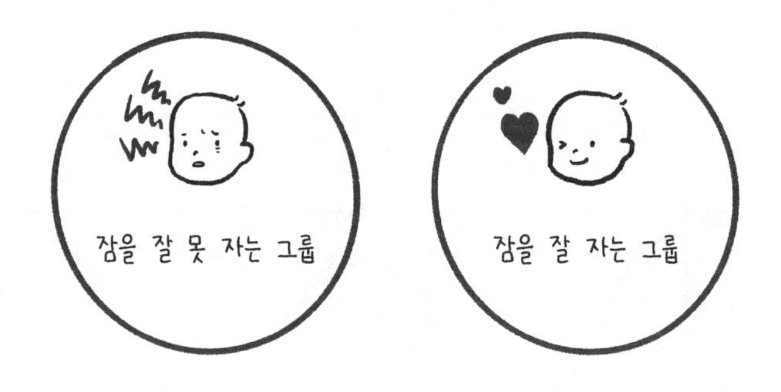

놀랍게도 우리의 예상과는 달리 두 그룹 모두 잠을 자는 중간에 같은 빈도로 깬다. 다만 잠을 잘 자는 아기 그룹의 경우 '자기 진정'이 상대적으로 잘 이루어진다는 차이점만 있을 뿐이다. 그래서 우리가 잠을 잘 자는 그룹의 아기들이 깨는 것을 알아채지 못했을 뿐이다. 반면에 잠을 잘 못 자는 그룹의 아기들은 스스로 진정해서 다시 잠에 빠져들지 못하고, 수면 사이클이 끝날 때마다 양육자에게 울거나 소리를 지르며 도움을 요청한다.

그렇다면, 이러한 차이를 가져온 영유아 수면 사이클에 대해 알아보자. 3~4개월 정도가 되면 아기의 수면 사이클은 45~50분 정도로 패턴을 갖추게 된다.

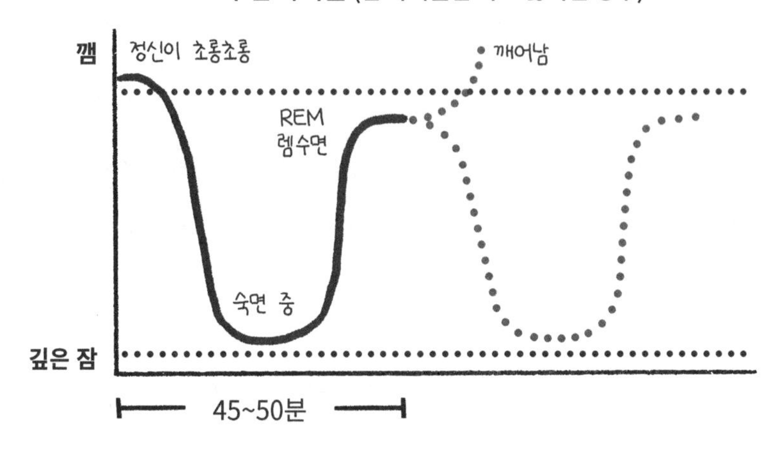

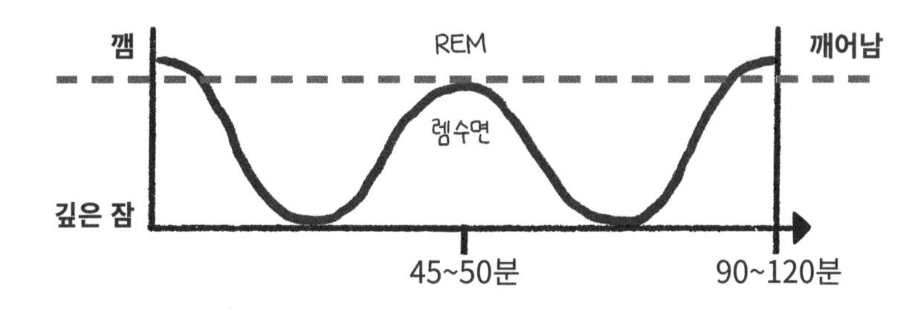

신생아들의 수면 패턴은 아직 어른처럼 성숙해지지 않았기 때문에 조금씩 다른 부분이 많다. 신생아 시기(3개월 전 아기)와 3~4개월 이후 아기의 수면 사이클 또한 다르다. 이러한 차이를 이해하고 있는 것 자체가 아기가 건강한 수면 습관을 가질 수 있도록 도와줄 것이다.

(2) 수면 사이클

신생아들은 하루 평균 16~18시간 정도 잠을 잔다. 일반적으로 신생아의 수면 사이클은 40~50분 정도다. 신생아가 하나의 수면 사이클을 완료하면 깨어나거나 다른 수면 사이클을 이어간다. 이 시기에 아기들이 가지고 있는 수면의 유형은 '활동적인 수면'(얕은 잠)과 '조용한 수면'(깊은 잠) 두 가지로 나눌 수 있다.

① 활동적인 수면(얕은 잠)

'렘(REM, Rapid Eye Movement) 수면'이라고도 불리는 활성 수면은 신생아 수면 주기의 첫 단계로 눈꺼풀의 움직임, 빠르고 불규칙한 호흡, 몸을 움직이거나, 소리 내기(고함 소리 또는 짧은 울음소리), 간간이 웃는 것이 특징이다. 유튜브에서 '렘 신생아'를 검색하면 관련된 영상들을 볼 수 있다. '활성 수면'이라는 명칭처럼 수면을 하고 있지만 가장 활동적일 때라고 생각하면 된다. 이 얕은 수면 단계에서는 아기가 깨어날 가능성이 높다.

② 조용한 수면(깊은 잠)

'논렘(NREM, Non Rapid Eye Movement) 수면'이라고도 한다. '조용한 수면'이라는 명칭처럼 아기들은 이 수면 단계에서 조용해진다. 소위 '딥슬립(deep sleep)' 하는 단계인 것이다. 이 깊은 수면 단계에서는 소음과 움직임, 자세 변환 등으로 인해 아기가 깨어날 확률이 낮다. 신생아는 일반적으로 수면 사이클의 절반 길이 정도(약 25분 정도의 활성 수면을 취한 후)가 지난 뒤 더 깊은 이 수면의 단계로 진입한다. 호흡이 느려지고 리듬이 안정적인 조용한 수면 단계에 접어들었을 때, 아기들은 훨씬 덜 움직이고, 눈꺼풀은 더 이상 움직이지 않으며, 근육은 이완되고, 푹 잠이 들게 된다.

신생아 (3개월 이전) 시기

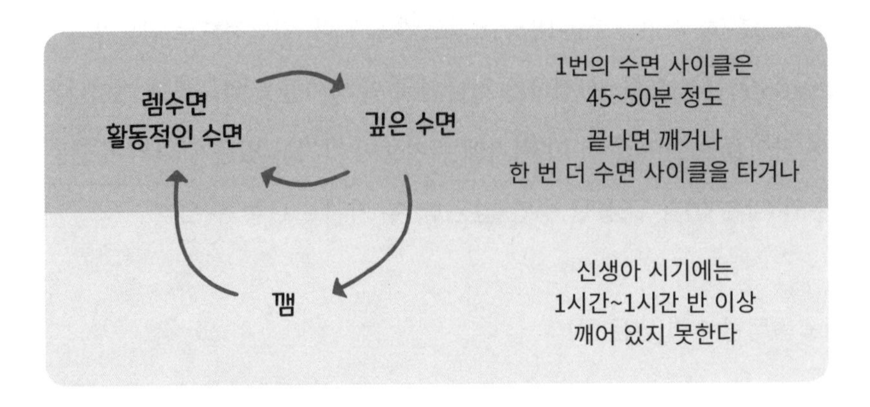

(3) 4개월, 수면 패턴이 재편된다! 수면 퇴행

그런데 약 4개월 정도 되면 이 수면 패턴이 재편되는 소위 '수면 퇴행' 시기가 있다. 앞에서 살펴본 것처럼 신생아들은 2단계의 수면 단계를 가지고 있다. 그 단계는 ① 렘수면, ② 깊은 수면이다. 각각의 단계는 신생아 수면의 약 50%를 차지한다.

그러나 약 4개월이 지나면 렘수면을 취하는 시간이 줄어들면서 깊은 잠으로 들어가기 전, 추가로 2단계의 더 얕은 수면 단계가 생긴다. 아래 그림에 표시한 단계 1, 2(Stage1, 2)가 그것이다.

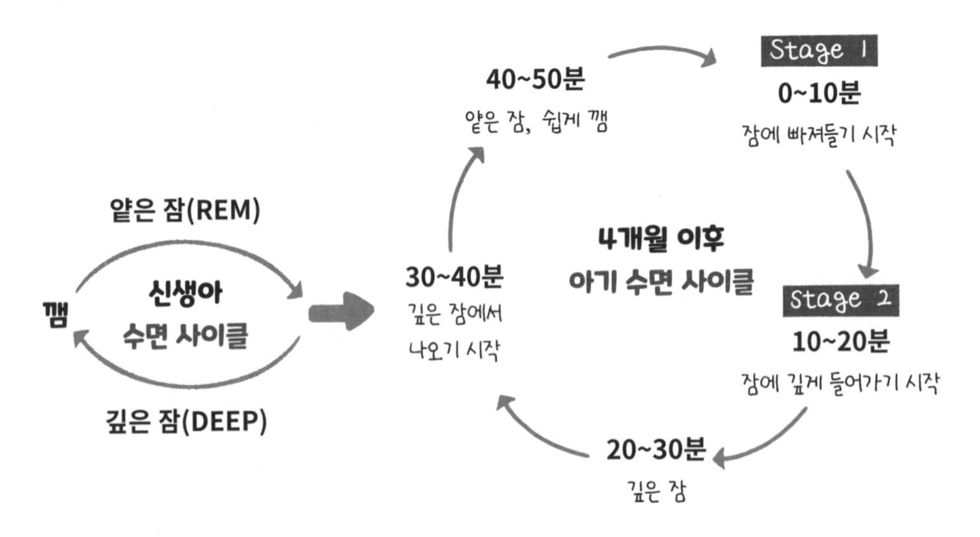

기존 신생아 시절의 렘수면보다 더 얕은 수면, 즉 깊은 수면 전의 1단계와 2단계 수면을 추가로 취할 수 있게 되면서, 아기들의 수면은 이 시점을 기준으로 점점 어른의 수면처럼 되어간다. 뿐만 아니라 신체 발달적으로도 아기는 생후 4개월 무렵에 많은 변화를 겪는다. 기기, 탐험하기 위해 손을 이용하기, 미소 짓기, 자신의 이름에 반응하기, 주변 환경에 대해 인식하기 등과 같은 중요한 발달의 분기점인 것이다. 이러한 발달 과정 또한 아기의 수면에 영향을 줄 수 있는 것은 당연하다.

(4) 깸 현상에 대하여

4개월이 되면 아기는 훨씬 더 많은 얕은 수면(1단계와 2단계)을 취하게 되고 이 얕은 수면 단계에서 아기는 쉽게 깨어날 수 있다는 것에 대해 알아보았다. 바로 이 두 단계의 수면 중에 일어나는 환경의 변화(소음, 밝은 빛)는 아기를 쉽게 울게 할 수 있다. 밤에도 이러한 수면 사이클을 거치면서 한 수면 사이클이 끝날 때 자연적으로 일어나는 '깸 현상'이 나타나는 경우가 흔하다. 이러한 '자연 발생적인 깸 현상'은 한밤중에 부분적으로 각성되는 순간으로 나타난다. 이때 아기가 다른 사이클로 다시 미끄러져 들어갈 수도 있지만, 이러한 짧은 각성 단계에서 제대로 상황이 따라주지 않는다면 완전히 깨어나버릴 수도 있다.

(5) 4개월 된 아기에게 잠목발이 남아 있다면?

생후 4개월에 접어든 아기는 이제 자신의 주변을 인지적으로 더 잘 알게 된다. 그래서 만일 '잠목발'이 더 이상 없다는 것을 잘 알아차리게 되면 잠에서 완전히 깨어나게 된다. 그렇기에 4개월을 넘겼을 즈음에는 자신을 다시 잠들 수 있도록 도와달라고 끊임없이 외치게 된다. 여기서 양육자가 어떻게 대처하느냐에 따라 잠을 잘 자지 못하는 아기가 될 수 있는 것이다(잠목발에 대해서는 277~278p 참고).

이런 상황에 처했다면, 이때 뭘 할 수 있을까? 언제든 늦었다고 생각하지 말고 아기에게 지금이라도 수면에 좋은 습관들을 알려주라고 권하고 싶다. 여러분이 이 문제를 일찍 다룰수록, 그것은 더 쉬워진다.

또 여러분이 알아야 할 것은 아기는 인생의 첫 몇 년 동안 많은 발달을 겪게 되어 있으며, 그때 어떤 형태의 퇴행이 발생하는 것은 지극히 정상이라는 사실이다. 희소식은 만약 여러분의 아이가 처음부터 좋은 잠 습관을 익혀서 푹 잘 수 있는 기술을 배웠다면, 그 발달 단계에서의 퇴행을 극복하는 것도 훨씬 더 쉬워진다는 점이다.

영유아 수면의 본질적 이해를 위한 요소

(1) 서캐디언 리듬(생체 시계)과 잠-깸 항상성

'잠-깸 사이클'을 그려보면 아기의 하루 중 최적의 잠을 선물하면 좋을 구간을 가늠해볼 수 있다. 이 사이클을 그리기 위해서는 두 가지 요소를 이해하고 있어야 한다. 바로 ① 서캐디언 리듬과 ② 잠-깸 항상성 요소다('수면 압력'과 관련 있다).

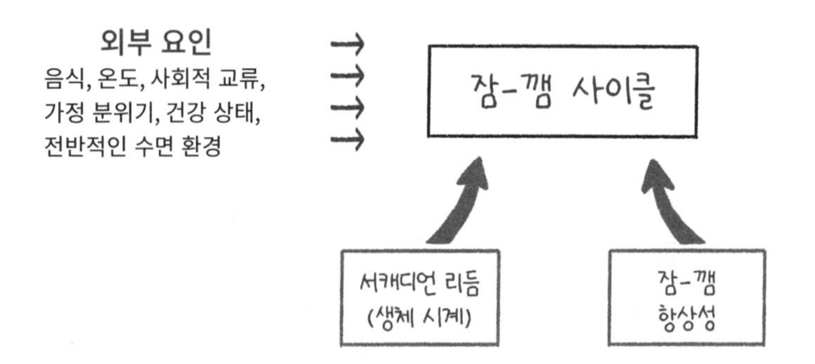

인간의 수면을 이해할 때 이 두 가지의 본질적인 특성에 대해 제대로 이해하는 것이 중요하다. 물론 이 두 가지 요소뿐만 아니라, 사람의 수면에는 다양한 외부 요

인들이 영향을 미친다. 음식, 온도, 사회적 교류, 가정 분위기, 건강 상태, 전반적인 수면 환경 등등. 이러한 외부 요인들은 우리가 어느 정도 컨트롤해서 영유아 수면을 보호해줄 수 있다. 그렇다면, 기본 요소가 되는 '서캐디언 리듬'과 '항상성=수면 압력' 부분은 어떻게 맞춰줄 수 있을까?

바로 서캐디언 리듬과 항상성(수면 압력)의 선을 그린 뒤, 최고로 적절한 타이밍에 잠-깸에 들어가면 되는 것이다.

① 서캐디언 리듬(생체 시계)

먼저 우리 내부 호르몬에 의해 만들어지는 생체리듬에 대해 알아보겠다. 쉽게 생각해서, '잠 호르몬=멜라토닌', '깸(각성) 호르몬=코티솔'로 보면 된다. 아기의 경우, 오전 7시와 오후 7시를 기준으로 서캐디언 리듬이 형성된다고 보면 된다. 코티솔은 '각성 호르몬' 내지 '피곤 수치'로 생각하면 된다. 낮에 아기의 '피곤도=나른한 정도=졸린 상태'가 많이 높아 보인다면, 적절한 '깨시'를 확인해본 뒤, 적당한 타이밍에 아기를 낮잠 재우는 것이 좋다.

서캐디언 리듬(생체 시계)

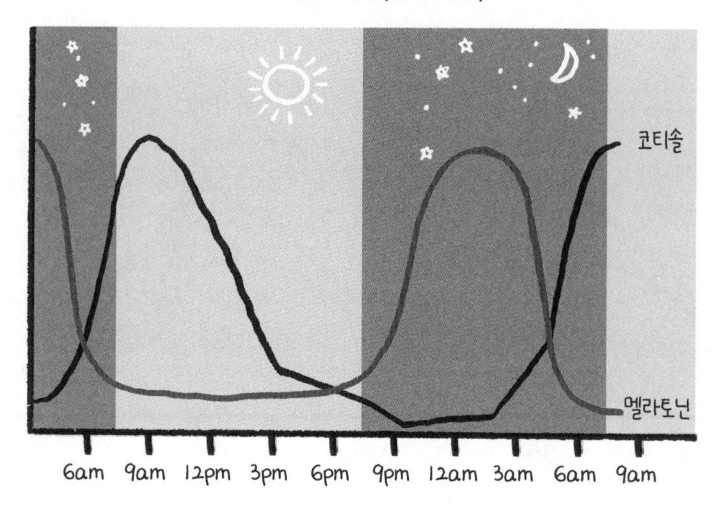

서캐디언 리듬(생체 시계)

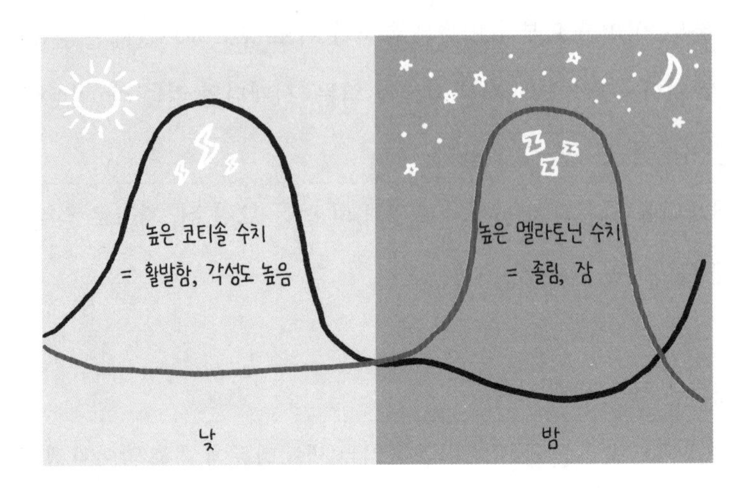

아래의 그래프를 같이 살펴보자. 잠 호르몬인 멜라토닌 수치와 각성 호르몬인 코티솔 수치를 합한 그래프가 아래 그래프 상의 프로세스 C다. 생체 시계인 프로세스 C 그래프 선과, 수면 압력을 나타내는 프로세스 S를 같이 놓고 어느 시점에서 아기의 잠이 들어가면 좋을지를 생각해보자. 아기의 잠이 열린다는 측면에서 이 '잠이 들어가면 좋을 지점'을 '잠 문(sleep gate)'이라고 표현한다.

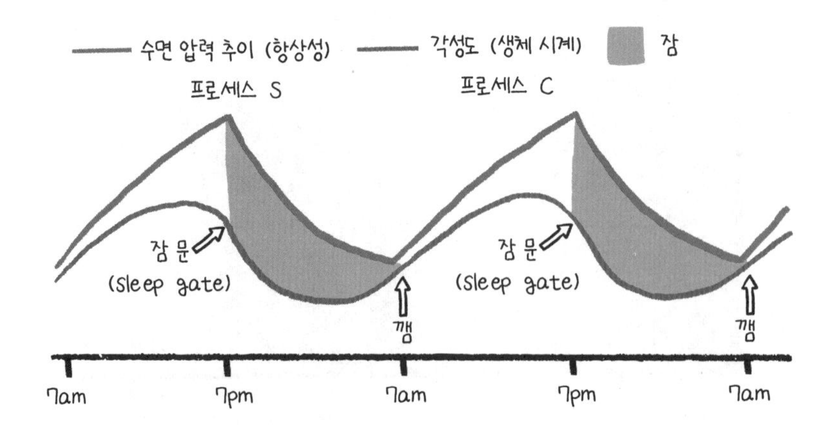

② 수면 압력

수면 압력을 조금 더 구체적으로 설명해보자면, 우리가 잠을 자지 않고 깨어 있는 순간부터 뇌 속에 쌓이는 '아데노신=피곤 물질'이 만들어내는 압력이라고 생각하면 된다. 모래시계를 떠올려도 좋다.

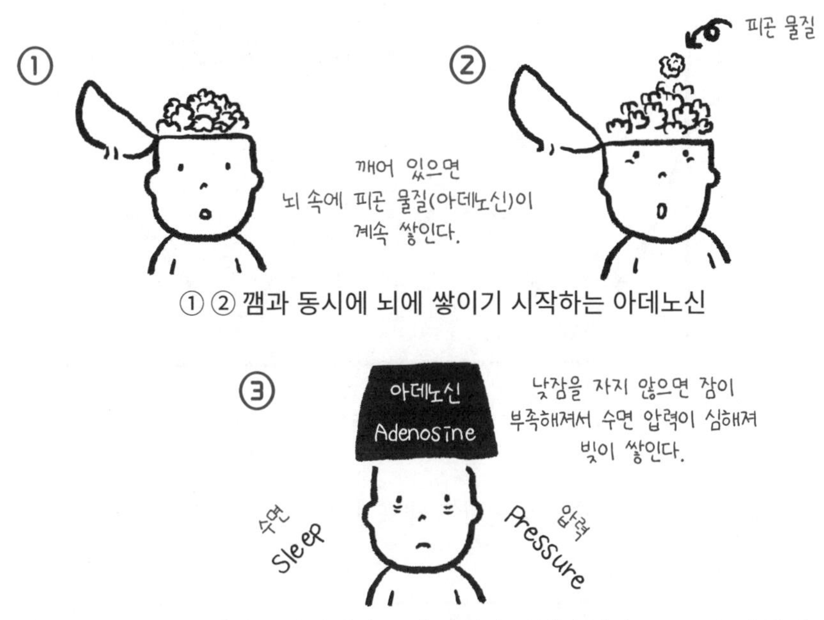

① ② 깸과 동시에 뇌에 쌓이기 시작하는 아데노신

③ 잠을 자지 않으면, 잠이 부족해지며 수면 압력이 심해져 잠빚(피곤 물질)이 쌓인다.

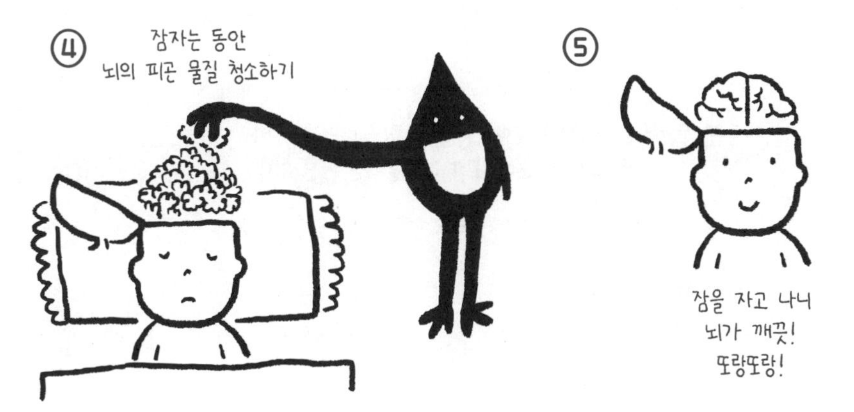

④ ⑤ 우리가 잠을 잤을 때, 뇌에 있던 노폐물들이 사라지고 깨끗하게 청소된다.

낮잠을 잤을 때, 수면 압력을 그려본다면 아래와 같이 표현할 수 있다.

서캐디언 리듬

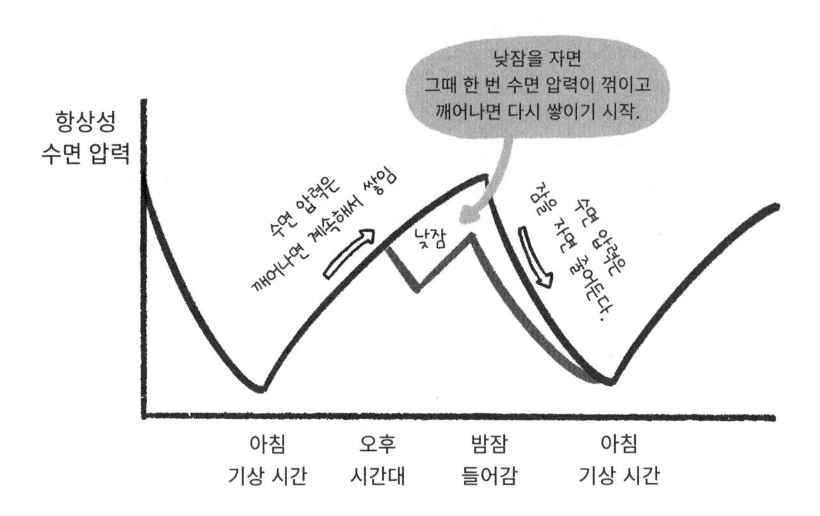

이렇게 낮잠을 자면, 수면 압력이 그래프상에서 한 번 꺾이게 된다.

이제 수면 압력 그래프에 대해서도 어느 정도 이해가 끝났다면, 두 그래프의 합을 맞추는 과정을 살펴보자. 이에 대해서는 아래의 수식으로 설명할 수 있다.

수면 압력 (아기가 깨어나는 순간부터 뇌 속에 쌓이는 아데노신.
쉽게 말해 모래시계처럼 쌓이는 피곤 수치)

– 생체 시계 (신체 내부의 호르몬 흐름상 깨어 있는 정도)

= 실제 잠 욕구

그래프의 합을 맞추는 부분

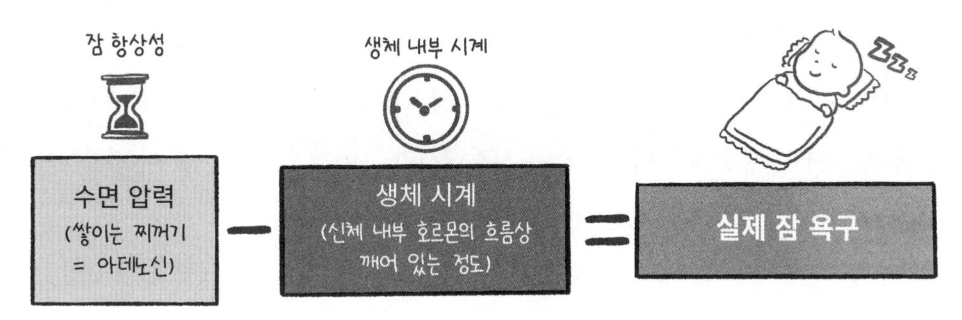

프로세스 S 그래프에서 ① 수면 압력이 높아진 지점(수면 압력이 쌓였다는 것은 그만큼 잠이 필요한 상황, 잠을 자야 하는 상황이라는 뜻이다)과 ② 각성도(신체 내부 호르몬의 흐름상 아기가 깨어 있는 정도 , 그래프에서는 프로세스 C)가 낮아지는 시점을 고려해서 타이밍을 잡아본다. 이 두 가지 요소가 가장 최적인 때가 아기가 쉽게 잠들 수 있는 적기인 셈이다.

수면 사이클, 항상성, 서캐디언 리듬 간의 상관관계 그래프

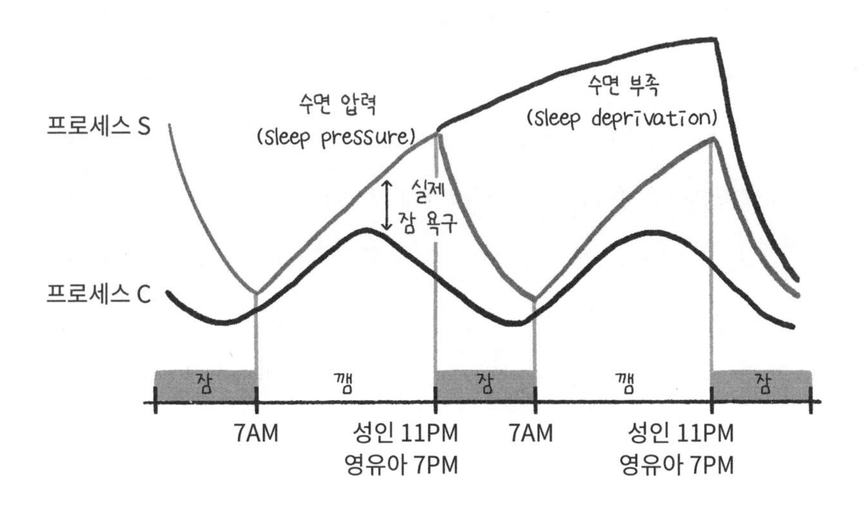

앞의 그래프에서는 일부러 11PM과 7PM 가로축 지점을 동일하게 표현하여 그래프를 그려보았다. 이는 **프로세스 S**와 **프로세스 C**로 설명되는, 수면에 깔린 본질적인 개념이 어른과 아이 모두 동일하여 사실상 그래프의 모양은 같기 때문이다. 다만 다른 점이 있다면, 밤잠에 들어가면 좋은 시점에서만 차이가 있어서 이를 더 명확하게 보여주기 위해 그와 같이 그래프를 그려보았다.

이해가 힘든 분들을 위해 예를 하나 들어보겠다. 오늘 내가 중요한 시험 때문에 밤을 연달아 새게 되었다고 치자. 신체적으로는 잠을 자지 못했으므로, 수면 압력이 많이 쌓여 있다. 그렇기에 바로 잠을 자려고만 한다면, 잠에 바로 잘 들어야 한다. '항상성 요소'인 '수면 압력'만 생각한다면 그렇다. 참고로 **'항상성'**이라는 것은 모자라면 채워주려는, 균형/일정함을 유지하려는 성질이다.

그런데, 현실은 조금 다르다. 분명히 밤 10시에는 죽을 듯이 졸렸는데, 누가 이부자리만 깔아주기만 하면 쓰러져서 바로 잘 수 있을 것 같았는데, 새벽 2시에 접어드니 눈이 초롱초롱해진다. 피곤한데 잠은 오지 않는 상태가 된 것이다. 아니, 밤 10시와 비교하자면 오히려 더 쌩쌩해졌다. 이것은 바로 우리 신체 내부 호르몬의 영향 때문이다. 새벽 2시가 되면서 코티솔, 즉 각성 호르몬이 더 증가했기 때문이다.

이제 조금 이해가 가는가? 따라서 우리는 항상 ① 잠텀(깨시)을 기준으로 아기가 깨어나서 얼마만큼의 시간이 경과했는지, 즉 뇌에 **'어느 정도의 피로 물질=아데노신'**이 쌓였는지를 체크하면서 동시에 ② 지금 '시간대'가 하루 24시간을 기준으로 아기의 신체 내부 호르몬의 흐름상 잠을 자기에 적절한 시간대인지, 이 ①, ② 두 가지를 같이 고려해서 그 합을 맞춰주면 된다. 그러면 아기는 잠에 더 편하게 빠져들게 된다.

앞에서 똑게 수면 프로그램은 크게 3가지 요소로 구성되어 있다고 말했다. '아기를 언제 잠자리에 눕히는가?' 혹은 '아기를 언제 재우는가?'와 관련하여 그 **적절한 시점에 대한 스케줄링 방법**이 첫 번째 요소이고, **진정 전략**이 두 번째 요소였다. 그리고 이 두 요소를 뒷받침하는 기단과 같은 것이 바로 지금 설명한 영유아 수면의 본질적인 특성이다. 아기를 재우는 적절한 시점은 모든 여러 외부 요소들이 제대로 조성이 된 상태라고 전제했을 때, 영유아 수면에 있어서의 본질적인 개념 두 가지(서캐디언 리듬, 잠-깸 항상성)를 고려해 찾은 시점이다. 이 두 가지가 조화를 가장 잘 이룬 시점이 아기에게 편안한 잠을 안겨줄 수 있는 베스트 시점이다.

이렇게 양육자가 아기의 건강에 있어서 중요한 요소인 수면을 적절한 타이밍에 양질로 제공한다면, 모든 면에서 아기와 여러분의 삶에 큰 차이를 가져올 것이다.

그렇다면 이쯤에서 아기들이 잠을 잘 자지 못하는 이유를 알아보자.

(2) 아기가 잠을 잘 못 자는 이유

① 아기가 충분히 피곤하지 않다

아기가 깨어 있는 시간은 아기가 성장함에 따라 늘어난다. 양육자는 아기를 잠자리에 누이려고 시도하지만, 아기는 계속해서 즐거운 놀이를 즐기고 싶을 수도 있다. 그런 기색을 보인다면 아기가 충분히 피곤하지 않은 것일지도 모른다. (물론 너무 피로한 경우에도 쉽게 잠에 들지 못하곤 한다.) 이를 변별하려면, 자신의 아기의 주수에 해당하는 적절한 '깨어 있는 시간' 수치와 비교하여 아기가 실제로 깨어 있었던 시간을 점검해야 한다. 만일 아기의 '깨어 있는 시간'이 상대적으로 적은데도 불구하고 아기가 피곤해 보이지 않는다면, 매일 5분씩 아기의 깨어 있는 시간을 연장하는 것을 시도해보자. 만일 아기의 '깨어 있는 시간'이 상대적으로 적은데 피곤해 보인다면, 아기가 '최대로 깨어 있을 수 있는 시간'에 더 근접하도록 만들기 위해 아기의 깨어 있을 때의 활동을 바꿔보는 것을 추천한다. 예를 들어 아기가 신선한 공기를 느낄 수 있도록 밖으로 데리고 나가볼 수도 있다. 낮에 깨어 있는 시간이 충분히 길지 않은 경우, 스케줄이 어디선가 구멍 뚫린 풍선처럼 일그러져, 오히려 이른 저녁에 아기가 진정되지 않는 시간(마녀시간)이 더 많아진다. 뿐만 아니라 밤중에 깨어 있는 시간도 더 많아지기 마련이다.

② 아기가 너무 피곤하다

너무 피곤한 아기들의 경우에도 잠에 빠져들기 어려워한다. 따라서 아기의 이번 텀에서 깨어 있는 시간 길이와 하루 안에서 깨어 있는 전체 시간을 잘 체크해 애초에 아기가 매우 피곤해지는 상태를 피해야 한다. 그러기 위해서는 아기에게 맞는 '잠텀'이 넘어가기 전에 아기를 잠자리에 눕히고 아기가 잠들기 위해 진정하도록 기다려준다.

③ 아기가 너무 많은 잠을 잤다

아기가 밤잠을 잘 자기 위해서는 한정된 양의 계획 잡힌 효율성 있는 낮 시간 수면이 필요하다. 아기가 낮에 너무 많은 수면을 취하면 쉽게 진정하지 못하고, 밤사이에 충분히 오랫동안 자지 않는다. 아기가 쉽게 진정하지 않거나 밤중에 과도하게 깨어 있는 경우, 이 책에 적힌 총 낮잠 시간 가이드라인과 내 아기의 낮잠 시간을 비교·점검해보자. 해당 가이드라인에 제시된 전체 낮잠 시간보다 더 많은 잠을 자는 경우, 아기는 피곤함이 덜하기에 깨어 있는 것일 수 있다. (물론 각 타입마다 권장 낮잠 수면 시간은 타이트하게 더 적을수도, 보수적으로 더 많을 수도 있다. 현재 내 아이의 수면 패턴과 비교해서 가늠해본다.)

④ 아기가 배가 고프다

배고픈 아기는 잠을 자지 않을 것이다. 이런 경우, 앞에서 언급한 수유와 관련된 사항을 살펴보며 효율적이고 충분한 수유가 진행되고 있는지 점검해야 한다. 만약 아기가 충분히 먹은 것 같고 수유에도 총력을 기했는데도 여전히 아기가 잠들지 않는다면, 아기의 혀나 입술을 의사에게 보이고 진찰해볼 것을 추천한다. 드문 경우이지만 '설소대단축증'을 가진 아이는 수유 시간마다 충분한 양을 먹지 못하고 하루 종일 간식처럼 적은 양의 젖만 먹게 된다. 충분하지 않은 영양은 아기의 수면에 상당한 영향을 미치므로, 수유와 관련하여 문제가 생겼다면 의학적인 관점에서 살펴볼 필요가 있다.

⑤ 온도가 적절하지 않다

아기는 좀 더 자랄 때까지 스스로 체온을 조절할 수 없기 때문에 쉽게 추워하거나 더워할 수 있다. 그렇게 되면 아기가 진정되기 힘들며 잠도 잘 못 잔다. 따라서 양육자는 아기가 항상 실내 온도에 맞는 적절한 옷을 입고 있는지 확인해야 한다. 가급적 면이나 메리노와 같은 천연섬유로 만들어진 옷을 입히고, 모자를 쓴 채로 아기가 잠들지 않도록 유의한다.

아기의 체온을 체크할 때는 손이나 얼굴이 아니라 가슴이나 등 뒤, 배를 만져서 체온을 측정한다. 손과 얼굴은 몸보다 더 차갑게 느껴지는 부위다. 이 부분만 만지면 아기가 춥다고 착각할 수 있는데, 그 부위는 원래 온도가 낮은 부위라 실제로 아기는 춥지 않은 상태일 수 있다. 오히려 손과 얼굴 부위는 다른 몸의 부위보다 더 시원해야 한다. 하지만 너무 차갑지는 않아야 한다.

밤중에는 실내 온도가 내려가거나 올라갈 수 있기 때문에 아기가 머무르는 공간을 일정한 온도로 유지하기 위해 잠들기 전이나 잠자고 있는 중간에 실내 온도를 다시 한 번 체크한다. 밤새 아기가 자는 방의 온도는 일정하게 유지되어야 한다.

⑥ 아기가 아프다

아기가 갑작스럽게 빨리 깨어나거나, 잘 진정하지 못하는 현상이 나타난다면 아픈 것은 아닌지도 생각해봐야 한다. 아기가 평소에 보여주었던 수면 습관에서 갑작스러운 변화를 나타낼 경우, 아플 가능성도 있다. 특히 귀나 목이 아픈 경우 다른 증상은 보이지 않는데 수면의 상태나 질이 안 좋아질 수 있다. 이런 경우에는 병원에 가서 의사의 검진을 받아야 한다.

매우 중요한 밤잠 '수면 의식' 정립

이 시기에도 매일 밤 수행하는 밤잠 수면 의식을 확립하는 것은 매우 중요하다. 아기가 잠자는 시간이 다가오고 있다는 신호를 배우기 때문이다. 수면 의식을 어느 시점부터 포괄할 것이냐는 정의하기 나름이다. 이 챕터에서는 목욕과 마지막 수유를 포함한 전체를 기준으로 말하겠다. 수면 의식은 마지막 수유를 할 시점에서 30분 전부터 시작하도록 하고, 수면 의식의 시작부터 끝(아기가 잠드는 시간)까지 목욕 시간을 포함해 약 1시간 정도의 루틴을 가질 것을 권장한다. 수면 의식에 들이는 시간이 그 이상을 넘기면 아기가 많이 피곤해하거나 과잉 자극을 받을 위험이 있다.

만일 쌍둥이 혹은 세쌍둥이를 키운다면 수면 의식을 마지막 수유를 할 시점보다 45~60분 정도 더 일찍 시작한다. 아기를 같은 시점에 잠자리에 내려놓을 수도 있고, 15분 간격으로 한 명씩 내려놓을 수 있다. 쌍둥이의 경우는, 아이 두 명(혹은 그 이상) 스케줄의 싱크로율을 맞추는 부분('잠듦' 시각, '깸' 시각, '먹' 시간을 동일하게 맞추기)이 관건인데, 통상적으로 아이들 사이의 잠들거나 깨는 시각들을 완벽하게 동일하게 운영하기는 힘들기 때문에 현실적으로 약 15~20분(최대 40분) 정도의 차이를 베스트로 생각하면 된다.

밤잠에 들기 전에 같은 순서로 5~6개의 활동을 일관성 있게 반복하면 아기는 이것을 수면 단서로 이해한다. 마치 우리가 아침에 별다른 생각 없이 반복하는 루틴들(커피를 마시고, 샤워를 하고, 이를 닦는 등의 활동)처럼 아기의 밤잠 수면 의식도 루틴화해야 한다. 양육자는 매일 밤 되풀이될 수 있는 밤잠 수면 의식의 요소들을 아기의 진정에 도움이 되는 활동들로 잘 선택해야 한다. 스스로 잘 진정되지 않는 아기, 어린 아기일수록 밤잠 수면 의식을 진행하는 동안 방 안의 조명을 아예 끄거나 약하게 조절해 잠자리를 어둡게 만들어 수면을 유도하는 차분한 분위기를 만들어야 한다. (227p에서는 편안한 수면 환경 조성을 위한 5가지 조건을 정리해두었으니 참고해보자.)

똑게육아 수면교육 멤버십 회원이 되어 '수면의식 루틴카드'(314p 참고)도 이용해보자. 정신없는 하루를 마치고 동일한 순서로 수면의식 절차들을 진행한다는 것은 생각만큼 쉽지 않을 수 있다. 무엇이든 시스템화 하면 훨씬 수월하게 갈 수 있다. 수면의식 카드를 벽에 붙여두고 같은 순서대로 반복한다면, 일상에서도 규칙이 생기고 아이들에게도 편안하고 안정적인 하루를 선물해줄 수 있다. (똑게육아 멤버십에는 유용한 각 개월수별 수면교육 관련 Q&A아티클, 시트지 등이 가득하다.)

똑게육아 수면의식 차트

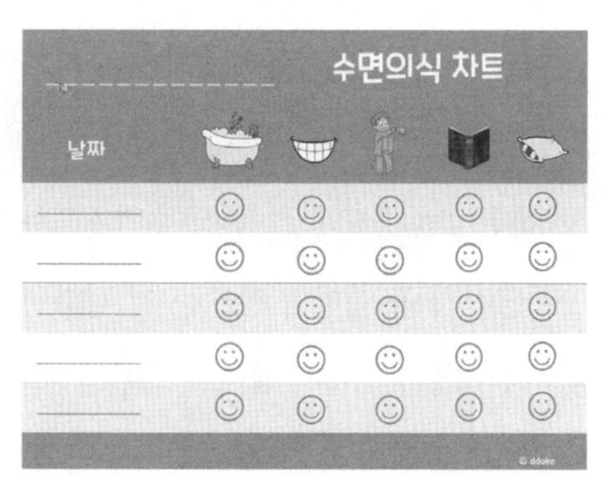

앞에서 샘플로 제시한 루틴에서 몇 가지 중요한 포인트들이 있어 부연 설명을 덧붙인다.

(1) 밤잠을 자기 전에 기저귀를 가는 루틴은 매우 중요하다

아기가 밤에 똥을 싸지 않은 이상, 밤에는 기저귀를 갈지 않는 것이 좋다. 소변으로 기저귀가 조금 젖었다고 해서 밤중에 기저귀를 갈면 양육자인 당신의 수면과 아기의 수면 모두 방해를 받는다. 물론 예외적인 상황이 발생할 수도 있으나, 큰 방향성은 이러하니 명심하자. 또한 아침에 기상했을 때 옷을 갈아입히고, 밤잠에 들어가기 전에 기저귀를 갈아주고 잠옷으로 갈아입히는 것은 아기가 밤낮을 구분하는 데 도움을 준다.

(2) 밤잠에 들어가기 전 마지막 수유는 배부르게 먹이자

밤잠에 들어가기 전 마지막 수유는 가급적 배부르게 먹여야 아기가 포만감으로 잠을 길게 잘 확률이 높다. 그래야 아기의 밤중수유를 생략하기 쉽다.

(3) 아기를 눕힐 때는 깨어 있는 상태여야 한다

아기가 깨어 있는 상태에서 잠자리에 내려놓아야 한다. 6주경에 아기가 스스로 잠에 빠져드는 능력을 어느 정도 갖춘 상태라면, 아기가 당신의 품 안에서 일주일에 1번 혹은 2번 정도 스르륵 잠에 빠져드는 것 정도는 괜찮다. 그러나 이틀 밤을 연속으로 당신의 품 안에서 잠드는 건 피하는 것이 좋다. 그렇지 않으면, 아기가 자신의 잠자리가 아닌 곳에서 잠드는 습관을 바로 발전시키게 된다. 그리고 자신의 잠자리에서 스스로 잠들 수 없게 된다. 꼭 기억하자.

(4) 아기 방의 문을 닫고 나올 땐 소리가 나게 닫자

아기를 잠자리에 눕히고 방을 나갈 때 문을 소리 나게 닫고 나가는 것이 좋다. 물론 아주 크게 쾅 닫을 필요는 없지만, 아기에게 소리가 들릴 만큼은 기척을 내는 편이 좋다는 말이다. 우리의 고정관념으로는 문을 조용히 닫고 나가야 할 듯하지만, 이 편이 아기가 잠자는 법을 배우고 익히는 데 더 도움이 된다.

밤잠 수면 의식은 너무 급하게 이루어진다거나 또는 너무 길게 늘어지지 않아야 한다. 전체 과정은 조용한 가운데에 아기가 가장 편안해지는 방식으로 진행되어야 한다. 낮잠을 재울 때도 밤잠 수면 의식을 간략한 버전으로 적용해 시도할 수 있다.

밤잠 수면 의식 루틴을 정하고 확립하는 과정에서도 가장 중요한 것은 '일관성'이다. 수면 의식의 끝은 '수면=잠듦=꿈나라행'을 향해야 한다. 아기가 여러 차례의 반복 끝에 수면 의식을 받아들이고 나면, 이 루틴이 종료된 뒤에는 자연스럽게 잠을 잘 수 있게 된다.

편안한 수면 환경의 조성을 위한 조건

밤잠 수면 의식 루틴을 확립하는 과정에서 양육자의 일관성만큼 중요한 것이 편안한 수면을 위한 분위기를 마련해주는 것이다. 이는 진정 전략을 이해하고 실전에서 적용하기 위한 첫 번째 단계이기도 하다. 아기의 수면을 위한 이상적인 조건을 조성하기 위해 똑게 수면 프로그램에서 권장하는 항목은 다음과 같다. 아기의 질 좋은 수면을 돕는 것으로 증명된 요소들이므로 참고하길 바란다.

(1) 어두운 방

아기가 밤잠을 자는 방은 어둡게 만들어주는 것이 좋다. 이 무렵의 아기들은 어둠을 두려워하지 않는다. 대부분의 포유동물처럼 아기들은 어둠 속에서 위안과 진정됨, 안전함을 느낀다. 방을 어둡게 만들기 위해서는 암막 블라인드를 사용하거나 어두운 색의 전지를 구매해 창문에 붙여놓는 등의 방법이 있다. 창문의 가장자리로 조금씩 새어 들어오는 빛을 가리는 데에는 쿠킹호일도 유용하다.

조명 불빛은 아기에게 매우 자극적일 수 있으므로 밤중에는 불을 켜지 않도록 한다. 단, 양육자가 수유를 하기 위해 주변이 보일 만큼의 옅은 빛을 내뿜는 수유등 정도는 활용해도 되겠지만, 수유등도 불빛이 노란색으로 잔잔한 것을 사용하고, 밤중에는 최대한 어둠을 유지해야 한다. 빛이 있으면 아기가 진정하거나 오랫동안 잠든 채로 있기 힘들다. 통상적으로 어두움 지수를 0~10으로 단계화한다면, 9~10 정도로 어둡게 해야 아기의 수면에 좋다.

낮잠의 경우에는 8주 이후부터는 7~10 정도로 어두움을 조성하고, 밤에는 9~10 정도로 조성해주면 좋다.

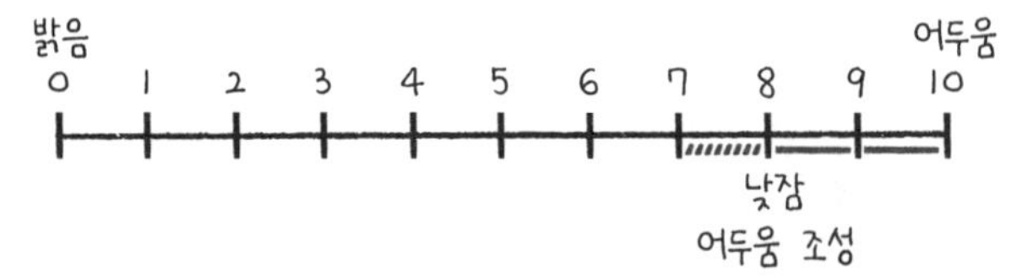

※ **8주 이후**에 낮잠 시 어두움 조성은 더 중요해진다.

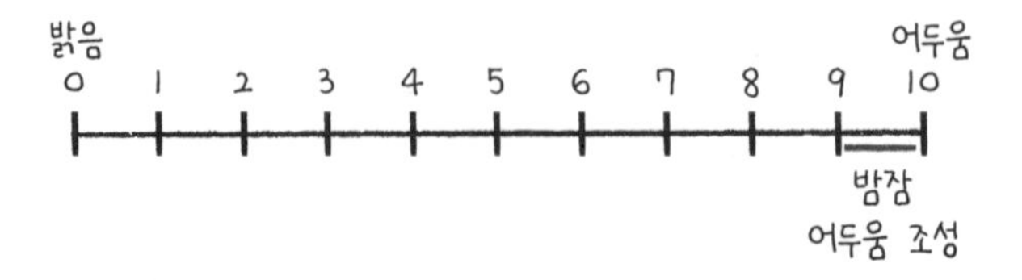

영유아 수면 분야에서 미신으로 여겨지는 넘버원 명제가 있다. 바로 밤낮 구분을 할 수 있도록 만들기 위해 낮 동안에는 밝은 상태를 유지해야 한다는 설이다. 이 말을 해석할 때, 몇몇 부모들은 낮잠을 '밝은 낮'이라는 환경에서 재워야 한다고 생각하기도 한다. 그러나 실상은 그렇지 않다. 아니, 그럴 필요가 없다.

그렇다면 아기가 밤낮을 구분할 수 있도록 도와주는 요소는 무엇일까? 첫째는 아기가 **좋은 낮잠 패턴**을 가지는 것, 둘째는 **적절한 시간**에 **적절한 길이로 낮잠 영양분**을 확실히 챙기는 것, 셋째는 **낮 동안에 더 많이** 아기와 **소통** 및 **교류**를 하고, **깨어 있는 동안 대부분의 칼로리를 섭취**할 수 있도록 해주는 것이다.

이 세 가지가 충족되면 아기는 자연스럽게 밤낮을 구분할 수 있게 되며, 동시에 더 빨리 밤잠 영양분을 강화할 수 있게 된다. 아기가 낮에 깨어 있을 때는 가급적 많은 빛에 노출되도록 해줘야 하겠지만, 3개월 이상 된 아기의 경우에 밝은 방에서 낮잠을 자는 것은 아기를 과도하게 피곤한 상태로 만들 수 있어 오히려 아기가 받을 낮잠 영양분에 해를 끼치게 되니 유의한다.

(2) 백색소음

백색소음(화이트 노이즈)은 6개월 미만의 아기를 위한 정말 좋은 진정 및 수면 도구다. 백색소음은 아기가 자궁에서 들었던 큰 소리를 반복해준다(자궁에서 들리는 소리는 진공청소기 소리보다 훨씬 더 큰 소리다). 아기가 피곤해서 울 때, 큰 소리의 백색소음을 들려주면 아기는 진정 반응을 보인다. 또한 백색소음은 잠자는 아기를 '깜짝 놀라게 하거나 깨울 수 있는 소음'을 막아주는 역할도 한다.

아기가 약 4개월쯤 되면, 수면 사이클의 얕은 잠 단계에서 잘 깨기 시작하고, 인지능력은 굉장히 높아진 상태가 된다. 이럴 때 백색소음이 재생되고 있는 환경에 놓여 있으면 아기들은 수면 중에 들었던 것과 같은 편안한 소리를 듣게 되므로 이번 수면 사이클에서 다음 수면 사이클로 쉽게 전환할 수 있게 된다. 적어도 만 1세까지는 아기가 낮잠과 밤잠을 자는 동안 백색소음을 사용하기를 권장한다.

똑게육아 수면교육 코칭을 하며 수면 전문가 과정에서 배운 내용을 토대로 아기의 진정과 숙면에 효과가 Best인 사운드를 개발해 선보였다. 더 많은 분들을 도와드리고자 똑게육아 유튜브에도 일부의 음원을 올려두었으니 활용해보자.

똑게육아 꿀잠/진정 트랙은 총 35개의 사운드로 구성되어 있으며, 수면의식 단계와 모닝 의식 단계에서 효과적인 '자장가+상황별' 트랙은 총 33개의 사운드로 구성되어 있다. 사용하다보면 자신의 아기에게 맞는 사운드를 발견할 수 있다. 육아맘·대디에게 가장 열화와 같은 성원을 받고 있는 것은 똑게육아 진정 쉬~ 사운드, 꿀잠 쉬~ 사운드 이다.

(3) 속싸개의 활용

4개월 미만의 아기의 몸을 속싸개로 잘 감싸주면 진정과 수면에 큰 도움을 준다는 사실은 이미 많은 연구 결과로 입증되었다. 속싸개로 아기를 감싸주면 아기는 자궁 안에서 꽉 죄었던 감정을 재현하게 된다. 또한 갑작스러운 반사작용으로 아기가 놀라거나 깨는 것을 막아준다.

간혹 주변에서 속싸개의 이런 효용을 잘 모르는 사람들이 아기를 속싸개로 싸면 답답해한다거나 싫어한다면서 말을 얹는 경우가 있기도 할 텐데, 똑게 수면 프로그램에 근거하여 아기에게 올바른 잠 습관을 선물하기로 결심했다면 그런 말들은 그냥 흘려듣도록 하자.

아기가 속싸개를 불편해하는 기색을 보인다면 대개는 속싸개가 단단히 꽉 조여지지 않았기 때문이거나 양육자가 속싸개 싸는 법에 아직 익숙하지 않기 때문이다. 혹은 아기가 이미 너무 피곤한 상태거나, 과도하게 자극되었거나, 또는 너무 덥거나 추운 탓에 부정적인 피드백을 보이는 것이다. 일반적으로 아기들은 속싸개에 싸이는 것을 굉장히 선호한다. 이 좋은 연관을 꼭 활용하도록 하자. 속싸개를 떼는 시점은 아기가 만 4개월이 되는 무렵이 적절하다.

만약 아기가 6주를 넘은 상태인데, 양육자가 보기에도 아기가 속싸개를 좋아하지 않는 것처럼 보인다면 움직임에 있어서 조금은 자유를 주는 것도 괜찮다. 그래서 보통 6주 전에는 팔을 아래로 내린 스와들미 자세(차렷 자세)를 추천하고, 대략 8주 이후에는 손을 머리 위로 한 자세인 스와들업 자세(나비잠 자세)도 추천한다. 때에 따라서는 가슴팍이나 배 부분만 감싸주는 스트랩도 유용하다. 시간이 경과하고 아기의 근육이 발달하면서부터는 한 팔씩 속싸개에서 빼내거나, 깨어 있을 때는 잘 움직이도록 활동을 북돋워주는 것도 필요하다.

(4) 위안물 준비하기

수면을 위해 껴안을 것, 위안물을 제공하는 것도 아기의 자기 진정을 도와준다. 아기가 그 물건을 보고 잠을 연상하게 되면, 그것은 밤잠 시간이 되었을 때 아기에게 강한 신호로 작용하게 된다. 아기의 나이에 적당하고 세탁할 수 있는 것이 좋다. 두 개를 구입할 수 있는 것이면 더욱 좋다. (그러면 세탁할 필요가 있을 때 여벌을 사용할 수 있다.) 먼저 이불이나 수면인형 등을 양육자의 침대나 잠자리 주변에 두면, 그 냄새를 자연스레 흡수하게 된다. 그다음 매일 낮잠이나 밤잠을 잘 때 아기에게 주면 그 효과를 더할 수 있다.

그러나 이불이나 인형 등과 같은 위안물은 자칫 영유아 돌연사 및 질식 위험을 초래할 수도 있으므로 4~5개월 이후부터 잠자리에 같이 두는 것을 권장한다. 3~4개월 이전에는 해당 물건에 적응할 수 있도록 부분적으로만 활용한다.

(5) 수면에 방해되는 요소 제거하기

아기의 숙면에 도움이 되지 않는 요소들을 제거하는 것도 중요하다. 즉, 소리가 나거나 현란한 장난감, 음악 소리가 나는 모빌은 아기의 자기 진정을 방해한다. 자극을 주는 장난감이 눈앞에 있다면 아기는 잠을 자려고 하지 않을 테니 말이다.

지금까지 아기의 편안한 수면 환경의 조성을 위한 조건들에 대해 알아보았다.

낮잠은 밤에 잠을 잘 잘 수 있는 아기의 능력과 관련하여 중요한 요소다. 이 말은 곧 좋은 낮잠을 자도록 하는 데 중점을 둠으로써 어떤 종류의 특별한 수면교육을 하지 않고도 아기의 밤잠을 크게 개선할 수 있다는 뜻이기도 하다. 아기가 예측 가능한 질 좋은 낮잠을 자면 양육자도 낮 동안에 자신을 위한 시간을 가질 수 있다. 이 부분은 고된 육아를 하는 양육자의 정신적·정서적 안정에 매우 중요하다. 그러나 아기가 낮잠을 잘 자는 것은 항상 쉬운 일은 아니다. 낮에는 밤보다 아기의 잠을 방해하는 요소들이 더 많다. 주위가 밝고 아기를 자극하는 요소가 많기 때문이다.

영유아 수면에 대한 배움을 게을리하지 말자

양육자의 수면교육 및 영유아 수면에 대한 지식이 바탕이 되어 있어야 아기가 스스로 잠들 수 있는 능력을 탁월하게 배울 수 있으므로, 영유아 수면에 대한 배움을 게을리하지 말자. '잠' 부분이 탄탄해지면, '먹'과 '놀' 영역 등 육아 전반의 '똑(똑하고) 게(으르게)' 육아가 가능해진다. 아기들은 질 좋은 낮잠과 밤잠을 잘 수 있고, 그래야만 한다. '아기 하루 스케줄 가이드'와 '진정 전략'을 배우면 아기에게 그 능력을 가르치는 데 도움이 될 것이다.

아기가 적절한 양의 낮잠을 자고 낮 동안 충분한 수유를 받기 위해서는 이 책에서 제시하는 스케줄 가이드를 따르는 것이 중요하다. 이런 경우 아기가 수면을 위한 준비가 되어 있을 것이기 때문에 진정시키기가 훨씬 더 쉬워진다.

똑게 수면 프로그램에서는 아기가 자신의 침대에서 하루에 **적어도 한 번** 낮잠을 자는 것을 목표로 하라고 권한다. 그렇게 함으로써 자신의 수면 공간을 인지하고 아기가 밤중에 자기 침대에서 자는 것을 배우기가 더 쉬워지기 때문이다.

로리의 컨설팅 Tip

신생아가 완벽하게 '자기 진정하기'를 터득해야 한다는 생각에 사로잡히지는 말자. 물론 아기는 모든 요소들이 잘 정비되어 있고, 양육자가 아기에게 자기 진정을 할 기회를 제대로 제공하는 경우, 때에 따라 6~12주 무렵에도 스스로 잠을 잘 수 있게 되기는 한다. 그렇지만 3개월 이전의 아기라면 완전히 잠들 때까지 아기의 옆에서 진정시키는 것도 그렇게까지 나쁜 것은 아니므로 너무 강박을 가지지는 말자. (언제나 '강박', '불안', '초조'가 가장 좋지 않다.) 중요한 것은 영유아 수면의 특성에 대해서 당신이 잘 이해하고 있는 것이며, 그것만으로도 어떤 문제 상황에서도 여러분의 대처 방식은 좋은 방향으로 달라질 것이므로 크게 걱정하지 않아도 된다.

낮잠을 자는 동안 아기의 몸에서 벌어지는 일

8~16주 사이에 이르면 아기의 낮잠 수면 사이클은 40~45분 길이로 한층 더 성숙해진다. 이는 발달상 정상이며 모든 아기에게 일어나는 일이다. 이 무렵에는 얕은 잠을 자는 것이 일상적인 일이다. 아기가 수면 사이클을 제대로 이어가지 못하고, 한

사이클의 낮잠만 자기 시작할 수도 있는 때이기도 하다. 그러나 하루 종일 낮잠 시간이 45분 이하로 유지되면 아기는 매우 피곤할 수밖에 없다. 계속 선잠을 자면 아기는 새로운 정보를 습득하는 능력과 집중력을 잃고, 신경질적으로 반응하게 된다. 반면에 낮잠을 잘 자면 아기의 신체에서는 긍정적인 변화가 일어난다. 낮잠에 든 지 30분이 지나 아기가 깊은 잠이 들면 아기의 몸에서 아래와 같은 일들이 벌어진다.

· 스트레스가 줄어든다. (코티솔이 감소된다.)
· 기억력이 강화된다.
· 면역력이 회복되고 강화된다.
· 에너지 수준이 회복된다.
· 성장 호르몬이 방출된다.

1시간 이상 수면을 취한 후 아기가 얕은 잠(렘수면)으로 들어가면 아래와 같은 일들이 일어난다.

· 스트레스/코티솔 수준이 더욱 떨어진다.
· 단기 기억이 장기 기억으로 전환된다.
· 뇌의 연결망이 만들어진다.
· 새로 학습된 기술이 처리된다.
· 감정이 처리되고 조절된다.

그러므로 아기가 충분히 질 좋은 낮잠을 자는 것은 매우 중요하다. 이 책의 후반부에서는 이 모든 세세한 지식들을 적용한, 조금은 고난이도의 스케줄도 알아볼 예정이다. 해당 파트에서는 아기의 신체 회복을 위한 2시간 점심 낮잠을 목표로 한다. 당장 5~6개월 안에 그 스케줄을 꼭 따라가야 할 필요는 없지만 서두에 설명한 것처럼 적용하는 개월수의 차이일 뿐이지, '돌(생후 1년)'을 향해가면서 이상적인 해당 스케줄로 서서히 이끈다고 생각하고 공부하면 된다. 아기가 영양가 있는, 신체 회복적인 수면을 취할 수 있도록 스케줄을 설계해나가는 셈이다.

똑게 Lab 집중 특강

아이가 밤에 자주 깨고, 잠들 때 특정 조건을 충족시켜줘야지만 잠든다면, 결과는 분명하다. **양육자가 아이가 잠드는 데 '도움'을 주었다고 여겼던 바로 그 부분이 실제로는 수면 문제의 원인이라고 보아도 무방하다.** 잠들기 위해서는 타인이 무언가를 해줘야만 하는, 의존도가 높은 조건이 필요한 아이는 밤중깸에서도 동일한 조건을 필요로 한다. 거기에 양육자가 계속 호응해주면, 아이는 잘못된 습관을 바꿀 필요가 없다고 느끼는 것이 당연하다. 보통 그 상태를 계속 유지하거나 더 악화되는 것이 수순이다. 사실 잠 문제는 방치해두면 만 4세까지 죽~ 가는 것이 정상이다. 만일 중간에 아이의 잠 문제가 변화되었다면 부모가 스스로 인지하지만 못했을 뿐, 자신의 반응해오던 행동에서 변화를 주었기 때문에 일어난 결과다. 이제 알겠는가? 자! 이때 우리는 똑똑한 뇌를 가진 양육자로서 공부를 제대로 한 뒤에 올바른 계획을 세워 '의도를 하고서' 변화를 준다면 더 원더풀한 결과를 뽑아낼 수 있다. 부모는 아이에게 **사랑**과 **관심**, 그리고 **확신**을 주어야 한다. **애정이 담겨 있으면서 한계선이 분명한 양육 태도 vs 절망적으로 아이가 하자는 대로 따라가는 양육 방식** 둘 중 어떤 것이 더 좋을까? 한 번만 크게 심호흡한 뒤 생각해보자. 아이가 아무리 소리를 지르고 울어도 초콜릿을 사주지 않는 것을 보고 '아이의 의지를 꺾었다'면서 부모를 비난할 사람이 있을까? 잠드는 데 필요한 수많은 안 좋은 습관 역시 앞선 예의 초콜릿과 같다. 언제, 어떤 것을 원할지 아이에게 전적으로 맡기는 것은 교육의 관점에서 전혀 득이 될 것이 없다.

Class 3. 수면교육 중 아기 울음의 이해

3가지 스트레스 유형

이쯤에서 수면교육을 하면서 듣게 되는 아기의 울음에 대해 이해하고 넘어가자. 그러기 위해서는 먼저 스트레스의 유형을 살펴봐야 한다. 스트레스는 크게 3가지 유형으로 나뉜다.

① 긍정적인 스트레스 / ② 견딜 만한 스트레스 / ③ 독성 스트레스

3가지 타입의 스트레스

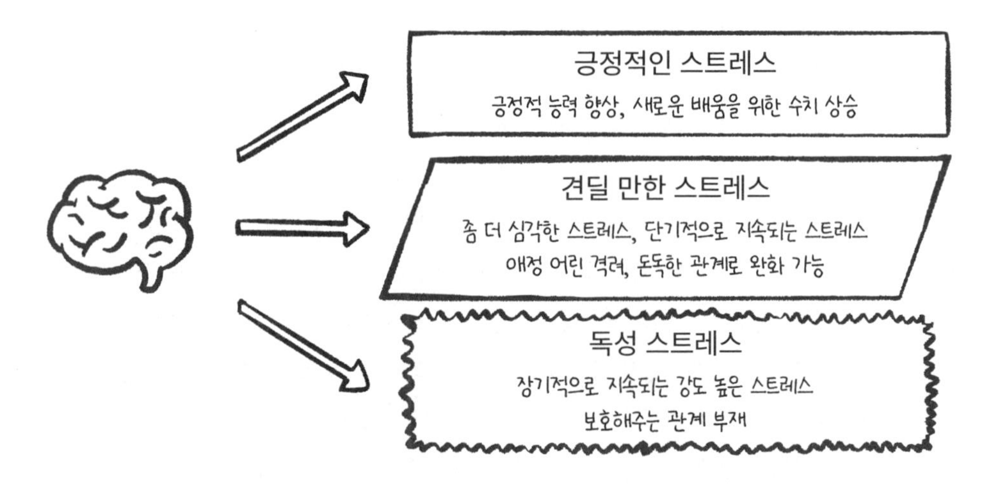

긍정적인 스트레스는 어떠한 큰 성과를 내고, 한 차원 높은 레벨로 나아가기 위해 노력할 때 받는 스트레스다.

내가 이 책을 완성하기까지도, 따지고 보면 엄청난 '긍정적인 스트레스'를 받아왔다. 이처럼 어떠한 큰 성과를 내고, 한 차원 높은 레벨로 나아가기 위해 노력할 때 받는 스트레스, 이런 것들이 '긍정적인 스트레스'에 속한다.

긍정적인 스트레스의 예

· 시험 보기 전의 소위 '똥줄 타는' 스트레스.

· 프로젝트의 마감을 앞두고 마구 휘몰아쳐서 기력을 팍팍 더해 완성해나가는 스트레스.

· 원래의 전공이 아닌 다른 분야의 전공을 공부하게 되어 처음에 긴장하며 받게 되는 스트레스.

· 원래 직업은 회계사였는데, 갑자기 여행 가이드로 직업을 바꾸게 되었다. 그리고 처음으로 새로운 업무를 발령받았다면? 출근 첫날, 익숙해지고 적응하기 위해 긍정적인 스트레스가 발생된다.

· 원래 한국에 살던 사람이 독일로 이민을 갔다. 문화와 사는 방식이 다르므로 언어를 비롯해 그 나라에서의 생활에 필요한 여러 가지 것들을 모두 배우고 익혀야 한다. 이때 내가 기존에 썼던 능력이 아닌, 안 쓰던 능력을 발굴하면서 계속 키워나가기 위해 긍정적인 스트레스가 발생된다.

위에서 제시한 내용들은 긍정적인 스트레스의 대표적인 사례들에 속한다. 바로 이 긍정적인 스트레스가 우리가 똑게 수면 프로그램을 시행할 때 이용할 부분이다. 긍정적인 스트레스를 좋은 방향으로 활용할 수 있으려면 많은 공부와 실전 경험이 필요하다. 부디 이 책을 몇 번이고 정독하기 바란다.

견딜 만한 스트레스는 예기치 못한 급격한 변화로 인한 스트레스다. 예를 들어, 집에서 육아를 오롯이 담당하던 엄마가 갑자기 출근하게 되었다거나, 주양육자였던 할머니가 돌아가셨거나, 지진·홍수·태풍 등의 천재지변, 코로나 등과 같은 사회재난으로 인한 상황 변화 속에서 아이는 스트레스를 받게 된다. 이때 아이와 심리적으로 단단하게 애착의 끈이 묶인 사람이 정서적으로 지원해주고 보살펴줄 수 있는 상황이라면 이와 같은 스트레스는 '견딜 만한' 것이 된다.

독성 스트레스는 '장기간'에 걸쳐 '아주 극심한 강도'의 고통에서 오는 스트레스다. 아동학대나 방치를 당한 아이들은 독성 스트레스 아래에 놓인다.

2가지 타입의 스트레스

긍정적인 스트레스

동기부여, 성취에 도움이 되는 스트레스.
새로운 학습과 적응에 도움이 됨.

부정적인 스트레스

스트레스 수치가 너무 높거나 낮으면
스트레스에 대한 몸/마음의 반응이
부정적으로 나타난다.

그렇다면 이제 '수면 부족으로 인한 **장기간의 스트레스**'와 VS '새로운 배움(건강한 잠습관 형성)을 위해 새롭게 뉴런 회로 구축을 하면서 받게 되는 **단기간의 긍정적인 스트레스**'를 비교해보자. 어느 쪽이 아기에게 득이 될까? 여기까지 책을 읽은 독자라면 당연히 후자의 손을 들어줄 것이다.

시기적절한 수면교육은 중요하다. 모든 교육은 때가 있는 법이다. 수면교육 또한 마찬가지다. 우리나라 부모님들은 육아에 있어서 그 어느 나라보다 열성이고 지극정성이다. 나는 아이의 앞으로의 삶에 있어서 가장 중요한 요소인 '잠'을 어떻게 자야 하는지에 대해 알려주는 수면교육이 적기에 이뤄져야 한다고 생각한다. 건강을 잃으면 우리 인생에서 어떤 성취를 이루었다 한들 무슨 소용이 있을까? 그리고 건강의 바로미터는 질 좋은 수면이다. 수면교육은 영양가 있는 잠을 잘 수 있는 능력을 어린 시절부터 가르쳐주는 중요한 교육이다.

스트레스 호르몬(코티솔) 이해하기

코티솔 호르몬은 스트레스 호르몬, 각성 호르몬 등으로 불리는 인체의 호르몬 중 하나다. 그런데 '스트레스' 호르몬이라고 해서 코티솔이 우리 몸에 나쁘게 작용하는 호르몬인 것은 아니다. 이 호르몬의 수치가 높았다 낮았다 하는 것은 당연한 일이고 자연적인 흐름이므로 이 호르몬이 나쁘다고 생각하는 것은 잘못됐다. 때로는 각성도가 높아야 잘되는 일이 있고, 그런 맥락에서 아침 기상 시에는 코티솔 호르몬이 가장 높기도 하다. 왜냐하면 아침 기상 시에는 말 그대로 깨어나고 일어나야 하기 때문이다. 코티솔 호르몬 수치가 낮으면 그 역시 문제다.

성과를 내고 발전을 보기 위해서는 적절한 수준의 스트레스(코티솔)가 필요하다. 다음은 스트레스와 성과의 상관관계에 대한 그래프다. 어떠한 성과를 내고 능력을 발전시키기 위해서는 적절한 스트레스 상황에 놓일 필요가 있다. 너무 낮은 스트레스 상황은 지루함과 따분함을 느끼게 만들어 적절한 학습과 아웃풋 창출에 효과적이지 않다. 반대로 너무 높은 스트레스 상황은 불안과 걱정을 불러일으키고 자칫 공황 상태에 빠질 수도 있기 때문에 이 역시 좋은 아웃풋을 내기 힘들다. 따라서 우리는 자기 자신과 아기에게 적절한 최적의 스트레스 수치가 얼마인지 잘 파악하여, 효율적인 학습과 좋은 아웃풋을 낼 수 있는 환경을 마련하고 격려할 필요가 있다.

스트레스와 성과의 상관관계

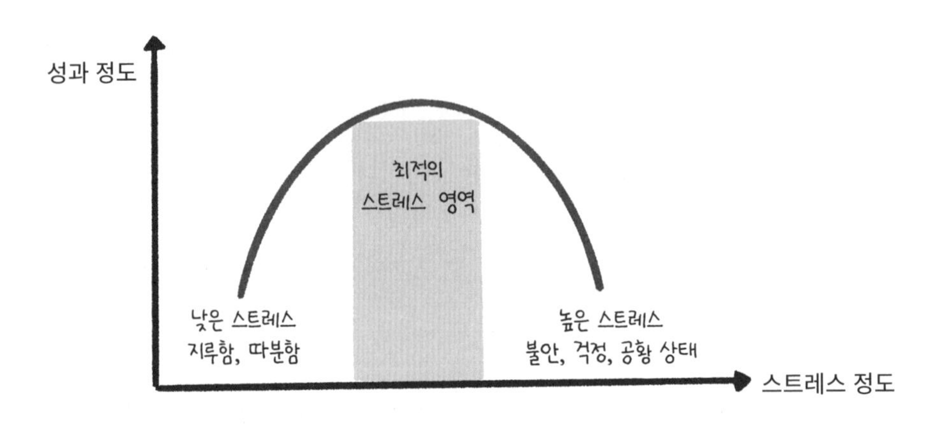

앞에서도 알아봤듯이 익숙하지 않은 환경에 적응하거나 새로운 능력을 키워 한 단계 레벨업 할 때는 그만큼의 집중력과 각성도가 필요하다. 그때 이 스트레스 호르몬(코티솔)은 긍정적으로 작용한다. 물론 밤이 되어 기력을 하강시키고 자야 할 때는 이 호르몬 수치가 낮아져야 잠이 잘 오고 편하게 쉴 수 있다. 성인 중에는 걱정거리가 많거나 때로는 불안증에 걸려, 밤에도 팽팽하게 교감신경이 활성화되는 경우 불면증에 시달리게 된다. 따라서 아이들의 경우 생체리듬(교감/부교감신경, 깸 호르몬, 잠 호르몬)을 잘 타도록 신체와 환경을 잘 만들어주어 질 좋은 잠을 잘 수 있게 해주는 것이 중요하지, 코티솔 호르몬 수치 자체가 올라가고 내려가는 것이 아이에게 해를 크게 끼친다고 여기는 것은 잘못된 생각이다.

수면교육이 아기에게 해가 된다는 연구 결과는 없다!

'수면교육이 아이에게 해를 끼친다'라는 가설을 증명하는 연구들을 자세히 살펴보면, 이 연구들은 실험 설계 단계부터 신뢰도가 무척 낮다. 과학적인 연구 절차는 다음과 같이 이루어진다.

① 먼저, 특정 가설('A 하면 B이다')을 먼저 세운다. 이를테면 이 경우에는 '수면교육을 하면 아이에게 해롭다'라는 가설을 세운다.

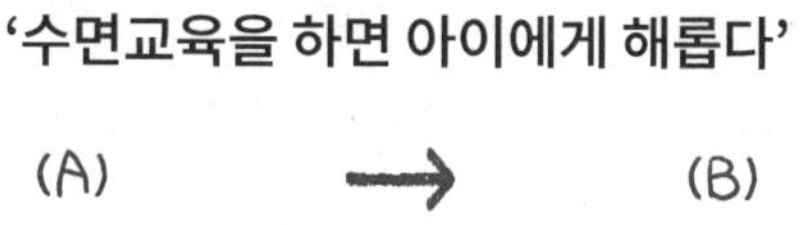

'수면교육을 하면 아이에게 해롭다'

(A) → (B)

② 그다음으로는 ①에서 세운 가설을 일련의 실험을 통해 얻은 결과값으로 증명해야 한다. 이때 실험의 종류에는 4~5단계가 있다.

리서치 그래프

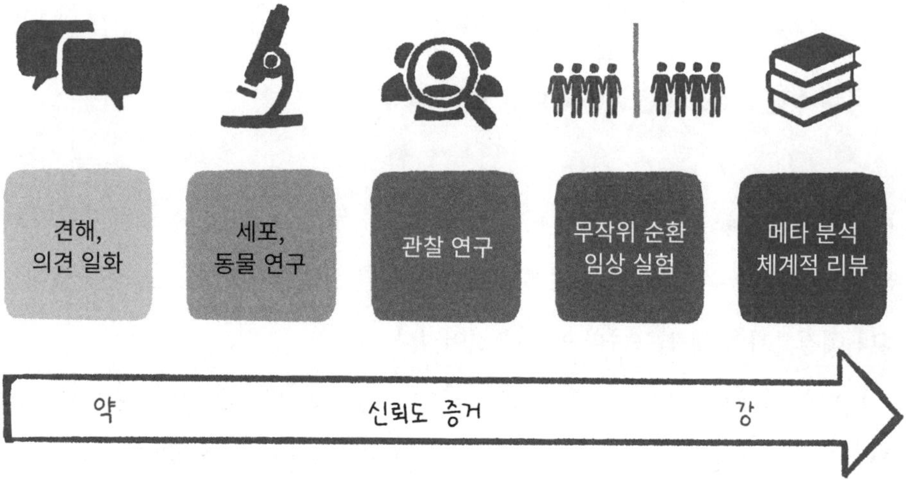

견해,
의견 일화
세포,
동물 연구
관찰 연구
무작위 순환
임상 실험
메타 분석
체계적 리뷰
약
신뢰도 증거
강

이때 실험의 신뢰도 수치를 잘 봐야 한다. 신뢰도가 가장 낮은 실험군에 속하는 연구들에는, 1) 그저 눈으로 지켜보기만 한 주관적인 관찰 조사 방법을 택했거나, 2) 동물이나 특정 세포를 가지고 실험한 경우, 3) 특정 케이스에서만 발견되는 사건들이 포함된다.

신뢰도 높은 실험 설계가 되려면 표본 집단이 적절하게 추출되어야 하며, 증명하고자 하는 변수를 제외한 나머지 변수들은 잘 통제되어 있어야 한다. 그렇게 과학적으로 설계가 된 연구의 결과값만이 신뢰할 수 있다.

그렇다면 신뢰도가 높은 실험 설계로 이루어진, 수면교육을 둘러싼 연구의 결과값은 어땠을까? 바로 수면교육은 효과가 있으며, 절대 아기에게 해가 되지 않는다는 것이었다. 이를 증명하는 많은 과학적인 연구가 이루어졌다. 4~6개월경에 수면교육을 실시한 영아들을 대상으로 10~15년 뒤를 추적해 부모와 아이의 발달 사항을 체크해본 결과, 아이의 발달이나 인성에 아무런 문제가 없었으며, 더 놀라운 사실은 부모의 정신 상태도 더 건강했다는 연구 결과도 있다.

이로써 우리는 본 책에서 설명하는 '똑게 수면 프로그램' 수면교육을 제대로 공부해 시행하는 것이 결코 아기에게 해가 될 수 없다는 결론에 이르게 되는 것이다.

똑게 수면 프로그램을 똑똑하게 잘 이해하기

영유아 수면교육과 관련해서 내가 가장 의미를 두고 노력을 기울였던 부분이 바로 이 '울려 재운다'라는 정체 모를 공포나 잘못된 상식을 과학적으로 하나씩 파헤치며 해결하기 위해 연구하며 공부한 것이었다.

이번 꼭지에서는 모든 수면교육과 관련된 논문과 연구를 찾아본 결론에 대해 말씀드렸다. '수면교육은 부정적이며 독성 스트레스를 유발할 수 있다'라는 가설을 증명하는 축에 속해 있는 연구들은 모두 다 신뢰성이 떨어지는 연구 유형이었으며, 매우 극단적인 상황 아래에서 얻은 결과였다. 즉, 내 아기의 기질을 잘 관찰하며 그에 맞게 수면교육을 시행해나가는 상황과 비교하는 것은 맞지 않다. 나치즘 아래의 감옥에 갇힌 영유아 사례, 아동학대가 잦았던 고아원에서 벌어졌던 방치 사례와 당신이 지금 시행하고 있는 수면 프로그램을 어떻게 비교할 수 있겠는가?

사실 이것은 백색소음이 청력을 손상할 수 있는지의 여부를 알아보는 실험과도 같은 맥락인데, 이러한 극단적인 실험이나 연구 결과를 믿어버리면 정말이지 왜곡된 육아를 할 수밖에 없다. 요즘에는 대부분의 논문이나 연구 자료를 인터넷상에서 모두 다 찾아볼 수 있다. 그러므로 양육자로서 어떤 육아 방법을 둘러싸고 의문이 생길 경우에는 가능하다면 직접 해당 연구를 자세히 들여다보며 여기서의 **실험 변수**와 **통제 변수**는 무엇이었는지, **표본추출 방법**은 무엇을 썼는지 등을 살펴보고 해당 가설이 **객관적으로 증명이 된 내용**인지, **신뢰도**는 어떻게 되는지 스스로 잘 파악해본 뒤 이해해야 한다.

앞에서 직업이 바뀌었다거나 한 단계 더 발전하고자 노력할 때 받는 스트레스가 긍정적인 스트레스라고 말했다. 이런 상황적, 환경적인 변화에 적응할 수 있게 해주고 능력 향상, 아웃풋 창출에 도움이 되는 것이 긍정적인 스트레스다.

우리가 똑게 수면 프로그램에서 의도하는 대로 수면교육을 시킨다면, 이때 발생하는 아기의 울음은 긍정적인 스트레스로 작동하여 능력 향상을 위한 애씀의 과정이 된다. 우리가 시험 공부를 할 때 어느 정도의 스트레스는 오히려 공부에 도움이 되고, 어떠한 프로젝트를 마감할 때 받는 스트레스 또한 긍정적으로 작용하는 것과 마찬가지다. 문화가 다른 지역에 혼자 떨어져서 직업도 찾아야 하고 돈도 벌어야 한다면 스트레스를 받겠지만, 스스로 자율적으로 학습해나가는 과정에서의 스트레스는 결국 적응을 돕고 알아서 살 수 있도록 만들어주는 것이다.

이 점을 우리 독자님들이 꼭 기억하기를 바란다. 어떤 연구의 가설이 있다면 그것을 증명하는 실험이 있기 마련이다. 이 지점에서 우리는 애초에 이 실험이 어떻게 설계되었는지를 꼼꼼하게 따져봐야 한다. 우리가 똑게육아 책에서 의도하는 대로 수면교육을 진행할 때 발생하는 아기의 울음은 아기의 자기 진정 능력 향상을 위한 과정에서 나타나는 긍정적인 스트레스의 발현으로 이해해야 한다. 다시 한 번 강조하지만, 똑게 수면 프로그램은 아기를 울려서 재우는 방법이 아니다. 똑게육아 수면교육은 질 좋은 수면을 취할 수 있는 능력을 아기에게 선물해준다. 부모가 영유아 수면에 대한 지식이 없으면 자신의 아기에게 기초적인 잠 영양분을 제대로 주지 못해 아기를 울리게 된다. 우리는 아기를 울리지 않게 하기 위해, 아기의 삶의 질 향상과 건강을 위해 이 프로젝트에 임하는 것이다.

아이의 잠. 이것은 갓 부모가 된 이들에게는 최대의 지상 과제라고 할 만큼 중대한 주제다. 나는 우리 독자님들이 아이의 요구에 끌려 다니면서 '언젠가는 좋아지겠지~' 하는 막연한 기대로 시간을 허비하지 않았으면 좋겠다. 그럴 이유도 없고, 솔직히 우리에게는 그럴 여유도 없다. 현재 수면 문제가 방치된 아이들은 4세 이후까지도 줄곧 동일한 문제를 반복할 가능성이 높다는 것은 이미 밝혀진 사실이다. 지금 여러분이 겪고 있는 문제를 바로잡지 않으면 2~3년 후까지도 계속 겪어야 한다는 말이다. 길게 보아도 2~3주만 고생하면 해결될 일을 대체 그렇게까지 오랫동안 감내할 이유가 있을까? 아이에게 안정적인 틀을 제공하고 올바른 습관을 잘 배워나가도록 가르치는 것이 부모의 역할이다. 부모가 체계적이고 일관성 있게 도와주면, 아이들은 짧게는 3일, 길게는 2~3주면 습관을 바꾼다. 건강상의 특별한 문제가 없다면 어떤 아이라도 질 좋은 수면을 취할 수 있게 되는 것이다.

똑게육아 체크업 커스터마이징

방금 전 Class를 통해 수면교육 중 발생하는 아기의 울음에 대해 제대로 이해가 되었는가? 그렇다면 5~6개월 이후에 유용하게 적용해볼 수 있는 똑게육아 수면교육 방법의 핵심을 전수하려고 한다. (자세한 잠자리 울음 기다리기 전략은 302~309p 참고)

위치	체크업 주기	체크업 행위
잠자리 바로 옆	2~3분	안아서 진정시키기
잠자리에서 3~4걸음 떨어진 곳	4분, 5분, 매 6분마다	20초 동안 안아주기
같은 방의 구석 끝	5분, 7분, 매 10분	20초 동안 터칭
방 밖	5분, 10분, 매 15분	20초 동안 차분하고 평온한 격려의 목소리

커스터마이징 요소

- ☑위치 (아기의 잠자리와의 거리)
- ☑체크업 주기 (몇 분 간격으로 체크업할 것인지)
- ☑체크업 행위 (어떤 행위로 진정에 도움을 줄 것인지)

● 무엇을 교육시킬 것인가? (교육 목표)

좋은 잠습관, 긍정적인 잠연관,

잠연관의 변화 (바로 '늡 잠연관'으로 못 가더라도 안 좋은 잠목발을 하나씩 제거해나갈 수 있다. 위의 방법은 밤중수유를 끊을 때나 밤중깸에서도 활용할 수 있다.)

똑게육아 수면교육은 과학적이며 개인별 맞춤 플랜을 제공한다. 위의 표에서 알 수 있다시피 여러분은 목표를 설정해둔 뒤, 3가지 요소에 있어 아기와 부모 자신의 상황과 성향에 맞게 '커스터마이징' 할 수 있다.

잠자기 전 내 아기의 울음 패턴 분석

강도	종류	의미
0	무음	잠들었다. 잠들려고 한다. '이제야 잠드는 법을 좀 알 것 같아.' 드디어 근접했다. '잘~ 깊게 잘 수 있는 방법을 알려줘서 고마워요! 엄마 아빠!'
1	옹알이 "우어" "흑흑"	점점 상황 파악이 된다. '그래, 내가 스스로 진정해볼게.' '뭔가 알 것 같기도 해~' '감을 잡아가고 있는 중이야~'
2	찡찡대는 울음 칭얼대는 울음	하소연하는 듯한 울음, 혼잣말하는 듯한 울음 '이게 지금 무슨 상황? 어떻게 자야 하는지 잘 모르겠어.' '더 놀고 싶지만 누우니까 슬슬 잠이 오는 것 같아.' '지금 자야 하는 거지?'
3	눈물 없는 마른 울음 "으아아앙~"	'피곤해. 자고 싶어~~ 근데 어떻게 자야 하는지 잘 모르겠어.' '익숙하지 않다고! 왜 이런 변화를!' '자기 싫어. 더 깨어 있고 싶어.'
4	눈물이 나는 거센 울음 "우왕~ 엉엉!"	'어떻게 자는 거야?' '너 이거 확실한 거야?!' '너 이거 확실히 알고 하는 거야?!' '이게 뭐야~! 난 이 방식 아닌 거 같아!' '아~ 왕 피곤해!' '빨리 잠 단계로 가고 싶은데, 그전에 내 열기와 화를 좀 분출해야겠어.' '자라고? 자기 싫다고!' '아~~ 피곤하고 자극 많이 받았어. 일단 좀 울어볼게!'
5	고집 섞인 울음 반항적인 울음 깡패 울음	'나 자기 싫어! 어떻게 자는지 전혀 모르겠어!' '이게 뭔 상황인지 모르겠네! 악 좀 쓰면서 나 자신을 스스로 컨트롤하면서 좀 알아가볼게!' '지금 뭔 의미로 네가 이러는지 모르겠어. 어서 나를 보필해줘.' '이리 오너라! 게 아무도 없느냐!' '나보고 이렇게 자라고? 말도 안 돼. 당장 나를 꺼내서 안아 올려주지 못할까!'

* 5개월 이후 아기의 잠자리에서 들을 수 있는 울음

Part 5.

건강한 잠연관 선물하기, 아기의 능력을 북돋워주는 진정 기술 마스터

똑게식 진정 전략의 모든 것

Class 1. 진정 전략의 대원칙 (거시적 진정 전략)

자, 지금까지의 내용으로 영유아 수면에 대한 이해가 되었다면, 이제 본격적으로 진정 전략에 대해 알아볼 차례다. 이 대원칙을 숙지하고 있으면 아기를 재우면서 혼란한 상황에 닥쳤을 때, 보다 차분하고 의연하게 대응할 수 있을 것이다. 그리고 제대로 된 진정 전략을 구사하게 된다면, 그로 인해 결국 아기에게 '건강한 잠연관'을 선물해줄 수 있게 된다. 이를 독자들에게 보다 쉽게 와닿게 하기 위해 '영유아 시절 육아' 이후의 '초등 육아'에 비유해보겠다. 예를 들어 여러분이 자녀의 수학 학습능력을 북돋아줄 때를 생각해보자. 무작정 수학문제집을 부모가 다 풀어준다고 해서 아이의 수학 문제해결 능력이 향상되는 것이 아님은 누구나 알 수 있을 것이다. 마찬가지로 '잠'에 있어서도 부모가 끝까지 재워주는 것은 항상 모든 문제를 부모가 직접 풀어주는 것과 같다. 잠을 스스로 잘 수 있는 능력을 향상시켜주는 것과는 반대되는 길이다. 아이가 무언가를 학습할 때 혼자 해볼 수 있는 여지를 지금 개월수나 주차에 맞게 제공해 줄 수 있는 것. 이것이 똑게육아의 길이다. 똑게육아는 아기가 타고난 본연의 능력을 제대로 발현, 발전시키도록 도와줘서 세상을 살아나가는 데에 필수적이고 유용한 스킬들을 선물해준다.

잠연관

* 정의: 아기가 푹 잠드는 그 순간까지 유지되었던 어떠한 조건(상황, 물건, 환경 등)

예를 들어 아기를 잠이 드는 순간까지 안고 있었다면 '품에 안겨 잠들기 잠연관'이, 잠드는 순간에 아기가 혼자 자신의 잠자리에 누워 있었다면 '눕 잠연관'이, 아기가 젖을 물고 잠들었다면 '젖 잠연관'이 쓰인 것이다. 언제나 현재 상황에서의 잠연관을 파악해 자신의 현재 위치를 파악한 뒤 그곳에서 방향 변화를 주고 싶다면 효과적인 전략을 세워 잠연관의 변화를 주면 된다.

또한 '잠연관의 변화'를 주기에 앞서 아기의 하루를 잘 관찰해서 스케줄부터 건강하게 일구어나가면 더욱 좋다. 앞서 살펴본 아기의 '잠드는 시간', 즉 '잠 시계'를 아기의 신체에 맞게 잘 세팅해둔 뒤, 아기가 하루 중 비교적 가장 쉽게 잠드는 낮잠 회차와 밤잠에서 하나씩 잠연관의 변화를 줘가면서 공략해본다.

이렇게 잠연관의 변화를 줄 때 똑게육아의 진정 전략을 익혀두어야 한다.

진정 전략의 대원칙 6가지

(1) 깨어 있을 때 내려놓으려고 노력하기

하루에 적어도 한 번 정도는 아기를 깨어 있을 때 내려놓으려고 노력하자. 아기가 잠에서 깨어나서 우는 가장 큰 이유는, 자신이 처음에 잠에 빠져들었을 때와 다른 곳에 놓여 있기 때문이다.

(2) '먹-잠' 연관 느슨하게 하기

아기가 잠들기 전에 젖병을 부드럽고 자연스럽게 치워버리자. 그래야만 이 시기에 빠지기 쉬운 '먹-잠' 연관의 늪에 빠지지 않는다.

(3) 아기가 내는 소리 잘 구별하기

아기는 자기 진정을 할 때 정말 많은 소리를 낸다. 징징대고, 불평하고, 옹알이를 하거나, 끙끙대면서 앓는 소리를 내기도 한다. 용트림을 하기도 한다. 아기는 셀프 수딩(self-soothing)을 할 때 정말 많은 소리를 낸다. 이를 단번에 진압하거나 해결하려고 들지 말자. '인내심'과 '평점심'을 탑재한 채, 먼저 아기가 내는 소리에 귀를 기울여 잘 들으면서 어떤 의미의 소리인지 잘 분간해보자.

(4) 진정 계단을 이용해 지나친 도움은 주지 않기

아기가 밤에 일어나서 약 1분가량 운다면, 그저 궁금증을 가지고 한 번쯤 골똘히 생각해보자. 그 상황에서 양육자로서 어떻게 행동하는 것이 아기의 잠에 거슬림이 덜한 침입이 될지 말이다. 그렇다. 그건 '침입'이다. 아기가 (비록 울고 있더라도) 스스로 진정하고 있는 와중에 양육자가 개입하는 것은 '침입'이나 다름없다. 방해하지 말자. 물론 당신은 잘해보겠다고 잽싸게 움직이며 아기의 울음에 온몸으로 반응했겠지만, 아기는 그럴수록 자신이 부모의 감정과 행동을 쥐락펴락할 수 있다고 느끼게 된다. 또한 아기는 당신의 '불안 기운'만 전달받을 뿐이다.

이렇게 되면 '아기의 하루 일과'라는 배를 온전히 이끌어가야 하는 선장이 없어지는 꼴이다. 갓 태어난 아이에게 배의 운전 키를 넘겨주는 것은 그야말로 직무유기다. 지금 태어난 아기가 배를 스스로 운전해야겠나? 갓 태어난 아기한테 '대장' 모자를 진정 씌우려는가? 그 아이가 이 집안의 '대장'으로 진두지휘 역할까지 해야 하나? 방향까지 그 아이가 잡아야 하나? 이 질문에 대해 다 같이 생각해보자. 어디로 가는 것이 올바른 길인지는 부모로서, 양육자로서 제대로 코치해줘야 하는 법이다.

오버 헬핑(over-helping)을 방지해줄 수 있는 현명한 툴인 '진정 계단'의 각 단계에 대해서는 뒤에서 좀 더 구체적으로 살펴볼 것이다.

(5) 낮에는 독립적인 놀이를 할 기회 주기

아기가 낮 동안에 혼자서 놀 때, 곁에서 그 모습을 바라보면서 아기가 언제 행복해하는지를 잘 관찰해봐라. 아기는 혼자서 노는 시간도 필요하기에 혼자 노는 시간을 확보하는 것 자체가 중요하다. 앞에서도 한 번 언급했지만 이를 '솔로 타임'이라고도 하는데, 이 시간에 아기는 자신감과 스스로 절제하는 능력, 통제하는 능력을 배우게 된다. 오히려 양육자가 아기의 옆에서 24시간 밀착하고 있으면 될 것도 안 된다. 누누이 말하지만 양육자의 몸을 무식하게 불사른다고 해서 육아가 잘된다면 오히려 일이 쉬울 텐데, 절대 그게 아니다!

(6) 터미 타임, 이 시기에 하면 유용한 필수적인 운동!

* 터미 타임(tummy time)이란? tummy(터미) = 배, time(타임) = 시간

간단하게 말하면 아기가 배로 엎드려서 있는 / 엎드려 노는 시간을 뜻한다.

터미 타임은 아기의 '놀' 타임에도 중요하지만, 아기의 '잠'에 있어서도 터미 타임

운동을 잘 해왔는지가 굉장히 중요하다. 4~5개월 이후에 아기가 구르고 움직일 수 있게 되면 아기 스스로 편안한 잠 자세를 만들어나갈 수 있게 된다. 이 터미 타임 연습을 제대로 해야 할 시기는 5개월 이전 시기라고 할 수 있다.

이렇게 6가지를 진정 전략에서의 대원칙으로 보면 된다. 그럼 이제 각각에 대해 좀 더 자세히 알아보도록 하자.

6가지 진정 전략의 대원칙 세부 실행 방안

지금부터는 앞에서 간략하게 언급한 6가지 진정 전략의 대원칙들을 육아 실전에서 어떻게 구체적으로 적용하고 실행할 수 있을지 그 세부 실행 방안을 알려주고자 한다.

(1) 깨어 있을 때 내려놓으려고 노력하기

처음 부모가 된 입장에서 아기가 당신의 품에 안겨 잠에 빠져드는 모습만큼 아름답고 달콤한 장면은 없을 것이다. 만일 모유수유를 하고 있다면, 엄마의 무릎 위에서 갓난아기가 잠드는 걸 막기 힘든 것도 사실이다. 아기가 신생아 시절일 때는 이런 아름다운 시간을 흠뻑 느껴볼 수 있다.

하지만 문제는 아기가 4개월이 되고 나서부터다. 이전에 여러분이 아기를 재우기 위해 젖을 먹이고, 흔들어주고, 둥가둥가 튕기는 바운싱을 잠연관 단계까지 해주었다면 지금부터는 상황이 달라진다. 4개월 이후부터는 아기의 인지능력이 발달해 지금까지 아기가 푹 잠들 때까지 여러분이 써왔던 잠연관 패턴을 아기 스스로 너무

나 잘 알게 된다. 그리하여 잠을 자기 위해 아기는 해당 잠연관 행동에 더욱 의존하게 된다. 따라서 더 늦기 전에 가능하다면, 4개월 전 시점에 잘못된 잠연관(=잠목발)을 미리 점진적으로 없애주는 것이 좋다. 이후에 잘못된 잠연관을 바로잡기 위해서는 지금 이 무렵에 들이는 것보다 더 많은 노력이 필요하기 때문이다.

이러한 이유로 아기를 재울 때, 깨어 있는 상태에서 눕히는 것을 추천한다. 이를 가능한 아무렇지 않게, 당연하게 처음부터 시도한다면 이후의 이야기는 달라진다. 아기가 잠이 들 때 약간 깨어 있으면 밤새 잠을 훨씬 더 잘 자는 데 도움이 되기 때문에 여러분의 아기는 이것만으로도 질적으로 더 좋은 잠 영양분을 받게 된다.

아기가 하나의 수면 사이클을 보내고 다음 수면 사이클로 넘어가면서 잠에서 깨어날 때마다 다시 잠을 자기 위해 당신의 도움을 많이 필요로 하지 않기 때문이다. (연령을 떠나서 모든 사람은 여러 차례의 수면 사이클을 순환하며, 다음 단계의 수면 사이클로 이동할 때 자신은 인식하지 못하지만 잠에서 깨게 된다.)

언제까지 연장시켜줄 거야?
스스로 연장할 수 있는 능력을 가진 아이인데, 한번 능력 좀 키워줘보자!

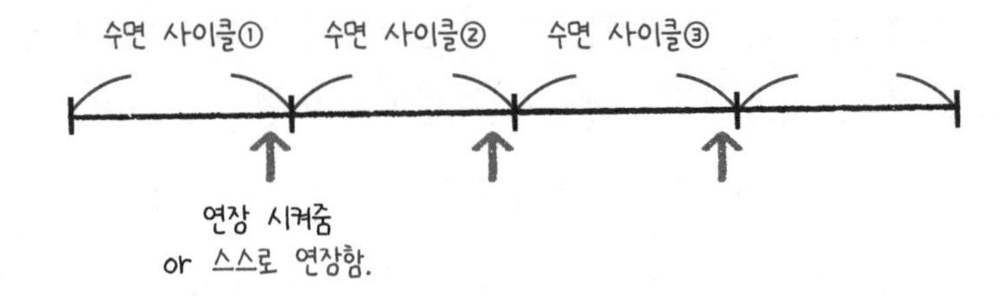

자, 그럼 아기의 관점에서 상상해보자. 이미 잠들어 있는 상태로 아기 침대에 내려놓아지는 경험 말이다.

아기는 따뜻하게 수유를 받거나, 당신의 팔 안에 안겨 살짝 바운싱을 받다가, 몇 시간 후 (혹은 몇 분 뒤에) 어둠 속 평평한 바닥에서 혼자 깨어난다. 너무 달라진 환경에 아기가 소리를 지르며 우는 것은 당연한 귀결이다. "잠깐! 뭔가 잘못됐어. 여기가 어디지? 돌아와서 내가 다시 잘 수 있게 그 모든 것을 다시 만들어줘!" ← 이런 반응. 너무 당연한 거다!

같은 맥락에서 졸리지만 깨어 있는 상태로 잠자리에 눕혀진 아기는 밤에 다시 진정하고 더 오래 잠을 잘 가능성이 높다.

반면에 이미 잠든 상태로 잠자리에 놓인 아기는 자기가 알지 못하는 상황에 처해 있기 때문에, 밤에 부모를 찾을 수밖에 없다. 자기는 그 방에 들어간 적도 없고 그 위에 누운 적도 없다!! 그러므로 당연히 소리를 지르게 된다. 알람이 울리는 것이다.

이게 뭐지!!!? 알람

※ 이 원칙을 지키기 쉽게 만들어주는 팁

'아기를 깨어 있는 상태에서 내려놓기' 전략을 원활하게 수행할 수 있도록 만들어주는 팁을 알려드리겠다. 이 팁에는 '1시간 반 잠텀 룰'이라고 이름을 붙였는데, 일반적으로 8주 정도 시기 아기의 깨어 있는 시간이 1시간 30분(90분)이라는 점에서 착안한 네이밍이다. 물론 이 책의 뒤쪽에서는 '최대 깨시 스케줄'처럼 각 주차별 **잠텀**(깨어 있는 시간, 줄여서 '깨시')을 각 회차와 시간대에 맞게 전략적으로 늘려서 운영해보는 스케줄도 제시하고 있다. 이런 스케줄 운용은 다른 스케줄과 대비했을 때 낮잠의 총 수면량이 확 줄어든 느낌을 준다. '최대 깨시 스케줄'은 따로 각 활동이

들어가는 시각과 세부사항 들을 공부해서 저마다의 상황에 맞춰 적용하길 바란다 (423~480p 참고).

① 잠텀 시계를 활용하자!

아기가 태어난 지 약 8주(2개월)가 지나면 잠에서 깬 후 대략적으로 약 '1시간 반' 정도가 지나면 졸음이 오기 시작한다. 양육자는 시계를 보고 있다가 아기가 졸려하는 기색을 보이면 속싸개를 해주고, 아기가 눈을 뜨고 있을 때 잠자리에 내려놓는다. '깨어 있을 때 눕히기'는 흔히 하루의 첫 낮잠인 낮잠① 때 시행하기 쉽다. 아기가 1분 이상 울면 진정 계단(262p 참고)을 이용해 진정시킨 다음, 다시 졸린 상태가 된 듯하면 잠자리에 다시 내려놓는다. 아기가 잠들 때까지 이 과정을 계속해서 반복한다. 많이 하면 할수록 더 빨리 아기의 발전을 보게 된다.

이를 일주일 정도 진행하면, 아기가 당신을 '진정 목발'로서 꼭 필요로 하는 횟수가 줄어들었음을 느끼게 될 것이다. 결국 아기는 깨어 있는 상태에서 눕혀지는 것에 익숙해지게 되고, 당신의 도움이 전혀 필요하지 않게 되는 레벨에까지 이르게 된다. 뒤에서 구체적으로 각 단계를 알아볼 '진정 계단 테크닉'은 약 4~5개월 미만의 어린 아기에게 더 효과적이다. 처음에는 많은 인내심이 필요하지만, 당신이 제대로만 수행한다면 매우 큰 효과를 볼 수 있다.

② '1시간 반 잠텀 룰'을 기억하기

앞서 말한 것처럼 아기는 약 8주(2개월)가 지나면, 잠에서 깬 후 대략적으로 '1시간 반' 정도부터 졸음이 오기 시작할 것이다. (이 개월수 전에는 더 빨리 잠에 들락날락하곤 한다.) 무언가를 이해할 때, 머릿속으로 해당 이미지를 그리며 생각해보면 이해가 더 쉽다. 이 대목에서는 다음의 그림을 떠올려보자.

잠으로 가는 문, 창문

아기가 잠들기 쉬운 마법의 창문이 있다. 이를 잠의 문이 열리는 창문(sleep window)이라고 부른다.

기억하기 쉽게 '1시간 반 잠텀 룰'이라 네이밍 했지만 내 아기의 주차에 맞는 적절한 깨어 있는 시간을 파악해두었다면, 이 **'1시간 반'의 수치를 주차에 맞는 수치로** 적절하게 바꿔서 생각한 뒤 적용해도 된다. 아기가 잠에서 깬 뒤 '1시간 반' 정도가 지나고 나면 잠들기 쉬운 마법의 창문이 열린다. (머릿속으로 그림을 떠올리며 잠의 창문이 열리는 것을 상상해보자.)

양육자는 이 문이 열리는 시간대를 잘 잡아야 한다. 만약 당신이 '잠의 창문'이 열리는 것을 놓치게 되었고, 그로 인해 아기가 너무 피곤해졌다면 당연히 아기는 화를 많이 내게 된다. 참고로 아기가 피곤할 때 주로 보이는 행동으로는 하품하기, 귀 잡아당기기, 눈 비비기, 울어대기 등이 있다. 이때는 아기의 신경계가 압도되고 조절이 잘 되지 않아 잠에 들어가기가 더 어려워진다. 이 '1시간 반 잠텀 룰'은 아기의 하루가 시작되는 아침 기상 시간부터 적용하면 된다.

'1시간 반 동안 깨어 있는 시간'='1시간 반 잠텀'은 낮잠을 개선할 수 있는 강력한 툴이다. 이를 활용해 똑게 수면 프로그램에서 말하는 이상적인 체력 분배, 즉 잠텀 설계법을 실전에서 익혀나갈 수 있다.

양육자들이 저지르는 가장 흔한 실수 중 하나는 아기가 낮잠을 자게끔 충분히 자주 잠자리에 내려놓지 않는 것이다. 이는 아기의 신경계를 과도하게 자극하여, 결국 잘 잠들지 못하는 만성적으로 까다로운 아기를 만들어낸다. 아기가 오래 깨어 있을수록 더 쉽게 잠들 수 있다는 생각에 절대 빠지지 말자. '1시간 반 잠텀' 전략만 잘 운영해도 '잠이 잠을 부른다'는 명제를 실감할 것이다.

로리의 독설

많은 부모들은 아기가 배고픔이나 지루함으로 인해 까탈스러워진다 생각하고, 아기를 계속해서 먹이고 즐겁게 해주려고 한다. 물론 가끔 그럴 때도 없진 않겠지만, 특히 아기가 첫아이라서 당신이 아기를 VVIP로 모셔가며 24시간 풀타임(full-time) 엔터테이너를 자처하고 있다면, 당신의 아기가 까탈스러운 것은 그저 잠을 잘 못 자 피곤해서다. 이럴 때의 해결책은 아기가 스스로 잘 수 있도록 아이만의 물리적인 공간, 심리적인 여유 공간을 주는 것이다. 아기에게 밀착해서 매 순간을 커버해주며 숨 막히게 해서 당신의 아기가 타고난 능력을 없애지 마라. 키워주지는 못할망정.

③ '1시간 반 잠텀 룰'의 순서

먼저 아기가 잠에서 깨어난 후 대략 1시간 15분 후 또는 일반적으로 아기가 졸렸을 때 보이는 잠 신호(허공을 응시하는 멍한 눈빛, 활동 감소, 주변에 대한 관심 감소) 등을 발견할 때마다 아기를 간단하게 달래는 15분간의 낮잠 수면 의식을 시작한다.
(아기의 잠 신호를 곧장 캐치하는 것은 초기엔 실전 경험의 부족으로 쉽지 않다. 아기의 잠 신호를 파악하려는 노력을 하되, 이때는 시계를 보고 잠텀을 체크하는 것이 더 도움이 된다.)

그다음, 1시간 30분이 경과하는 시점에 아기를 잠자리에 내려놓는다. 몇 번 하다 보면 어떻게 하면 좋은지 감이 오는데, 이 과정을 잘 수행한 부모들은 이 법칙이 실질적으로 큰 도움이 되었다며 전율을 느끼기도 한다.

아기가 15분 동안만 낮잠을 잔다고 해도 '1시간 반 잠텀 룰'은 원칙적으로는 그 낮잠에서 깨어나려고 눈을 깜빡이는 시점부터 적용된다. 유모차 산책 중이거나 카시트에서 아기가 잠들었다고 해도 아기가 깨어났다면 그 큰 원칙은 동일하다고 생각하면 된다. 물론 아기가 너무 피곤해 보인다면 짧게 자고 일어난 경우에는 다음 회차 낮잠을 들어갈 때까지 '1시간 반'을 버티지 못할 수도 있다.

생후 2~3개월 정도 되면 일반적으로 아기가 짧게 잠을 자는 현상이 나타난다. 만약 아기가 자주 짧게 낮잠을 잔다면, 낮잠을 자기 전에 낮잠 수면 의식을 완벽히 모두 해야 한다고 생각하지는 말자. 낮잠 수면 의식을 매번 충실하게 수행하는 것보다 아기를 규칙적으로 일정한 잠자리에 눕히거나 산책을 시키거나, 집 안에서 슬링이나 아기띠에 아기를 안고서 노래를 불러주는 행동들이 중요하다. 낮잠 수면 의식은 아기가 3개월 이상일 때부터 훨씬 더 중요해진다.

④ '1시간 반 잠텀 룰' 운영 시 유의할 점

'1시간 반 잠텀 룰'은 엄격하게 지키기보다는 여유를 가지고 운영하면 된다. 보통 하루의 첫 번째 잠텀(기상~첫 번째 낮잠까지의 깨시)은 다른 잠텀들보다는 짧은 편이다. 따라서 이때는 잠텀을 1시간으로 생각하고 아기를 내려놓아도 좋다. (첫 번째 낮잠은 아기가 깨어 있는 상태에서 내려놓는 연습을 하기에 쉬운 낮잠이기도 하다.) 만약 생후 0~4개월 된 아기가 1시간 반의 잠텀이 지나지는 않았지만, 위에 언급한 잠 신호를 보내면서 피곤해하는 것 같다면 아기를 잠자리에 내려놓아 잠들게 하는 것이 가장 좋다.

다른 모든 것들과 마찬가지로, 이 '1시간 반'의 권장 잠텀은 아기가 성장함에 따라 늘어나며 변하게 된다. 아기가 생후 2~4개월 동안에는 이 '1시간 반 잠텀 룰'이 큰 도움이 될 것이다. 만약 아기가 성장하여 '1시간 반 잠텀 룰'에서 벗어난 상태라면, 125p, 126p, 389p의 4~5개월 이후의 권장 잠텀을 대입해 운영하면 된다.

(2) '먹-잠'연관 느슨하게 하기

아기의 '먹-잠'연관을 느슨하게 만드는 것도 아기를 재우는 것과 관련이 있다. 아기를 수유하는 동안 아기가 잠들기 전에, ① 모유나 분유를 목으로 넘겨 먹는 활동에서 → ② 단지 젖이나 젖병을 진정하기 위한 용도로 빨기만 하는 행동으로 넘어가는 모습을 보게 된다면, 이런 변화를 주의를 기울여 관찰하자. 아기가 지속적이면서 분명한 목 넘김을 보여주면서 먹는 상황에서 → 보다 빠른 속도로 빠는데, 정작 목 넘김은 거의 없는 식으로 바뀔 때, 이는 진짜로 먹는 행위가 아니라 젖이나 젖병이 '공갈젖꼭지화'된 상황이다. 아기가 젖이나 젖병을 진정 도구로 빠는 상황이 되었을 경우, 젖이나 젖병을 부드럽게 떼어내고 잠자리에 눕힌다.

이때 무언가를 빨지 않고 잠들게 할 수도 있고, 아이가 빠는 것을 좋아한다면 공갈젖꼭지를 활용해도 된다. 더 나아가 아기가 어느 정도 움직일 수 있는 단계에서는 자신의 엄지손가락을 빨도록 도울 수도 있다. 이런 노력이 당장의 효과로 나타나지는 않을 수도 있다. 하지만 이것을 일관성을 가지고 여러 번 반복한다면, 아기는 천천히 바뀌게 된다. 먹지 않고도 잠으로 건너가는 과정을 확실히 점점 더 잘해낼 수 있게 되는 것이다. 누구나 연습 없이 처음부터 잘할 수는 없는 법이다.

결과적으로 아기가 잠을 잘 때마다 먹(수유)을 잠연관으로 찾지 않게 되며, 얕은 잠 단계에서 깼을 때도 더 수월하게 잠에 다시 빠져든다. 그로 인해 낮잠을 더 잘 자게 되고, 밤에도 더 오래 잘 수 있게 된다.

로리의 컨설팅 Tip

주변에 아기를 소위 '젖 마취(먹여서 잠에 들게)' 하라는 사람들도 간혹 있을 것이다. 하지만 기억하자. 젖을 먹이는 동안 재우는 것이 아니라, 아기를 침대에 눕히기 전에 깨우기만 하면 결국에는 그 한 끗 차이로 인해 '잠드는 것'이 아기 본인에게 훨씬 쉬워진다. 우리 어른들도 두 번 잠들려고 하는 것이 얼마나 힘든 일인지 알고 있지 않은가!

(3) 아기가 내는 소리 잘 구별하기

아기는 원래 밤에 많은 소리를 낸다. 신생아의 수면 발달을 촉진하는 비결 중 하나는 아기가 밤중에 내는 소리를 듣고 분별할 수 있는 양육자의 능력이다. 말하고, 징징대고, 소란을 피우고, 불평하고, 투덜거리고, 다리를 차고, 심지어 아기 침대를 돌아다니는 것도 모두 정상이다! 이 모든 것들이 얕은 잠 단계에서 아기가 편안해지고 다시 잠드는 방법을 알아낼 때 아기가 내는 소음과 움직임이다.

양육자는 이 소리들이 "어서 이리 와서 나를 안아 올려! 나는 네가 지금 당장 필요해!"라는 뜻이 아님을 알아야 한다. 누누이 이야기하지만 잠자리에서 모든 조건이 제대로 갖춰졌다면, 아기가 울 때 곧장 뛰어가서 안아 올리지 않도록 노력해야 한다. 그보다 중요한 것은 아기가 안정을 취하고 혼자서 다시 잠을 잘 수 있는지 여부다. 아기에게 하나의 수면 사이클과 다음번 수면 사이클을 연결하는 법을 스스로 알아낼 수 있는 기회를 주자. 양육자는 아기가 스스로 잠드는 방법을 터득할 수 있도록 도와줄 수는 있지만, 방법을 체화하는 것은 아기 스스로 해내야 한다.

렘수면('활동적 수면'이라고도 부른다) 동안 아기는 경련을 일으키기도 하고, 팔다리를 움직이고, 소리를 내며, 숨도 크게 쉬기도 하며, 불규칙적으로 눈을 뜨기도 한다. 영유아 수면의 50%가 활동적인 렘수면이기 때문에, 밤에 이러한 소음을 내는 것은 정상이다. (그러나 아기가 잠자는 동안 계속해서 코를 골거나 헐떡거리는 경우에는 소아과에 가본다. 수면 무호흡증과 같은 수면 장애가 아닌지 확인해볼 수 있다.)

아기의 하루 스케줄을 잘 확립해놓으면 왜, 무엇 때문에 아기가 울고 있는지 분별하기가 한층 더 쉽다. '먹텀'을 일구는 까닭도 스케줄 확립의 첫 단계가 되기 때문이다('먹텀' 일구는 방법은 152~161p, 367~381p 참고). 만약 아기가 최근 2시간 이내에 잘 먹은 상황이라면, 아기가 우는 이유는 배고파서가 아니다. 따라서 이때를 아기가 자신을 진정시키는 방법을 연습할 수 있는 좋은 기회로 생각하면 된다. 당신의 아기를 진정시키기 위한 건강한 레퍼토리를 아기와 같이 만들어나가는 것이다. 아기는 당신이 주파수를 잘 맞출수록 편안해지고, 유연해진다. 이런 접근 방식이 신생아 시기의 '먹기'와 '자기'의 연관성 또한 느슨하게 만들어준다.

(4) 진정 계단을 이용해 지나친 도움은 주지 않기

과도한 도움을 피하기 위해 진정 계단을 사용해본다. 아기가 밤에 일어났다! 그렇다면, 여러분이 해야 할 일은? 아기가 다시 잠들도록 돕기 위해 여러분이 할 수 있는 일 중에서 아기의 잠을 최소한으로 방해하는 액션이 무엇일지, 그것에 대해 궁금해해야 한다. 이것에 대처하기 위한 진정 계단 방법을 알려주겠다.

이 방법은 5개월 이전의 아기들에게 가장 효과적이다. 일찍 시작하면 할수록 좋다. 진정 계단 스킬은 아기가 한밤중에 깨어났을 때, 아기의 잠을 방해하지 않으며 반응할 수 있도록 도와준다. 아기에게 과도한 도움을 주는 우를 범하는 초보 부모들이 흔히 빠지는 덫을 영리하게 피해갈 수 있다.

맨 아래층부터 시작하여, 아기를 달래기 위한 단계별 행위를 각각 약 30초 동안 지속해본다. 그 방법이 효과가 없다면, 한 단계씩 올라가는 시스템이다.

어느 날 밤에는 토닥여주는 단계에서 아기가 진정되었는데, 또 어떤 날 밤에는 부드러운 노래나 쉬~하는 소리만 제공해주었더니 진정이 되기도 한다. 이런 결과들은 가장 바닥에서 시작하여 작은 걸음을 내딛지 않으면 알 수 없는 일이다.

① 진정 계단의 단계

아기에 대해 알고 있는 바를 바탕으로 자신만의 진정 계단을 만들면 좋다. 어린 아기의 일반적인 진정 계단은 다음과 같다.

아기가 밤에 소리를 내면 일단 먼저 들어라. 리스닝(listening)이 정말 중요하다. 이는 나중에 배울 '훈육'에서도 제일 중요한 부분인데, 사실 수면교육도 '훈육'에 포함된다. '0세 훈육'이 곧 '수면교육'이다.

진정 계단

★ 아래에서부터 단계를 밟아 올라가자.

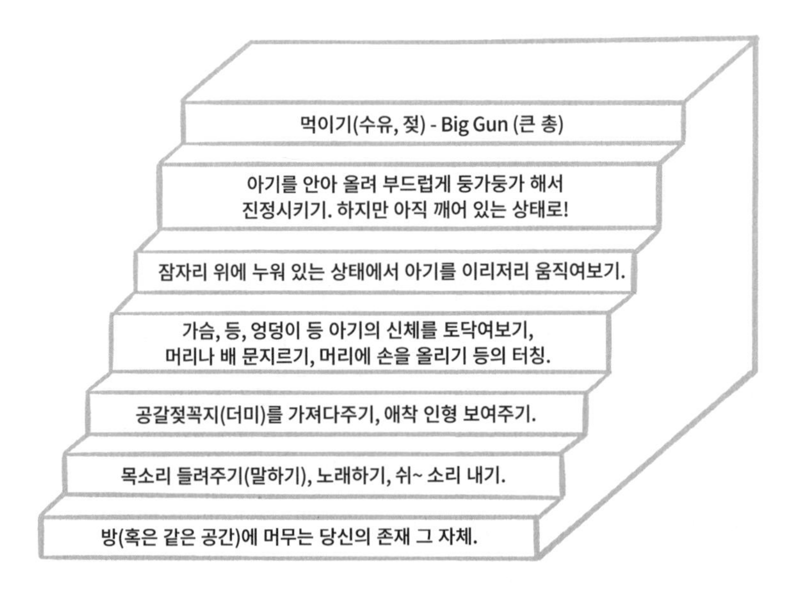

자, 다시 한 번 되뇌어보자. 아기들은 시끄럽지만, 항상 도와달라고 "헬프 미!!! 어서 와줘!!!"라고 말하고 있는 것이 아니다. 만약 아기가 끙끙대고, '낑~', '힝~' 하는 정상적인 소리를 내는 것이 아니라, 당신이 듣기에 진정으로 "이리 와!!"라고 말하는 것 같으면, 아기가 자는 방에 들어가서 진정 계단의 단계를 밟으면 된다.

똑게Lab 개념 정리

더미

수면교육에 있어 더미(dummy)란 아기가 잠을 자게 하기 위해 (이 값이 어떤 역할을 하는지도 모르는 채) 특정값을 넣어보는 것이다. 프로그램 언어로 비유하자면, '특정값'을 넣었는데 뭔가 출력되는 상황이다. 여기서는 우리가 원하는 결과값인 '아기의 잠듦'이 출력되고 말이다. 만일 아무 더미나 넣어봤는데, 결과값이 아기의 잠듦으로 귀결되었다면 계속해서 그 더미를 쓰게 된다.

그 '불특정 변수'인 더미는 건강한 잠연관일수도, 그저 발목을 잡는 잠목발일 수도 있다. 더미도 언제, 어느 시점에, 어떻게 쓰느냐에 따라 결국 건강한 잠연관으로 발전할 수도, 잠목발이 될 수도 있는 것이다.

더미 → 진정 → 잠듦

건강한 잠연관 → 잠듦

가장 아래 계단부터 시작해서 각 단계를 15~30초 정도 수행해본다. 해당 방법이 효과가 있는지 아닌지 시도해보는데, 여기서 매번 한 단계씩 위로 바로바로 올라가야 한다는 강박감을 느끼지 마라. 아기가 좀 안정되는 것 같다면, 딱 그 단계에서 멈출 수 있어야 한다.

예를 들어 아기가 울부짖는 소리를 들었는데, 이를 "이리 와!"라는 뜻으로 확신했다. 당신은 아기 방에 들어가서 '쉬쉬~' 하며 있었지만, 아기가 계속 울고 있어서 아기의 애착인형을 가져가서 보여줘본 뒤 토닥여줬다. 여기서 중요한 것은 진정 계단의 그다음 단계인 '안아 들어 올리기'로 가기보다는 계속해서 쉬~소리를 내며 토닥여주는 단계에 있어보았다는 점이다. 아기는 당신의 품에 안겨서 잠드는 것보다 가능하면 자신의 잠자리에서 다시 잠드는 것이 좋다.

아기가 자신의 잠자리에서 잠들게 되면, 다음번 얕은 잠 단계인 수면 사이클에서 깨어났을 때 자기 주변에 놀라지 않게 된다.

어떤 분들은 "아~~! 육아 때문에 제 뇌가 죽어 있다고요. 귀찮게 이런 진정 계단을 세세히 다 따져가며 단계를 밟느니 짐볼 위에서 퉁퉁 바운싱을 주면서 바로 재울래요"라고 생각할 수도 있다. 하지만 진정 계단을 스스로 만들고 제대로 적용해보게 되면, 굉장히 놀라게 된다. 왜냐하면 당신이 처음 생각했던 것보다 더 아래 단계에서 아기가 진정되는 것을 직접 볼 수 있기 때문이다. 이런 상황이 일어나면, 이것이야말로 당신이 아기에게 새로운 배움의 기회를 선물한 셈이다. 이것으로 아기의 뇌에 새로운 뇌 회로가 형성되고 실행되었으며, 이 과정이 반복되면 그 경로가 강화된다. 그러면서 아기의 뇌는 발달한다.

진정 계단 요약본

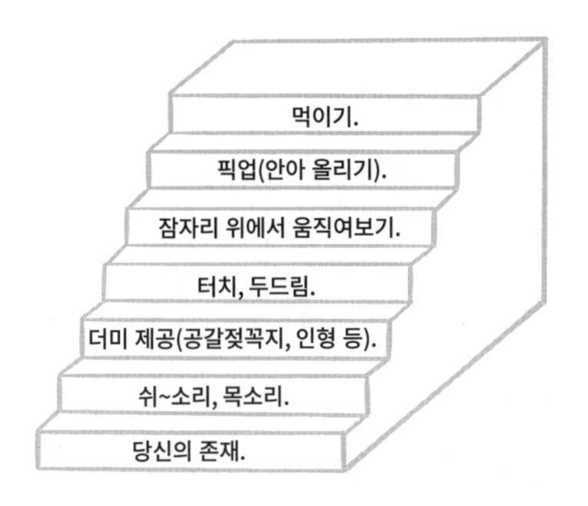

아기의 울음, 밤중깸에 즉각적으로

'큰 총'(빅 건 Big Gun = 먹이기, 젖)을 뽑아 들어 사용하지 말아라!

이번에는 머릿속에 양손에 큰 총을 들고 쏘는 장면을 상상해보자. 아기의 '밤중깸'에 있어 방금 전 생각 속 장면처럼 바로 권총을 뽑아들고 임하지 말자.

아기가 깨어났는데 젖을 먹일 상황이라고 판단된다면, 진정 계단의 단계들을 상당히 빠르게 올라갈 수 있으며 각 단계에 10~15초 정도만 소요하도록 한다.

아기를 먹이기 전에 이 단계를 거치는 것만으로도 아기가 성장할 수 있는 공간을 만들어주는 셈이다. 이런 행위들이 결국 밤중수유를 자연스럽게 줄일 수 있도록 도와준다.

여기서 이 행동들을 하는 목표를 헷갈리면 안 된다. 진정 계단의 각 단계들을 거치는 것은 급하게 밤중수유를 없애려 한다거나, 혹은 더 이상 밤중수유가 필요하지 않은 시기인데 밤중수유를 계속하려는 것이 목표가 아니다.

그냥 항상 한 걸음 물러나서 궁금한 자세를 유지하면 된다. 아기에게 당신이 보이는 위치로 물러나서 존재해주면 된다.

진정 계단을 사용하면서 아기에게 가장 방해가 되지 않는 방법으로 아기의 밤중 깸에 반응해보자. 아기의 수면 기술은 점차적으로 향상되고, 뇌에는 더 좋은 수면 습관의 길이 펼쳐진다. 이때 기억할 점은 아기는 너무 빨리 변한다는 사실이다. 이번 주에 필요했던 것이 다음 주에는 필요하지 않을 수도 있다. 진정 계단은 우리 아이의 수면 발달에 발맞춰 적용해야 한다. 우리가 근력 운동을 할 때와 비슷하다. 계속 훈련하다 보면 내가 들 수 있는 케틀벨의 무게가 가벼워지는 시점이 오고, 그때 아주 조금 더 무게를 올려 운동을 하면 근육은 더 효과적으로 발달하게 된다. 진정 계단도 마찬가지다. 모든 아기에게 똑같이 천편일률적인 방법을 적용할 것이 아니라, 지금 이 순간 내 아기에게 맞는 방법을 관찰한 뒤 거기서부터 내 아이의 수면 발달에 맞게 차근차근 적용해보면 된다.

② 진정 계단의 덫 피하기

밤중수유를 줄이는 과정이거나, 자연스럽게 밤중수유 간격을 넓혀가는 과정에 있는 경우는 진정 계단을 이행하는 데 있어 그 이해에 좀 더 심혈을 기울여야 한다.

"로리님, 진정 계단을 모두 거쳤는데 아기가 진정이 안 되어서, 결국 먹여서 재웠어요."

실제 컨설팅을 하다 보면 위의 문장처럼 '진정 계단의 덫'에 빠지는 경우를 종종 본다. 이 부분을 이 책의 독자님들이 꼭 유의했으면 한다. 엄밀히 말하자면 진정 계단은 밤수 전략인 **'밤중수유 끊기, 밤중수유 줄이기 전략'**과는 다른 것으로 이해해야 한다.

진정 계단은 **'잠연관'**과 관련이 있는 전략이기 때문에 여기서 헷갈리면 안 된다.

밤수텀을 넓히는 전략을 쓸 때는, 밤중수유 전략편을 참조해라. 밤수텀을 넓히는 중이고, 그 과정에서 **지금 밤수를 하는 타이밍이 아니라면,** 진정 계단에서 최상위 단계인 **먹이기는 쓰면 안 된다.** 진정 계단의 최상위 단계인 '먹이기'의 바로 아래 단계까지 써서 진정을 시키도록 한다.

당신이 아기에게 알려주고자 하는 메시지가 "지금 네가 깨어난 밤 시각은 식사 시간이 아니다. 다시 잠을 잘 시간이다"라면 이 부분은 일관성 있게 고수해야 한다. 기억하자. 양육자가 가르치고자 하는 메시지, 전달하고자 하는 메시지는 명확해야 한다. 왔다 갔다 하면 그 핵심 메시지가 뒤섞여버려 아기의 혼란만 가중된다. 그러니까 뭔가 행동할 때는 내가 지금 아이에게 무엇을 가르쳐주려고 하는지를 스스로 확실하게 정리한 뒤 행해야 한다. 알려주고자 하는 메시지가 확실해야 아이가 잘 캐치할 뿐만 아니라 쉽게 배운다.

'지금 이 타이밍은 먹는 시간이 아니다.'

'내 아기는 밤중 식사 간격을 늘릴 수 있고, 그것이 나의 아기를 진정으로 위하는 길이다.'

이렇듯 지금 내가 가르치고자 결정한 핵심 메시지가 위와 같다면 진정 계단의 최상위 단계인 '먹이기' 단계는 진입하지 않아야 한다. 아기에게 전달하고자 하는 핵심 메시지를 꼭 사수해야 할 벽으로 판단했다면, 최상위급 진정단계인 '먹이기'는 사용하지 말고 한 단계 아래의 진정 기법으로 아이를 꾸준히 진정하면 되니 걱정하지 말자. (물론, 사전에 밤중수유 정복하기 코스[390~419p 참고]를 마스터해서, 지금 타이밍에 밤중수유를 하지 않는 것이 맞다는 확신과 계획이 있어야 한다.)

③ 진정 전략을 제대로 적용시켜 성공을 맛보기 위해서는?

· 제대로 된 수면 환경 조성해주기

기본 중의 기본이다. 어두운 방, 안전한 잠자리, 효과적인 백색소음 등을 마련해 주고, 적당한 시간에 수면 의식을 시작하여 아이가 쉽고 편하게 잘 수 있도록 한다.

· 일관성 있는 태도 견지하기

당신이 선택한 진정 전략을 고수해라. 진행할 때 100% 확신을 가지고 있어야 진정 전략이 제대로 작동한다. 최상의 효과를 보려면 계속해서 일관성을 가지고서 진행해야 한다. 만약 당신에게 확신이 없으면 천천히 아래 계단부터 시작하고, 지금 행하고 있는 진정 전략의 수위를 자체적으로 테스트해보면서 조금씩 수행해본다. 즉, 계속해서 조금씩 당신이 거들어주던 것을 덜어내는 것이다. 더 많이 도와주는 것이 아니라, 더 적게 도와주는 방향, 즉 지속적으로 빼는 것이다. 그래야 아기가 혼자서 자는 능력을 발전시킬 수 있다. 아기가 계속 운다고 해서 먹여서 재우게 된다면, '아~ 이렇게 울면, 결국에는 젖을 먹고 잘 수 있구나!'를 배우게 된다. 가능하면 후퇴하지 말아야 한다. 이미 뗀 과거의 잠연관을 갑자기 복구시킨다거나 하는 것이 후퇴다.

· '주문을 외는 잠 울음'에 개입하지 않기

'주문을 외는 잠 울음'은 아기가 울음을 울다 말다 하면서 울음으로 가는 것이다. 웅얼웅얼 대면서 짜증내거나 칭얼거리는 그런 울음은 아기가 잠에 빠져든다는 사인이다.

이런 울음을 보일 때는 양육자의 개입이 없는 게 낫다. 곁에 양육자가 있다는 사실만으로도 아기가 잠드는 것에 방해를 받을 수 있다. 존재 자체도 거슬릴 수 있는 법이다. 괜히 신경 쓰이고 '희망 고문(해줄 것 같은데 안 해주는 것)'을 유발하기 때문이다. 이럴 때는 '안전'은 모니터링하되 관심을 아예 꺼두는 것이 도움이 된다.

그런데 이러다가도 다시 아기가 완전히 울기 시작한다면, 그다음에는 개월수에 따라 그리고 당신의 성향이나 아기와의 합에 따라서 타이머를 설정해두고, 거리를 둔 진정 전략—방에 들어가서 적절한 진정 계단 단계 밟기, 또는 점점 시간을 두고 빠지는 전략—등을 시행해볼 수도 있다.

· 침착함과 인내심 잃지 말기

아기가 잠드는 방법과 긍정적인 잠연관을 배우는 데는 시간이 걸린다. 하루아침에 뚝딱! 하고 배울 수 있는 성질의 것은 아니다. 아기는 안심시켜달라는 눈빛으로 당신을 계속 쳐다볼 것이다. "엄마, 이 새롭게 잠드는 방법 괜찮은 거예요?", "지금 이거 정상적인 상황인 거죠?", "나 지금 안전한 것이죠?"라고 묻는 시선을 양육자가 알아챌 수 있어야 한다. 그때 아기에게 "응, 너는 안전하단다", "이건 내가 너를 위해 의도한 것들이야", "안심해도 돼"라는 사인과 확신의 기운을 팍팍 전달해야 한다.

로리의 컨설팅 Tip

> 당신이 안정된 마음을 갖고 있다면 아기는 모든 것이 괜찮다고 안심할 것이고, 그때서야 비로소 아기는 새로운 스킬을 터득하는 데 집중할 수 있게 된다.

· 부부가 합심할 것

양육의 주체인 두 부모가 합심하여, 서로에게 든든한 지지가 되어야 한다. 이것은 일관성 있게 플랜을 수행하기 위해서도 필요한 부분이지만, 수면 코칭의 짐을 분담하기 위한 것이기도 하다. 만약 한 명이 동의하지 않으면 한 명이 전적으로 이 과정을 수행하게 된다. 물론 실행 자체만을 두고 이야기한다면, '일관성'과 '지속성'이 중요하기 때문에 부부 중 한 명이 아기의 수면교육을 진행하는 것이 좋지만, 부부 간의 심리적인 서포팅이 전체적인 분위기 조성에 중요한 역할을 하므로 부부가 서로 협조하고 도와주는 것이 필요하다. 이 부분이 충족되지 않는다면 수면교육은 성공하지 못할 확률이 크다. 가정 분위기가 불안에 휩싸여 있으면 결과적으로 아기는 더 많이 울게 된다.

만약 부모 중 한 명이 아기를 울게 내버려두는 것을 좋아하지 않는다면 방 안에서 진행하는 전략으로 접근하자. 대신 일관성 있게만 하면 된다. 만약 잘 진행되지 않았다면 중간 평가를 해보고 플랜을 바꿔볼 수도 있다. 그렇지만, 부모가 수면교육을 하다가 중도에 포기해버리는 건 아기를 더 힘들게 한다.

· 너무 높은 기대치를 설정하지 않기

아기 수면의 질과 양을 올리는 건, 당연히 노력이 필요하고 어느 정도의 시간이 소요된다. 따라서 초반에는 힘든 나날이 계속된다. 하지만 어떤 결과를 보려면 애를 쓰는 시간이 들어가야 한다. 플랜을 수행하면서 아기가 원래 자던 방식, 즉 특정 도움을 줘서 잠을 재웠던 그때보다 잠드는 데 오랜 시간이 걸리면, 아기가 퇴행한 것이 아닌가? 하는 등의 별별 생각이 들 수도 있다. 그럴 땐 장기적인 시각으로 무엇이 나와 아기에게 이득인지를 곰곰이 생각해보며 수면교육에 임해야 한다. 결국엔 모두에게 더 나은 잠이 기다리고 있고, 이것이 여러분의 목표다. 좋은 결과를 얻기 위해서 과정을 건너뛸 수는 없다. 유의미한 변화를 보려면 최소 며칠이 걸리고, 큰 진전을 보려면 2~3주 정도가 소요된다. 그리고 가끔은 이상한 곁길로 새기도 한다. 하지만, 완벽해 보이지 않더라도 포기하지는 않길 바란다. 특히 처음 이틀 동안은!

(5) 낮에는 독립적인 놀이를 할 기회 주기

낮 동안에 아기가 혼자 노는 것을 즐기는 때를 잘 찾아봐라. 예를 들어, 아이는 지금 벽의 그림자에 매료되었을지도 모른다. 자신의 손가락을 움직여가면서 놀이할 수도 있다. 또, 창밖의 나무를 바라보면서 그 시간을 즐기고 있을 수도 있다. 공룡 같은 소리를 내면서 꿈틀거리고 용트림하면서 혼자만의 시간을 즐기기도 한다. 이렇게 아기가 스스로 만족감을 보일 때, 당신이 당신의 아기와 가장 잘 조율된 행동은 무엇일까?

정답은??

완벽히 아무것도 하지 않는 것이다!!!

그냥 기다려라. 아기를 멀리서 바라보고, 그냥 이 순간을 경이로워해라! '궁금해하는 자세'는 육아에서 항상 중요하다.

애착에는 두 개의 중심축이 있는데, 이 두 가지의 밸런스를 잘 맞추는 것이 중요하다. 하나는 ① 물리적으로 가까이에 있는 것, 즉 그 옆에서 진정시키는 것이고 다른 하나는 ② 언제 아기가 혼자서도 괜찮은지를 양육자가 잘 캐치해내는 축이다. 아기가 혼자서 조금 애쓰고 있지만, 괜찮은지를 알아채는 당신의 민감성이 또 다른 애착의 중요한 한 축이 된다. 처음 해보는 육아라 서툴더라도 이 두 개의 축의 밸런스를 잘 맞춰나가야 한다.

아기가 혼자 있어도 괜찮은 '독립심'이 보이는 사인들을 관찰해가며 낮 동안 당신이 이 부분을 잘 조율해주면, 수면 능력을 신장시키는 데에도 도움이 된다. 아기가 솔로(solo) 활동(176~180p)을 하면서 배양되는 스킬과 '똑같은 스킬'이 밤중에도 길러져야 스스로 잘 자게 되기 때문이다.

기억할 점은 아기의 내적 조율 능력은 아기가 당신으로부터 분리되었을 때 서서히 성장한다는 것이다. 안전하게 당신으로부터 분리되었을 때 아기는 세상을 탐험할 수 있고, 자기 자신에 대해 자신감을 쌓는 연습을 할 수 있게 된다(내적조율 편 복습하기 58~60p 참고).

(6) '터미 타임' 이해하기 - 이 시기에 하면 유용한 필수적인 운동!

터미 타임과 잠의 상관관계는 생각보다 크다. 규칙적인 터미 타임은 아기에게 힘과 구를 수 있는 협응력, 다리를 끌어당길 수 있는 능력, 더 편한 수면 자세를 얻기 위해 필요한 다른 능력들을 기를 수 있게 해준다. 터미 타임 기회를 잘 줘서 아기가 뒤집기, 되집기를 자유자재로 하게 되면, 아기에게는 새로운 세계가 열리게 된다. 왜냐하면 아기는 이전에 고정된 자세(=속싸개에 싸여 하늘 보고 등 대고 눕혀진 자세)에서 자신이 좋아하는 자세를 선택할 수 있게 되기 때문이다.

많은 아기들은 엎드려 자는 자세를 좋아한다. 물론 4개월 전 아기에게는 안전상 해당되지 않는 이야기다. 하지만 4~5개월 뒤, 아기가 구르기 시작하면 자기가 좋아하는 자세로 잠을 자려고 하고, 좋아하는 자세를 찾게 되면 더 긴 시간 동안 잠을 잘 잘 수 있게 된다. 엎드려 자는 자세를 부모가 처음 접했을 때는, 이를 걱정할 수도 있다. 하지만 아기가 스스로의 힘으로 이 자세를 취할 수 있게 되었고 되집기도 가능하다면, 그 자세에 머물러 있는 것도 괜찮다. (이 부분은 아기가 5~6개월이 되었을 때의 이야기다.) 물론 안전을 위해 초반에 신중한 모니터링이 필요한 것은 물론이다.

① 터미 타임의 실익

터미 타임은 아기의 목 운동을 가능하게 하고 몸통의 힘을 길러준다. 배를 아래로 댄 자세는 아기 목의 근육과 등의 근육을 강화시킨다. 그래서 아기가 자기 자신을 조절하고 편안하게 느끼도록 만들어줄 수 있다. 또한 배를 아래로 댄 자세는 손으로 민다거나 하는 미래의 더욱 정교한 움직임을 가능토록 해준다. 아기는 더 튼튼하고 강하게 자란다. 터미 타임은 구르고, 앉고, 기고, 서고, 최종적으로는 걷는 자연적인 성장 과정에서 꼭 필요한 운동이다. 바닥에 있는 것은 아기의 기본자세(디폴트 포지션)이기도 하다. 다른 도구들의 도움 없이, 바닥에 등을 대거나 배나 가슴을 대는 자세, 즉 바닥에 있는 것 자체가 두 발로 서기 전인 아기에게는 기본적인 자연스러운 자세다. 뿐만 아니라 터미 타임은 이러한 움직이는 능력의 발달만 도와주는 것이 아니라, 사회적인 발달도 돕는다. 왜냐하면 움직임 발달과 관련된 뇌의 영역이 다른 뇌의 영역 발달을 도와주기 때문이다.

사실 배를 바닥에 깔고 세상을 보는 것, 이것 자체가 큰 의미가 있다. 아기가 그저 천장을 보는 세상에 갇혀 있는 것이 아니라, 자기 힘으로 고개를 들어서 주변에서 들려오는 소리와 자신의 정확한 위치를 연결 지어 생각할 수 있게 해주기 때문이다. 바운서나 카시트에 아기가 계속 갇혀 있기보다 터미 타임 기회를 주게 되면 아기는 소리가 어디서 들리는지 자신의 몸이나 고개를 돌려 바라보며 알고자 하는 등 자기 주도적인 능력을 발달시킬 수 있다. 뿐만 아니라 아기가 이 세상에 더 적극적으로 다가가고 들여다보는 연습을 할 수 있게 만든다.

② 수면교육에 있어서 터미 타임의 실익

움직일 수 있는 아기들은 자기가 좋아하는 수면 자세를 선택할 수 있다. 구르고 움직일 수 있게 되는 것은 잠에 큰 도움이 된다. 아기가 몸을 자유자재로 움직일 수 있는 단계에 들어서게 되면 우리가 밤에 잠자리에서 느끼는 안락감, 편안함을 아기들도 이전보다 더 누릴 수 있게 된다. 아기는 4~5개월까지는 등을 뒤로 댄 안전한 자세로 많은 시간을 보낸다. 카시트와 유모차 그리고 다른 도구들 안에서도 마찬가지 자세다. 이처럼 아기가 등을 대고 있던 모든 시간들은 우리가 의식적으로 배를 아래로 댄 자세의 기회를 아기에게 줘야만 회복될 수 있다.

③ 터미 타임 팁

깨어나 있는 시간의 10분 동안 터미 타임을 하는 것을 목표로 한다. 처음에는 아기가 30초만 버텨도 괜찮다. 그런 짧은 시간 동안에도 아기를 지속적으로 꾸준히 터미 타임 자세로 만들어본다.

이때 즉시 탁! 하고 뒤집듯 배를 아래로 두는 것이 아니라, 처음 시작은 등을 바닥에 대고 눕게 한다. 그다음 아기를 보고 웃어주면서 부드럽게 말해준다. "엄마는(아빠는) 네가 배를 바닥에 두고 돌게끔 도와줄 거야." 그런 뒤에야 엉덩이부터 부드럽게 아기를 뒤집어본다. 이것을 반복하다 보면 아기가 지금 무엇을 하고 있고, 뒤에 무엇이 올지 알 수 있게 된다.

만약 아기의 팔이 자신의 몸 아래에 깔려 있다면, 엉덩이를 들어서 팔을 빼준다. 배를 아래로 댄 자세로 스스로 움직일 수 있는 연습 기회를 주는 것이 포인트다.

만약 아기가 계속 고개를 아래로 떨어뜨리면, 작은 담요를 돌돌 말아서 가슴 아래에 깔아준다. 아기의 겨드랑이 높이까지 올 수 있도록 해서 받쳐주면 좋다. 팔은 앞으로 뻗을 수 있게 해준다. 수유쿠션을 활용해도 좋다. 수유쿠션의 높이가 수건 받침대보다 더 높아서 아기가 터미 타임하기 더 쉽다. 난이도가 더 낮다는 뜻이다. 터미 타임에 수유쿠션을 활용할 때의 유의점은 아기의 성장에 맞춰야 하는 점이다. 수유쿠션만 계속 사용하다 보면 실제로 아기에게 필요한 적절한 운동 기회를 주는 것이 힘들 수도 있다. 운동이라는 것은 조금은 힘들어야 근육이 잘 발달하는데, 수유쿠션을 받치고 터미 타임을 하는 높이가 아기가 성장한 수준에 비해 너무 쉽다면, 아기의 능력을 올려줄 만큼의 기회가 주어지지 않기 때문에 그렇다.

또한 터미 타임을 하며 아기가 가장 보고 싶어 하는 것은 여러분의 얼굴이다. 터미 타임을 더 재미있고 유용하게 만들 수 있는 좋은 방법은 아기와 같은 눈높이에서 시선을 맞추고 쳐다보는 것이다. 노래를 불러주거나, 우스꽝스러운 표정을 짓거나, 그것이 힘든 일이라는 것을 내가 잘 알고 있다는 표정을 건네며 아기를 격려해주자.

아기가 그다음으로 보고 싶어 하는 것은 자기 자신의 얼굴이다. 따라서 아기 앞에 경사도가 있는 거울을 놓아주면 좋다. 아기가 자신을 바라보면 어떤 일이 일어나는지 관찰해보자. 어떤 터미 타임 회차는 부모의 가슴 위에서 해도 좋다. 양육자의 가슴을 판판하게 만든 뒤에, 거기에 아기의 손을 올리게 하고 아기의 손등을 눌러준다. 그래서 아기가 위로 오를 수 있도록 한다.

터미 타임을 할 때 아기가 고개를 아래로 내려도 괜찮다. 어디까지나 현실 세계에서는 중력이 작용하고 있고, 현재 아기의 몸에서 머리가 차지하는 비율을 생각해보면 아기가 고개를 아래로 떨구는 것은 당연한 일이다. 아기는 터미 타임을 하며 중력과 싸우고 있는 것이다. 당신은 아기가 머리를 이쪽 편에서 저쪽 편으로 돌리는 것을 배우도록 도와줄 수 있다. 이러한 모든 근육 운동은 아기가 뒤집기를 배우게 되면, 잠을 더 쉽게 잘 수 있도록 도와준다.

설사 처음에 잘 안 되더라도 긍정적으로 생각하기!

만일 아기에게 몇 초 정도 더 운동을 시켜보려고 했는데 아기가 짜증을 내는 것 같다면, 아기를 다시 되집을 시간이거나 안아 올려줄 시간이다. 그러고 나서 조금 뒤에 다시 한 번 시도해본다. 아기의 터미 타임 진전이 때로는 느리게 느껴질 때도 있을 것이다. 하지만 희망을 버리지 말자. 아기가 그 활동을 좋아하게 되는 시점이 분명히 온다. 결과적으로 이 자세는 아기의 가장 좋아하는 놀이가 된다.

로리의 컨설팅 Tip - 구르기(뒤집기)

구르기(뒤집기, 되집기)는 4~6개월에 주로 발생하는 잠 관련 주제다.

아기가 태어난 지 5개월이 경과하여 뒤집기, 되집기가 자유자재로 되는 상황이라면, 이제 아기가 취하는 잠 자세는 여러분의 손을 떠난 상황이다! 아기가 잠자는 도중에 계속 구르면 다시 뒤집어줄 필요는 없다.

미국 국립보건원(NIH, National Institutes of Health)에 따르면 이 시기에도 아기를 잠자리에 내려놓을 때는(다시 아기가 바로 뒤집더라도) '등을 바닥에 댄 자세'로 내려놓기를 권장한다. 그리고 아기의 잠자리 안에 물렁하거나 푹신한 물체들이 없도록 다시 한번 안전 사항을 꼼꼼하게 체크한다. 아기가 자신에게 편안한 잠 자세를 아직 찾지 못했거나 뒤집기가 터득이 안 되었을 경우에는 짜증을 내며 울 수도 있다. 이때 양육자가 차분히 기척 없이 뒤집어주거나 살짝 개입해 도와줄 수도 있다. 이런 과정은 잠시 동안일 뿐이다. 보통 1주일 이내로 끝난다. 동시에 낮 동안에는 바닥에서 운동할 기회도 많이 줘보자.

Class 2. 진정 전략의 디테일 (미시적 진정 전략)

이번 클래스에서는 앞에서 살펴본 거시적인 진정 전략에 대한 내용을 바탕으로 더욱 자세한 진정 테크닉을 알아볼 예정이다. 진정 테크닉은 아기의 개월수, 아기의 기질이나 성향에 따라 달라진다. 이런 사항들을 고려하여 가장 탁월한 방법을 골라서 적용해보자. 또한 양육자인 당신이 일관성 있게 지속할 수 있는 방법이어야 한다.

0~8주차는 아기를 눕혀 재우려고 낮잠을 생략하는 것보다는 안거나 둥가둥가 해서라도 재우는 편이 오히려 나은 신생아 시기라고 볼 수 있다. 그러니까 한 번 품에 안아서 재웠다고 해서 너무 죄책감을 느낄 필요가 없는 시기이기도 하다. 무엇보다 큰 틀을 이해하고 있는 것이 중요하다.

특히 0~8주 시기에는 이번 클래스에서 내가 설명하는 '쉬 토닥이기' 기법을 추천한다. 8~16주 정도 되었을 때는, 아기가 스스로 더 잘 진정할 수 있게 될 것이다.

수면 환경 조성에 집중해주고 아기가 울면서 찾지 않는 한, 아기가 아기의 잠자리에서 눈을 뜬 채로 누워서 20분 정도 있는 것은 정말 토털리(totally) 오케이다. 사서 고생하지 말자. 오히려 그것이 좋게 작용한다. 아기가 울기 시작하면서 짜증을 부리기 시작하면, 아래의 똑게에서 소개하는 기법들을 수행해본다.

똑게Lab 개념 정리

*잠연관: 아기가 잠드는 순간까지 지속된 특정한 조건 (상황, 도구 등)

*잠목발: 잠연관 중 '부정적인' 잠연관(negative sleep association)에 속하는 잠연관을 일컫는 용어

걸을 수 있는 아기에게 목발을 짚게 하여 아기의 능력을 키워 주지 못한다는 의미로 '잠목발(sleep crutch)'이라 일컫는다.

0~4개월 아기를 진정시키는 방법들

(1) 움직이기

아기를 둥가둥가 해주거나 살짝살짝 흔들어주는 것은 아기가 과도하게 피곤하거나 불안정한 경우에 특히 효과적이다. 아기는 자궁 안에서의 흔들거리는 느낌에 익숙했기 때문에 그때와 비슷한 움직임을 재현해주면 쉽사리 진정된다. 아기가 카시트나 유모차에서 쉽게 잠드는 이유다. 속싸개를 해서 팔을 감싸준 뒤 살짝 흔들어주는 것도 아기의 진정 반사를 이끌어내어 아기를 잠들게 만드는 확실한 방법이다. 직접 안아서 흔들어줄 수도 있지만 스윙, 유모차, 아기 침대, 해먹, 짐볼 등을 이용해 볼 수도 있다. 단, 이 방법을 자주 반복하여 '잠목발'이 되어버리면 올바른 잠연관을 만들 수 없으므로 주의해야 한다. 잠목발로 사용되기 전에 조금씩 줄여나가야 한다.

(2) 빨기

① 수유

'먹이기'는 생후 3주 이하인 아기의 진정을 이끄는 데 효과적인 방법이다. 이 무렵 아기들은 거의 1시간 내내 먹기도 한다. 깨어 있는 시간 동안 기저귀를 갈아주고, 다시 먹이고 하기를 반복하다 보면 수유에 그 정도 시간이 소요되기도 하는 것이다. 그렇게 1시간가량을 수유 활동에 할애하고 나면 다시 금방 잘 시간이다. 그래서 바로 잠든다. '이런, 먹-잠연관 어떡하지!!?' 너무 겁먹지 마라. 다행스럽게도 이

6~8주 이전 시기는 '먹-잠' 연관이라는 나쁜 습관이 들기엔 너무 어리기 때문에 이 부분은 크게 염려하지 않아도 된다. 양육자가 '먹-잠' 연관이 좋지 않다는 사실만 인지하고 있어도 충분하다.

일단 아기가 4~5주차가 되면 깨어 있는 시간이 '1시간 반' 정도로 늘어난다. 반면에 수유 시간은 1시간 정도 걸리지 않고 45분 안에 끝나게 된다. 따라서 이 무렵만 되어도 잠드는 순간까지 먹이고 있는 상황이 없어진다. 이 무렵부터는 수유 대신 '쉬 토닥이기'(282~294p 참고) 등과 같은 진정 기법의 적극적인 적용이 필요해진다. 앞에서 설명한 '둥가둥가 살짝씩 흔들기'는 백업 플랜으로 생각하면 된다. 만약 낮잠에서도 잠자기 전에 먹탱크를 어느 정도 풀(full)로 채워주고 싶다면, 아이가 일어났을 때, 낮잠 자기 조금 전에 다시 보충수유를 하는 식으로 스케줄을 가져가볼 수 있다. 먹다 잠드는 '먹-잠' 연관만 조심하면서 말이다. (Part 7에서 보충수유가 포함된 스케줄을 살펴본다.)

② 공갈젖꼭지

처음 몇 주 동안은 모유수유가 자리 잡도록 주의와 노력을 기울여야 한다. 모유수유가 제대로 정착되었다면 공갈젖꼭지의 종류를 확인하고, 아기가 어떤 제품을 빠는 것을 좋아할지 생각해본다. 아기들은 진정하기 위해 빠는 행위를 좋아한다. 그렇기 때문에 공갈젖꼭지는 아기를 진정시키고 재우는 데 정말 효과적인 도구다. 아기는 매우 강한, 빨고자 하는 욕망을 가지고 있는데, 이 빠는 행위 자체에 진정 효과가 있다. 공갈젖꼭지는 아빠가 아기를 안고, 진정시킬 수 있게 도와주는 아이템이기도 하다. 아빠가 공갈젖꼭지로 아기를 진정시키는 동안, 엄마는 샤워를 하거나 낮잠을 자며 쉴 수 있다. 아기를 진정시키기 위해 엄마의 가슴을 지속적으로 내어주기보다는 공갈젖꼭지를 제대로 유용하게 사용하는 편이 훨씬 좋다.

만약 당신이 공갈젖꼭지를 쓰기로 결정했다면, 어떻게 써야 할지에 대해서 미리 공부하여 다가올 미래를 준비하는 것이 중요하다. 아기가 4개월쯤 되면 공갈젖꼭지가 떨어질 때마다 그것을 다시 입에 넣어줘야 하는 등의 짜증스러운 기간이 동반될 수도 있다. 보통 아기가 6~7개월부터 스스로 그것을 입에 넣거나 집을 수 있는 능력이 생기면서 자연스럽게 '공갈 쇼핑(공갈젖꼭지를 아기 주변에 여러 개 두면 아기가 마음에 드는 것을 선택해 자신의 입에 가져다가 쓰는 것)'을 하게 되거나 공갈젖꼭지를 입에서 떨어지지 않도록 붙잡고 있는 능력을 기르게 된다.

또는 당신이 이 기간까지 공갈젖꼭지를 사용하지 않을 수도 있다. 처음부터 4개월까지만 쓰겠다고 생각하고서, 3개월 중반이나 4개월쯤에 공갈젖꼭지 사용을 아예 중단해버리는 것도 방법이다.

이처럼 공갈젖꼭지는 4개월 이전의 아기를 위한 훌륭한 진정 도구이지만, 중요한 점은 우리가 그 주요 분기점을 기억해야 한다는 것이다. 3개월 미만의 아기는 그보다 더 개월수가 많은 아기보다 한 번의 수면 사이클이 끝나는 시점에서 훨씬 쉽게 진정된다. 그러나 아기가 4개월(그리고 그 이후)에 가까워지면 수면을 취하기 위해 공갈젖꼭지를 사용하는 경우, 수면 사이클(낮잠의 경우 45분/밤잠의 경우 2시간) 사이에 잠에서 깨어날 때마다 공갈젖꼭지를 요구할 수 있다. 공갈젖꼭지가 잠연관으로 잡혀버리면 이처럼 일명 **'공갈 셔틀질'**이 시작되는 것이다. 즉, 공갈젖꼭지는 수면 의식 단계에서 아기를 편안하게 진정시켜주는 용도로 활용하는 것이 가장 이상적이다.

아기가 약 7~8개월쯤 되어 자신의 손을 움직여 직접 공갈젖꼭지를 입에 갖다 대거나, 공갈 쇼핑을 할 수 있기 전에는 공갈젖꼭지가 자신의 입에서 떨어질 경우, 아기가 당신을 부를 수 있다. 사실 이런 경우는 아기가 잠을 자는 데 공갈젖꼭지에 너무나도 많이 의존하고 있기 때문이다.

그런데 3개월쯤 되면 속싸개 안에서도 손을 움직일 수 있게 된다. 이럴 때 공갈젖꼭지가 빠졌다고 해서 양육자가 집어서 갖다주는 습관(일명 셔틀질 습관)을 들이지 않으면, 필요할 경우에 아기가 알아서 자신이 손으로 공갈젖꼭지를 잡아서 빨기도 한다. 특히 손을 움직일 수 있는 나비잠 자세의 속싸개 안에 있거나, 스트랩을 이용해 배 아래만 감싸주는 경우에는 양육자가 공갈젖꼭지를 다시 갖다주지(=셔틀질) 않는다면, 아기는 몇 번의 기회를 통해 공갈젖꼭지가 입에서 빠지지 않도록 잡고 있는 법을 익혀 스스로 그 사용을 조절할 수 있다.

※ 공갈젖꼭지를 제거하는 방법

이처럼 3~4개월 이전 단계의 아기에게 공갈젖꼭지를 물리는 것은 아기를 진정시키기 위한 좋은 방법일 수 있지만, 이것이 잠연관으로 잡혔거나 4개월 무렵 공갈젖꼭지를 제거하고자 한다면 아래의 방법을 활용하면 좋다.

첫째, 속싸개나 아기 슬리핑백, 백색소음, 어두운 방, 껴안을 것이나 이불 또는 애착인형과 같은 다른 '잠연관'을 확실히 가지고 있을 필요가 있다. 똑게육아 유튜브와 똑게닷컴(ddoke.com)의 진정/꿀잠 트랙을 적극 활용하자.

둘째, 가볍게 두드리거나 흔들기 등 다른 진정 도구들을 가지고 공갈젖꼭지를 대신할 수도 있다. 처음 3일간은 여전히 공갈젖꼭지를 사용하면서 동시에 당신이 선택한 다른 진정 도구를 함께 이용하여 아기가 수면을 취하도록 돕는다. 3일 후에는 공갈젖꼭지 없이 아기가 낮잠과 밤잠을 자도록 시도해본다. 결국 이 과정을 일관성 있게 이행한다면 아기는 이내 공갈젖꼭지 없이 다른 진정 도구만으로도 잠들 수 있게 된다.

(3) 쓰다듬기/가볍게 두드리기

아기를 진정시키려 할 때나 아기에게 안정감을 전달하려고 할 때, 본능적으로 우리는 아기의 등을 쓰다듬거나 엉덩이를 두드리곤 한다. 사실 이것은 아기가 자궁에 있었을 때 지속적으로 노출되었던 심장박동의 감각을 모방한 것이다. 이와 관련해 흥미로운 것은 아기가 태어날 때의 자세다. 출산 과정을 생각해보자면, 아기가 산도를 빠져나올 때 머리부터 나오지 않는가. 이때 엉덩이는 엄마의 심장 쪽에 가닿아 있다. 즉, 출산을 위해 아기가 열심히 산도를 빠져나올 때, 그때의 포지션이 바로 아기의 엉덩이 쪽에서 엄마의 심장박동을 느낄 수 있도록 되어 있었다!

(4) 백색소음

'쉬~' 하는 소리는 아기가 자궁에서 들었던 소리를 재현해준다. 이때 소리를 내는 양육자의 입을 아기의 귀 가까이에 대고 리드미컬하고 커다랗게 소리 내기를 권장한다. 백색소음을 들려주는 진정 방법은 쓰다듬기와 결합해 사용할 수 있다. **똑게** 닷컴의 꿀잠/진정 사운드 트랙 중 극찬을 받고 있는 **'진정 쉬~사운드'**를 활용해보자. 벌써 판매건수 5만을 넘어선 가장 인기 있는 트랙 중 하나이다. 오죽하면 이것 없이 재우지 못 하겠다는 분들도 나왔다. 낮잠연장에도 그 효과가 톡톡하다. (현재는 더 많은 분들을 도와드리고자 똑게육아 유튜브에 올려두었으니 유용하게 활용했으면 한다.)

옆으로 뉘여 진정시키기+토닥이기+쉬~ (옆눕&쉬토닥)

앞에서 0~4개월 아기를 진정시키는 여러 방법들을 열거했지만, 이 시기 아기들을 진정시키기 위한 가장 좋은 방법은 이 방법들을 결합해 사용하는 것이다. 이 책에서 나는 그 방법을 '옆눕&쉬토닥(옆으로 뉘여 진정시키기+토닥이기+쉬~)'이라는 용어로 압축하여 부르도록 하겠다. 옆눕&쉬토닥은 특히 과도하게 피곤하거나 과잉 자극을 받은 아기에게 효과적이다. 아기가 얼마나 피곤한지에 따라 이 행위를 좀 더 오래 지속해야 할 수도 있다. 그러나 아기가 수면을 위한 준비가 된 경우라면 이 방법으로 아기는 매우 빠르게 잠들 것이다.

옆눕&쉬토닥의 순서는 다음과 같다.

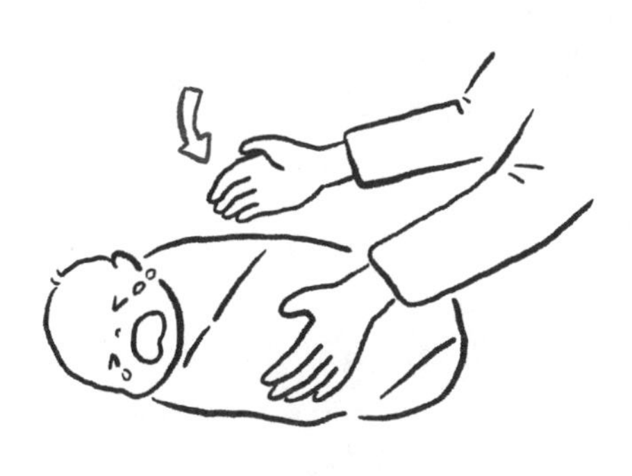

옆으로 뉘여 토닥이다가

서서히 굴려서 등을 대고 눕게 한다.

아기를 **속싸개**에 싼다

똑게 진정 쉬~ 사운드를 크게 틀어둔다.

아기를 잠자리에 내려놓고,
한 손으로 아기의 배를 지지하면서
아기를 굴려서 옆으로 눕게 한다.

다른 손으로 **아기의 엉덩이를 상체 방향으로**
리드미컬하게 쓰다듬는다.
이때 약하게 쓰다듬기보다는
조금 힘 있게 쓰다듬는다.

가능하면 아기가 자는 잠자리도
(흔들 수 있는 것이라면)
리드미컬하게 흔들어본다.

만일, **똑게 진정 쉬~ 사운드**를 준비해두지 않았다면
아기를 토닥이고 흔들어줄 때
아기의 **귀에 대고 크게 쉬 소리를 내준다.**

아기가 잠든 것이 확인되면 아기를
다시 조심스럽게 굴려서 등을 대고 눕게 한다.

로리의 컨설팅 Tip

아기를 진정시킬 때도 양육자가 머릿속에 중요하게 생각하고 있어야 하는 부분은 **'아기가 자신의 잠자리에서 잠을 자는 것'**이다. 가능하면 당신의 품 안이나 유모차에서 잠이 들지 않도록, 수유를 하는 동안 잠에 들지 않도록 똑게 수면 프로그램을 잘 공부해서 적용해보자. 아기는 자신이 등을 대고 누운 아기의 잠자리가 자신이 잠자는 곳임을 충분히 배울 수 있다.

그렇다면, 지금부터는 앞에서 소개한 '옆눕&쉬토닥'의 각 단계 중 핵심 포인트인 '옆으로 누이기', '토닥이기/손으로 두드리기', '쉬 토닥이기'의 보다 더 디테일한 방법에 대해서 소개해보겠다.

(1) 옆으로 누이기

아기를 잠자리에 내려놓기 전에 몇 가지 체크할 사항들이 있다. 아기가 트림을 잘 했는지, 속싸개가 헐겁지 않게 단단히 잘 여며졌는지, 그 외에 수면 환경(온도, 습도, 방의 밝기 등)이 잘 조성되어 있는지 살펴보자. 모든 상황이 잘 갖춰졌고, 아기가 잘 진정된 상태라면 당신의 팔 안에서 고른 간격으로 숨을 차분히 쉬고 있을 것이다. 그러면 이제 아기를 잠자리에 내려놓을 순서가 된 것이다.

만일 아기가 진정되기 전이라면 아기를 당신의 어깨에 얹혀놓은 채로 리드미컬하게 아기의 등이나 엉덩이를 두드려본다. 혹은 가슴에서 요람 자세(87p 참고)로 안고 등이나 엉덩이를 두드려본다. 아기가 잠자기 전 수면 의식 단계에서 특정 잠연관(더미)을 원할 경우, 요람 자세로 아기를 안아서 진정시켜주면 좋다.

이제 아기가 '잠으로 가는 마법의 창문'을 넘어갈 수 있도록 전환(깨어 있는 상태 → 잠) 시킬 타이밍이다. 이때 아기가 더 많은 진정을 원하는 듯 보이면 사용할 수 있는 방법이 아기를 옆으로 누인 채로 당신을 바라보게 하여 진정시키는 것이다. 이 옆으로 뉘여 진정시키기 기법은 아기가 등을 대고 눕는 것을 좀 더 쉽게 만들어준다.

※ 주의

아기를 옆으로 누인 상태에서는 절대로 자리를 떠나지 마라.

어느 정도 시간이 흐른 뒤,

아기가 아기의 잠자리에서 진정되는 것 같아 보이면,

옆을 댄 자세가 아니라

등을 댄 자세로 전환한다.

옆 ➔ 등으로

옆 대고 누이기 ➔ 등 대고 누이기

(2) 토닥이기/손으로 두드리기

양육자가 아기의 몸을 어루만져주는 '터치', '스킨십'은 아기를 진정시키는 매우 탁월한 도구다. 따라서 진정시키는 전 과정에서 가능한 한 아기의 몸에 손을 계속 대고 있기를 권한다. 그러다가 아기가 울지 않을 것 같을 때 손을 떼어도 좋다. 만일 아기가 당신의 토닥임이 사라졌을 때 계속 울거나 몸부림을 친다면 앞에서도 거듭 이야기했던 것처럼 어떤 행동을 바로 취하기보다 잠시 아기의 울음소리에 귀를 기울이자.

> 만약 아기가 계속 울거나 난동을 피우면
> 바로 액션을 취하기보다는 먼저 멈추고 듣는다!!
> stop and listen!!
> 잠시 동안.

그렇게 잠시 시간을 갖고 이것이 감정적인 울음(emotional cry)인지, 잠에 빠져들기 전의 주문을 외는 울음(mantra cry)인지를 파악해보자. 잘 모르겠더라도 이 질문을 머릿속에 떠올리고 있는 것은 큰 도움이 된다.

우리가 다이어트를 할 때도 '감정적인 식욕'과 '진짜 배고픔의 식욕', 이 두 가지를 구분할 수 있는 것이 중요하다. 감정적인 울음인데 아기에게 젖을 계속 먹이면, 아이가 성인이 되어서도 스트레스를 받고 감정적으로 힘들 때마다 음식 섭취로밖에 진정할 수 없을 것이다. 추후 비만과 섭식 장애의 요인이 된다. 그러므로 이 부분을 조심하면서 계속 꾸준히 아이가 건강한 방향으로의 진정 스킬을 높일 수 있도록 노력하자. 아기가 잠에 빠져드는 과정에서 시끄럽게 소리를 내거나 울 때 당신이 뭘 도와줘야 하는지도 잘 모르면서 어쭙잖게 도와주려다가 더 과한 자극을 주곤 한다.

(3) 쉬 토닥이기

쉬 토닥이기 방법은 생후 0~8주차의 아기를 진정시킬 때 특히 추천하는 방법이다. 8~16주차의 아기는 그전 주차의 아기들보다 스스로 진정을 더 잘할 테지만, 만일 아기가 화가 나 있는 것 같아 보이고 도움이 더 필요해 보인다면 쉬 토닥이기 방법을 적용해보자. 쉬 토닥이기는 잠들기 전 수면 의식 단계에서부터 사용해야 하는데, 큰 소리의 제대로 된 양질의 쉬 소리와 함께 하면 더없이 좋다.

두드리기는 아기의 진정 반응(calming reflex)을 일으키는 정말 좋은 방법이다. 이 무렵의 아기는 두 가지 이상의 것에 집중할 수가 없다. 따라서 백색소음이 울려 퍼질 때 양육자가 두드리기를 시작하면 아기는 빠르게 울음을 그칠 것이고, 진정하기 시작한다.

나는 평소 집중력과 효율성 있는 뇌 활용에 관심이 많다. 아무래도 손이 많이 가는 두 아이를 키우면서 일을 병행해야 하기 때문에, 일을 할 때의 '몰입 집중력'이 중요하기 때문이다. 사람 성향에 따라 조금씩 다를 수 있는 부분이지만 어른도 자신이 듣기에 편안한 음악을 다소 크게 틀어두고 일을 하면, 머릿속에 들어오던 수많은 잡념이 사라지고 몰입력이 좋아진다.

이처럼 아기의 경우에도 뇌가 아직 영글어지기 전이기에 쉬~ 소리를 크게 틀어두고, 등이나 엉덩이를 리드미컬하게 두드려준다면 다른 생각이 뇌에 들어올 틈이 없는 것이다.

두드려주는 부위로 나눠보자면 '등 두드리기'와 '엉덩이 두드리기'가 있는데, 아기마다 효과적인 것은 다를 수 있다. 무엇이 잘 맞는지 실전에서 실험해봐라. 아기가 어떤 두드림을 더 선호하는지, 당신이 어떤 것을 지속하기 더 쉬운지 말이다. 이 활동은 10~15분 정도는 수행해야 할 것이다.

로리의 컨설팅 Tip - 진짜 사랑하는 후배들에게만 알려주는
궁극의 쉬 토닥이기 숨은 기법 전수!

*똑게 꿀팁 전수

아기의 울음에 대응해서 두드려준다. 만약 아기가 심하게 울고, 높은 피치로 울고 있다면 양육자는 더 빠르고 강하게 토닥여준다. 만약 아기가 긴장을 풀어가면서 울음도 서서히 멈춰가고 칭얼거리고 보채는 울음 단계에 진입했다면, 이때 두드림의 리듬은 시계가 '째깍째깍' 하는 틱톡 리듬에 가까운 리듬감으로 두드려준다. 1초가 '째깍째깍' 하고 갈 때의 그런 속도의 토닥임이다. 이 책을 읽고 있는 후배님들이여, 다 같이 한 번 연습해보자. 이때의 토닥임은 강한 세기가 아니라 가볍게 두드리도록 한다. '째깍째깍' 하는 '틱톡 두드리기'에 아기가 잘 반응하고 울음도 멈췄다면, 이 정도의 '틱톡 토닥임'을 아기가 잠에 빠져들 때까지 계속하면 된다.

여러분이 이 '틱톡 두드리기 테크닉'을 처음 시도해본 것이었고, 아기가 최근에 진정하기를 힘들어했다면, 중간에 멈추지 말고 틱톡 토닥임을 5~10분 정도 지속해준다. 그러면서 점차 두드리는 속도를 더 줄여준다.

토닥이기도 그냥 토닥이기가 아니다. 그 전략과 방법이 있다.

토닥-토닥

→ 토닥-토닥-토닥

이 순서로 가야 한다. Okay?

강하고 빠른 리듬으로 울고 있다면

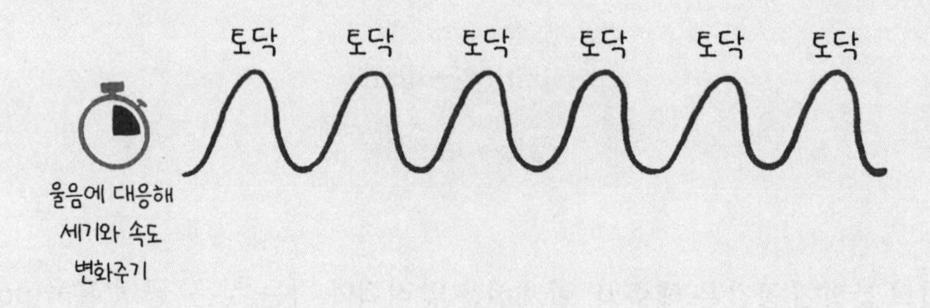

울음이 조금 누그러졌고 잦아들어간다면, 그 속도에 맞게

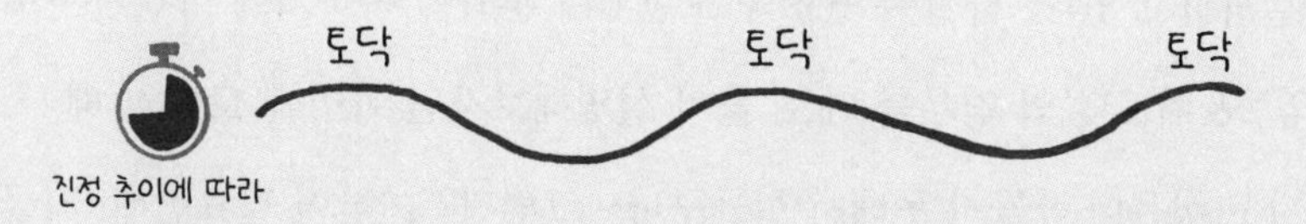

이윽고 아기가 진정되고 잠을 자는 상태에 접어든 것 같으면, 이 토닥이기를 '부드러운 등 문지르기'로 천천히 전환한다. 그리고 최종적으로는 아기를 옆으로 눕힌 상태에서 등을 대고 누운 상태로 돌리기 전에 토닥임을 중지한다.

등을 댄 자세로 아기를 돌리는 것은, 아주 부드럽게 천천히 시행되어야 한다. 이 단계에서 까딱하면 아기의 잠을 방해할 수도 있고, 당신이 지금껏 열심히 수행해 온 과정들이 물거품이 될 수도 있기 때문에 조심스럽고 부드럽게 움직여야 한다.

(4) 옆눕&쉬토닥이 잘되지 않는 이유들

옆눕&쉬토닥은 아기를 진정시키는 탁월한 방법이지만, 생각보다 잘되지 않아 양육자에게 곤혹스러움을 안겨줄 수도 있다. 그 이유에 대해서 자세히 살펴보고, 개선할 수 있는 방법을 알아보자.

※ 옆눕&쉬토닥을 제대로 수행하기 위한 가장 기본적인 자세

empathy → limit

(공감) → (한계선)

아이의 감정에 공감은 해주되, 한계선은 알려줘야 하는 것은 '긍정 훈육(positive parenting)'의 기초 이론이다. 똑게육아 훈육책에서도 이에 대해 '하트법칙' 모델에 입각해 설명하고 있다. 사실 수면교육 또한 0세 훈육에 속하기에 마찬가지로 보면 된다. '옆눕&쉬토닥'의 경우를 예로 들어 설명해보자면 아이를 토닥일 때, "그래~ ○○가 자고 싶은데 잠들지 못해서 힘들구나~ 그렇지?", "잠이 필요한데, 지금 자는 법을 몰라서 애쓰고 있구나" 하는 식으로 현재 아기가 느낄 법한 내용을 공감해주면서 아기를 지지해주고, 격려해주는 따뜻한 자세를 유지해야 한다. 이때 진정 전략을 행하는 양육자는 그 누구보다 차분하게 진정된 상태여야 한다. 그래야만 그 기운을 아기에게 전달해줄 수 있음을 기억하자.

아기를 토닥여주는 자신의 손끝에서 에너지 파장이 어떻게 퍼져나가는지를 느끼면서 '옆눕&쉬토닥' 진정 전략을 행해보자. 양육자의 마음에서 차분하고 진정된 기운이 만들어지지 않은 채로 아기를 토닥이면 양육자가 느끼는 불안함('아기가 빨리 안 자는데 어쩌지?' 하는 마음 등)이나 부정적인 에너지의 파장이 아기에게 고스란히 전해진다. 그러므로 양육자 자신이 스스로의 마음을 잘 모니터링하면서 해당 진정 전략들을 시행해야 한다.

이외에 옆눕&쉬토닥이 잘되지 않는 미시적인 이유들은 다음과 같다.

① 아기가 6개월 이상인 경우

옆눕&쉬토닥은 6개월 이전의 아기들에게 주로 유용하다. 이 시기가 지나면 오히려 아기에게 짜증을 유발하거나 수면을 방해한다.

② 양육자의 쉬토닥 방법이 잘못된 경우

'쉬~ 토닥임'은 테크닉이다. 우는 아기를 잠들 수 있을 수준으로 충분하게 진정시키는 것이다. 아기를 잠자리에 눕히고 진정시켜서 아기 스스로 잠에 빠져들게 하는 것이다.

- ☑ 당신이 단단하게, 견고하게, 뭔가 차분한 확신과 믿음을 전달하며 두드리지 않는다면 이 기술은 제대로 작동하지 않는다.
- ☑ 적당히 리드미컬한 리듬, 현재 아기의 상태에 맞는 리듬으로 두드리지 않으면 역시 작동하지 않는다.
- ☑ 쉬~ 사운드나 화이트 노이즈 없이 두드린다면 작동하지 않을 수 있다.
- ☑ 어깨를 두드리거나, 배를 두드리는 것도 흔한 실수 중 하나이다. 등이나 엉덩이를 두드려야 한다.

③ 양육자가 아기의 하루를 매니징하는 일에 적응하지 못한 경우

아이의 하루에는 자는 것 외에 '먹는 것'과 '활동하는 것'이 포함되어 있다. 아기와 하루를 같이 보내면서 이 부분들을 잘 들여다봐야 한다. 아기들은 양육자가 사용하는 모든 도구와 장난감들로 과잉 자극을 받을 리스크를 가지고 있다.

기억하자. 당신이 더 차분함을 유지할수록 아이는 더 잘 자게 되어 있다.

④ 양육자가 자녀에게 부정적 감정(미안함, 죄책감)을 느낄 경우

'쉬 토닥이기'는 당신이 아기에게 미안함을 느끼면 작동하지 않는다. 효과가 없다. 아기는 부모의 감정을 정확하게 캐치하고, 바로 모방하며 부모가 느끼는 것 그대로 똑같이 느낀다. 부모의 감정은 자연스럽게 전이된다.

'쉬 토닥이기'가 효과가 있으려면, 부모들은 자신감과 확신에 가득 찬 분위기를 물씬 풍겨야 하고, 온몸으로 발산해야 한다.

죄책감을 느끼는 부모들은 결국은 아무리 좋은 진정 기법을 알려주어도 제대로 실행하지 못한 채 포기하게 된다. 왜냐하면 그들은 마음속 깊은 곳에서 자기가 하는 행위가 아기를 해칠 수 있다고 생각하기 때문이다. 지금 이 행위가 아기에게 사랑을 주는 행위임에도, 아기에게 진정 기회를 주고 스스로 해볼 수 있게 해주는 진정 기법이 아기에게서 사랑을 거두고 있다고 느끼기 때문이다.

그래서 이런 분들은 계속해서 아기를 들어 안았다 내렸다를 반복하게 되고, 그 결과 아기는 과자극을 받게 된다. 이런 분들은 계속해서 안았다 내려놨다 안절부절 못할 뿐만 아니라, 아기를 조금씩 먹여가며 스내킹 수유를 해댄다. 그 결과 아기가 전유만을 계속해서 많이 먹게 되는 결과가 발생한다. 그로 인해 아기의 배 안에는 가스가 많이 차게 되고 불편해서 더욱 잠을 못 자게 된다.

옆눕&쉬토닥이 효과가 있으려면 부모가 자신이 행하는 진정 기법이 아기를 위한 행동임을 분명히 확신해야 한다.

⑤ 수면 환경이 제대로 조성되지 않은 경우

'쉬 토닥이기'를 할 때는 아기가 잠에 몰입하기 힘들게 방해하는 요소는 최소화해야 한다. 모든 진정 방법을 적용하기 전에는 아기 방을 수면에 적절한 환경으로 만들어줘야 한다. 전등 불빛은 희미하게 낮추고, 방은 조용하게 만든다.

⑥ 부부 중 한 명이 준비되지 않은 경우

옆눕&쉬토닥을 비롯해서 똑게 수면 프로그램으로 아기에게 질 좋은 수면을 선물하기 위해서는 부부가 이 수면교육의 취지에 동의하고 함께 참여해야 한다. 부부가 동료 의식을 갖고 아기를 잘 재우기 위한 방법에 관해 의견을 나누고 생각을 정리하는 시간을 가져야 한다.

⑦ 부부가 적절하게 협력하지 않은 경우

만약 부부가 돌아가면서 프로그램을 수행하게 된다면, 적어도 한 사람이 두 번의 밤을 연달아서 담당하는 것이 좋다. 그래야 아기가 한 번에 한 부모만 상대하면서 배워나갈 수 있다. 엄마, 아빠 두 명이 같이 방에 머문다면, 그것 자체가 아이를 흐트러뜨리게 만든다. 되도록이면 한 명이 총대를 메고 실행하는 것이 좋다. 만약 중간에 프로그램 수행자를 바꾸게 된다면, 새로 시작하는 것과 같아지기도 한다. 하지만 상황에 따라 부모가 같이 번갈아가며 수행하더라도 반응에 있어 서로가 일관성을 유지하며 임한다면 괜찮다.

⑧ 부모가 비현실적인 기대를 갖고 있는 경우

'쉬 토닥이기'는 아기를 바로 잠재우는 마법의 기술이 아니다. 이것은 배앓이나 역류를 낫게 하는 기술이 아니며, 원래 기질적으로 까다로운 아기를 관리하기 쉽게 만드는 방법도 아니다.

아기를 진정시키는 것은 힘든 일이다. 하지만, 만약 지금 당신이 내가 알려주는 방법대로 노력을 기울인다면, 12주가 되면 어떤 면에서는 아주 순한 아기가 되어 있을 수 있다. (이때 '순하다'는 의미는 경험해본 자만이 제대로 이해할 수 있을 것이다. 아기가 편안한 스케줄 안에서 평화로움, 안정감, 행복을 느껴 일상에 만족스러운 아기가 된다는 뜻이다.) 당신이 이 진정 기법을 시작하면 초반에는 아기가 좌절하고 짜증을 낼 수도 있다. 그래서 겉으로 보기에는 울음이 더 거세지는 것처럼 느껴질 수도 있다. 하지만 당신이 아기와 함께 있으므로 걱정하지 않아도 된다. 그저 침착하게 조금만 더 진정 기법을 지속해본다.

우리가 새로운 능력을 갖게 되는 과정을 생각해보자. 아기에게도 새로운 진정 방법을 터득하는 과정이 당연히 필요하다. 여기서 아기를 믿어주고, 확신을 주는 당신의 지지와 격려가 중요한 요소다. 그러므로 섣부른 포기도, 과도한 걱정도 접고 평온한 자세를 탑재하자.

⑨ 부모의 용기나 의지가 꺾였거나, 끈기가 부족해 중도 포기한 경우

첫 번째 밤에만 의욕적으로 시행하는 경우가 있다. 그냥 하루 정도 시도하고 멈춰버리는 것이다. 처음에 약간의 성공을 맛보았는데, 그 후에 문제가 발생하는 것처럼 보이면 이런 분들은 옆에서 누군가 확신을 주지 않는 이상, 다시 '쉬 토닥임' 진정 기법으로 돌아가지 않는다.

(5) 다음 단계로의 진화

아기가 생후 8주 이후에 접어들면 위의 진정 기법들로 도움을 주는 것을 서서히 멈추고 싶을 수 있다. 그럼 진도를 나가본다. 그렇다면 어떻게 진도를 나갈 수 있을까?

잠자기 전 수면 의식을 완벽히 수행해주는 것은 이전과 동일하다. 그러나 이번에는 아기를 80% 정도만 진정시킨 상태로 만들고, 나머지 20%는 아기가 자신의 잠자리에서 스스로를 진정시킬 수 있도록 여지를 주자.

만일 이 시도가 실패하고 그로 인해 아기가 울거나 화를 낸다고 해도 절대 당황

하거나 패닉에 빠지지 말자. 똑게 수면 프로그램에서 알려준 전략대로 예전처럼 다시 진정시키면 되고, 다음번에 다시금 도전해볼 수 있다. 4~5개월 이전 시기라면 아기가 어린 시기이므로 여유가 있다. 조급해할 필요가 없다.

만약 아기가 20% 정도를 그 어떤 토닥임이나 두드림 없이 잠들 수 있게 된다면, 그 뒤에는 더 나아가 30~40% 정도 선에서 스스로 잠들도록 시도해볼 수 있다.

이 말은 당신의 품 안에서 60~70% 정도 잠들게 한 뒤, 그 나머지인 30~40% 정도는 스스로 잠들 수 있도록 기회를 주라는 이야기다. 당신의 터치나, 당신이 그저 근처에 있다는 그 존재감 자체만으로 아기가 잠들 수 있도록 말이다. 그렇지만 아기가 심하게 화를 내는 것 같다면 이전처럼 도움을 주도록 한다.

만약 아기가 처음 몇 번의 시도에서 화를 낸다면 옆으로 뉘여 진정시키기로 완전히 잠들 때까지 도와줄 수도 있다. 또는 옆으로 뉘여 진정시키기로 60~70% 정도 진정시키고, 이후에는 아기가 스스로 진정하는 것을 지켜볼 수도 있다.

여기서 조심할 부분이 있다. 바로 아기가 과하게 피로해지지 않게 하는 것이다. 그래서 아기 스스로 주도적으로 진정하게끔 적당한 비율로 기회를 주는 시도는 해보되 아기의 컨디션을 봐가면서 하루에 1~4번 정도 아기 주도 횟수의 한계선을 정해두고 시도해본다.

결국 아기를 도와주게 되었다 할지라도, 기억할 점은 이것이 실패가 아니라는 점이다. 그것은 '실패'가 아니라 그저 '가르치는 시간'이다. 이 과정은 아기가 스스로 애써보면서 삶에 있어 가장 소중한 기술인 잠자는 방법을 자기 것으로 만드는 데에 긍정적인 영향을 끼친다. 이것을 터득하면 자기 자신의 감정 조절도 잘할 수 있는 토대가 되며 추후 훈육에도 긍정적인 영향을 미친다. 아기의 뇌 발달에도 좋은 영향을 주는 좋은 교육이다. 지금 한 번의 시도에서 잘되지 않았더라도 실망할 필요가 없다. 내일의 낮잠에서는 성공할 수도 있다. 이 연습 효과는 계속 누적되는 것이며

(최종 반응의 일관성을 유지했다면) 아기는 계속해서 스스로 잠들기 위해 노력한다. 결국에는 더 적은 도움으로도 잘 자게 될 것이다.

또한 그저 아기의 잠자리를 살짝 흔들어주는 것과 아기의 엉덩이를 양쪽으로 조금씩 흔들어주는 것. 이런 것만으로도 아기는 충분히 진정될 수도 있다(진정 계단 262p 참고). 등을 대고 잠이 들게 되는 결말이면 된다. 처음부터 스스로 잠에 빠져든 건 아니었더라도, 중요한 것은 결국 마지막 순간에는 '아기가 깨어 있는 상태 + 등을 댄 상태'로 잠에 빠져드는 것이다.

진정 전략 Q&A

앞에서 이야기한 디테일한 진정 전략들이 처음부터 아기와 양육자에게 마법 같은 순간을 선사하지는 않는다. 시행착오와 적응의 과정은 피할 수 없는 법. 다음은 진정 전략을 적용하는 과정에서 많은 분들이 나에게 문의했던 내용들 중 대표적인 질문들을 꼽아 그에 대한 답을 정리한 것이다. 아래의 내용을 참고하면 진정 전략을 적용하는 과정에서의 시행착오를 점차 줄여나갈 수 있을 것이다.

Q. 아기를 잠자리에 내려놓거나, 내가 방에 들어가면 들어가자마자 울기 시작한다. 아기들은 원래 혼자서 자기 침대에서 자는 걸 무서워하나?

A. 걱정하지 않아도 된다. 아기는 혼자 자신의 잠자리에서 자는 것을 무서워하지 않는다. 아기의 그런 반응은 '아, 이제 엄마 아빠가 나에게 잠을 자라고 하는 거구나~' 하며 **'자신의 잠자리'**와 **'잠자기'** 사이의 관계를 이해하고 있다는 신호다. 이는 아기가 잠이 들 수 있게 해주는 **긍정적인 잠연관**이 될 수 있으니 걱정하지 말자. 아기가 과도하게 피곤하지 않는 한, 이 울음소리는 시간이 지날수록 사라진다. 때때로 아기

가 자신감을 가지는 데는 시간이 걸리기 마련이다.

Q. 5분의 토닥임 이후에도 계속 울고 있으면 어떻게 해야 하는가?

A. 이런 상황에서는 아기를 들어 올리고, 안아줘볼 수 있다. 품 안에서 토닥여주면서 진정시킨다. 또는 때에 따라서 잠깐 먹여볼 수도 있다. 아기를 아기의 잠자리 위에서 다시 진정시키기 전에 아기를 아주 졸린 상태인, 일명 **'술 취한 선원 상태'=**
'술취선 상태'로 만들어 잠에 거의 빠져드는 단계에 진입할 수 있도록 준비시킨다.

Q. 토닥이기를 해주는 와중에 아기가 활처럼 몸을 구부리면 어떻게 해야 하는가?

A. 당신이 토닥이기 기술을 시연하는데, 아기가 C자 형태로 몸을 만든다면 이것은 아기가 너무 오랫동안 옆으로 누워 있었다는 사인이다. 이럴 때는 아기가 아마 자신의 팔에 기대어서 누워 있었을 것이다. 즉, 옆으로 누웠을 때 자신의 팔을 깔고 누워 있었을 것이란 뜻이다.

그래서 여기서 꼭 기억해야 할 부분이 있다. **'옆으로 뉘여서 진정시키기'**는 그저 진정시키는 기술일 뿐이지, 잠자는 자세가 아니다. 그러므로 아기를 옆으로 눕힌 자세에서 등을 댄 자세로 올바르게 돌려 눕히는 것이 중요하다. 아기가 천장을 보고 돌아눕도록 해줄 때 아기의 등과 엉덩이 부분을 계속 두드려주면서 돌아눕힌다. 그러면서 아기를 토닥일 때, 아기가 제대로 호흡하고 있는지, 공기가 잘 들어가고 있는지를 체크해야 한다.

Q. 아기가 속싸개 안에서 팔을 위로 올리고 있는 자세를 취하면 어떻게 해야 하는가?

A. 아기가 옆으로 누운 자세로 있으려면, 아기의 팔이 배 근처 옆으로 떨어져 있어야 한다. 즉, 팔이 최소한 머리보다 위로 가지 않는 위치에 있어야 한다. 속싸개는

아이의 팔을 차렷 자세로 고정해주기 때문에 사용을 권장하는 것이다. 속싸개로 잘 감싸여 있지 않은 상태에서 아기를 토닥여주면 오히려 아이를 더 거칠게 움직이게 만들고, 때로는 아기를 겁먹게 만들 수도 있다. 만약 아기가 팔을 머리 위로 올리고 있는 자세를 하고 있다면, 헐겁지 않게 그 부위를 고정해줄 필요가 있다. 올린 팔 부위도 탄탄하게 잡아줄 수 있는 속싸개 제품을 활용해야 한다.

Q. 옆으로 눕혀 재우는 것은 위험하지 않나?

A. 물론이다. 신생아를 옆으로 뉘여 재우거나, 엎드려 재우는 것은 권장하지 않는다. 다시 한 번 말하지만, **'옆눕&쉬토닥'**은 아기가 잠자는 자세가 아니라 아기를 진정시키기 위해 일시적으로 취하는 자세다. 따라서 아기를 옆으로 뉘여 진정시키는 방법을 쓰기로 했다면, 양육자는 절대 아기 옆을 떠나서는 안 된다. 아기가 진정된 상태로 보이면 꼭 마지막에는 아기가 잠자리에 등을 대고 누울 수 있도록 돌려놓아야 한다.

아기 잠자리 안전과 관련하여 덧붙이자면, 아기를 옆으로 누일 때 지탱에 도움을 주는 도구나 역류를 방지하는 보조 장치들은 아기 잠자리에서 모두 치우도록 하자. 절대 안전하지 않다. 영유아 돌연사 방지 자격증을 취득하는 과정에서 잠자리에 놓여 있던 그런 도구들 때문에 영유아 돌연사가 발생했던 사례들을 많이 접할 수 있었다. 아기의 잠자리에는 아무것도 없어야 한다.

Q. 옆으로 뉘여 진정을 시켜도, 다시 등을 돌려 눕힐 때 아기가 항상 운다. 어떻게 해야 하는가?

A. 이런 경우 당신이 너무 빨리 아기를 돌려놓지는 않았는지 살펴보고, 몇 분이라도 좀 더 기다려볼 것을 권한다. 그리고 옆으로 뉘였던 아기를 등을 대고 눕도록

돌리는 행동은 매우 천천히 부드럽게 시행해라.

Q. 쉬 소리 등 진정 사운드는 얼마나 크게 틀어야 하는가?

A. 만약 아기가 울고 있다면, 아기의 울음소리보다 크게 틀어야 한다. 70~75dB 이하면 아무 문제 없다. 아기가 한번 진정이 된 상태거나 더 이상 울지 않는다면 샤워기 물소리나 진공청소기 소리 정도의 크기면 충분하다(229~230p 참고).

Q. 백색소음이나 '똑게 진정 사운드'가 아기의 청력을 손상시킬 위험은 없는가?

A. 여러 실험 결과들을 분석한 것을 바탕으로 이야기하자면, 백색소음의 데시벨(dB)을 아기의 위치에서 측정했을 때, 75dB을 최대치 볼륨으로 생각하면 된다. 참고로 아기는 자궁에서 최대 95dB의 소리에 노출된다. 아기가 우는 경우, 아기를 진정시키기 위해서는 백색소음이나 '똑게 진정 사운드'를 아기 울음소리보다 더 크게 틀 것을 권장한다. 그런 다음, 아기가 잠에 들면 약 55~65dB(샤워기 물소리 크기) 정도로 소리를 조절해주면 적절하다.

백색소음의 크기와 청력 손상의 정도와 관련해서 이루어진 실험 중에는 여러 가지 백색소음을 일으키는 기계들을 50cm, 1m 등의 특정 거리에서 최대로 볼륨을 높였을 때의 데시벨을 측정하는 방식으로 이루어진 것이 있다. 이는 산업현장에서 일하는 근로자에게 산업재해를 일으킬 수 있는 소음의 세기가 (해당 현장에서 해당 소음 아래에서 3년 이상 일을 한 경우) 85dB인 것을 참고하여, 백색소음을 내보내는 기계들을 최대 볼륨으로 틀었을 때 그 기계와 떨어져 있는 거리별 데시벨을 측정해 각각의 백색소음 기계들을 유해하지 않은 수준에서 사용할 수 있는 소리 크기를 권고하고자 설계된 실험이었다.

그 밖에도 실험용 생쥐를 대상으로도 백색소음 테스트가 이루어진 적이 있다. 그러나 이 실험의 경우는 사람이 아닌 동물을 대상으로 한 실험인 데다가 유의미한 결과를 도출하기 위해서 어쩔 수 없이 매우 가학적이고 극단적인 조건 아래에서 이루어졌기 때문에 이 실험의 결과를 아기의 질적인 수면을 위한 백색소음 크기를 참조하는 데 활용하기에는 무리가 있다는 것이 전문가들의 의견이다.

Q. 아기에게 손위 형제가 있을 경우, 수면교육을 어떻게 해야 하는가?

A. 자녀가 한 명이 아닌 경우, 신생아를 재우는 일은 더 힘들 수 있다. 특히 큰아이가 항상 집에 함께 있는 상황이라면 더욱 그렇다. 이럴 때는 아기의 아침 낮잠(낮잠①)과 늦은 저녁 낮잠(밤잠 바로 전의 낮잠)은 유모차나 아기띠를 이용해볼 수 있다. 이렇게 하면 '아침 낮잠'과 '늦은 저녁 낮잠' 회차에서 큰아이와 함께 보내는 시간을 확보할 수 있게 된다. 단, 길게 자는 것이 좋은 점심 무렵의 낮잠은 가능한 한 집에서 자신의 잠자리에서 잘 수 있게끔 노력하자.

손위 형제가 있을 경우, 아기를 재울 때 다른 아이에게는 몰입하여 어떤 활동을 할 수 있게 마련해주거나 간식 등을 사전에 챙겨주도록 한다. 그럼에도 불구하고 아기를 재우는 방에 다른 형제가 들어올 경우, 당황하지 말고 차분하게 대응하도록 하자. 예를 들어 둘째를 재울 때 첫째가 들어왔다고 해서 패닉이 되면 안된다. 우리의 비밀 병기인 백색소음, 똑게 꿀잠/진정 사운드를 아기가 자는 방에 틀어놓아두었다면 다행히 이 장치로 인해 아기가 잠들려는 상황이 첫째 아이의 침입과 동시에 곧바로 방해받지는 않게 된다. 여기서 중요한 건, 당신이 차분하게 진정되어 있느냐 아니냐다. 오히려 방에 들어온 다른 형제를 '이거 큰일이네!!', '재난 발생이다!!'라며 부산하게 내쫓으려고 하기보다는 차분하게 반응해주며 옆에 있는 것을 자연스럽게 지켜봐준다면, 아이는 이내 지루해져서 방을 나갈지도 모른다. 육아에서는 과잉 반응을 할수록 아이에게 더 많은 자극과 보상을 준다는 사실을 잊지 말자.

Q. 아기가 다시 깼을 때, 옆눕&쉬토닥을 다시 또 이용해도 되나?

A. 물론이다. 아기가 40~45분 뒤에 깨서 울 때, 다음번 수면 사이클에 들어갈 수 있도록 이 기법을 사용할 수 있다. 이때 아기를 들어 올리지 않고, 아기가 깊은 잠에 도달할 때까지 쉬 토닥이기를 다시 시작한다.

다만, 아기가 배가 고픈 건지, 피곤한 건지, 트림하고 싶어 하는 건지 헤아려보기 위해 노력해야 한다. 만일 아기가 행복하게 깨어났다면, 아기는 그냥 깨어날 때가 되어서 자연스럽게 깨어난 것일 확률이 높다. 그게 아니라면 아기가 잠자리에서 행복하게 있는지 보기 위해 10~20분 정도 아기 곁을 떠나 있어본다. 아기가 다시 잠자는 것을 원하는지 관찰해볼 수 있다.

아기를 다시 잠들게 하는 옆눕&쉬토닥 과정에서 당신은 다시 아기를 안아 올려서 진정시켜줘야 할 수도 있다. 이런 진정 과정을 반복해가면서 아기의 숨소리가 부드러워지면, 다시 아기가 자는 방을 떠나본다. 아기는 꼼지락거리다가 어느새 움직임이 없어지면서 2분쯤 뒤에는 빠르게 잠에 빠져들 수도 있다. 하지만 안아 올려 위안을 주는 것은 될 수 있으면 피하려고 노력해라. 아기를 진정시키는 동안 얼마만큼 안아 올릴 것인지 처음부터 기준을 설정해두면 문제 상황에 맞닥뜨렸을 때 도움이 된다. 어린 아기에게는 누워 있는 자세에서 안아 올리는 행위 자체가 굉장히 과잉 자극을 줄 수 있기 때문에, 안아 올린다고 해서 능사가 아님을 기억해야 한다.

또한 아기가 낮잠을 자기 전에 많은 방문객이 왔다면 분명히 아기는 자극을 많이 받은 상태가 된다. 다들 아기를 한 번씩 안아보려고 했다면 더더욱 그렇다. 이런 상황이라면 당신은 아기를 재우는 데 어려운 시간을 보내게 될 것이다.

45분 정도의 한 번의 수면 사이클이 끝났을 때 '쉬 토닥이기'를 한 번 더 사용해서 아기의 수면 시간을 연장시켜주면서 아기가 캣냅(고양이 잠)을 자지 않도록 가르쳐줄 수 있다. 아기가 낮잠을 길게 자게 되면, 정신적·신체적 회복의 질이 높아져서 영양분을 많이 받게 된다. 엄마 역시 아기가 낮잠을 길게 잘 자면 육아의 질이 달라진다. 똑게 수면 프로그램의 진정 기법과 스케줄링을 잘 따른다면 생후 16주차인 4개월 시점에는 아기의 수면 습관이 어느 정도 궤도에 오르게 된다. 그러니 부디 희망을 갖자!

잠자리 울음 기다리기 전략 (울음의 한계선을 정해서 기다리는 솔루션)

사람들은 아기의 울음소리를 들을 때 이렇게 생각한다. "아이고! 뭔가 잘못됐어. 저 작고 연약하고 어린 것이 스트레스를 받고 있고, 내가 가서 얼른 해결해줘야 해!" 그러나 대부분의 울음은 아기가 혼잣말을 하거나 당신에게 그냥 말하려고 시도하고 있는 경우일 때가 많다. 그리고 당신이 해결해줄 수 있는 부분이 있는가 하면—예를 들자면 '똥 싼 기저귀 갈아주기'나 '아기 방의 온도' 조절해주기 등— 당신이 해결해줄 수 없는 부분들도 있고, 심지어 좀 더 정확하게 말하자면 당신이 해결해주지 '말아야!!!' 할 것들이 있다.

물론 우는 아기에게는 부모의 손길이 필요하다. 그러나 당신의 역할은 도와주는 것이지 직접 문제를 풀어주는 역할이 아님을 기억하자. 아기의 감정적인 문제는 스스로 헤쳐나갈 수 있도록 옆에 단단히 함께 있어주면 될 뿐이지 당신이 해결해줘야 하는 건 아닌 것이다. 아래의 주문을 계속 외우자.

> "나는 너를 위해 모든 것을 해결해줄 수는 없어. 그러나 항상 네 옆에서 너를 격려하고 응원하며 네가 헤쳐나가는 것을 지켜봐줄 거야. 뿌리 깊은 나무처럼 너의 마음속 깊이, 너의 내면에 접속해서!"

이런 자세로 임하게 되면 당신의 아기는 점점 더 도움을 적게 필요로 하게 된다. 왜냐하면 자기 스스로 진정하는 법을 배워나가고 있기 때문이다.

그럼 잠자리에서 아기가 울 때 어떻게 대응해야 하는지를, '허용하는 울음의 한계선을 설정해 기다리기 전략'을 토대로 전수해보겠다.

(1) 아기를 3~5분 정도 울게 내버려두자

이 스텝이 참 힘들 수 있다. 그러나 이 과정은 아기가 혼자서 밤잠을 자는 능력을 올리는 데 있어서 필수적이다. 인터넷상에서 '울려 재웠다가 애 성격 나빠졌다', '부모 편하자고 하는 짓이다' 등의 말들이 떠돌아다니지만, 영유아 수면을 제대로 이해하고 자신의 아기를 섬세하게 관찰해서 실행한다면 아무런 문제가 없다. 어찌 보면 그런 생각은 부모 자신이 심적으로 불편해지는 상황을 피하기 위해 일종의 자기 위안을 하며 쓴 글일 가능성도 있으니, 내면을 깊숙이 응시하면서 양육자로서의 나의 진짜 마음을 살펴보는 것도 좋다. 당신이 진심으로 아이의 성격이 나빠지기를 바라는 것은 아니지 않는가? 부모 자신이 편하자고 이런 것들을 공부하고 있는가? 또한 양육자가 조금 편해져서 나쁠 것은 또 무엇인가?

물론 아기의 기질과 부모의 정서 상태 등 각 가정마다 처한 상황이 다를 수밖에 없기 때문에 어떤 가정에서는 앞의 방법이 잘 통하지 않는 경우도 있을 수 있다. 하지만, 인터넷상 글들은 다소 조심해서 봐야 할 부분이 있다. 그럴수록 초심으로 돌아와서 이 책을 정독하며 이해해보려고 노력하면 좋겠다. 그러한 노력이 있다면 당장은 아기를 꼭 침대에 눕혀 재우지 않더라도, 분명히 아이의 잠연관을 긍정적인 방향으로 이끌 수 있는 길이 무엇인지 파악될 것이다. 가고자 하는 목적지가 어디인지, 내가 가고자 하는 방향이 어디인지만 제대로 파악되어도 정체 모를 뿌연 안개 속의 육아는 달라진다. 나는 이제 내비게이션을 가진 자가 되기 때문이다. 굳이 누워 재우는 잠연관을 선택하지 않더라도 큰 그림 안에서 내가 어디에 위치해 있고, 어디로 나아가야 할지를 알고 있는 데에서 오는 차이가 굉장히 크다. 결국 내가 설정한 목표에 대한 확신을 가지고 구체적인 계획을 세운 뒤 일관성을 지켜나가며 실천해나갈 수 있다면, 각자 처한 상황에 따라 시간은 조금 걸릴 수도 있겠지만 분명 건강한 방향을 향해 나아가게 될 것이다. 그러므로 당장에 결실을 맺지 못하더라도 조바심을 낼 필요가 없다.

마지막으로 다시 한 번 강조하지만 이 과정은 결코 아기를 울리기 위해서가 아니라 아기를 울리지 않기 위해 하는 일임을 명확히 기억하자.

(2) 아기가 혼자 학습할 수 있도록 여지를 주자

아기는 울고 있을 때, 그냥 단순히 울고만 있는 것이 아니라 아기 스스로 지금 이 상황이 무엇인지 생각하고 있다. 어떻게 셀프 수딩하는 건지를 알아가고 있는 것이다. 자율학습 중에는 끼어들지 말자. 아기가 한번 문제를 스스로 풀면, 이후에는 부모 개입 없이 원더풀하게 해낸다. 기억해라. 우리 모두 밤중에 깬다. 어른인 당신도 뒤척이고, 이불을 끌어당기기도 한다. 아이와의 차이점은 (우리는 이미 학습이 되어) 우리가 깼다는 것을 인지하지 못한다는 점뿐이다. 아기는 8~12주 사이에도 스스로 잠드는 능력을 터득할 수 있다. 물론 다음 단계의 분기점에서 계속 꾸준히 그 부분을 코칭해줘야 하겠지만, 4~5개월 전 시기에 배워두면 모든 것이 훨씬 수월해진다.

(3) 당신이 기다리는 동안, 아기가 진정하는 것 같다면 카운팅을 다시 시작한다

예를 들어보겠다. 밤 9시부터 아기의 울음이 시작되었다. 울음이 시작되고 3분을 허용하는 울음의 한계치로 생각하고 기다리고자 계획했다. 그런데, 아기가 밤 9시 2분에 울음을 멈췄다. 그 시점부터 아기는 1분 정도 울지 않았고, 울음이 멈춘 상태를 지속했다. 그러다 9시 3분에 다시 아기가 울기 시작했다.

자, 그럼 여기서 문제. 이때 아기의 울음은 어떻게 카운팅 하는 것이 좋을까?

정석 답안은 이렇다. 이때는 울음이 멈췄다가 다시 발생한 9시 3분에 이전에 9시 ~9시 2분 동안 울음을 카운팅 하고 있던 시계를 '0초'로 재세팅하여 다시 0부터 1초, 2초, 3초… 를 세며 3~5분을 기다려본다. 그러다 보면 그 뒤에 오는 3~5분 사이에는 아기가 스스로 진정할 가능성이 있다는 이론이다.

아기가 자기 스스로 이미 한 번 울음을 멈췄다는 사실은 자기 진정에 있어서 청신호로 볼 수 있다. 따라서 아기의 울음이 멈춘 시점이 나타나면 설령 그전에 2분 정도 울었던 카운팅 수치가 존재한다 할지라도 시계를 0초로 다시 세팅하여 이후에 아기의 울음을 다시 모니터링한다. 그 뒤에 아기가 다시 울기 시작한다면 아기의 울음 시간을 다시 0에서부터 새롭게 측정하는 것이다. 이 방법이 정석이다. 하지만 100% 따라야 하는 룰은 아니므로 상황에 따라 유연성을 발휘해야 한다.

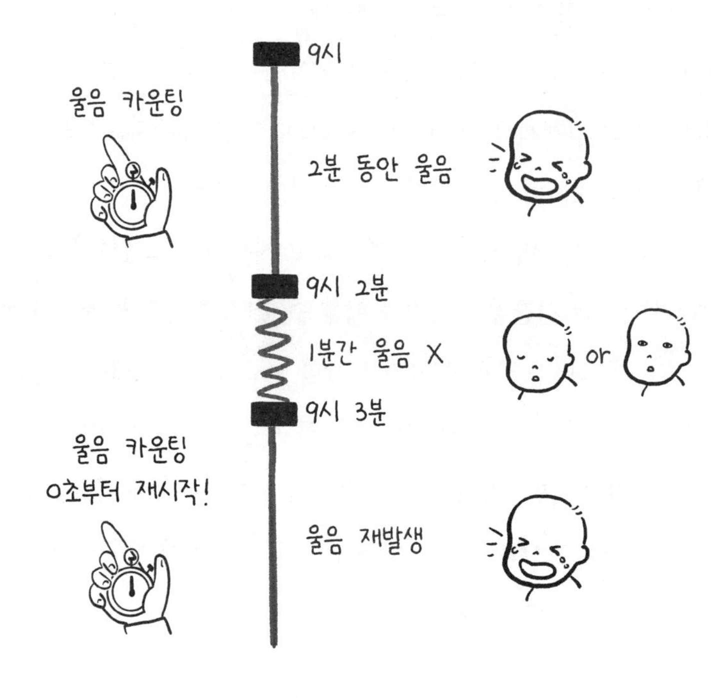

그런데 예를 들어, 9시 2분에는 진정되는 듯 보였다가 9시 5분에 다시 울음이 고조되면서 아기의 울음이 다소 부정적으로 변화되는 것이 감지되었다고 가정해보자. 이를테면 높은 톤의 비명을 지르는 울음 등을 들었을 때 느낌이 이상하다면, 아기 방에 들어가서 아기가 진정하는 것을 도와주도록 한다. 앞서 말한 것처럼 3~5분의 기다림은 그 시간 그대로 꼭 지켜야만 하는 '절대 법칙'이 아니다. 통상적으로 권하는 범위가 그렇다는 것이다. 따라서 아이가 스스로 컨트롤할 수 있는 선을 넘어간 듯 보이면 이때는 양육자가 잘 판단하여 개입해서 아이가 진정하도록 도와주자.

(4) 아기가 울음을 멈추지 않아 진정 도움을 줄 때는, 되도록 안아 올리지 말자

밤수 전략에서도 나왔지만, 밤중에는 되도록 아기에게 말을 걸지 않고, 아이 컨택(eye contact)도 하지 않는다. 고요한 밤은 잠자는 시간임을 배울 수 있도록 도와줘야 한다. 그러므로 아기가 5분 이상 울음을 멈추지 않아 진정 도움을 줘야 할 때도 되도록이면 안아 올리지 않도록 해본다.

아기에게 '쉬~ 쉬~' 소리를 내주고 속삭여주는 것이 도움이 될 때가 있긴 하지만, 이것 또한 아기에게 말을 걸어주는 식으로 하면 안 된다. 그 톤과 느낌이 정말 중요하다. 놀아줄 것처럼 말을 걸면 백이면 백, 실패다.

밤은 잠자는 시간이다. 당연히 따분하고 지루하고 조용해야 한다. 그래야만 한다. 그래야 잠자는 시간임을 아기가 배울 수 있다. 밤까지 놀아줄 준비가 되어 있는 부모는 자기가 육아를 잘하고 있다 생각할 수도 있지만 결코 그렇지 않다. 그 반대다. 열심히 해야 할 때와 빠져야 할 때를 꼭 제대로 알고 있어야 한다. 이 분야가 열정이 중요하긴 하지만, 기억할 점은 당신이 초짜라는 점이다. 당신이 아기를 사랑하는 것과 별개로 당신은 이 분야의 경험이 없기 때문에 실수를 계속할 수밖에 없는 초짜다. (물론 실수를 하며 배워나가는 것이긴 하지만 말이다.)

대화하는 것처럼 자꾸만 아기에게 말을 걸고, 아기의 눈을 직접적으로 쳐다보고 눈 맞춤을 시도하면 아기가 잠자리에 누워 있을 때, **'나는 깨어 있어야만 한다!', '내가 지금 이 시간에 자게 되면 나는 엄청난 것을 놓치게 된다!'**라고 생각하게 만든다. 그래서 재우는 것은 더욱 힘들어진다. 지금 잠들게 되면 엄청나게 재미난 파티를 놓치게 되는 상황인데 누가 자고 싶겠는가?

쌍둥이의 경우라면, 한 아기를 재우면서 말을 걸면 더 큰일 난다. 다른 형제가 함께 깰 수 있기 때문이다.

(5) 아기가 진정하는 것처럼 보이면 방을 떠나라. 그리고 문을 닫아본다!

아기가 진정 단계에 접어들면 짧게 숨을 들이마시는 소리가 들릴 것이고 그러면서 울음을 그칠 것이다. 이 단계에서 당신은 아기의 잠자리에서 멀리 떨어져 나와서 살펴본다. (안전 잠자리 체크리스트를 활용해 잠자리의 안전을 점검하고, 추가로 캠을 활용하여 아기의 상황을 모니터링한다.) 아기가 진정하는 순간에는 아기를 혼자 두고 나오는 방향으로 실행했을 때, 더 편안하게 효과적으로 혼자 잠드는 법을 배우는 아기들도 있다. 이렇게 **'진정 → 잠듦'**의 과정에서 멀리 빠져나와 안전과 상황만 모니터링해보는 체제를 시도해보며 아기가 이때 더 쉽게 잘 배우는지 관찰해본다. 만약 진정 단계에서 양육자가 완전히 공간에서 나간 상태일 때 더 잘 배우는 것 같다면 그렇게 진행해본다. 이렇게 진행하고 아기가 잠든 뒤 들어가 같은 방에서 아기와 거리를 두고 잠을 자는 방법도 있다. 아기가 4개월 전에는 부모와 한 공간에서 공존하는 체제로 자는 것이 안전에 있어 권고사항이라, **'진정 → 잠듦'**시점에는 일부러 자리를 비켜주었지만 잠드는 공간은 동일하게 유지하는 것이 안전하다.

투명인간 모드로 같은 방에 존재하며 아기의 자기 진정 터득 과정을 지켜보려 한다면, 아기로 하여금 당신의 걱정의 촉이 느껴지지 않도록 몸을 납작 엎드려 숨을

죽이고, 의식적으로 아기에게 신경을 쓰지 않도록 해본다. 그래야만 아기의 학습 효과가 크고 나중에 덫에 빠질 위험도 덜하다. 물론 그 공간에서 나오게 된다면 잠자리 안전 사항은 몇 번이고 점검하고 나올 것!

- 같은 능력치의 아이인데 어떻게 가르쳐주느냐에 따라 각자의 결과치나 능력 발휘 정도는 다를 수 있다.
- 이 책으로 잘 공부해서 제대로 가르쳐준다면, 여러분의 아기도 혼자서 잠을 잘 자는 능력을 제대로 발휘할 수 있다!

(6) 다시 들어가기 전에 3~5분을 더 기다려라

기억해라. 당신의 역할은 아기가 할 수 있는 수준으로 (난이도) 레벨을 낮추는 것 + 환경을 잘 조성해줘서 능력 발휘를 할 수 있도록 판을 깔아주는 것이지, 그 문제를 대신 해결해주는 것이 아니다. 문제를 대신 해결해준다는 것은 아기가 잠을 잘 수 있게 끝까지 다 진정시켜주는 것이다.

로리의 컨설팅 Tip

마치 이런 상황과 같다. 헬스장에서 운동을 하는데 내가 10kg의 아령을 못 든다. 그러면 코치는 내가 들 수 있는 1kg 혹은 2kg짜리 아령을 제시하며 그것으로 훈련을 시킨다. 이때 아령을 나 스스로 들어야지, 그 아령을 코치가 대신 들었다 놨다 하면 그게 나에게 무슨 소용이 있나? 수면교육도 마찬가지다.

이 프로세스를 밤중에 몇 번이고 반복해야 할 수도 있다. 그러나 시간이 경과하면서 ① 아기를 도와주러 방으로 들어가는 빈도수와 ② 그 각각의 잠자리에서 아기의 울음이 지속되는 시간은 점점 줄어들게 된다.

이 '허용하는 울음의 한계치를 설정해 기다리기 전략'에서 많은 질문들이 있어왔다. 큰 의미에서의 답변은 항상 같다. 바로 여러분은 경기를 뛰는 선수가 아니라 '코치'라는 점이다. 당신은 아기가 자기 진정을 할 수 있도록 도와줄 코치인 셈이다. 그래서 이 단계에서 사실상 당신이 해야 할 일은 많지 않다. 적게 해라. 적게 하라고 했다. 움직임, 행동을 특히 적게 하고 머리를 써라. 코치가 선수를 대신해 경기를 대신 뛰어줄 수는 없는 노릇 아닌가. 경기에는 선수가 스스로 임해야 그 선수의 기량이나 능력이 늘어난다. 게임 자체를 대신 뛰려고 한다면, 오히려 아기의 능력이 개발될 기회 자체를 빼앗아가는 것이다.

아기는 당신이 내버려만 두면 충분히 스스로 진정할 수 있는 기량을 가진 훌륭한 선수다. 문제는 당신임을 기억하자.

똑게육아 진정 족보

이번에는 앞서 살펴본 0~4개월 아기 진정 전략을 구체적으로 실생활에 적용시켜본 똑게육아 진정 족보를 소개한다. 이 부분은 실전 근무 경험이 없으면 알 수가 없는 부분이다. 수면 전문가이자 육아 현장 실근무자로서 내가 터득한 족보들을 후배들에게 전수하고자 한다.

(1) 짐볼 통통 바운싱

아이를 리듬감 있게 흔들어주는 것은 아기가 엄마 뱃속에서 살짝살짝 흔들리는 듯한 움직임에 익숙했던 감각을 재현해주므로 아기를 달래는 데 효과적이다. 이때 흔들의자나 짐볼 등을 이용하면 한결 더 수월하다. 짐볼 위에서 아기를 안고 통통 튕겨주면서(바운싱) 안정시키면 엄마 발바닥이 덜 아프다. 단, 이 진정 기법을 쓸 때는 아기가 완전히 잠들기 전 살짝 깨어 있을 때 잠자리에 내려놓아야 한다. 잠은 스스로 들 수 있도록 기회를 주어야 하기 때문이다.

수유의자나 흔들의자가 있다면 의자에 앉아 아기를 안고 흔들흔들해주는 것도 좋다. 수유의자는 그 타입에 따라 다르지만 여러 육아 아이템들 가운데에서도 비교적 자리를 많이 차지하는 아이템이다. 하지만 잘 고르면 아기와 함께 시간을 보낼 때 매우 유용한 도구가 된다. 아기 방이 따로 있다면 아기 침대와 수유의자를 같이 두면 좋다. 수유의자는 엄마의 몸에 편한 것으로 구입하여 그곳에 앉아 수유도 야무지게 해내보자!

※ 흔들린 아이 증후군도 주의하자.

흔들린 아이 증후군(Shaken Baby Syndrome)은 아주 심하게 아이를 흔들 경우에만 발생하지만, 이런 문제가 생길 수 있다는 사실을 유념하고 있어야 하다. 즉, 아기를 업고 조깅을 한다거나 위아래로 펌박질을 심하게 하는 경우, 장난으로 아기를 공중에 던지고 받는다거나 하는 식으로 흔들림이 아동학대에 가까운 수준으로 가해질 때 발생하는 증상이지만, 이처럼 아기를 과하게 흔들었을 경우에 이런 증상이 생길 수 있음을 기억하자.

보통 육아가 너무 힘들어서 아기가 마구 울어댈 때 더 이상 감정적으로 받아줄 수 없는 부모들이 아기를 흔들어대다가 이런 증상이 발생하는 사례가 꽤 있다. 따라서 육아가 너무 힘들 때는 차라리 주변에 도움을 요청해보고, 안전한 장소에 우는 아기를 그대로 두고 앞서 제시한 방법대로 양육자는 심호흡을 하며 마음속으로 10까지 세어보는 것을 추천한다. 원래 아기들이란 존재에게 우는 시간이 없으면 이상한 것이다. 2~3주부터 우는 시간은 조금씩 더 많아져서 6~8주경이면 우는 시간이 늘어나고 그 울음의 세기도 심해진다. 3~4개월 정도 되면 수면이나 하루 일과를 어떻게 꾸려주었느냐에 따라, 6~8주 때보다는 울음이 조금 잦아들긴 한다. 그러므로 양육 초심자들은 원래 아기라는 존재는 어떨 때는 달랠 수 없을 만큼 심하게 울기도 한다는 것을 알고 있어야 한다. 아래의 문장을 되뇌어보자.

힘차게 우는 아기는 안전이 갖추어졌다면 절대 죽지 않습니다.
하지만 우는 아기를 달래려고 너무 심하게 흔들면
아기가 죽을 수도 있습니다.

(2) 똑게육아 어부바 자세

똑게육아에서는 어부바 자세를 추천한다. 이 방법은 내가 둘째를 키울 때 실제로 주로 사용했던 진정 방법인데, 나는 앞서 살펴본 5S 중 '사이드&스토머크' 자세를 활용하면서 여기에 살짝 흔드는 것을 가미했다. 보통 아기가 생후 2~3개월이 되면 서서히 목을 가누기 시작한다. 이 시점부터 아기가 잘 호흡하는지 체크하면서 어부바 자세를 시도하면 된다.

어부바 자세는 한번 터득하면 육아 현장에서 정말 유용하게 쓰인다. 양손이 자유로워지기 때문에 아기를 업고 집안일 등을 하기에도 좋고, 무엇보다 아기와 양육자의 시선이 같은 곳을 바라보기 때문에 그에 따른 장점도 많다.

아기를 재우기 위해 잠연관 전의 수면 의식 단계에서 어부바 자세를 활용할 때는 '어부바+오뚝이' 자세를 적용한다. 아기를 등에 업고 양육자의 허리를 90도 각도 정도로 구부린 뒤, 오른발과 왼발을 번갈아가면서 무게중심을 왔다 갔다 하며 움직이면, 아기에게 안정감을 주어 빠르게 꿈나라 창문으로 진입시킬 수 있다. 일명 '짧고, 굵고, 빠르게' 노동을 해서 아기를 잠의 문턱에 진입시키는 방법이 되겠다. 물론 이것이 잠연관으로 잡히면 아기를 재울 때마다 매번 이 작업을 수행해야 하므로, 아기의 컨디션이 좋지 않거나 정말 필요할 때에만 유용하게 쓰는 것이 좋다.

어부바 자세는 아기를 빠르게 진정시킬 수 있기 때문에 특히 비상시나 외출했을 때 효과가 좋다. 어부바 하는 양육자의 등을 45~90도 각도 정도로 구부리기만 하면, 아기의 진정에 도움이 되는 지형을 양육자의 등으로 만들 수 있는 것이다. 짧고 굵게 진정시키려면 우는 아기를 안고서 하염없이 걷는 것보다는 이 방법이 더 효과적이다.

나 또한 두 아이를 키우며 어느새 어부바의 달인이 되어 있었는데 유튜브에 실제로 내가 둘째를 이 방법으로 진정시켰던 영상을 올려두었으니 참고해보기 바란다.

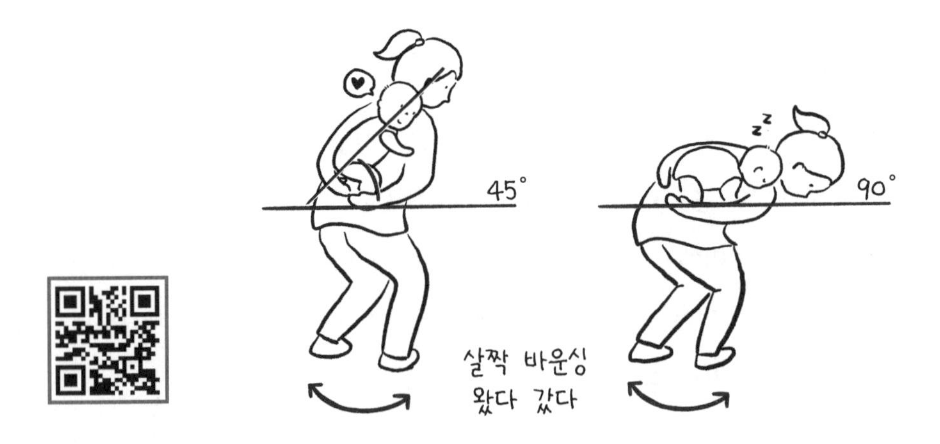

이렇게 진정 기법을 결합하여 활용하게 되면 보다 시너지를 창출할 수 있다. 안전한 아기 잠자리를 다룬 챕터에서 이야기했듯이 진정 반사들을 결합해 활용하더라도, 최종적으로 아이가 잠에 들었을 때는 등을 대고 잠들 수 있도록 한다. (뒤집기, 되집기가 터득되기 전인 5~6개월 전에는 꼭 신경쓰도록 하자.)

(3) IP카메라/모니터용 캠

상하좌우 각도를 스마트폰으로 조절할 수도 있으며 줌 기능도 있는 것, 적외선 카메라 기능이 있어서 방 안이 어두워도 아이의 모습이 보이는 것이 좋다. 캠은 경제적으로 가능하다면 꼭 갖춰둘 것을 추천한다. 아기의 안전을 모니터링할 수 있다는 점도 중요하지만, 실전에서 부모의 불안감을 없애주는 데 큰 도움이 된다. 여기서 한 가지 짚고 넘어가고 싶은 것은, 절대로 아기가 잘 잔다고 해서 아기를 혼자 집에 놓고 밖에 나가지 말라는 것이다. 그것은 똑게육아에서 철저히 금지하는 사항이다. 외국에서는 아기를 집에 혼자 두고 외출하는 것이 위법일 정도로 위험한 사안이다. 언제나 안전을 최우선 순위에 두고 육아에 임하자. 그것이 기본이다. 사고는 방심하는 순간 들이닥친다.

(4) 수면의식 순서카드

똑게육아 멤버십에 함께하게 되면 벽에 붙여놓고 쓸 수 있는 수면의식 카드들도 다운받아 사용 가능하다. 수면 의식은 가능한 한 동일한 순서로 일관성 있게 수행하는 것이 효과적이다. 수면의식 카드는 잘 활용하면 이것을 도와주는 시스템이 될 수 있다. 수면의식을 시작해서 아기를 잠재우고자 데드라인으로 정해놓은 시간까지 15~20분 안에 해야 할 일들을 벽에 순서대로 카드로 붙여두고 시각화해두자.

(5) 디럭스 유모차

출산을 앞두고 있거나 신생아를 키우는 양육자들은 디럭스 유모차의 구입을 두고 고민한다. 가격이 만만치 않은데 반해 너무 짧은 기간 사용하기 때문이다. 나는 웬만하면 디럭스 유모차 구입을 추천한다. 외출했을 때도 아기가 어딘가에 누워 있는 습관이 들면 나중에 애를 덜 먹는다. 밖에 나갈 때마다 매번 아기띠로 아기를 안고 있어야 한다면 양육자는 장기전인 육아에서 초반에 기운을 모두 다 소진하고 만다. 유모차 적응은 훌륭한 수면 습관과도 연결되어 있다. 처음부터 유모차에 적응을 잘 시키면 그것만으로도 육아의 질이 달라진다. 그러므로 아기를 유모차에 너무 늦게 태우지 마라.

로리의 컨설팅 Tip

유럽 국가들(특히 북유럽 국가)엔 재미난 문화가 있다. 아기를 낮잠 재울 때, 일부러 아기를 밖으로 데리고 나가 재우곤 하는 것이다. 네덜란드, 핀란드 등의 부모들은 명품숍이나 쇼핑 센터, 카페, 음식점 앞에 아기가 타고 있는 유모차를 주차해두고 시간을 보낸다. 자신의 아기를 누가 데리고 갈까 봐 크게 걱정하지도 않는다. 그곳만의 문화다. 그런 시간을 통해 아기가 추운 바깥 환경에 적응해야 한다고 생각한다. 이런 맥락에서 유럽에서 만든 유모차들은 유모차의 차체가 견고하고, 워머(warmer)와 같은 방한 장비들이 잘 발달되어 있다. 북유럽 사람들에게는 유모차가 일종의 간이 아기 침대인 셈이다. 그렇기 때문에 북유럽 국가들의 경우, 유모차 보행에 불편함이 없도록 도로와 교통수단들이 잘 갖춰져 있다. 심지어 유모차를 끌고 대중교통을 탑승하면 교통비가 무료다.

수면 전문가 과정을 배울 때 이런 부분들을 두고 토론이 이뤄지기도 했는데, 흥미로운 것은 유럽 국가들에서 온 멤버들을 제외한 대부분의 멤버들은 낮잠은 각 가정의 아기 침대에서 아늑한 상태에서 재우는 것을 선호했던 점이었다. 뒤에서도 알아보겠지만, 영양가 많은 낮잠은 가장 질 좋은 환경에서 재우는 것을 추천한다. 우리나라의 경우는 유모차 보행이 지역에 따라 어려운 곳도 많고, 유모차를 대동하고 대중교통을 타는 것 역시 아직까지는 힘든 지점이 많다. 그럼에도 불구하고 나는 디럭스 유모차는 경제적으로 가능하다면 꼭 구비해 아기가 어릴 때부터 유모차에 타는 것에 적응시키라고 권한다. 유모차 보행이 불편한 환경 속에서도 유모차는 양육자에게나 아기에게나 장점이 더 많기 때문이다.

(6) 분리되는 카시트/신생아용 바구니 카시트

필수는 아니지만, 옵션 중 하나인 아이템이다. 아기 바구니처럼 분리되는 카시트도 잘 활용할 수 있다면 매우 유용하다. 다음은 내가 호주에서 수면 전문가 과정을 이수할 때, 첫째 딸, 은교와 함께 묵었던 호텔에서 본 광경이다.

신생아용 바구니 카시트에 아기를 눕혀 들고 있는 외국인 엄마

사진에서처럼 분리되는 카시트나 신생아용 바구니 카시트는 외식하러 갈 때나, 외출 시 용이하다. 식당 등에서 아기를 눕힐 공간을 따로 찾지 않아도 카시트 채로 놓으면 미니 침대 기능을 하기 때문이다. 하지만 아기는 빠르게 성장하기 때문에 아기가 4개월쯤 되면 사용할 일이 없게 되고 무거워져서 들고 다니기 힘들어진다. 따라서 경제적으로 잘 따져보고 구매해두는 것이 좋지만, 잘 활용할 수 있다면 좋은 아이템이다. 유모차의 종류에 따라서 이 바구니가 유모차에 장착되는 것들도 있으니 참고하자(페도라, 맥시코시, 퀴니, 잉글레시나 등).

(7) 똑게 타이머

수면 의식을 편안하게 진행하는 것도 아이를 진정시키는 데 큰 도움이 된다. 너무 길지도 너무 짧지도 않은 애정 어린 스페셜 타임이 좋다. 이때 유용한 것이 똑게육아에서 개발한 '똑게 타이머'다. 따뜻한 수면 의식을 함께할 시간을 아이도 시각적으로 볼 수 있어 부드럽게 수면 의식에서 잠자리로 연결해준다.'똑게 타이머'는 이어지는 훈육에서도 유용하게 쓸 수 있으니 꼭 준비해두도록 하자. 반시계 방향 체크가 아닌 시계방향의 체크, 세련된 예쁜 디자인, 아이들이 좋아하는 컬러로 구성되어 있어 아이들의 시간관리 메이트로 애착인형과 더불어 매우 인기있는 아이템이다. 똑게Lab 스마트스토어, 쿠팡에서 구입 가능하다.

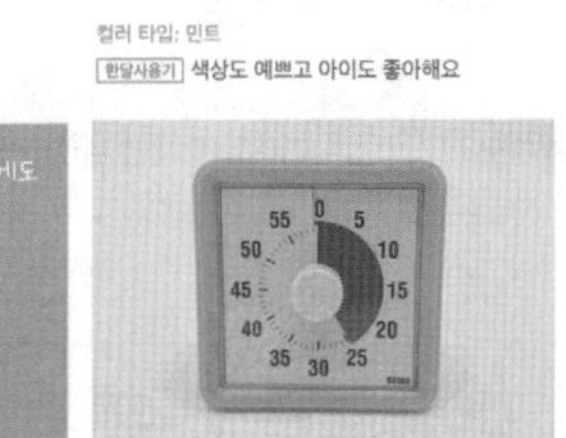

(벌써 유사제품이 나오기 시작했으니 똑게육아 제품인지 꼭 확인할 것!)

(8) 기다리기 시간표

아이에게 잠드는 법을 알려주기 위해서는 **'똑게육아 기다리기 시간표'**도 유용하다. 어디까지나 하나의 예이니 참고를 하면 된다. 하지만 내가 알려주는 시간표는 국내외 부모 수만 명을 컨설팅하며 사용해온 유용한 수치를 제시한 것이므로 상황이 맞아떨어진다면 이를 가이드라인으로 삼아도 좋다. 단, 아이가 5개월이 경과된 이후부터 따르는 것이 좋다. 아기가 4개월 이전이라면 이 챕터의 0~4개월 아기에게 유용한 진정 전략을 따른다.

똑게 타이머를 사용해 아기를 잠재우기 전 마지막 몇 분 동안은 집중적으로 평화롭고 달콤한 수면 의식을 행한다. 그런 다음 아기 잠자리에 아기를 혼자 눕히고 나오거나 옆에 머문다(똑게육아 체크업 커스터마이징 245p 참고). 그렇다면 아이는 잠들지도 않았는데 혼자 누워 있는 상황 때문에 낯설어 울기 시작할 것이다. 그리고 평소에 양육자가 해주던 것처럼 똑같이 그 조건을 다시 만들어주기를 바랄 것이다. 하지만 여기서 우리는 (안전 잠자리 체크리스트를 점검하고 기타 울음의 원인에 대한 점검이 끝났다면) 아이의 건강한 잠습관을 위해 당장 달려가지는 말아야 한다. 대신 내가 제시하는 표에 따라 몇 분 정도만 기다려라. 3분이 너무 길게 느껴지면 1분부터 시작해도 된다. 그리고 기다릴 때는 꼭 물리적으로 시계를 보면서 체크해야 한다. 느낌으로는 절대 몇 분이 흘렀는지 알 수 없다.

똑게육아 기다리기 시간표

	첫 번째 체크업	두 번째 체크업	세 번째 체크업	그다음
1일차	3분	5분	7분	7분
2일차	5분	7분	9분	9분
3일차	7분	9분	10분	10분
4일차 이후	10분	10분	10분	10분

※ 기다리는 시간을 조금씩 늘려주는 것이 핵심

주의할 점은 위의 기다림의 주기 단위로 체크업했을 때, 아기의 잠자리 근처에 머무는 동안 아기가 잠들게 하지 않아야 하는 점이다. 이때 문장을 하나 정해서 나지막하게 말해주는 것이 도움이 된다. "OO야, 잘 자~ 할 수 있어. OO는 잠자는 방법을 배우고 있는 중이야. 더 건강해지고 편안해질 거야" 양육자의 목소리에서는 아기(너)는 안전하다는 **확신**, 양육자가 진행하고 있는 플랜은 확실한 것이라는 **단호함**, 아기(너)를 사랑한다는 **따뜻함**, **애정**이 느껴져야 한다.

Part 6.

똑게육아 원 포인트 레슨

전략가들을 위한 핵심 테마 특강

* ★ •

클래스, 코스의 체계로 본 책을 구성하긴 했지만, 사실상 바탕 원리나 이론은 동일하고 상황에 따라 적용하는 미세한 방법이나 그 시기가 다른 것이라고 앞에서 말해왔다. 또한 독자 본인의 스타일이나 성향에 따라 자신에게 맞는 인수인계서 타입이 있을 것이라고 말했다.

이번 파트도 그와 동일한 선상에 있는 내용이지만, 나는 이 파트의 내용을 '원 포인트 레슨'이라고 부르고 싶다. 왜냐하면 핵심 테마 하나를 잡아서 전략가처럼 적용해보는 부분이 담겨 있기 때문이다. 어찌 보면 같은 이야기일 수 있겠으나 어디에 포인트를 두고 수면교육을 운영해나가느냐, 어떤 전략을 미세하게 펼치느냐에 따라 세부 사항에서 다른 부분은 분명히 있다.

원 포인트 레슨 내용을 읽을 때 주의할 점

고수든 하수든 원 포인트 레슨을 원하는 경우가 있다. 초보자로서 자신이 배우려는 분야에서 아웃풋의 향상을 위해 전문가에게 원 포인트 레슨을 듣고 싶은 마음은 인지상정이다. 나 역시 육아로 헤매고 있는 초보를 보면 원 포인트 레슨을 해주고 싶은 생각도 든다. '이렇게라도 적용해보면서 수면교육의 감을 잡아보면 좋지 않을까?' 하는 심정이랄까.

그러나 원 포인트 레슨은 조심해야 할 부분이 있다. 적절한 시기에 적당한 원 포인트 레슨은 큰 도움이 되고, 수강생의 진가를 발휘할 수 있는 계기가 되기도 한다. 그러나 기본기가 안 되어 있는 상태에서 원리를 모른 채 그 하나의 전술에 집착하다 보면, 이도 저도 안 된다.

나는 수면교육 원 포인트 레슨도 여러 코스의 '핵심 테마' 형태로 개발하여 운영해왔다. 이 코스들은 자신이 임하는 일터(=우리의 경우, 육아 현장이 되겠다)에서 현재의 문제점을 정확히 집어낼 수 있는 수준의 역량을 가진 독자라면 결정적인 도움이 될 여지가 있다.

하지만 그렇지 않고 영유아 수면에 대한 제대로 된 이해 없이 '나에게 네가 대신 답을 줘. 생각하긴 귀찮아. 그냥 하라는 대로 해볼게' 식으로 적용하는 분들의 경우에는 위험성이 있는 프로그램이기도 하다.

인정하자. 여러분은 아직 육아 초보이니 곳곳에 문제가 많을 수 있다. 그러나 당장에 잘해내고 싶은 마음은 굴뚝같다 하더라도, 남이 던져주는 원 포인트 레슨을 내 머리로 이해가 되지 않은 채 무턱대고 덥썩 물어 그야말로 **'표면적인 적용'**을 하게 된다면, 오히려 기본기를 망가뜨릴 수도 있다. 이 부분을 주의하자.

그러니 이 책을 손에 쥔 우리 독자님들은 '어떤 신적인 존재가 떡하니 나타나, 내 아기의 수면 문제를 해결해줄 것이다!'라고 기대를 하기보다는 스스로 이해를 하려고 노력해보자. 아직 기둥이나 대들보도 세우지 못했는데, 세부적인 장식을 생각할 필요는 없다.

또한 서로의 환경, 성향 등에 대해 생판 모르는 사이인 초보자들끼리 그저 지나가며 이래라 저래라 조언하는 것들, 그리고 그 조언을 하는 사람의 정체도 알 수 없는 정보들은 한 귀로 듣고 한 귀로 흘려버리고 자신만의 기초 내공을 쌓자.

육아란 지문과 같아서 내가 육아의 기본기를 내 것으로 만들고 터득한 뒤 내가 현실에서 직접 구사하는 순간, 나란 사람만의 '육아체'가 형성되게 돼 있다. 운동을 할 때도 모두가 비슷한 교과서를 탐독하고, 같은 전문가로부터 배워도 실제로 구현하는 동작은 각양각색일 수밖에 없는 것과 같은 이치다.

알 안의 병아리 새끼(제자)와 알 밖의 어미 닭(스승)이 안팎에서 동시에 껍질을 쪼는 '줄탁동시(啐啄同時)'가 이뤄질 때 비로소 똑게 수면 프로그램의 클래스, 코스들은 효험을 발휘한다. 이것이 이 원 포인트 레슨 챕터가 똑게 수면교육의 기본기인 먹-놀-잠의 큰 틀의 이해, 먹텀/잠텀의 하루 스케줄 일구기와 진정 전략 이후에 배치된 이유다. 그 점을 염두에 두고 본격적인 내용으로 들어가보자!

Part 6의 원 포인트 레슨, Part 7의 모범답안지 모두 **한발 앞서 나가는 스케줄**로 이해하기를 바란다. 따라서 **5~6개월 이후의 아기를 키우고 있는 독자**라도 **충분히 해당 스케줄의 적용**이 가능하다. 지금부터 들어갈 Part 6, 7의 내용은 가치 있는 선행 학습으로 이해해도 좋다. 아이에게 수학을 가르치는 상황으로 비유해본다면, 아이와 부모의 기량 사이의 합이 맞을 경우에 초등학교 2학년 겨울방학 때 초등학교 3학년 수학 문제집을 풀리는 것과 같다(적절한 선행).

물론 여러분이 D+1일부터 오류 없이 여기서 제시한 스케줄을 적용했다면 못할 것도 없는 스케줄들이지만, 5~6개월 이후 육아를 하고 있는 독자님들은 제시된 주수를 무시하고 읽어도 무방하다. 초등 2학년 수학의 기본이 형성되지 않았는데, 초등 3학년 수학으로 들어갈 수는 없는 노릇이니 말이다. 아기의 개월별 잠텀, 낮잠 횟수 등은 개월수에 맞게 참고해봐야겠지만(125~126p 참고), 현재 여러분이 키우고 있는 아기의 주차보다 아래 주차의 스케줄표라고 하더라도 그 안에 깔린 수면 원리들은 동일하기 때문에 꼭 제대로 이해하고 넘어가야 한다. 적용할 거리들도 많다.

Course 1. 10pm 고정축 밤수 전략 (6주 안에 결판내기)

이 코스를 읽기 전에 꼭 당부하고 싶은 부분이 있다. 부디《똑게육아》라는 500p가 넘는 깊이 있는 책을 읽으면서 **10pm 고정축 밤수 이것 하나에 꽂히지 말아라.** 이 시점에서 전체 목차를 다시 한번 보고 와라. 지금 여러분이 읽고 있는 이 코스가 어디에 속해있는지 전체 전략은 몇 가지가 제시되고 있는지를 봐야 한다. 머릿속에 그 큰 그림이 있어야 덫에 걸리지 않고 제대로 이해할 수 있다. 안다. 애 낳고 힘들게 정신없이 키우고 있는, 날 것 그대로의 육아, 너무나 잘 안다. 그렇기에 내가 이러한 비책들을 힘들게 남겨놓지 않았겠는가. 그럼에도 다시 한번 정신 바짝 차리자. 지금 여러분이 읽고 있는 파트는 '원 포인트 레슨' 이다. **원 포인트 레슨에 대한 의미는 바로 전 페이지에서 자세히 설명드렸다. 기본기가 되어 있지 않으면 아무 쓸모가 없는 것이 원 포인트 레슨이다.**

그저 수많은 전략 중 원 포인트 레슨에 입각해 예시를 든 전략인데 다른 것들은 다 날아가고 이것 하나만 머리에 남아 그것만 시행한다면 정말이지 아무 의미가 없다. 제발 그렇게 하지 말아라. **'왜'만 이해해도 충분하다. '왜?' 이것을 전략으로 제시했을까? 이걸 이해하는 것이 중요하단 말이다.** (그래야 자신의 아이에게 맞는 스타일을 따라 하나씩 알맞게 적용할 수 있는 것이다.)《똑게육아》에서는 A부터 F까지 각각의 깔린 Why가 다른 스케줄들이 총 6개 정도 가이드로 제공된다. 이 책의 구성 또한 그러하다.

①먹놀잠 ②먹텀/잠텀으로 일구기 ③10pm 고정축 전략 ④5개월 안에 12시간 밤잠 자기 ⑤모범답안지 스케줄 ⑥최대깨시 스케줄 중 '하나' 일뿐이다. 단 하나의 예를 꼭 그렇게 해야 한다는 진리로 생각하지 말고, 그것을 똑게육아에서 전수하는 전략들의 전부로 생각하지 말자. 항상 큰 그림을 보고 왜? 그럴까를 생각해라!

1주차

1주차 주요 목표

- 매일 밤 10시 밤중수유 고정축 시행. = 일명 '10pm 고정축 밤수'
- 밤중수유 간격은 3시간 목표.

생후 6주 안에 결판내고자 한다면, 생후 1주차부터 수유 시간(먹) 스케줄링에 들어가도록 한다. 여기서 우리가 사용할 전략은 '밤 10시를 밤중수유 고정축으로 설정' 하는 것이다. 바로 앞 수유 시각이 언제였던지 간에, 그 간격이 '2시간 반' 이하가 되더라도 밤 10시 밤중수유 고정축은 지킨다. 이 코스의 전략적인 축으로 삼을 밤 10시 밤중수유 타이밍은 이 시기의 이상적인 먹텀인 '2시간 반~3시간' 규칙을 깨도 되는 시간대로 생각하면 된다. 최종적으로 아기는 밤 10시 밤중수유에 익숙해지고, 이 시각은 긴 밤잠 스트레치의 시작점이 된다. 기억하기 쉽도록 앞으로 이 코스에서 밤 10시에 밤중수유를 고정축으로 정해놓고 하는 것을 **'10pm 고정축 밤수'**라는 용어로 종종 줄여서 부르도록 하겠다.

로리의 컨설팅 Tip

만약 저녁 8시에 수유를 했다 해도, 밤 10시에 수유한다. 만약 스케줄상 간격을 계산해보니 밤 9시에 먹여야 하는 상황이라면, 밤 9시보다 조금 더 일찍 먹이고 꼭 밤 10시에 나머지 부분을 좀 더 먹이도록 한다. 즉, 밤 10시에 식사 고정축을 박아두라는 이야기다. 이렇게 노력을 기울이면, 적어도 밤 10시 전 회차 수유와의 간격이 최소한 2시간은 벌어지도록 유지할 수 있게 된다.

밤중수유는 처음 육아를 해볼 때 아무 때나 쉽게 해버릴 수 있는 유혹이 많이 발생한다. 아기가 끽 소리만 내거나 조금 번잡스러워 보이면 바로 먹이려 하는 경우가 왕왕 발생하는 것이다. 그러나 제발 그러지 말아라! 꼭 먹이기만이 답이 아니다. 속싸개를 다시 해주거나, 아기에게 편한 자세로 다시 제대로 눕혀주면 의외로 아기는 금방 잠잠해지기도 한다. 다른 진정 기법이 다 실패했을 때에라야 먹이도록 한다. 양육자가 (제대로 된 관찰과 지식을 바탕으로) 설정해둔 먹이는 시각대가 아니라면 말이다. 이 '10pm 고정축 밤수'를 일관성 있게 잘 유지하면, 여러모로 참 유용하다는 사실을 기억하자.

(1) 모유수유 아기의 1주차 수유 스케줄

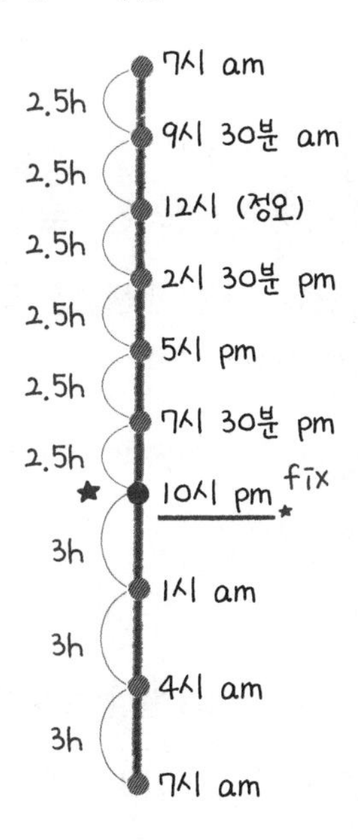

(2) 분유수유 아기의 1주차 수유 스케줄

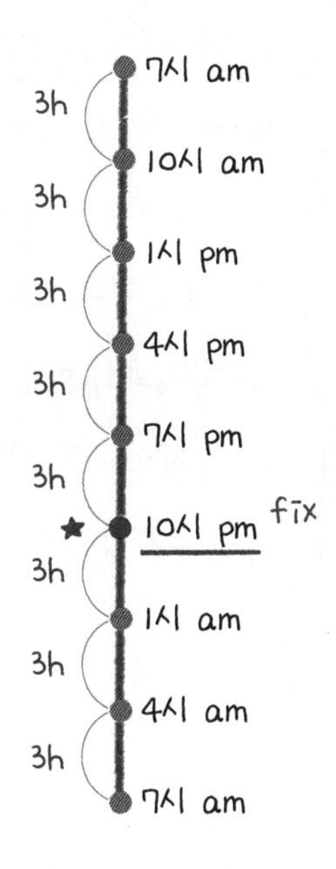

2주차

2주차 주요 목표

· 수유 간격을 2시간 30분 또는 3시간으로 유지하기.

- 모유수유의 경우, 모유의 원활한 생성을 촉진하는 적절한 자극을 위해 2시간 30분 간격을 추천한다.
- 분유수유의 경우, 3시간 간격을 유지한다.

· 큐 사인을 만들어 강화하기.

흔히 2주차를 '허니문 기간'으로 표현한다. 아기가 잘 먹기만 한다면(모유수유를 하는 중이라면 모유의 생산과 공급에 문제가 없고, 분유수유 중이라면 젖병과 분유에 적응을 해서 잘 먹는다면) 이 주차에 아기는 더 잘 먹고, 잘 자게 된다.

아기가 태어나고 첫 2주는 모유 생산과 공급에 정말 중요한 기간이다. 당신이 수유를 할 때마다, 당신의 몸은 '모유를 더 만들어야 하는구나~' 하며 적절한 모유 생산, 공급 시스템을 가동한다. 그래서 아기가 자고 있다 하더라도, 이 간격을 인지하고 꼭 아기를 깨워서라도 먹여야 한다. 아기가 이 시기에는 잠이 많아서 계속 깨우는 게 일이 될 것이다. '2시간 30분' 뒤에 먹이려고 했는데, 아기를 깨우느라 15~20분이나 시간이 걸릴 수도 있다. 시간이 경과하면서 한 번은 우리가 주도적으로 깨웠다면, 그다음 회차에는 아기가 스스로 깨어나는 식으로 진행될 것이다. 이 시기에 아기의 몸무게가 회복된다. 아기의 몸무게가 회복되면, 이제 밤중수유에서도 간격을 더 넓힐 수 있게 된다.

(1) 모유수유 아기의 2주차 수유 스케줄

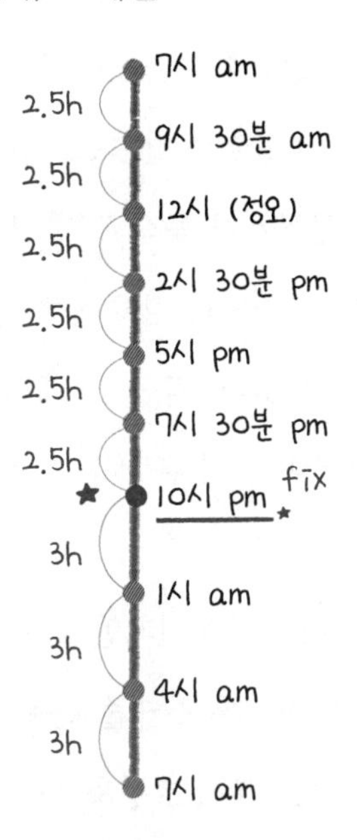

(2) 분유수유 아기의 2주차 수유 스케줄

분유수유를 한다면 3시간 간격의 스케줄을 유지한다.

* 만약 모유를 젖병으로 수유한다면, 모유수유 스케줄을 따르면 된다.

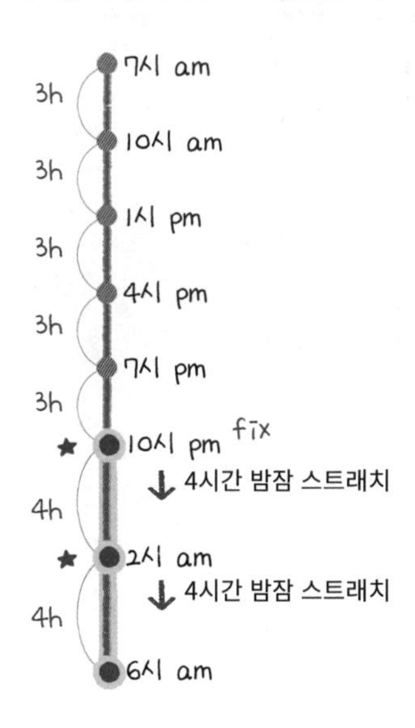

분유수유를 하는 2주차 아기의 스케줄에는 4시간의 먹텀을 2번 넣었다. 밤 10시 밤중수유(10pm)와 새벽 2시 밤중수유(2am) 회차가 그것이다.

아기는 오래 잠을 잘 수도 있고 못 잘 수도 있다. 몇몇 아기는 다른 아기보다 더 잘 잘 수도 있는데, 아기의 몸무게나 몸집 크기, 또 먹는 양 등에 따라 다를 수 있다. 그렇다고 해서 아기에게 많이 먹도록 강요해야 하는 것은 아니다. 너무 많이 먹이면 아기가 잠을 덜 자게 될 수 있다. 땀을 더 흘리게 되고, 더 많이 게워내게 되고, 또 속도 불편할 수 있기 때문이다. 수유량을 늘리더라도 점진적으로, 아기의 배 크기를 보면서 접근해야 한다.

오전 7시가 이상적인 아침 시작점이지만 낮 동안에는 3시간마다 수유하려고 노력해야 한다. 초반에 잠에 있어서는 스케줄 변동이 좀 있을 수 있지만, 밤 10시 먹타임은 이 스케줄 플랜에서 초반부터 고정축으로 활용한다. 밤 10시는 어떤 경우에도 항상 똑같이 유지해야 하는 수유 시간이다. (10pm 고정축 밤수 기억하기!)

다음으로는 오전 6시에 하루를 시작했을 때의 스케줄 예시를 2가지 살펴보겠다.

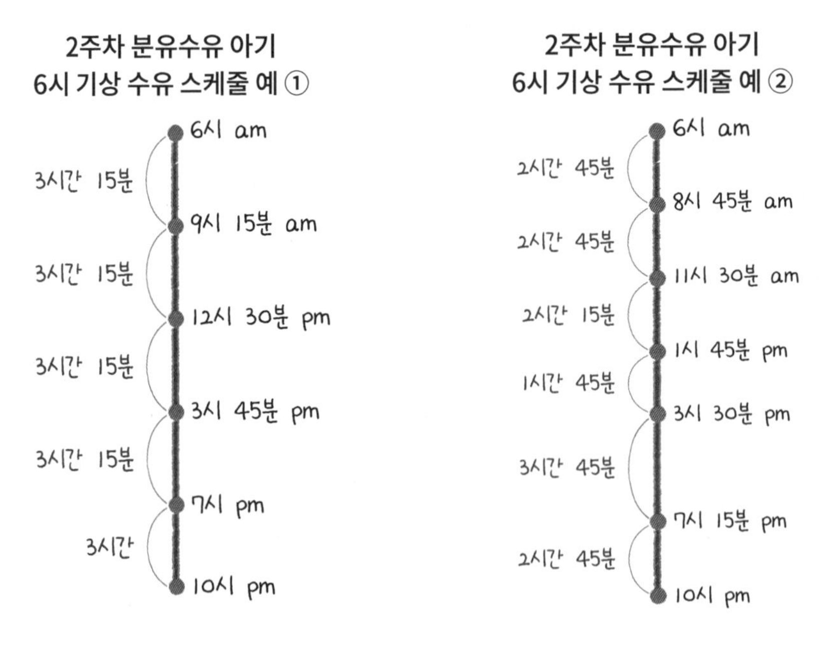

지금까지 스케줄들의 가장 큰 공통점은 어떤 식의 변동이 있든지 간에 밤 10시 밤중수유를 고정축으로 운영하는 것임을 눈치챘을 것이다. 이 밤 10시 밤중수유를 공고하게 루틴으로 운영하면 결국에 이 시각은 아기가 밤중에 먹는 마지막 식사 시간이 된다. 덕분에 이 시간(10pm 고정축 밤수)을 끝으로 아침 기상 시각까지 쭉 이어서 자는 긴 밤잠 스트래치가 완성되는 것이다.

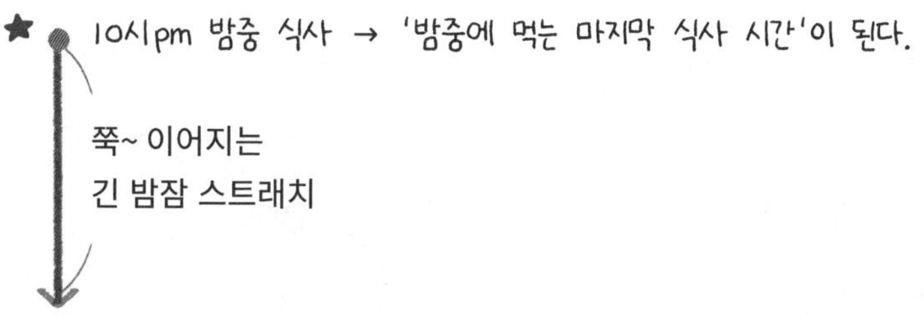

★ 10시pm 밤중 식사 → '밤중에 먹는 마지막 식사 시간'이 된다.

쭉~ 이어지는
긴 밤잠 스트래치

밤중에 먹는 시간의 마지막은 10pm으로!!

밤중 식사 시간은 밤 10시를 마지막으로 하고, 이후에는 쭉 잠을 잔 뒤 아침에 일어나는 것. 이 스케줄로 가는 데까지는 아직 4주가 더 남아 있다. 지금부터 그것을 염두에 두고 아기의 스케줄을 이끌어가는 것이다.

(3) 큐 사인 만들어 강화하기

생후 2주차가 되면, 큐 사인을 만들어 더 강화시켜야 한다.

① 밤낮을 구분하게 해주는 큐 사인

우선 아기가 밤과 낮의 차이를 알 수 있게 해야 한다. 밤 10시가 되면 아기의 방을 더 어둡게 하고, 기저귀를 갈거나 수유할 때는 약간 보이는 정도로만 희미하게 전등 불빛만 남겨둔다. 수유할 때는 등의 밝기를 더 낮춘다. 밤중수유 시에는 무조건 거의 말하지 않고, 아이와의 상호작용을 최소화해야 한다.

기억해라. 밤중에는 아기를 더 많이 자극할수록, 아기는 당신과 더 많이 놀고 싶어 한다.

당신은 매 순간 소중한 아기와 즐거운 시간을 보내고 싶을 수도 있다. 그만큼 사랑스러우니까. 하지만 밤중은 그럴 시간이 아니다. 이 시간에는 모두가 잠을 자야 한다. 만약 말을 하게 되더라도 아주 낮은 목소리, 침착한 목소리로 최소화해야 한다.

하지만 아침 7시부터는 모든 수유를 빛이 있는 상태에서 해야 한다. 낮 수유를 할 때는 가능한 많이 말하고 노래하고, 아기와 눈을 마주쳐도 된다. 이러한 상호작용이 아기에게 밤낮을 구분할 수 있는 시그널이 된다.

② '먹' 큐 사인

먹이기 전에 항상 기저귀를 갈았다면, 아기는 이걸 배고픔과 연관을 지어 생각할 것이다. 그래서 기저귀를 갈아놓으면 이제 곧 젖을 먹을 것이란 사실을 아기가 기대할 수 있다. 처음에는 기저귀를 갈 때 짜증을 부렸다 하더라도, 곧 아기는 반복된 '먹' 큐 사인으로 기저귀를 갈고 난 뒤에 → 수유가 뒤따른다는 것을 배우게 된다. 그래서 진정하기가 더 쉬워진다. 또 다른 추천 큐 사인은, 항상 가제 수건을 아기의 턱 아래에 받쳐주고 수유를 시작하는 것이다. 또는 트림 시 필요한 수유 타월, 트림 수건을 양육자의 어깨에 두르거나 받치고 수유를 하면서 큐 사인을 줄 수도 있다. 이것이 큐 사인으로 잘 자리 잡게 되면 울던 아기가 수건을 대주는 행동만으로도 바로 진정되기도 한다.

③ '잠' 큐 사인

또한 아기는 수유를 충분히 다 한 뒤, 자기 위해서 속싸개에 싸여진다는 것도 배우게 될 것이다. 그렇게 진정하고 잠을 자는 것이라는 큐 사인을 줄 수 있다. 이처럼 먹 타임, 잠 타임 때마다 같은 루틴을 반복하는 일관성이 중요하다. 여기서의 일관성이란 일관성 있는 큐 사인을 만들어 운영하라는 이야기다.

잠들기 전의 '수면 의식'만 있는 것이 아니라 앞에서 살펴본 먹과 관련된 '먹 의식'도 있음을 잊지 말자. 예를 들면 '기저귀 갈기/먹이기/트림시키기/먹이고 잠시 안고 있기' 등이다. 먹이자마자 속싸개를 바로 할 필요는 없다. 먹이고 잠시 아기가 깨어 있다면, 아기를 스트레칭 해주고 같이 상호작용을 조금 해도 된다.

로리의 컨설팅 Tip

이번에는 아래와 같은 상황을 생각해보자.

한 엄마가 출산 직후 산후도우미를 고용했는데, 그 산후도우미는 아기를 재울 때 조금 독특한 방법으로 아기를 재웠다. 약 5개 정도의 베개를 사용해 절반 정도 누운 자세를 취한 뒤, 자신의 풍만한 가슴에 아기가 엎드려 잘 수 있도록 잠자리를 구현해 아기를 재워왔던 것이다. 그리고 아기를 재울 때 집 안을 엄청 조용한 상태로 만들어서 아기는 결국 작은 소리에도 깨는 '예민 보스'가 되고 말았다.

자, 진짜 문제는 지금부터 시작이다. 고용했던 산후도우미 분이 퇴장한 뒤, 아기는 자기 침대에 누워서 스스로 자지 못할뿐더러 또 다른 문제도 있었는데, 아기는 산후도우미의 풍만한 가슴이 아닌 다소 마르고 평평한 엄마의 가슴에 적응을 못했다. 자기가 이때까지 엎드려 자던 곳의 지형도와 그 느낌이 달라도 너무 달랐기 때문에 그랬다.

이런 경우라면 다시금 수면교육에 공을 들여야 한다. 동시에 '먹 큐 사인'과 '잠 큐 사인'을 일관성 있게 가져가야 한다. 사실 산후도우미가 공존하는 체제이건 아니건 간에, 처음부터 아기를 정해진 잠자리에 일관되게 눕히는 잠연관 액션을 꾸준하게 행해왔더라면 이런 문제는 없었을 것이다. 하지만 혹시 이 사례를 읽고 있는 독자님께서 이와 유사한 상황이라고 해도 절대 좌절하지 말자. 올바른 방법으로 잘~ 교육하면 된다. 또한 만약 지금 아기가 4개월 전이라면 수면교육을 시키기 수월하다. 그 뒤와 비교하자면.

3주차

3주차 주요 목표

- 모닝 시그널 장착하기: 아기에게 안전함을 선물해주기.
- 밤 10시 이후 '4~5시간 밤잠 스트래치' 달성하기.
- '아침 7시 하루 첫 수유'와 '밤 10시 밤중수유'는 고정축으로 두고 일관성 있게 운영하기.
- 스케줄을 더 다듬어보기: 20분 정도의 오차는 괜찮다!

3주차는 허니문 시기가 끝나는 주다. 아기가 더 많이 깨어 있게 되면서 여러 가지 힘든 점도 발생하지만 이와 동시에 아기의 스케줄을 좀 더 예측이 가능하게끔 일궈나갈 수 있기도 하다.

(1) 모유수유/분유수유 아기의 3주차 스케줄

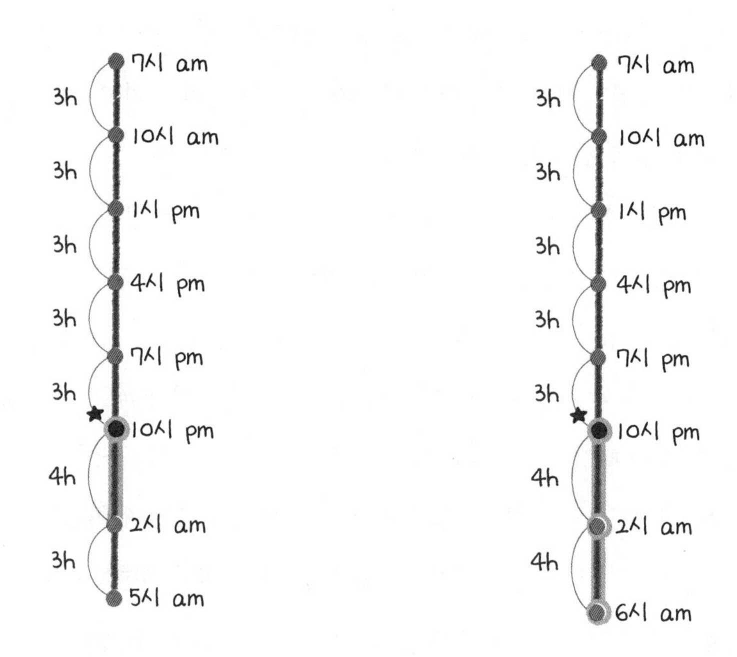

3주차 모유수유 스케줄에서 새벽 5시의 수유는 짧은 수유로 보면 된다. 아침 7시에 다시 수유를 할 것이기 때문이다.

분유수유를 하는 경우라면 오전 6시의 수유는 변동적이다. 만약 아기가 오전 6시에 일어나 먹고 싶어 한다면 이때 조금만 먹일 수 있다. 적은 양인 약 60ml 정도만 먹인다. 그리고 아침 7시까지 아기를 진정시키고, 7시에 하루의 첫 번째 수유인 정식 식사를 양껏(풀 피딩, full feeding) 먹인다.

(2) 모닝 시그널 장착하기

☆ 아기가 아침에 깨어났을 때 안전하다는 것을 자연스럽게 알려주기

아침 7시 첫 수유 타임에 들어갈 때, 아기에게 '긍정적이고 활기찬 기운을 전달

해주겠다!' 라고 마음속으로 되뇌며 아기의 방으로 들어가도록 노력하자. 방에 들어가면 천천히 간밤에 아기를 둘러싸고 있던 속싸개를 풀어준다. 그러나 이때 아기를 당장 안아 올리지는 않는다. 대신 아기에게 "OO야, 이제 일어날 시간이야"라면서 말을 건넨다. 그러고 나서 몇 분이 지난 뒤에 아기를 안아 올리고, 기저귀도 갈아준다. 그다음 하루의 첫 수유를 시작한다. 이런 식의 점진적인 깨움의 과정이 아기에게 안전하다는 느낌을 전해준다. 아침에 아기가 일어났는데 당신이 같은 방에 있지 않더라도 아기는 이런 시퀀스를 매일 거치면서 안전함을 느낀다.

명심하자. 아기는 당신을 보고 있다. 각각의 상황에서 어떻게 반응해야 하는지를 당신을 보고 배운다. 당신이 아기에게 막 뛰어가거나 아기가 깨는 것에 초조해하지 않을 때, 그 대신에 차분하게 (살짝 미소 띤) 웃는 얼굴로 조용히 다가갈 때, 당신은 모든 것이 괜찮다는 시그널을 아기에게 보내고 있는 것이다. 그렇게 아기는 자신이 괜찮다는 느낌을 당신이 뿜어내는 그 시그널들을 받아들이면서 내면화한다. 이러한 긍정적인 상호 교류가 잘 세팅되어 있어야 하루의 첫 수유 설정 시각(아침 7시) 이전에 아기가 깨어나더라도 괜찮은 상황이라는 것을 아기에게 알려줄 수 있다.

(3) 밤 10시 이후 '4~5시간 밤잠 스트래치'가 목표!

3주차 스케줄부터 달라지는 부분은 밤잠에서 10pm 고정축 밤수 이후, 더 긴 시간 동안 먹이지 않고 내버려둬도 되는 점이다. 낮 동안에는 3시간마다 먹여야 하지만, 밤에는 점점 먹는 시간이 아니라 자는 시간임을 알려줘야 하는 것이다. 아기가 몸무게까지 회복한 상태라면 밤잠은 수유 없이 최소한 4~5시간 정도 이어서 자게끔 북돋워주면 된다. 진정 전략에서 배운 쉬토닥 기법과 속싸개 등을 이용해서 시도해본다. 아기를 안아 올리는 것은 주의해서 사용한다. 안아 올리는 방법만이 유일하게 아기를 진정시킬 수 있다는 느낌이 들 때 행하는 것이 좋다. 안아 올리는 행위는 아기의 현재 자세/상태에서 생각보다 변동이 많이 일어나는 자세다. 아기가 잠에 어느 정도 취해 있을 때는 오히려 아기를 세워 안게 되어 아기의 잠이 깨게 되는 경우도 있으니 이 점 또한 유념하자.

(4) '7시 아침 첫수, 10시 밤중수유' 일관되게 운용하기

이 시기에 일관성 있게 운영해야 하는 고정축은 '7시 아침 첫 수유'와 '10시 밤중수유'다. 이 주차의 스케줄 예시에는 밤 10시에서부터 새벽 2시까지 **4시간의 밤잠 스트래치**를 넣었다. 새벽 2시 이전에 아기가 깨어난다면, 곧바로 먹이지 말고 진정 전략을 쓸 것을 추천한다. 되도록 안아 올리지는 말고, 두드리거나 쉬 소리를 내면서 속싸개를 해준다. 물론 심하게 울 경우에는 안아 올릴 수 있다. 그러나 아무리 해도 새벽 2시까지 진정시키는 것이 잘 되지 않는다면 그때는 수유를 한다. 하지만 매일 밤 조금씩 더 그 간격을 늘릴 수 있도록 한다.

(5) 스케줄 더 다듬어보기: 20분 정도의 오차는 괜찮다!

아기가 오후 3시 45분에 배고파서 먹고 싶어 한다. 그런데 오후 4시가 원래 설정된 다음번 먹 시간이었다. 이럴 때는 굳이 4시까지 기다리지 않아도 된다. 아기가 배고파한다면 입술로 계속 젖꼭지를 찾으면서 빨고자 할 것이다. 이때 일부러 먹텀을 딱 맞추거나 다짜고짜 먹텀을 마구 늘리려고 안달복달할 필요가 없다. 시도했던 진정 전략들이 모두 통하지 않는다면 그때 먹이면 된다.

간혹 아기가 다음번 수유텀보다 더 일찍 일어날 수도 있고, 그 다음번 수유텀보다 더 길게 잘 수도 있다. 그러나 만약 지속적으로 아기가 매 수유 예정 시각보다 더 빨리 배고파서 깨는 것 같다면 이러한 현상은 아기의 수유량이 충분하지 않다는 사인일 수가 있다. 이런 경우라면 아기에게 좀 더 먹여야 할 수도 있다.

(6) 집중수유

몸무게가 약 3.6kg이 넘는 정도로 큰 아기들의 경우, 저녁 무렵에 더 많이 먹으려는 경향이 있는데 이것도 괜찮다. 집중수유는 저녁 무렵에 많이 발생하는데, 저녁 7시에 한 차례 수유하고, 1시간 뒤인 저녁 8시에 조금 더 수유하고, 2시간 뒤인 밤 10시에 먹는 방향도 무방하다. 단, 1~3주차에 이런 식의 집중수유를 할 경우, 다음 사항들을 관찰해야 한다. ① 아기가 매번 먹고 나서 잘 진정되는가? ② 집중수유가 밤 10시의 질 좋은 밤중수유(10pm 밤수)를 방해하지는 않는가?

로리의 독설

당신이 느끼는 건지! 아기에게 좋은 건지! 이걸 생각해봐라.

비몽사몽인 밤 시간, 혹은 나도 낮잠을 너무나 자고 싶은 상황. 이럴 때는 사실 제대로 아기에게 계획한 대로 반응해주기보다는 '이번 한 번만!' 하면서 아기를 내 품 옆으로 데리고 와서 누운 채로 젖을 물려 재우거나 '에라 모르겠다. 그냥 빨리 먹이고 자버리자' 하는 유혹에 빠지기 십상이다. 즉, 양육자인 자신의 잠이 부족하다 보니 아기의 울음을 젖으로 빨리 달래버리고(소위 젖 마취) 얼른 자고자 하는 욕구를 느끼는 것이다. 하지만 이런 유혹이 닥쳤을 때, 몸이 피곤하겠지만 다시 한 번 생각을 해보자. 이 행동이 결국엔 아이를 위해서라기보다는 자신이 느끼는 감정과 욕구 때문에 성급히 그렇게 반응하는 것은 아닌지 말이다.

* 4주차 이후의 스케줄 볼 때의 Tip

Part 7의 '최대 깨시' 개념을 활용한 '점심 낮잠 2시간 구현' 스케줄과 비교해가며 현재 내 아기에게 적합한 스케줄로 시작해보자.

4주차 (원 포인트 레슨 특성상 4주차 이후의 나아간 미래의 목표를 담았다고 보아도 무방하다.)

(1) 모유수유/분유수유 아기의 4주차 스케줄

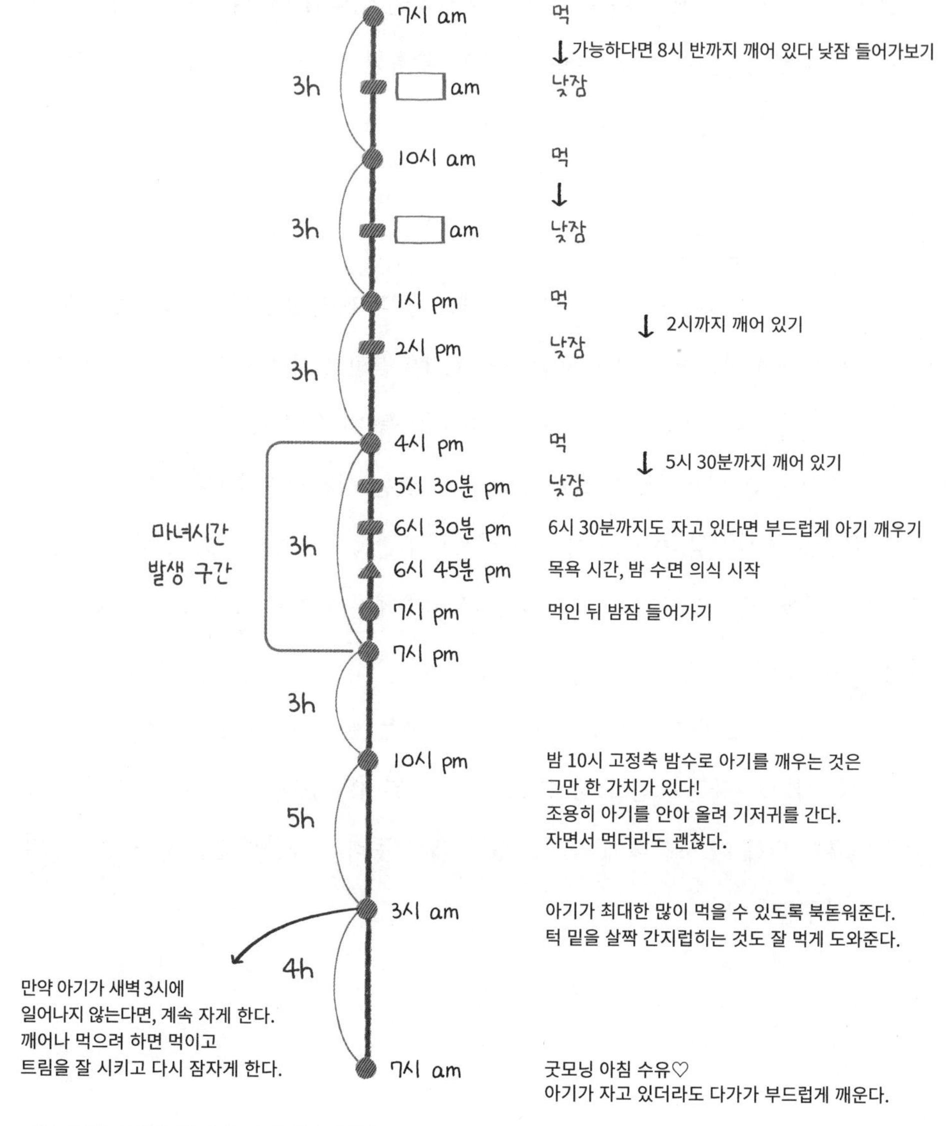

(2) 아기가 졸려하는 시간

아기가 오전 10시 수유 시간이 지나면, 매우 졸려할 것이다. 그래서 이 시간대에 아기는 먹자마자 잠들거나 먹으면서 잠들 수도 있다. 그러면 아기에게 속싸개를 해주고 자게끔 잠자리에 내려놓는다. 이 시간대의 아기 낮잠 시간은 여러분에게도 귀중한 시간이 될 수 있다. 이때 샤워를 하거나 부족한 잠을 잘 수도 있다. 아기는 다음번 수유 시간인 오후 1시까지도 잘 수 있다.

(3) 아기가 노는 시간

오후 1시 먹 타임이 지난 뒤에 아기는 똘망똘망 깨어 있는다. 그렇지만 이때는 아침(오전 7시)에 처음 일어났을 때만큼의 또랑또랑한 상태는 아니다. 많이 졸려하는 아기의 경우에는 이번 수유 후 바로 잠에 빠져들 수도 있다.

오후 4시 수유 이후에는 아기가 조금 깨어 있는 시간을 가질 수 있도록 격려해야 한다. 오후 5시 30분까지 깨어 있게 만들어주면 좋다. 하지만 깨어 있는 시간이 이보다 길어져서는 안 된다. 오후 5시 30분 이후에는 아기가 잠을 잘 수 있도록 잠자리에 내려놓아야 한다.

저녁 시간에 꽤 자주 찾아오는 '마녀시간' 때문에 오후 4시에서 저녁 7시 사이에는 필히 아기가 자는 시간을 배정해 스케줄에 넣어야 한다. 만일 저녁 7시부터 밤잠을 재우기 위해 이 시간대에 아기를 깬 상태로 두려고 애쓴다면 오히려 정반대의 결과를 마주할 수 있다.

5주차

5주차 중점 목표

· 잠잘 준비를 마친 뒤, 아기를 잠자리에 내려놓기.

· 중요 포인트: '1시간 반 최대 깨시'

아기가 깨어 있는 시간은 '최대 1시간 30분'까지만 유지한다. 이 시기의 아기는 '1시간 반' 이상 깨어 있으면 안 된다고 법칙처럼 기억해두는 것이 좋다(255~259p 참고). 만약 아기가 1시간 45분 정도 깨어 있는 걸 발견했다면 다음번 잠에서 더 보충해준다.

2주차가 허니문 주간이라면, 5주차는 '헬 게이트'라고 표현될 정도로 지옥의 주로 비유되곤 한다. 아기의 신체적, 정신적 발달이 많이 이루어지면서 우리 눈에는 보이지 않는 변화들이 아기 내부에서 일어나기 때문이다. 이 주차에 이르면 아기의 미소를 볼 수 있고 옹알이를 들을 수도 있다. 생후 5주차에 접어들면 '밤 10시 고정축 밤중수유 이후부터 최소 새벽 4시까지' 아기가 잠을 잘 것이다. 모유수유를 하는 엄마라면 아기가 유두 혼동이 없을 경우, 10pm 고정축 밤수 타임에는 다른 사람이 젖병으로 수유하게 할 수 있으면 좋다. 그동안 엄마는 잠을 더 자면서 체력 회복을 하는 것이 좋다.

(1) 모유수유/분유수유 아기의 5주차 스케줄

7시 am 먹
↓ 놀(터미 타임), 먹고난 뒤 최소 20분은 지나고 터미 타임 자세로!
8시 30분 am 낮잠

10시 am 먹
↓ 짧은 깨시(아이를 안고, 말하고, 사회적인 교류하기)
11시 am 낮잠

1시 pm 먹
↓ 놀(터미 타임), 먹고난 뒤 최소 20분은 지나고 터미 타임 자세로!
2시 30분 pm 낮잠

4시 pm 먹
↓ 놀&소셜 타임
5시 pm 낮잠

6시 pm 아기가 일어나지 않으면 부드럽고 천천히 깨우기

6시 45분 pm 목욕 시간 → 마사지, 잠옷으로 갈아입히기, 밤잠 음악 틀기

Tip) 5주차부터 목욕 후 마사지를 넣는다. 아기가 한 달이 되기 전에는 목욕 후 마사지를 즐기기보다는 먹는 것을 기다리지 못해 짜증을 많이 낸다.

7시 pm 먹
↓
트림
↓
잠자리(침대)

10시 pm 밤수 (5주차부터는 질 좋은 수유가 정착되어야 하고, 아기는 잠들기 전에 잠자리에 내려져야 한다.)

4시 am 먹
↓
트림
↓
잠자리(침대)

7시 am 먹 - 굿모닝! 첫수

생후 5주차 때부터 아기는 아침 7시 이후에 좀 더 오래 깨어 있을 수 있다. 단단한 낮잠 스케줄이 생기려는 시점이다. 물론 깨어 있는 시간은 아기마다 다를 수 있다. 예를 들어 아기는 스케줄에 계획된 대로 오전 8시 30분에 자고 싶어 하는 것이 아니라 더 이르게 오전 8시에 자고 싶어 할 수도 있다. 그렇다면 그 시간에 자게 하면 된다.

깨어 있는 시간과 관련하여 5주차 때 더 중요한 포인트는 깨어 있는 시간을 최대 1시간 30분까지만 유지하는 것이다. 다시 한 번 강조하지만 이 시기 아기는 '1시간 반' 이상 깨어 있으면 안 된다고 기억해두는 것이 좋다. 만일 아기가 1시간 45분 정도 깨어 있는 것을 발견했다면 다음번 잠에서 보충해준다. 만약 아기가 2시간 정도 깨어 있었는데 낮잠을 30분만 잤다면, 다음번 먹 타임에서 아기는 엄청 힘들어하고 짜증스러울 것이다(잠텀 시계 255~259p 참고).

잘 자야 잘 먹는다. 이 시기는 아기의 뇌가 하루가 다르게 성장하는 시기이므로 아기에게 잠 영양분이 충분히 공급되는 것이 중요하다. 아기가 1시간 반 이상 깨어 있었다는 것은 여러분이 아기가 피곤하다고 보낸 신호를 놓쳤거나, 겉으로는 피곤해 보이지 않았지만 아기에게는 실제로 잠이 오고 있었음을 파악하지 못했을 가능성이 있다. 계속 아기를 관찰하며 좀 더 일찍 잠자리에 눕혀보려고 시도해라.

아기가 낮잠을 잘 못 자서 피곤하면 밤잠도 잘 못 잔다. 낮에 안 재운다고 밤에 잘 자는 게 아니라 **낮에 못 잔 애는 밤에도 못 잔다.** 그렇다고 하루하루 아기가 자는 시간에 목숨 걸지는 말자. 하루 정도는 아기가 배에 가스가 찼다거나, 산통 때문에 제대로 못 자는 날이 있을 수도 있다. 그러므로 어느 날 하루 아기가 잠을 잘 못 잔다고 해서 너무 걱정하지 말자. 다음 날 좋아진다.

지금 주수부터는, 잠잘 준비를 시킨 뒤에 깨어 있는 상태의 아기를 잠자리에 내려놓도록 더 의식적으로 노력해본다(252~254p 참고). 이 시기에 아기를 잘 못 자게 하는 것은 배 속의 가스와 제대로 이루어지지 않은 트림이다. 따라서 아기가 조금 움찔거린다고 뛰어가지 말자. 만약 트림이 원인일 경우에는 차분하게 트림을 시켜 주면 될 일이다.

(2) 5주차 아기의 양육자가 힘들어하는 문제들

Q. 낮잠에 들어간 뒤, 30분 뒤에 일어났다. 어떻게 해야 하나?

A. 아기가 낮잠에서 깨어난 것처럼 보인다고 해서, 아기의 낮잠이 끝이 났고 아기가 다 잤다고 할 수 없다. 당신이 아기의 선생님이지, 아기가 당신의 선생님이 아니다. 아기는 지금 자신에게 정말 필요한 것이 무엇인지 모른다. 그러므로 다시 잠들게끔 지도하자. 아기는 뭐가 뭔지 알 수 없는 상황인데, 자신의 하루 일과를 아기 스스로 진두지휘해나가라고 하는 것은 아기에게 매우 가혹한 일이다.

아기가 낮잠에서 깨어난 듯 보인다면, 토닥여주고 쉬 소리를 내준다. 상황에 따라 아기를 안아 올리고 다시 잠들게끔 부드럽게 둥가둥가 해준다. 이 행위를 아이가 더 길게 잘 수 있도록 진정될 때까지 일관성 있게 반복한다. 이 시기에는 아기가 트림 때문에 깨어날 수도 있다. 그럴 때에는 다시 잠들 수 있도록 트림하는 것을 도와준다.

Q. 아침 7시까지도 아기가 자고 있다면 어떻게 해야 하나?

A. 속싸개를 빼고, 방의 조명을 켜거나 커튼을 쳐서 햇빛이 들어오게 한다. 또한 아기에게 말을 걸면서 스트레칭을 해주며 아기를 천천히 깨운다. 똑게육아 유튜브의 모닝콜 트랙을 틀어, 확실하게 모닝 의식을 해주자. 이 모든 시퀀스를 진행하는 데에 약 10분 정도 걸린다. 그 뒤 아기를 들어 올리고, 기저귀를 갈아주고, 아침 수유를 시작한다. 아기가 이와 같은 모닝 시그널, 즉 기상 의식을 힘들어하지 않고 즐기게끔 이끌어주자. 이 모닝의식을 아기와 양육자 단둘의 스페셜 타임으로 활용

할 수도 있다.

(앞에서도 이야기했지만, 스페셜 타임은 양육자가 아기에게 100% 집중해서 즐겁고 밀도 있게 놀아주는 1:1의 단둘의 시간을 말한다[176p 참고].)

이때 아기를 침대에서 바로 데리고 나오는 것이 아니라 차분하고 안정된 분위기의 루틴 안에서, 행복하게 깨어날 수 있도록 가르친다. 아기에게 깨어나자마자 즉각적으로 당신을 찾으며 울며 하루를 시작하는 게 아니라는 가르침을 줘라. 이 작은 가르침의 차이로 인해 여러분은 항상 일어나서 울면서 당신의 관심을 요하는 아기가 아니라 행복하게 일어나서 옹알이하며 당신이 오기를 기다리는 아기를 만나게 된다.

Q. 아기가 새벽 5시에 일어났고, 새벽 6시까지 잠을 자지 않았다. 아침 7시에 깨워야 하나?

A. 깨워야 한다. 오전 7시 이후에 깨어 있는 시간은 짧을 테지만, 일관성 있게 아침 첫수 먹 타임을 오전 7시에 가지는 것은 중요하다. 이런 상황이면 오전 7시 먹 타임에도 아기가 조금 졸릴 수 있지만, 괜찮다. 정상적인 스케줄에 태우는 게 중요하다.

Q. 저녁에 아기가 매우 번잡스럽고, 진정이 잘 안 된다. 어찌해야 하나?

A. 이는 5주차에 느껴지는 일반적인 문제다. 저녁 무렵, 이 시기의 아기들은 대부분 마녀시간을 가지게 된다. '목욕, 먹이기, 기저귀 갈기, 속싸개, 토닥이기' 등의 위안을 줘보고 이것들에 저항한다면, 아기를 안아 올려서 살짝살짝 바운싱을 하며 진정시켜보고, 반쯤 잠든 상태에서 눕혀본다. 부드럽게 쉬 소리를 내며 옆으로 뉘여 두드리기 진정 기법을 써본다. 아기가 진정될 때까지 이 시퀀스를 계속 반복해야 할 수도 있다(282~294p 참고).

6주차

(1) 모유수유/분유수유 아기의 6주차 스케줄

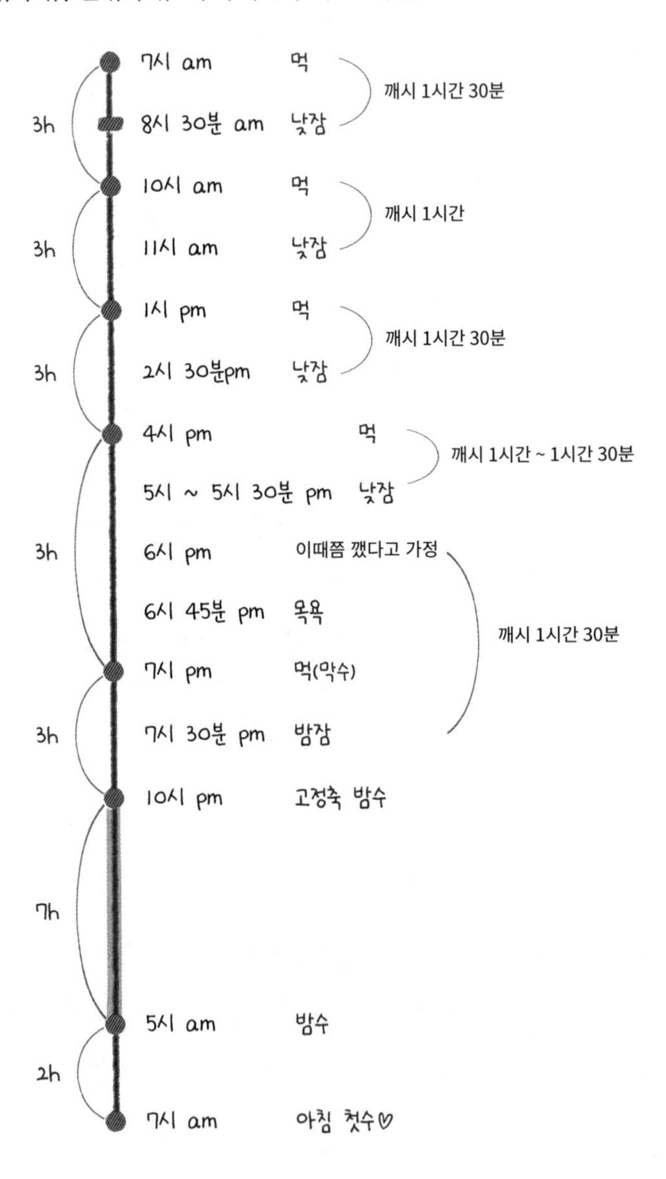

6주차 주요 목표

1주차부터 5주차까지의 권장 사항들을 지키며 아기의 낮 스케줄을 공고하게 구축했다면, 아기는 밤 10시 고정축 밤수 시간부터 새벽 4~6시까지 길게 쭉 잘 수 있다.

· 10:00pm~4:00am
· 10:00pm~5:00am
쭉 이어지는 밤잠 스트레치 달성!

· 밤중 수면 의식을 공고히 만들기.

(2) 긴 밤잠 스트레치 달성하기

물론 여전히 새벽 4시에 여러분을 깨우는 아기의 밤중 새벽 콜은 달갑지 않겠지만, 그래도 아기가 이번 주차에는 밤 10시 고정축 밤중수유 이후로부터 깨지 않고 쭉 이어서 더 많이 잘 수 있게 된다.

이렇게 아기가 약 7~8시간 정도 쭉 이어서 잘 수 있게 된 덕분에 수면을 비롯해서 당신의 몸과 뇌도 여러 지점에서 좋은 영양을 받게 된다. 아마 조금은 다시 인간이 된 기분일 것이다.

물론 앞으로 아기는 지금보다 뱃구레가 더 커져야 하고, 신경 시스템도 더 성숙해져야 한다. 저녁 7시부터 다음 날 아침 7시까지의 밤잠을 달성하는 것은 아기가 5~6개월이 될 때까지 이뤄지지는 않는다. 그렇기 때문에 아기가 6주차 이후에 약 7~8시간 밤잠을 쭉 자고 있다면 정말 잘하고 있는 것이다. 그리고 그런 결과는 양육자가 전략적으로 일관성을 가지고 수면교육에 임했기에 가능했을 것이다.

이처럼 6주차의 목표는 '밤 10시 밤중수유'에서부터 '아침 부근의 깸(새벽 깸)'까지의 긴 통잠을 목표로 한다.

만일 아기가 태어난 첫 주부터 앞에서 제시한 주차별 스케줄들을 그대로 잘 따라왔다면, 이제는 모유수유/분유수유 여부와 관계없이 아기의 하루 일과가 앞의 6주차 스케줄에 잘 들어맞을 것이다.

늘 하는 말이지만 똑게육아에서 제시하는 스케줄들은 가이드라인으로 활용하고, 각자의 상황에 따라 유연하게 조정해서 사용하도록 하자. 아기는 앞의 스케줄에서 제시된 수면 시간보다 더 잘 수도, 덜 잘 수도 있다. 이 스케줄에 가깝게 운영하면 나의 상황에서 이상적인 참고치가 있어 운영해나가기 좋다는 뜻일 뿐, 딱 맞아떨어지지 않아도 된다. 일단은 **'잠텀=깨시'**를 염두에 두고 앞서 제시한 스케줄들을 진행하면 좋다. 아기가 너무 오래 깨어 있게 되면, 다음번 잠잘 시간에 제때 잠드는 것이 힘들어진다.

(3) 밤중 수면 의식 공고히 만들기

이 시기에 목욕은 이틀에 한 번씩 해도 괜찮지만, 밤중 수면 의식은 공고히 다져야 한다. 참고로 6주차는 '밤중 수면 의식'에 로션 바르기나 오일 마사지를 도입하면 좋은 시점이다. 아기에게 잠옷을 입힐 때, 진정되는 음악을 틀어준다. '잠 큐 사인'으로 잡히도록 음악은 같은 것으로 계속 틀어주는 것이 좋다. (똑게 상황별 트랙 〉 자장가)

(4) 아침 7시에 깨우기

부모들은 아침 7시에 아기를 깨우는 것을 힘들어한다. 왜냐하면 아기가 새벽 5시에 방금 잠들었기 때문이다. 또 더 큰 이유는 자신들도 더 자고 싶기 때문이다. 그래서 아침 7시에 아기를 깨우는 것이 왜 중요한지를 모른다. 부모도 사람인지라 지금 당장 더 누워 있고 싶고, 더 자고 싶은 욕구가 더 중요하게 느껴지는 것이다. 그런데 아침 7시, 혹은 자신의 가정 상황에 맞는 정해진 시간에 일관성 있게 일어나는 것은 아기의 스케줄을 일구고 아기에게 건강한 수면을 선물하는 데에 정말 중요한 루틴이다.

아기 본연의 생체리듬을 맞춰주자.

만약 아기의 하루를 늦게 시작한다면, 아기의 하루 마감도 그만큼 늦어지게 된다. 이는 아기의 생체리듬과도 결부되어 있다. 아기에게 제일 좋은 아침 시작 시간은 오전 7시다.

로리의 컨설팅 Tip - 오전 9시에 하루를 시작하고 싶었던 엄마의 이야기

한번은 오전 9시에 하루를 시작하고 싶다고 한 엄마가 있었는데, 이렇게 되면 당연한 얘기지만, 아기는 밤 9시나 10시가 될 때까지 진정되지 않는다. 그렇게 되면 '밤 10시 고정축 밤중수유'도 운영이 힘들어진다. 그때까지 아기가 잠들지 않기 때문이다.

이런 경우에는 '밤 10시 고정축 밤중수유' = '저녁 7시의 하루 마지막 수유'가 되는 것이다.

10pm 고정축 밤수 = 7pm 막수화

오전 9시쯤 하루를 늦게 시작하면, '10pm 고정축 밤수'는 똑게육아에서 '7-7 체제'라고 부르는 7시 아침 기상으로 하루를 운영했을 때의 마감 수유, 즉 저녁 7시의 수유(막수)와 같아진다. 밤잠 스트레치를 길게 뽑아주는 데에 효과적인 전략적 수유인 '10pm 고정축 밤수'가 밤잠에 들어가는 시간(밤들시)에 하는, 즉 하루를 마감하는 수유인 '막수'로 바뀌게 되는 것이다.

그렇다고 무작정 아기를 좀 더 빨리 눕히려 하면 아기는 비명을 지른다. 왜냐하면 이렇게 스케줄이 뒤로 이동된 경우에는, 마녀시간이 오후 8~9시가 되기 때문이다. 이런 식의 스케줄은 아기 본연의 생체리듬에 맞지도 않기 때문에 아기가 제대로 된 휴식을 취할 수가 없게 된다. 그로 인해 아기는 항상 피로하고, 자극을 받은 상태가 된다. 이런 식의 스케줄이 6개월 정도 유지되면 아기의 상태는 갈수록 심각해져서 밤 10시 30분까지도 아기는 자지 않게 되고, 아침에는 끽해야 9시 30분~10시쯤 일어나게 되는 흐름을 타게 된다.

아기가 8개월쯤 되면 밤잠을 11~12시간 정도 잘 수 있게 되지만, 잠드는 시간 자체가 늦으니 결국 오전 9~10시 부근에 아침을 시작하는 셈이 되고, 이렇게 되면 다시 밤 10시나 11시가 되기 전까지 아기는 졸리지 않게 된다.

물론 스케줄 관리는 전적으로 양육자의 라이프 패턴에 달려 있으므로 각 가정의 상황에 맞게 조정할 수 있는 부분이다. 그렇지만 언젠가는 아이가 유치원이나 학교에 갈 것이고, 기관은 오전 10시보다 훨씬 더 빨리 일과를 시작한다. 그러므로 아기 때부터 그 스케줄에 맞춰 습관을 들이는 것이 좋다. 그러는 편이 아기의 생체리듬의 합과도 맞아떨어져 건강에 좋다. 뿐만 아니라 아기의 개월수가 뒤로 갈수록 수면 습관은 바꾸기가 힘들어지기 때문에 생애 초창기부터 좋은 습관을 선물해주는 것이 좋다.

(5) 이 주차에 자주 묻는 질문

Q. 아기가 새벽 4~5시쯤 일어났다면?

A. 루틴을 일궈나가는 것은 일관성이 생명이다. 아기가 새벽 4시나 5시에 배고파서 일어난 상황이라면, 조금 먹이고 다시 잠들게끔 한다. 어떤 아기들은 60ml만 먹고 자기도 하지만, 배가 많이 고픈 아기라면 120ml 정도로 양껏 먹고 잘 수도 있다. 그러고 나서 오전 7시에 다시 먹이는 것이다. 이미 새벽 4~5시에 이루어졌던 앞의 수유로 인해 평상시보다 더 적게 먹을 것을 알고 있다 치더라도 아침 7시에 꼭 수

유를 해줘야 함을 잊지 말자.

이상적인 목표는 새벽 4시나 5시 식사 시간에는 적게 주는 것이다. 아침 7시에 양껏 먹이고 말이다.

Q. 아기가 오전 6시 이후에 일어났다면?

A. 만약 아기가 오전 6시에 일어났거나 6시 이후에 일어났다면, 상황이 조금 다르다. 왜냐하면 아기들이 보통 1시간 뒤에 다시 먹는 것에 흥미를 느끼지 않기 때문이다.

이럴 경우에는 먹 타임을 아침 7시에 근접하도록 조금 시간을 끌어본다. 아기와 상호작용하면서 조금씩 진정시켜본다. 이야기를 해보고, 스트레칭도 시켜보고, 기저귀를 갈면서 시간도 벌어보는 것이다.

그런데도 계속해서 연달아 배고파하며 깬다면 일단 오전 6시에 먹이면서 그에 따라 낮 수유를 조정해야 한다. 또한 아기마다 기질이 다르기 때문에 오전 6시에 깼을 때 시간을 끄는 것이 효과가 없다면 ① 그냥 먹이되, 오전 7시 30분에 한 번 더 적은 수유를 한다. 이는 오전 10시에 하루의 두 번째 식사 시간을 가지는 스케줄에 태우기 위해서다. ② 첫 수유를 아침 7시에 근접하게끔 뒤로 끌 수 있다면 오전 10시 수유를 10분 정도 일찍 하는 방안도 있다.

보통은 아기가 오전 6시 이후에 일어난 상황이라면 후자인 아침 첫 수유를 조금 늦추는 것, 즉 아기가 일찍 깨어났더라도 오전 7시에 근접하도록 시간을 조금 끌어보는 것을 더 권장한다. 왜냐하면, 아기는 조금 기다리는 걸 배워야 하기 때문이다. 이를 잘 교육시키면 기다림에 있어서도 만족하는 법을 배우게 된다. 아이가 요구한다고 해서 다 들어주면 오히려 더 귀중한 것을 배우지 못한다. 아기는 기다릴 수 있다. 이것을 가르쳐줘라. 이걸 잘 가르쳐주면, 아기는 결과적으로 스스로 진정하는 방법과 잠을 잘 잘 수 있는 숙면 스킬까지 터득하게 된다.

또 이 능력들은 결국 아기의 발달에 있어 핵심이 된다. 아기가 아주 중요한 영양분인 '잠' 영양을 제대로 받게 되니 말이다.

Q. 아기가 밤중에 자주 깨요.

A. 이럴 때는 몇 가지 원인을 생각해봐야 한다.

① 가스가 찼나?

아기를 충분히 트림시키고 눕혔는지 생각해본다.

'밤 10시 고정축 밤중수유'가 트림시키기 조금 힘든 회차이기는 하다. 반쯤 잠든 상태의 아기를 먹이고 트림까지 시켰다면 아기는 잘 잠들 것이다. 그러나 트림을 시키는 과정에서 아기를 조금 깨우는 것이 좋다. 트림이 제대로 되지 않아 불편해서 아기가 일어나는 것보다는 트림시킬 때 아기가 조금 깨더라도 확실히 트림을 시키고 다시 눕히는 편이 낫다.

② 밤에 당신을 보며 우나?

만일 아기가 다시 잠드는 방법을 모른다면, 당신의 도움을 요청하며 울 것이다. 이럴 때 어떻게 대처할 것인가? 모범답안은 다음과 같다. ('Part 5. 진정 전략 익히기 [248~317p 참고]' 에서 배운 내용을 복습해보자.)

우선 당신은 아기에게 다가간다. 그러나 아기를 안아 들어 올리진 않는다. 공갈젖꼭지도 주지 않고, 다른 도움을 주지 않는다. 그저 아기가 똥을 쌌는지 기저귀가 많이 젖었는지, 혹은 좀 게워냈는지 등을 체크한다. 만약 아기 옷을 바꿔 입히거나 기저귀를 갈아야 한다면, 희미한 불빛 아래에서 최대한 자극 없이 한다. 아주 작은 목소리로 내가 여기 있다고 말하고, 모든 것은 괜찮다고 안심시키는 어조로 말한다.

차분하고 부드럽게 아기의 옆을 토닥인다. 아기가 진정될 때까지. 여기까지 잘 해낸다면 아기는 여기서 만족을 한다.

'토닥이는 것' + '지금 괜찮다. 안심시키는 차분한 어조'

여기까지만 제공하는 걸 연습해라. 아기가 짜증부릴 때 이 기본 반응에 일관성을 가져라. 안아 올리는 것 자체가 아기에게 밤중에는 과잉 자극을 줄 수 있으므로 조심해라. 이렇게 일관성 있게 며칠 밤만 지속한다면, 앞으로 펼쳐질 밤들은 지금까지와는 다를 것이다.

또 중요한 것은 아기를 토닥일 때, 그 토닥임을 아기가 잠이 들기 전에 중지하는 것이다. 기억해라. 당신은 아기에게 스스로 잠에 빠져드는 방법을 가르치고 있다. 설사 처음 시도에서 1시간이 걸릴지라도 하면 된다. 일관성만 지키면 아기의 칭얼거림은 점차 줄어든다.

가끔은 이런 방법으로도 진정이 안 될 때가 있다. 이럴 때는 아기를 들어 올릴 수도 있다. 그러나 아기가 조금 진정될 정도까지만 안고 있어야 한다. 그 뒤에는 다시 잠자리에 내려놓아야 한다. 그리고 아기가 진정될 때까지 쉬 소리를 내며 조금만 토닥인다.

중요한 건 아기가 푹~ 잠들 때까지 쉬 소리를 내면서 토닥이지 않는 것이다.

(6) 잠을 잘 재우기 위한 체크 사항들 복습

① 속싸개를 하고 있는가?

"우리 아기는 속싸개를 싫어해요. 항상 나오려고 해요."

아기가 자꾸 속싸개에서 나오려는 듯 손을 뻗고 발버둥치는 몸짓을 한다고 해서 곧 속싸개 하기를 싫어한다는 뜻은 아니다. 이 모습을 보고 착각하면 안 된다. 오히려 큰 코 다친다. 우리 자신을 생각해보자. 우리 어른들도 잠에서 중간에 깨어날 때,

항상 매번 같은 자세로 일어나 있나? 아닐 것이다.

아기도 마찬가지다. 자면서 누구나 움직인다. 아기는 속싸개로 아주 꽉 싸여 있지 않기 때문에 몸이 움직이게 되고, 이런 작은 움직임이 속싸개를 풀어지게 만든다. 그래서 아기가 자연스럽게 속싸개에서 나오게 되는 것이다.

아직 아기의 신경 시스템은 발달이 다 되지 않은 상태다. 따라서 속싸개로 둘러주지 않으면 아기가 더 불안해하고 경련을 일으킨다. 그래서 더욱더 깨게 된다.

② 너무 더운 것은 아닌가?

양육자, 특히 엄마들은 겨울철에 매번 아기 방을 덥게 하려 한다. 이 부분을 조심해야 한다. 아기는 스스로 체온조절을 하지 못한다. 방 안의 온도가 아기에게 적절한 권장치보다 높아 더우면 아기는 숨 쉬기 힘들 뿐만 아니라 잠도 잘 자지 못하게 된다. (아기는 어른이 느낄 때 서늘한 온도에서 잘 잔다.) 방 안의 온도를 올리는 대신 옷을 2겹 정도 적당하게 입힌다고 생각하자. 이때 이불을 둘러주는 것은 안 된다. 속싸개 자체로 1겹이 추가되므로 속싸개 안에 내복을 입혀 2겹으로 아이의 체온을 유지시켜준다고 생각하자.

③ 아기가 끽 소리만 내도 무작정 뛰어가나?

처음 부모가 된 사람들 중에서도 걱정이 많은 사람들이 이러한 행동을 보여주곤 한다. 그러나 사실 아기는 밤중에 항상 시끄럽게 소리를 낸다. 물론 부모가 이런 소리를 무시하거나 듣지 않기는 매우 힘들다.

아기는 상황에 따라 숨소리도 조금씩 다르게 난다. 아기가 얕은 잠에 들어 있을 때는 이상한 소리를 낼 수가 있다. 이런 소리는 대개 모두 정상이다. 오히려 이때 아기가 괜찮은지 보려고 당신이 달려가게 되고.. 그러면서 본의 아니게 아기를 잠에서 깨우게 된다. 이런 행동들이 아기의 수면 사이클을 망친다.

아기를 꼭 봐야겠다면 앞서 살펴본 10초 세기룰(57p 참고)을 적용해 10초를 세고 난 뒤 들어가보면 좋다. 이때도 아주 조용히 투명인간처럼 행동해야 한다. 아기가 당신을 볼 수 없도록 말이다. 비디오 모니터도 추천한다. 아기를 방해하지 않고 지켜볼 수 있다. 물론 아기가 너무 거세게 운다면, 위의 방법들을 적용하지 말고 무언가 잘못된 것이 있는지 직접 가서 관찰하며 체크해본다.

로리의 컨설팅 Tip - 아기가 이미 생후 6주차인데 이 책을 지금에서야 만났다면?

상관없다. 괜찮다. 아기의 주차에 상관없이 1주차 플랜부터 지금 현 상황에 적용시키면 된다. 가장 중요한 것은 '10pm 밤수'와 '아침 7시 하루 시작점 첫 수유'를 고정축으로 잡고 가는 부분이다. 그다음으로는 수유 간격을 '3시간'으로 유지하는 것을 염두에 두고, 마지막으로 **아기를 올바른 방법으로 재우는 것**이 중요하다. 이 방법들을 꾸준히 반복하면 아기가 5~6개월 무렵에는 저녁 7시 30분부터 다음 날 아침 7시까지 통잠을 자게 된다.

6주차 이후에는?

(1) 수유 간격은 '3시간'에서 '4시간'으로

생후 6주차 이후부터는 수유 간격을 3시간에서 4시간으로 벌릴 타이밍이다. 한 회차 수유량은 기존보다 30ml 정도 더 먹여야 한다. (그렇게 해서 수유 횟수를 1회 더 줄이는 것이다.)

6주 이후~4개월 돌입 아기 스케줄

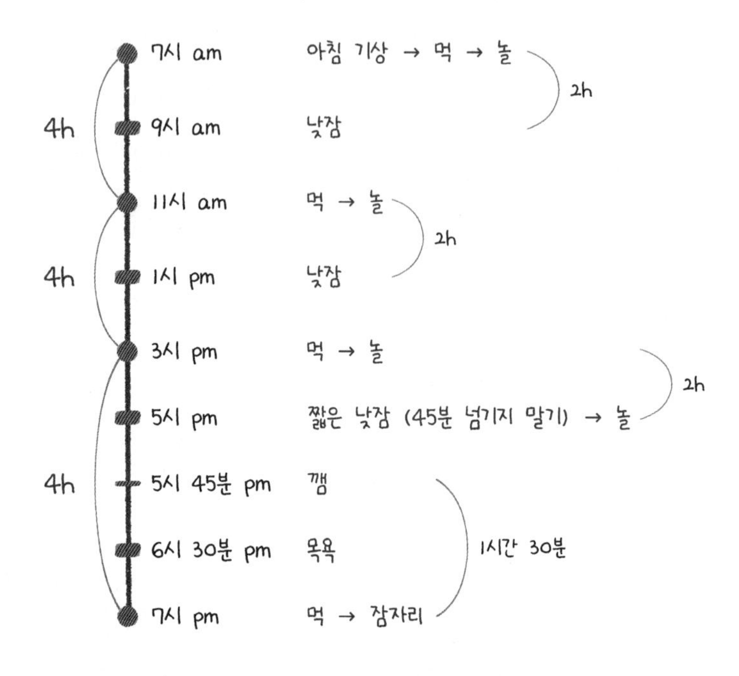

(2) 6주차 이후에 염두에 두고 수행해야 하는 중요한 포인트들

① 새벽 4~5시에 깨는 아기

이 무렵에도 역시나 새벽 4~5시에 아기가 깨는 것에 대해서는 양육자가 계속 힘들어한다. 아기가 다시 잠을 자려고 하지 않는다는 것이다.

그래서 더더욱 이제부터는 이 시각대에 먹을 것을 주지 않고 진정 테크닉을 쓰는 것이 좋다. '쉬 토닥이기'를 하다가(287~289p 참고) 아기가 울 때 필요하다면 안아 올린다. 이 시각대는 얕은 잠의 단계이기 때문에, 원래도 아기가 소리를 많이 내고 움직임이 있다. 그런데 바로 이때 아기에게 음식을 주게 되면 '불필요하게' 아기를 일어나게 만든다. 어른인 당신도 얕은 잠을 자는 시간대가 있는데 이때 계속해서 누가 룸서비스로 음식을 가져다준다고 치자. 그런 상황이 반복되면 자신도 모르게 그 무렵에 반사적으로 먹을 것을 기대하게 되는 것과 같다.

어떤 아기는 약간의 제대로 된 도움만 받쳐준다면, 스스로 진정하여 다시 잠들 수 있다. 하지만 어떤 아기들은 더 많은 도움과 격려가 필요하다.

만약 여러분의 아기가 후자라면, 인내심을 가져라. 수면교육을 비롯해 모든 훈육에서는 일관성이 생명이다. 믿어라. 아기는 스스로 진정되어서 다시 잠들 수 있다. 이 얕은 잠 단계에서도 결국 아기 스스로 잠을 이어갈 수 있게 된다. 당신의 제대로 된 도움만 받쳐준다면.

② '10pm 고정축 밤수'를 고수해라

이 주차에는 밤 10시 무렵에 앞선 주차 때보다 아기가 더 졸려하는 것을 눈치챘을 것이다. 그래서 이 '10pm 고정축 밤수'를 진행하는 것이 점점 더 양육자에게는 체감상 힘든 느낌이 들 것이다. 이게 바로 이즈음 부모들이 '밤 10시 밤중수유'를 포기하게 되는 이유다. "너무 우리 애가 졸려 보여서요", "아기를 깨우는 걸 원치 않아서요"가 주요 이유다. 하지만 이 '10pm 고정축 밤수'는 밤중 스트레치를 밤 10시 이후로 길게 가져가려는 우리의 전략상 아직까지 중요하다. 계속해서 이 타이밍에 아기를 부드럽게 깨우고 먹여라. 그래야 아기가 힘들어하지 않고 부드럽게 오전 6시 30분~7시에 깰 수 있게 된다.

이렇게 2주 정도 일관성 있게 스케줄을 운영한 뒤에는 서서히 '10pm 고정축 밤수'를 제거해보는 방향으로 전략을 짠다. 이 회차의 수유를 울리기로 갑작스럽게 제거하는 게 아니라 2주에 걸쳐서 점진적으로 제거해보는 것이다. 천천히, 조금씩, 적은 양을 수유하면서 없애본다. 이를테면 '10pm 밤수'에서 원래 150ml를 먹였다면, 30ml를 감량한 120ml로 4일간 줘본다. 그리고 다시 90ml를 4일간 줘보다가 없애보는 것이다. 그렇게 점진적으로 수유량을 줄여가다가 '10pm 밤수량'이 30ml에 도달하면, 이때부터는 30ml 정도를 먹이려고 아기를 깨우는 것이 의미가 없게 된다. 이 방법으로 점진적으로 '10pm 고정축 밤수'를 끊으면 아기에게도 이 과정이 어렵지 않게 되고, 결국 아기는 오전 6시 30분이나 7시까지 쭉 잘 자게 된다.

로리의 컨설팅 Tip

나는 수면교육 강의에서 먹이지 않아도 되는 밤중수유를 하는 것에 대해 '야밤의 갑작스러운 룸서비스 식사 제공 but 받는 사람은 먹는 걸 거부할 수 없음'과 같다고 비유하며 설명하곤 한다. 여러분이 입장을 바꿔서 아기처럼 특정 시간에 계속 룸서비스를 받아 '그게 맞나 보다~' 하면서 나도 모르게 먹임을 당하고 이것에 익숙해져간다고 생각해보자. 예를 들어 여러분이 잠을 자고 있는데 자정 12시만 되면 자상한 남편이 정갈한 한식 상차림을 룸서비스처럼 들고 들어와 먹으라고 한다. 여러분은 이 상차림을 거부할 수가 없다. 3일 정도, 일주일 정도 자정에 계속 이 룸서비스를 받다 보면 당신은 어느새 그 자정 무렵 시간대가 되면 자연스럽게 배가 고프게 되고, 자다가도 그 시각대가 되면 잠에서 깨게 된다. 당신의 밤잠은 어느새 조각나 깨지게 되는 것이다.

이것이 **거부할 수 없는 자상함을 갖춘 듯 보이는 야밤의 룸서비스**가 불러오는 안 좋은 결말이다.

여러분이 위의 사항들을 유념하며 애초에 세워둔 전략을 일관성 있게만 잘 지켜서 이행해준다면, **아기가 아침에 행복하고 조용히 일어나는 모습**을 보게 될 것이다. 그렇게 아기가 자연스럽게 잠에서 잘 깨어나면 모닝 시그널로 매일 아침 속싸개를 풀고 스트레칭을 해주고, 아기에게 말을 걸고, 커튼을 젖혀서 해가 들어오게 하고, 아침 첫 수유를 준비하고 기저귀 가는 루틴들을 이어가면 된다.

이렇게 진행이 잘되면 다음 달의 육아는 더 쉬워진다. 이제는 아침에 여러분이다가가기 전까지 아기가 혼자 옹알이하고 놀면서 행복하게 잠자리에 있을 것이다.

③ 속싸개 떼기

여러분이 D+1부터 똑게 수면 프로그램을 잘 진행해왔다면 아기가 만 4개월이 되면, 저녁 7시부터 오전 6시 30분/7시까지 쭉 밤잠을 잘 수도 있다! 그리고 만 4개월 무렵이 되면, 속싸개를 뗄 시기이기도 하다!

이 무렵이 되면 아기의 신경 시스템이 성숙해져서 깜짝 놀라는 반사가 없어진다. 그래서 아기가 팔을 꺼내고 자도 괜찮다. 그런데 이것도 점진적인 전환이 필요하다. 처음에는 한 팔만 빼놓아본다. 첫날 밤에는 이렇게 한 팔만 뺀 채로 자게 하는 것이다. 이렇게 하면 아기가 평상시보다는 휴식을 덜 취한 것처럼 보일 것이다. 이때 다소 소리가 들릴 수 있는데 이럴 때 아기에게 다다다다~ 막 뛰어가지 말자. 예상했던 바일 뿐이다. 아기는 스스로 진정하려고 노력하고 있는 것이다. 그저 아기가 내는 소리를 들어라. 괜찮은지 살펴보면서 당신은 침착한 기운을 뿜어내며 전달해주기만 한다. 아기가 막 울어 젖히고, 정말 도움을 필요로 할 때 간다. 낯설어진 환경에 아기가 스스로 적응하고 진정하려고 노력 중인 것이니 그렇게 일주일 동안은 한 팔만 속싸개에서 뺀 채로 두고 아기에게 적응할 시간을 준다.

그리고 그다음 주차에는 두 팔을 다 빼놓는다. 이때 팔 아래로는 속싸개를 해서 몸을 감싸주면 아기가 안정감을 느낀다. 혹은 스와들 스트랩을 이용해도 좋다. 이렇게 점진적인 과정을 거쳐 완전히 속싸개를 떼면 아기의 행동이 다소 번잡해지기는 한다. 그런 과도기적인 시기에는 이불낭을 써도 좋다. 이불낭을 생략하고 잠옷으로 바로 직행한다면 아기의 발을 덮어주고 따뜻하게 해줄 수 있는 잠옷으로 입힌다.

Course 2. 12시간 밤잠 달성 코스

아이의 하루 스케줄을 세우고 아이에게 스스로 잠자는 능력을 길러주는 것. 그 과정의 기저에 놓인 바탕 뼈대는 동일하지만 구사하는 방식은 아이의 기질, 양육자가 목표하는 바, 각 가정의 상황이 저마다 다르기 때문에 조금씩 달라질 수 있다.

우리가 직장에서 일할 때도 목표 KPI(Key Performance Indicator, 핵심성과지표)가 존재하는 법이다. 목표 KPI를 설정해두고 일을 하면 더 효율이 생긴다. 그래서 이번 코스는 확실하고 명료한 방법으로 아기에게 수면교육을 하고 싶은 양육자들을 위해 준비했다. 목표 KPI는 12시간 밤잠을 달성하는 것으로 설정해 운영해본다.

먼저 이 코스를 들어가기 전에 알고 있어야 할 개념들과 법칙들을 살펴보자.

'밤잠 12시간 목표' 개념 잡기 Q&A

Q. 12시간 밤잠이란??

A. '12시간 밤잠'을 목표로 할 경우, 다음의 사실을 잊지 말자. 아기가 눈을 뜨고 깨어 있건 그렇지 않건 간에 12시간 밤잠을 달성하고자 한다면, **밤으로 지정한 시간대에 아기가 잠자리에 누워 있는 시간 그 자체를** 12시간으로 운영해야 한다는 점이다. 아기가 물리적으로 눈을 감고 잠자는 상태가 아니라고 해서 아기를 침대에서 빼오는 우를 범하지 말자.

Q. 나는 '12시간 밤잠'이 목표다. 그런데 만약 아기가 밤잠 '10시간 반' 만에 일

어나면 어떻게 해야 할까?

A. 아기들마다 각각 다른 잠 패턴을 가진다. 어떤 아기들은 12시간 내내 밤잠을 잘 수도 있고, 어떤 아기들은 10~11시간의 밤잠을 자며 1~2시간 정도는 밤잠 중 깨어 있는 시간을 가진다. 여기서 우리가 명심해야 할 부분은, 12시간 내내 '잠을 자는 게 아니라고 해서' 잠자리에 있는 시간을 '10~11시간'으로 세팅해두면 안 된다는 것이다. 아기가 눈을 뜨고 깨어 있는 것처럼 보일지라도 '12시간 밤잠'을 달성하고자 한다면, 아기가 잠자리에 누워 있는 그 시간 자체를 12시간으로 운영해야 한다. 아기를 봤는데 물리적으로 잠을 자고 있는 상태가 아니라고 해서, 바로 아기를 안아 올려서 잠자고 있는 방이나 잠자리에서 데리고 나오는 우를 범하지 않기를 바란다. 아기는 하루의 시작인 아침이 오기 전에, 자신의 잠자리에서 조용히 자기만의 시간을 즐기고 있을 수도 있는 일이다. 사실 이것은 자연스러운 것이다. 반대로 말하자면 다음과 같은 광경이 펼쳐지지 않도록 운영을 잘 해야 한다. 아기가 잠에서 깨어나자마자 소리를 지르면서 "나를 여기서 꺼내 안아 올려~! 어서!"라며 울며불며 난리 치고, 부모는 아기가 자고 있는 방으로 부리나케 달려가서는 무슨 큰일이라도 난 것처럼 아기 침대에서 아기를 꺼내 안아 올리는 상황! 이러한 광경은 당신의 아기가 까탈스러워서 생긴 것이 아니다. 당신이 알게 모르게 이런 불안정한 기운을 온몸으로 내뿜으면서 아기가 그렇게 반응하게끔 교육해왔기 때문이다. 당신은 인정하기 싫겠지만.

Part 1. 마인드세팅 편에서도 '아기의 울음'에 대해 자세히 이야기했지만, 여기서 한 번 더 짚고 넘어가겠다. 당신이 설정한 아침 기상 시각 이전에 발생하는 아기의 울음 및 깸에 있어서는, 밤중깸과 동일하게 취급해야 한다. 즉, 아기의 잠자리로 들어가기 전에 3~5분 정도 기다렸다가 들어가서 진정을 도와주고, 아기가 진정된 것 같아 보이면 방을 나온다(302~309p 참고).

Q. 밤잠 12시간을 잤다는 것은 대체 무슨 말일까? 12시간 밤잠이 목표라고 해서 꼭 12시간을 꽉 채워서 자야 하는 걸까?

A. 다시 한 번 기억하자. '밤잠 12시간'으로 밤잠의 시간대를 설정한다는 것은 무슨 의미일까? 그것은 '아침 기상 시간으로 설정한 시각'이 오기 전에 아기가 깨어 있어 '아침 기상 시간으로 내가 생각하고 설정한 시각' 이전에 아기를 잠자리에서 꺼낸다. ➡ 이렇게 하지 않는다는 의미로 이해하면 된다.

이를테면 식당 오픈 시간이 오전 9시라면 오전 9시에 오픈하는 것이지, 고객이 아침 7시에 와서 문을 두드린다고 열지는 않는 것과 비슷하다. 물론 문제가 생긴다면 아기를 들여다봐줄 수는 있겠지만, 정해놓은 일관성 있는 루틴은 말뚝처럼 박아두고 운영해야 하는 것이다. 원칙 없이는, 단단한 기준 없이는 '변동성'이라는 개념도 없다.

아침 기상 시간 = 하루를 시작하는 시간 = 셔터 올리는 시간

그래서 나는, 이 '아침 기상 시간' 내지 '하루를 시작하는 시간'을 '셔터 올리는 시간'이라고 비유해서 부모들에게 이야기하곤 한다. 이 셔터 올리는 시간은 양육자 자신이 정해놔야 한다. 그런 중요한 규칙이나 하루 일과 없이 아무것도 모르는 아기에게 이끌려 하루를 우왕좌왕하며 난항하다가는 죽도 밥도 안 된다.

기억해라. 이 배를 운전하는 선장은 당신이다. 배 운전 키를 아무것도 모르는 아기에게 넘겨주지 마라. 그런 것들을 알려주는 것이 부모인 양육자 당신의 소관이다.

아기가 설령 밤잠에서 깨어났다고 해도 자신의 잠자리에 등을 대고 누워서 조용히 스스로 자기만의 시간을 즐기고 있을 수도 있다. 잠자리에서의 조용한 시간은 아기에게 놀라운 능력의 발전을 선물한다. 똑게 수면 프로그램을 통해 키워지는 잠자리에서의 능력은 '혼자 하는 독립적인 놀이 능력'과 다른 가족에 대한 공경과 예의까지 발달시킨다. 그러므로 12시간 밤잠 체제를 구축하고 싶다면, 정해놓은 아침 기상 시간이 될 때까지는 되도록이면 아기를 침대에서 빼내지 말자. 아직은 하루를 시

작할 때가 아닌 밤이라는 것을 행동으로, 분위기로 확실하게 알려주는 것이 큰 도움이 된다.

밤잠 12시간 달성을 위한 법칙

다음으로는 '12시간 밤잠 달성 코스'를 수행하기 위해서 꼭 알아둬야 할 법칙과 개념들을 소개하겠다. 바로 '3일의 법칙'과 '7일의 법칙', '낮수, 밤수 구분하기', '하루를 양분하기'가 그것이다.

(1) 3일의 법칙

'3일의 법칙'은 **'1일차: 비/천둥번개 → 2일차: 흐림 → 3일차: 해'**로 이어지는 법칙이다. 생후 6주 이후에는 '긍정적인 습관'을 만드는 데 3일이 걸리고, 그것이 깨지는 데도 3일이 걸린다. 즉, 아기에게 좋은 습관을 심어주기로 마음먹었다면 첫날과 둘째 날 아무리 힘들더라도 최소 3일은 투자해야 한다. 그리고 그 뒤에도 유지하기 위해 일관성을 지켜야 하는 법이다.

3일의 법칙

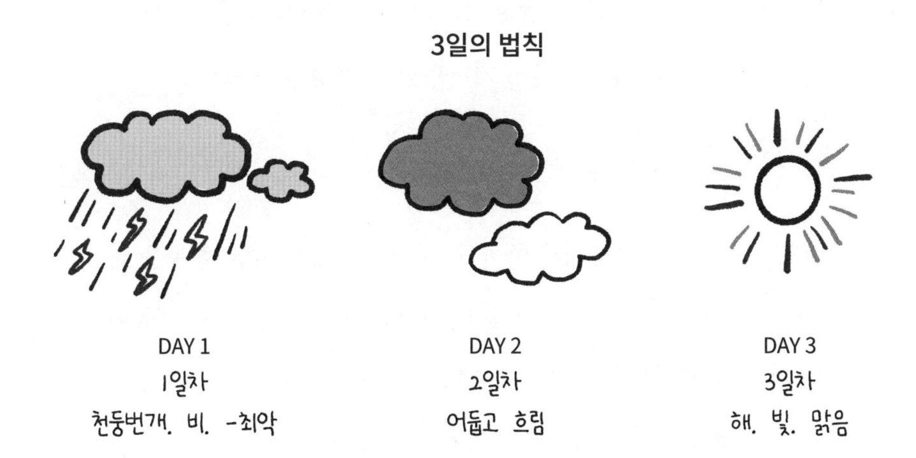

① 긍정적인 습관이 만들어지는 데 3일

Day-1, 즉 수면교육을 첫 번째 시도한 날은 원래 가장 최악으로 느껴진다. 당연하다. 아기가 처음 경험해보기 때문이다. 그리고 Day-2, 두 번째 날은 첫 번째 날만큼 안 좋긴 하지만 조금은 더 차분해지기는 한다. (그전에 엄한 잠연관이 잡혀 있었거나 강한 잠 습관이 잡혀 있지 않았다면 보통 두 번째 날부터 조금은 나아지긴 한다. 하지만 소거 반응 때문에 두 번째 날인 Day-2에 더 큰 울음이나 저항이 수반되는 경우도 더러 있다.) Day-3, 세 번째 날은 아기가 어느 정도 감을 잡은 날이다. 확연히 첫 번째, 두 번째 날보다는 나아진다. 이 과정을 3일의 법칙이라고 부른다. 이 법칙은 여러분이 아기에게 수면교육을 할 때 마음에 지녀야 할 기본 법칙으로 생각해도 좋다. 왜냐하면 지금 당장은 힘들어 보일지라도 세 번째 날, 혹은 종국에는 터널 끝에 환한 빛이 기다리고 있을 것이기 때문이다.

똑게Lab 개념 정리

소거

어떠한 행동을 강화시키는 강화물이 무엇인지 규명한 뒤, 그 행동을 없애는 것. 행동의 강화 요인을 소거하면서 그 행동을 감소시킨다.

소거 폭발

어떤 요인이 소거된 상황에서 아이가 더 폭발적으로 기존 행동을 하는 것을 말한다. 정말 소거된 것인지를 시험해보기 위함이다. 행동이 없어지기 전에 폭발적으로 기존의 행태가 증가하는 것이다. 예를 들어 버튼을 누르면 음식이 나왔는데 음식이 나오지 않았다. 그렇다면 기존의 룰에 의해 음식이 나올 것이라고 생각하고 일시적으로 버튼을 누르는 빈도나 강도가 증가한다.

또 다른 예로, 내가 좋아하는 상대에게 문자를 보냈는데 매번 바로 답장이 오다가 어느 날 답장이 오지 않는다면? (→ 소거가 일어난 상황) "어? 왜 답문자가 오지 않지?", "내 문자가 제대로 가지 않은 건가?" 하고 더 많은 빈도수의 문자를 보내본다. (→ 소거 폭발) 그럼에도 불구하고 답이 계속해서 오지 않는다면 그대로 소거가 진행된다.

그런데 그러다가 문득! 답문자가 온다면? 이렇게 되면 전문 용어로 '간헐적인 강화'가 이루어진 셈이라 기존의 행동은 더 강화된다. 마치 도박장에서 잭팟이 터지길 기다리며 레버를 당기는 것처럼 말이다. 그래서 육아에서는 내가 아기에게 가르치고자 하는 핵심 메시지가 무엇인지를 정한 뒤, '일관성' 있게 교육해나가는 것이 중요하다.

② 긍정적인 습관이 깨지는 데도 3일

이렇게 긍정적인 수면 습관을 선물해주었지만, 나도 모르게 어쩌다 아기를 소파에서 안고 잠든다거나, 여러 가지 일관성에서 벗어난 반응을 해주는 상황이 초래되었다면? 이러한 행위 또한 하루, 이틀 정도는 그저 큰 틀에서의 작은 변동성으로 보고 큰 대세에 지장이 없을 수 있다. 물론 이때도 몇 번 원래 재우던 대로 재우지 않았더라도 일관성 있는 원래의 수면 습관의 틀로 돌아온다는 가정하에서 그렇다. 그러나 3일 연속으로 아기를 소파에서 안고 잠들었다면 이전에 교육시켜둔 수면 습관이 깨지게 된다. 그래서 이렇게 되면, 다시 그 나쁜 잠 습관을 없애고 좋은 수면 습관으로 재교육하는 과정을 거쳐야 한다. 재교육은 최소 7일은 일관성 있게 노력을 가하며 잘 교육시켜야 한다.

(2) 7일의 법칙

'7일의 법칙'은 '나쁜 습관'이 드는 데 3일이 걸리고, 그것을 깨는 데 7일이 걸린다는 법칙이다. 그렇기에 나쁜 습관을 깨고자 할 때는 마음을 단단히 먹고, 자신이 가고자 하는 방향에 대한 '확신'이 있어야 한다. 그렇지 않으면 이도 저도 아닌 상태에서 포기할 수 있다.

예를 들어 아기가 아침에 작은 소리만 내어도 아기가 자고 있는 쪽으로 마구 뛰어갔던 행위는 없애야 할 나쁜 습관이다. 이를 없애려면 7일은 시간을 가지고 노력을 해야 하는 것이다. 중요한 것은 양육자인 여러분이 이것을 없애야 하는 습관이라고 머릿속으로 '인지'하는 것이다. 그것만으로도 앞으로 여러분이 처해질 상황은 많이 바뀌게 된다. 그만큼 어떤 현상을 바라보는 인식 자체가 중요하다.

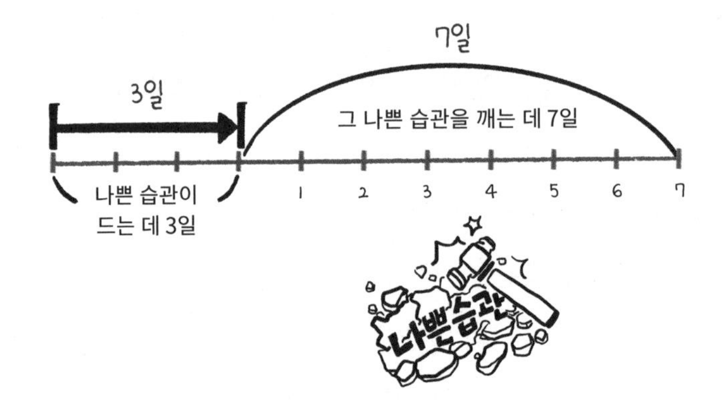

(3) 낮수와 밤수 구분하기

· 낮에 하는 수유 = 낮수

· 밤중에 하는 수유 = 밤수

이 둘을 구분하기 위해서는 그전에 하루를 양분하는 절차를 거쳐야 한다. 가족의 생활 스타일에 따라 아래와 같이 하루를 '낮'과 '밤'으로 나눈다.

(4) 하루를 양분하기

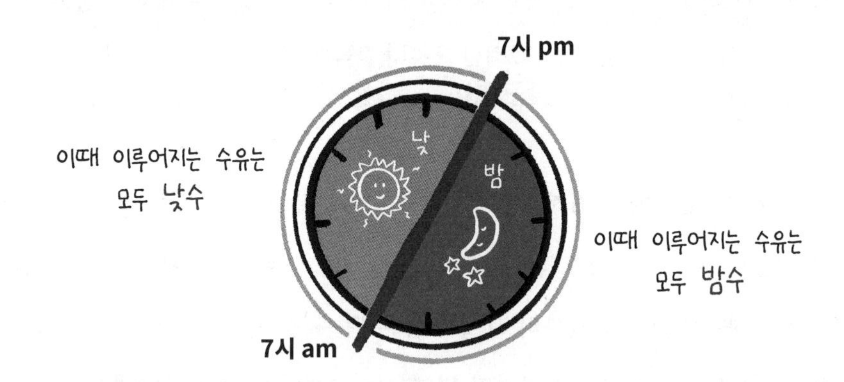

앞의 그림을 참고하여 하루를 '낮과 밤'으로 양분했다면, 낮으로 설정한 시간에 이루어지는 모든 수유는 낮수가 된다. 지금 하고 있는 수유가 '밤중수유(밤수)'에 해당하느냐 아니냐는 하루를 양분할 때 기상 시간과 밤잠 시간을 어떻게 잡았느냐에 달려 있다. 양육자가 '밤'으로 잡은 시간대에 하는 수유는 '밤중수유'가 되는 것이다. 예를 들어, 오전 7시~오후 7시를 낮으로 잡고, 오후 7시~오전 7시를 밤으로 잡았다면, 후자의 시간에 이루어지는 모든 수유는 밤중수유에 해당되는 것이다.

로리의 컨설팅 Tip - ★ 12시간 밤잠 강박 주의!!

하루를 양분하는 이유는 밤과 낮을 구분해서 생각해야 하고, 낮수와 밤수의 개념부터 잡아야 하기 때문이다. 그런데 실제로 강의나 컨설팅을 진행하다 보면 이 하루를 양분하는 절차를 '12시간 밤잠을 자야 한다!'로 생각하는 분들도 보게 된다.

이런 분들은 나아가 이른 주수에 밤잠 12시간을 자야 한다는 것에 얽매이는 수순으로 가기도 하는 모습을 보았다. 이 글을 읽고 있는 독자님들은 그 덫에 빠지지 말자.

지금 이 대목에서 왜 우리가 하루를 양분하고 있는지, 그 행위를 왜 하고 있는 것인지 그 이유를 생각해본다면, 그러한 오류나 강박에 빠지지 않을 것이다.

지금까지 이 코스에 본격적으로 들어가기 전에 꼭 알고 있어야 할 개념과 법칙을 알아보았다. 이제 이 코스의 아웃라인을 간략하게 소개하고자 한다. 이 코스의 과정을 요약하자면 '먹' 습관부터 확실히 잡은 뒤 → 밤잠을 공략하고 → 낮잠을 공략하는 플랜이다. 이 플랜을 구사하기 위해서는 아래의 순서대로 단계를 착착 밟아나가야 한다.

- Step 1) 낮 수유 간격을 4시간 간격으로 만든다.
- Step 2) 밤 수유 간격을 멀리 떨어뜨리면서, 하나씩 탈락시켜간다.
- Step 3) 아기가 자신의 잠자리에서 밤잠을 점차 길게 자게 된다.
- Step 4) 낮잠 스케줄도 확립한다. (아침 낮잠=1시간 / 점심 낮잠=2시간이 목표)

이를 위해서는 3가지 사전 조건이 필수다. 아래의 3가지 조건은 보통 동시에 충족되는 경우가 많은데, 아기에 따라서는 조금 기다려야 할 수도 있다. 36주 이전에 출생한 아기라면 이 코스의 적용을 좀 더 기다렸다가 해야 한다.

- 아기 몸무게는 최소한 3.25kg이 넘어야 한다.
- 수유가 문제없이 잘 이루어지고 있어야 한다.

- 아기가 생후 4주 이상 지나야 한다. 쌍둥이일 경우에는 8주 이상, 세쌍둥이일 경우 최소한 12주는 지나야 한다.

생후 0~6주 아기의 수유텀 만들기

'12시간 밤잠 자기'라는 목표를 달성하기 위해 이 시기에는 아기의 하루 리듬을 파악해 적절한 수유 간격(먹텀)을 만드는 것이 우선이다. 이때 체크해야 할 사항은 다음과 같다.

- 언제 먹었는가?
- 얼마나 먹었는가?
- 언제 기저귀를 갈았는가? (대소변 체크)
- 언제 자고 일어났는가?

생후 6주까지는 위의 사항들을 꼼꼼히 기록해두어 아기의 패턴을 파악해보자. 똑게육아 멤버십에는 여러분들이 원했던 '똑게육아 아기 체크 시트'를 예쁘게 디자인해 마련해두었다. 이 시트는 이후에 아기가 아프거나 잘 먹지 않을 때, 다른 이벤트(급성장기) 등을 체크할 때도 매우 유용하다. (똑게육아 수면교육 멤버십은 똑게육아 스마트스토어나 똑게닷컴에서 가입 및 구매 가능하니 참고하자.)

똑게육아 아기 체크 시트

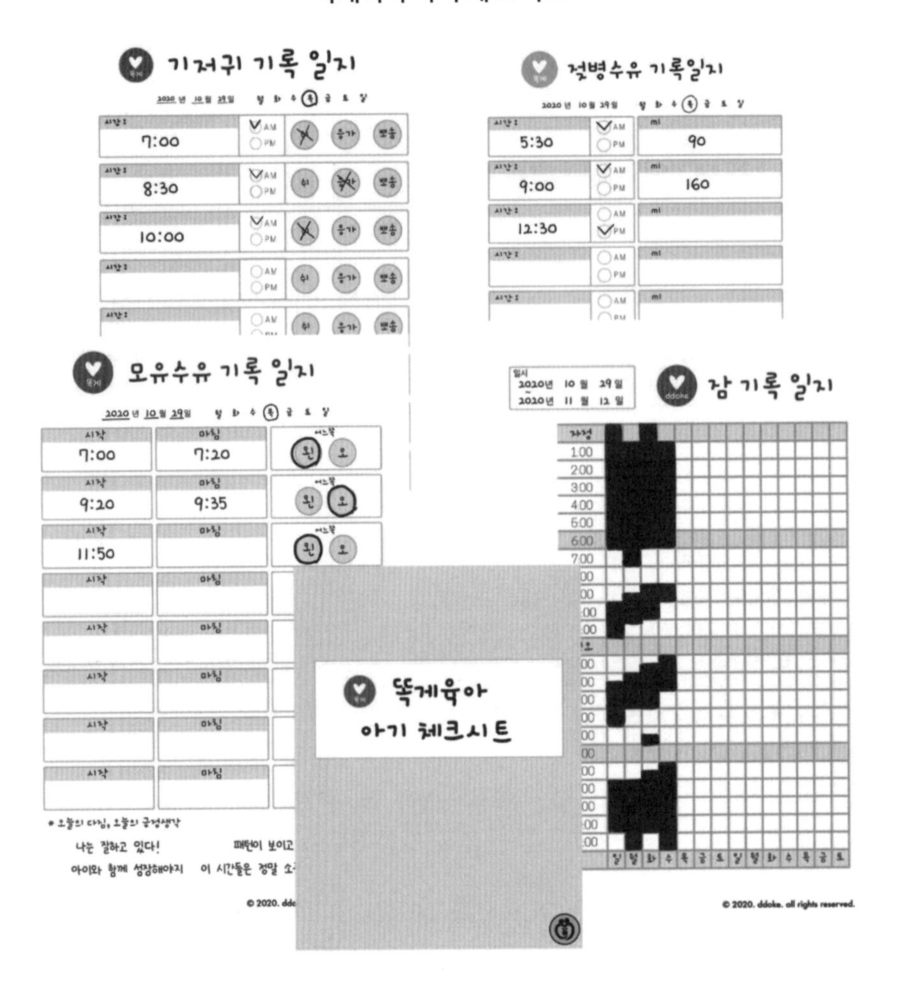

먹텀을 만들 때는 낮수(낮에 하는 수유)를 먼저 살펴봐야 하는데, 생후 0~6주 무렵에는 2시간 30분~3시간의 간격이 적절하다.

예를 들어, 아기가 오후 2시에 모유를 먹었는데 4시에 배고프다고 보챈다고 치자. 목표했던 수유텀은 '2시간 30분'이어서 다음번으로 예정했던 목표 수유 시간이 4시 30분이었다면, 이럴 때는 '낮수텀 끌기 도구'를 활용하여 목표 수유 시간까지 시간을 더 끌어보는 것을 시도해본다.

♥낮수텀 끌기 도구

· 공갈젖꼭지

공갈젖꼭지를 물리면 최소 15분은 벌 수 있다. (참고: 잠텀을 끌기 위한 도구로는 추천하지 않는다. 공갈젖꼭지는 아기를 더 빨리 잠들게 만든다.)

· 바운서

바운서에 앉히고 음악을 틀어놓거나 장난감을 보여주며 즐겁게 해준다.

· 스윙

초반에는 수건을 이용해서
조금씩 움직이도록 한다.

· 아기체육관 매트

아기체육관 매트/플레이 매트 위에서 놀게 한다.

· 엄마 무릎

엄마 무릎에 앉혀놓고 바운싱을 주며 함께 논다.

· 짐볼

아기를 안고 짐볼 위에서 살짝 바운싱을 주면서 노래를 불러주거나 말을 건넨다.

· 그림책

아기가 좋아하는 그림책을 천천히 읽어준다. 굳이 글자 그대로 읽어줄 필요는 없다. 엄마가 그림을 재미있게 묘사하면서 아기의 관심을 끌면 집중도가 올라가서 짜증을 내지 않는다. 아기에게 책을 읽어줄 때는 엄마와 아기의 질적 상호작용 수단이 '책'이라고 생각하고, 아기에게 이 활동이 엄마의 목소리를 듣는 기분 좋은 체험이라고 생각하자.

· 터미 타임

아기가 4주 정도 지났다면 허리 버클 부분을 분리한 수유쿠션을 활용하거나, 아기의 겨드랑이 높이에 맞게 수건을 돌돌 말아서 아기 가슴 쪽에 받쳐주어 지지대로 이용하며 터미 타임(배밀이 운동)을 시도해볼 수 있다. 터미 타임 자세는 아기에게 전환을 주고 색다른 경험을 제공하므로 상황에 따라 이 활동을 이용해 수유텀을 좀 더 늘여볼 수 있다. 아기가 짜증낼 때 자세를 바꿔 배밀이 자세로 엎드리게 해주면 10~15분은 벌 수 있다(272~276p 참고).

· 쉬 소리

아기 귀에 대고 쉬 소리를 짧게 내본다. 진정에 도움이 되는 음악이나 쉬 소리 사운드를 배경음으로 틀어둬도 좋다.

· 가슴과 배에 살짝 압력주기(사이드 앤 스토머크)

아기의 가슴이나 배에 작은 압력이 느껴지게끔 살살 토닥여보고, 세로로 세워서 아기의 가슴과 배가 엄마의 어깨와 가슴에 닿도록 안아준다.

이와 같은 노력으로 먹텀이 제대로 형성됐다면, 한 발 더 나아가 매일 '같은 시간'에 먹이려고도 노력해보자. 이것까지 마스터되면 아기의 체내 먹시계가 건강에 좋은 방향으로 완성된다. 규칙적인 식습관은 어른에게도, 아기에게도 모두 건강을 위한 바탕이다.

보통 생후 1~2주까지는 밤중에도 2시간 30분~3시간 간격으로 먹여야 한다. 그러나 생후 3~4주가 지나면 밤중수유 간격은 3~4시간으로 벌어진다. 이때는 양육자 두 사람의 체력 안배와 밤중 수면을 위해 부부가 함께 상의하여 계획을 세우자. 예를 들어 엄마가 밤 10시~새벽 3시 사이에 먹 근무를 선다면, 아빠는 이 시간 동안 자면서 휴식을 취한다. 그리고 이어지는 새벽 3시~아침 8시 사이에는 아빠가 먹 근무를 서는 것이다.

다음은 밤중 근무 시 쓸 수 있는 밤수텀 끌기 도구 모음이다.

♥ 밤수텀 끌기 도구

· 공갈젖꼭지

아기가 안정을 찾고 수유 없이도 다시 잠들 수 있다.

· 가슴과 배에 살짝 압력주기(사이드 앤 스토머크)

아기의 배를 쓰다듬어주거나 배와 가슴을 토닥거리며 살짝 눌러준다.

· 속삭이기

차분한 목소리로 아기에게 속삭여준다. "모든 게 다 잘되어가고 있어", "엄마는 여기 있어", "아빠는 너를 사랑해", "너는 잘할 수 있어" 등.

· 다른 방향으로 눕혀가며 진정시켜보기(옆눕&쉬토닥)

오른쪽이 아래로 가게 누워 있었다면, 왼쪽을 아래로 가게 아기를 돌려 눕혀서 토닥이며 진정시켜본다. 물론 잠들 땐 바닥에 등을 대고 자야 한다.

· 음악

수면 의식 때 틀어주던 잔잔한 자장가 음악을 틀어준다. 아기가 잠든 후에는 꺼준다.

· 잠친구 인형

잠친구 인형을 보여주며 안심시킨다. (4~5개월 전 아기 잠자리에는 안전을 위해 아무것도 두지 않는다.)

8주 이후 '낮수텀' 확립하기

0~6주 동안 적절한 수유 간격을 확립했다면, 8주 이후부터는 4시간 수유텀을 적극적으로 만들어보자.

(1) 낮수 간격 확립하기

아이마다 적절한 낮수 간격은 조금씩 다를 수 있다. 생후 8주에 어떤 아기는 '2시간 30분'의 낮수 간격이 적절할 수도 있고, 어떤 아기는 '3시간 30분' 간격이 적절할 수도 있다. 여기서는 하루를 오전 7시~오후 7시(낮)와 오후 7시~오전 7시(밤)로 나누고 3시간의 수유텀을 만들어 운용하는 스케줄을 예시로 들어 설명하겠다.

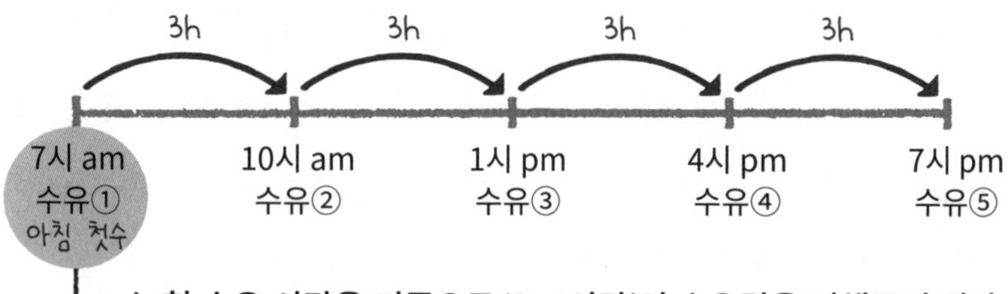

이때도 역시 중요한 것은 '아침 첫 수유 시간'이다. 처음 며칠은 아기를 아침 첫 수의 목표 시간에 맞게 이끌어가자.

(2) 아기가 일찍 일어났을 경우, 목표로 한 아침 첫 수유로 이끄는 방법

만약 아기가 목표로 한 첫 수유 시간보다 1시간 범위 안에서 일찍 일어났다면 어떻게 해야 할까? 오전 7시 기상 및 첫 수유가 목표였는데, 아기가 6시 15분에 일어났다고 가정해보자.

이 경우, 먼저 1일차에는 '밤수텀 끌기 도구'(371~372p 참고)를 활용해 시간을 끌어본다. 오전 6시 15분은 아침인 것 같지만, 우리가 설정한 아기의 기상 시간은 오전 7시이므로 그 이전 시간인 오전 6시 15분은 '밤' 시간으로 생각하면 된다. 단, 이 도구들은 상황에 맞춰 재량껏 써야 한다. 만약 아기가 많이 짜증내고 힘들어한다면 그냥 수유를 하는 편이 낫다. 이런 도구들을 다 사용해도 아기 달래기에 실패한다면 아기를 침대에서 일으켜 안아주어 진정시킨다. 하지만 큰 틀은 유지하자. 잠자리에서 일으켜 안아주는 것은 예외 상황으로 생각하는 것이 좋다. 밤에는 기본적으로 아기에 대한 관심을 끄고, '투명인간&유령수유' 전략으로 일관해야 아기가 잘 잔다. ('유령수유' 전략은 밤 10시 밤중수유 회차나, 해당 밤중수유 시간대에 따라 조금씩 그 적용이 달라질 수도 있으니 참고하자. 뒤에서 더 자세히 나온다.)

2~3일차에는 1일차 때보다 15~30분 정도 더 기다려본다. 목표로 한 아침 첫 수

유 시간인 오전 7시에 도달할 때까지 매일 아침 이 과정을 반복한다. 하루 이틀 정도 아무런 성과를 거두지 못하는 날도 분명 있을 것이다. 목표로 한 첫 수유 시간으로 가는 데 며칠이 걸리는가는 별로 중요하지 않다. 항상 일관된 태도로 부드럽게 아기를 이끌려는 자세와 노력이 중요하다.

Q. 목표로 한 첫 수유 시간보다 1시간 안에 일찍 일어났다면?

★ 1일차 : 밤수텀 끌기 도구 활용 (밤중으로 취급)
★ 2일차, 3일차 : 1일차 때보다 15~30분 더 끌어본다.

로리의 독설

아기가 3일째에도 계속 일찍 일어나면 그냥 오전 6시 15분에 수유를 해버리고 싶은 유혹에 빠질 수 있다. 하지만 빨리 '젖 마취'를 시키고 좀 더 자고 싶은 마음, 쉬운 길로 가려는 그 욕구와 싸워야 한다. 그렇지 않으면 원하는 결과를 얻을 수 없다. 당신의 아기가 단순한 눈앞의 욕구 때문에 장기적인 시각 없이 뭐든 쉽게 포기하고, 깊게 알아보고자 탐구한다거나 주도적으로 실행해볼 생각을 하지 않는 사람이 되기를 바라는가? 원하는 결과를 얻기 위해서는 당연히 탄탄한 노력이 수반된다는 사실을 기억하자.

그런데 만일 아기가 목표로 삼은 첫 수유 시간(오전 7시로 가정)보다 1시간 이상 일찍 일어나는 경우에는 어떻게 할까?

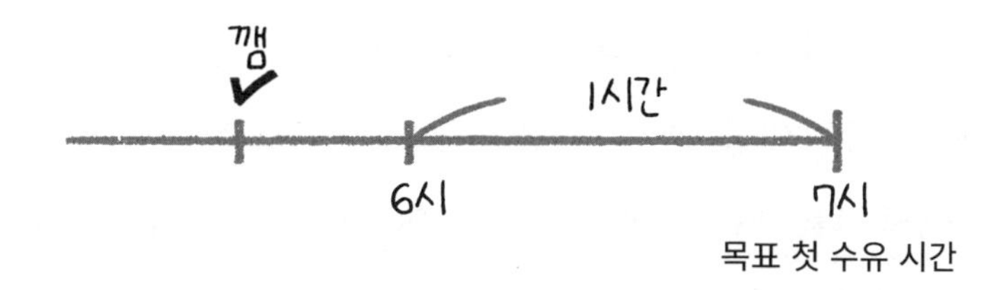

이 역시 1일차, 2일차, 3일차에 따라 나눠서 접근해야 한다. 여기서는 오전 5시 15분에 일어난 경우로 설명해보겠다.

1일차

목표로 한 아침 첫 수유 시간인 오전 7시보다 1시간 전인 5시~6시 사이에 일어났다면?

① 젖병수유라면 30~60ml, 모유수유 직수라면 3~5분 정도로만 짧게 먹인다.

② 조금 먹인 뒤 다시 속싸개를 탄탄하게 싼 후 잠자리에 등을 대고 눕힌다.

③ 목표로 삼은 아침 첫 수유 시간 7시가 되면 '충분히' 가능한 풀(full) 수유를 하려고 노력한다.

2일차

2일차에도 아기가 새벽 5시 15분쯤 깨서 먹고 싶어 하는 상황이다. 2일차에는 바로 줄인 양을 주지 말고 15분 정도 먹이는 시간을 뒤로 끌어본다. 5시 30분이나 5시 45분까지. 이렇게 시간을 끌다가 젖병수유라면 30~60ml, 모유 직수라면 3~5분 정도로만 '짧게' 먹인다.

3일차 이후

위의 방식대로 간격을 넓혀 아기가 차츰 새벽 6시 이후(목표로 했던 첫 수유 시각보다 1시간 이내)에 한 번씩 일어나기 시작했다면 밤수텀 끌기 도구를 활용해 아기의 그 시각대의 수유를 아침 첫 수유 시간에 근접할 수 있도록 이끈다.

아이가 걸음마를 배울 때 아장아장 걷듯이, 아래의 그림처럼 아기는 천천히 목표로 삼은 첫 수유 시간으로 움직일 것이다. 이는 아이가 걸음마를 배울 때 작은 성취감을 느낄 수 있도록 독려하면서 결국엔 스스로 걷게 만드는 과정과 비슷하다.

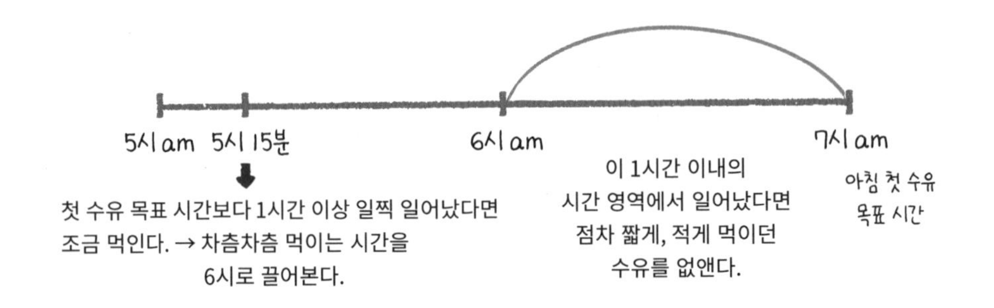

(3) 수유텀을 3시간 → 4시간으로 넓히는 것도 고려해보기

이렇게 아침 첫 수유 시간을 고정했다면, 이제는 낮 동안에 이루어지는 2번째, 3번째, 4번째, 5번째 수유를 '3~4시간' 간격으로 먹이는 루틴을 만들어나가야 한다.

만약 '첫수=낮수①=아침 기상 수유'를 오전 7시로 설정했고 수유텀이 3시간이라면, 수유②는 오전 10시가 되고 그 뒤 수유 시간은 오후 1시, 오후 4시, 오후 7시가 된다. 아기가 오후 4시 수유를 오후 4시 15분에 끝내든 오후 4시 30분에 끝내든 상관없다. 수유 간격(먹텀)은 '먹이기 시작한 시간'을 기준으로 계산하는 것이다. 8주 이후에는 '3시간 간격 → 4시간 간격'으로 낮수텀을 벌려보는 것도 좋다. 아침 첫 수유를 목표 시간까지 조금씩 이끌어나간 전략처럼, 나머지 낮수들도 '낮수텀 끌기 도구'를 활용해서 그 간격을 천천히 넓혀볼 수 있다.

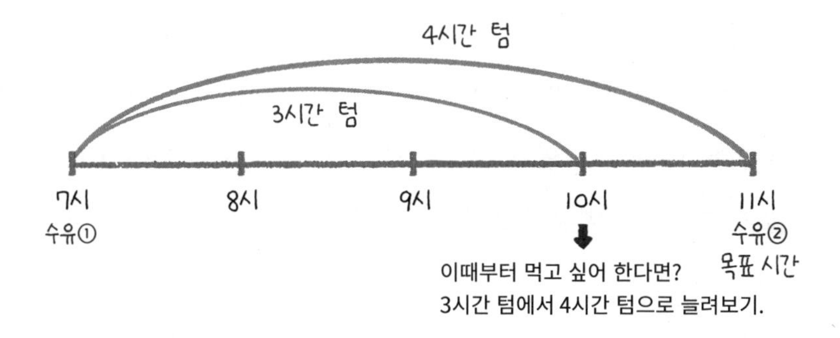

· 7시에 일어났고 수유텀 3시간에서 조금씩 간격을 넓혀보는 상황 시나리오

1일차

'낮수텀 끌기 도구'를 사용해 오전 10시 15분이나 10시 30분까지 아기가 기다릴 수 있는지 살펴본다.

2일차, 3일차

1일차에 끌어본 시간에 '15~30분'을 추가해서 아기가 더 기다릴 수 있는지 살펴본다. 10시 30분이나 10시 45분까지. 이 프로세스를 11시에 도달할 때까지 반복한다. 이렇게 수유②가 자리 잡고 나면, 그 이후에 수유 ③, ④, ⑤도 도미노 효과처럼 제대로 세워진다.

로리의 컨설팅 Tip - 15분 증감 기법

15분 증감 기법이란? 15분씩 텀을 늘려보는 것.
아기가 20~30분 증감 단계를 잘 따라온다면 그렇게 해도 된다.

수유 간격을 늘리는 비중은 15분씩 늘리는 것이 기본이지만('15분 증감 기법'), 아기가 20~30분씩 늘려도 잘 따라온다면 그렇게 해도 된다. 어떤 아기는 10분 정도 늘리는 것만 가능할 수도 있다. 그래도 최소 15분씩 늘리는 것을 목표로 해보자. 단 1분이라도 그 시간이 부모가 원하는 목표 구조로 이끄는 단계여야 한다는 것을 기억하자.

그리고 수유텀의 최대치는 3시간 30분~4시간 정도로 생각하자. 수유 간격을 4시간으로 넓혔다면 그 이상은 넓히지 않아도 된다. (어른들의 식사 시간 간격을 생각해보면 이해가 쉽다.) 만일 아기가 최대 수유텀인 4시간이 지났는데 아직도 잠을 자고 있다면 어떻게 해야 할까?

예를 들어 오전 11시에 낮수②를 하고, 오후 1시부터 낮잠에 들어 2시간이 지나 오후 3시가 되었는데 아직도 아기가 자고 있다고 가정해보자. 수유 간격을 4시간이라 가정하면 '오전 11시+4시간=오후 3시', 즉 3시에 낮수③을 해야 한다는 것을 알 수 있다. 이런 경우라면 아기가 낮잠도 2시간쯤 충분히 잔 상황이고, 이 시기 최대 적정 수유텀인 4시간 또한 경과됐으므로, 불을 켜고 음악을 트는 등 일단 아기를 깨워서 먹여야 한다. 나는 엄격하게 시간 맞춰 먹이는 걸 지향하지는 않는다. 만약 엄마가 강박증 환자처럼 무조건 정해진 시간에 먹여야 하고 단 몇 분의 예외도 용납할 수 없다면, 분명히 스트레스를 받게 될 것이다.

이런 것들은 수유텀이 자리 잡기 전에는 예측 불가능한 것이 당연하다. 자세한 가이드를 제시하면 특히 초보 부모들에게는' 일희일비의 비극', '강박증'과 비슷한 부작용이 나타나곤 한다. 우리는 항상 어느 정도의 융통성을 허용해야 한다. 정한 시간의 5~15분 전이나 5~15분 뒤에 수유하는 정도는 당연히 아무 문제없다. ±20분의 유연성은 발휘해라.

(4) 수유텀이 길어지는 것에 대한 걱정 타파

3시간 수유텀에서 4시간 수유텀으로 넓혀서 '4시간 간격 수유 스케줄'을 운영하면, 아기가 좀 적게 먹게 되지는 않을까?

각 수유 시간에 아기가 더 많은 양을 먹게 되니 문제없다. 물론 효율적인 수유가 되고 있는지 여부와 각 회차에 아기가 먹는 양을 체크해보긴 해야 한다. 하루 24시간을 기준으로 수유를 한 번 생략한다고 해서 아기가 먹는 양을 줄이는 것이 아니라, 횟수를 줄여 더 집중력 있게 수유해주는 것이다. 예를 들어 하루 8번, 회당 90~120ml 수유에서, 하루 4번의 수유로 바꾸면 한 번에 180~240ml의 수유로 바뀌게 되는 것이다.

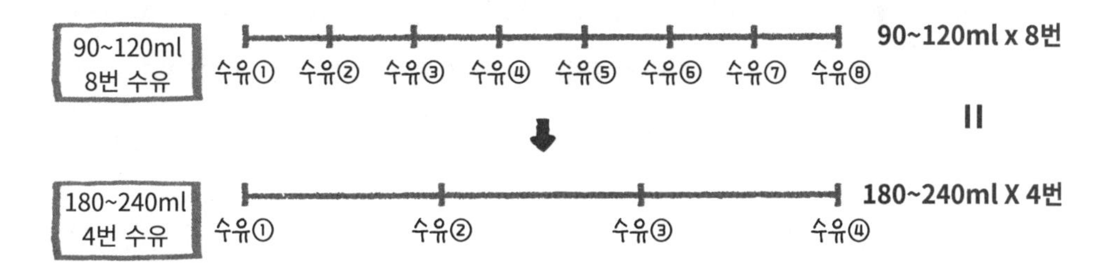

수유 간격을 넓힐수록, 아기는 더더욱 배고파진다. 이 배고픔은 아기가 더 많은 양을 먹게 만든다. 많은 양을 소화시키려면 시간이 더 오래 걸린다. 이는 다시 다음 번 수유 간격을 더 넓히게끔 만들어준다. 이 과정을 거치면서 아기는 ① 하루 수유 횟수를 4~5번으로 조정하게 되고 ② 한 번에 먹을 수 있는 양을 늘리게 되면서 영양가 있는 후유까지 완벽하게 섭취하게 된다.

예를 들어 아침 첫 수유 시간이 오전 7시였고, 낮수② 시간은 오전 9시 30분이었는데, 이 낮수②를 오전 10시나 10시 30분으로 옮긴다고 치자. 이런 경우 아기가 수유 간격을 넓히기 전에는 분유를 90ml 먹거나 모유를 6분 정도 먹었다고 치면, 수유 간격을 넓힌 뒤에는 분유를 120ml를 먹거나 모유를 8분 정도 먹게 될 것이다.

이렇게 해서 그 다음번 수유텀도 넓힐 수 있게 된다. 왜냐하면 아기가 평소보다 한 번의 식사에서 30ml를 더 먹었기 때문이다.

모유수유는 몇 분간 젖을 먹었느냐를 두고 비교할 수 있지만, 그것만으로는 수유량을 정확히 비교하기는 힘들다. 아기들마다 효율적으로 빨아대는 힘과 방법이 다를 수 있기 때문이다. 양껏 다 먹는 시간은 아기마다 다르다. 모유수유는 시간을 균일하게 체크하기가 힘들어서 여기서는 어쩔 수 없이 양(ml)으로 설명하는 것이다.

매번 같은 양을 먹는 아기가 있을 수도 있고, 한 번의 수유에 더 많이 먹는 아기가 있을 수도 있다. 낮수①에 240ml를 먹거나 20분간 모유를 먹고, 낮수②에서는 150ml를 먹거나 15분 동안 모유를 먹는 식으로 조금 적게 먹더라도 모두 괜찮다. 중요한 것은 아기가 하루에 먹어야 할 양을 모자라지 않게 잘 먹는 것이다. 부모는 아기가 매 수유 타임에 먹을 수 있는 최대의 양을 먹도록 도와줘야 한다. 젖병으로 수유한다면 아기가 더 먹을 것에 대비해 30~60ml 정도 더 만들어두는 것도 방법이다.

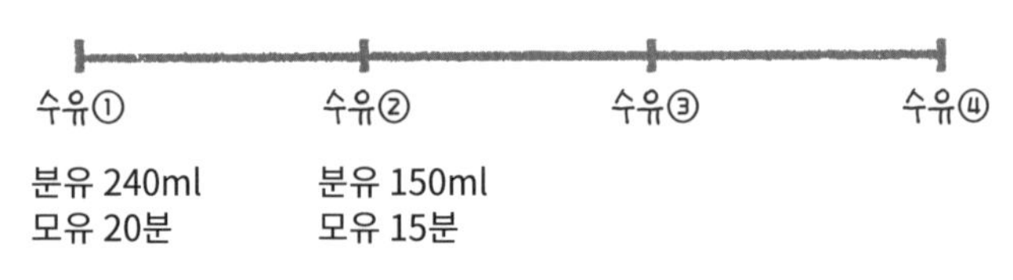

만약 아기가 먹어야 하는 만큼의 총량을 먹지 않았다면 '똑게육아 아기 기록 일지(체크 시트[368p])'를 점검해보고 언제 내 아이가 더 많이, 잘 먹는지 체크한다. 잘 먹는 타이밍에 30ml 정도 더 먹이고, 좀 더 집중적으로 길게 모유수유를 해보는 것도 좋은 방법이다. 앞서 아기가 하루에 먹어야 할 양을 공식(100~103p 참고)으로 제시했지만, 이번 대목에서는 좀 더 개괄적인 수치를 제시하려 한다.

월령	수유 횟수	회당 수유량
1개월 이전	6~10회	60~120ml
1~3개월	5~6회	120~180ml
4~7개월	4~5회	150~210ml
8~9개월	3~4회	180~210ml
9~12개월	3회 정도	210~240ml

이렇게 '하루를 양분하기'→'낮수텀 확립하기'가 완성되었다면 그다음 단계는 '점진적으로 밤중수유 없애기'인데, 밤중수유는 매우 중요한 부분이고 많은 분들이 궁금해하기 때문에 다음 코스에서 별도로 이야기하고자 한다.

12시간 밤잠 구축을 위한 낮잠 물밑 작업

(1) 아침: 1시간 길이 낮잠, 점심/오후: 2시간 길이 낮잠

밤잠 12시간을 달성하기 위해서는 낮잠 스케줄을 잘 확립하는 것이 중요하다. '아침 낮잠=1시간/점심 낮잠=2시간'을 목표로 한다. 이에 대해서는 Part 7에서 그 원리를 자세히 배울 것이다.

낮잠을 재우는 방법도 기본 원리는 밤잠과 유사하다. 낮잠으로 배정된 시간에 아기가 설령 잠을 자지 않고 있더라도 아기는 그 시간 동안 자신의 잠자리에서 시간을 보내야 한다.

그저 조용한 휴식을 취하는 시간으로 보내면 좋다. 매번 에너지 텐션 업인 상태로 하루를 보낼 수는 없다. 이렇게 조용히 에너지를 하강시켜서 기운을 충전시키는 시

간도 필요한 것이다. 말하자면, 요가의 송장 자세처럼 명상하듯이. 이럴 때 물론 부모 입장에서는 아이가 하는 것 없이 그저 멍 때리고 있다는 생각이 들 수 있지만, 바로 이럴 때 뉴런과 시냅스들이 또 한 차례 정리되며 성장 발달상의 발전이 생기는 것이다.

'낮잠 교육'은 '밤잠 교육'이 어느 정도 일관성 있게 잡혔다 생각되고 나서 2주 정도 후에 들어간다. 가장 먼저 할 일은 현재 아기의 낮잠 패턴을 먼저 분석하는 것이다. 파악이 되었으면, 다음과 같이 목표를 설정해본다. 아침 낮잠으로 1시간 자고, 점심 낮잠으로 2시간을 자는 패턴이 우리가 가고자 하는 목표점이 된다. 낮잠에 들어가는 시각도 하루에 매번 동일한 시각대로 운영해본다.

밤잠과 마찬가지로, 낮잠도 아기 자신의 방(잠 구역), 아기 침대에서 자게끔 해야 한다. 그래야, 잠을 자는 **'아기 방=잠자는 공간=잠자기'** 간에 **'잠연관'**이 강하게 자리 잡힌다. 낮잠 시 밤잠 수면 의식을 축약된 버전으로 운영한다. 이는 아기에게 지금이 자야 하는 시간임을 알려주는 시그널이 된다. 밤잠 수면 의식에서 사용하는 것들을 그대로 활용한다. 조명 끄기, 암막커튼 치기, 똑같은 음악 틀기 등등. 낮잠에 들어갈 때마다 매번 같은 의식을 수행함으로써 일관된 메시지를 전송하는 것이다.

그러나 너무 압박감을 가지고 매 낮잠 수면 의식을 밤잠 수면 의식의 절차 그대로 반복하지는 말자. 예를 들자면, 목욕을 하루에 두 번 할 필요는 없으며, 옷을 갈아입히는 수고를 낮잠 들어가기 전에 수면 의식으로 또 치를 필요는 없는 것이다. 낮잠 시간은 아기가 먹고 놀기를 마친 후가 좋다.

※ 밤잠과 낮잠 수면교육을 동시에 들어가도 좋다. 똑게육아 멤버십을 활용하면 개월수별 Q&A와 양질의 아티클을 열람할 수 있다. 똑게육아 회원님들은 아기와 자신의 상황에 가장 적합한 방식으로 적용하여 꿀육아를 맛보고 있다.

다음의 4~5개월 이후 아기의 샘플 스케줄을 참고해보자.

5개월을 목표로 바라보면 좋은 샘플 스케줄

시간		활동
6:45 AM ~ 7:00 AM		기상, 기저귀 갈기, 옷 갈아입히기
7:00 AM ~ 7:30 AM		첫 번째 수유 먹①
7:30 AM ~ 9:00 AM		활동 시간
9:00 AM ~ 10:00 AM		아침 낮잠 낮잠①
10:00 AM ~ 11:00 AM		바닥 시간 (터미 타임)
11:00 AM ~ 11:30 AM		두 번째 수유 먹②
11:30 AM ~ 1:00 PM		활동 시간. 가능하다면 밖에서! (공원 걷기, 유모차 끌고 산책)
1:00 PM ~ 3:00 PM		점심 낮잠 낮잠②
3:00 PM ~ 3:30 PM		세 번째 수유 먹③
3:30 PM ~ 6:15 PM		활동 시간. 이 시간대에 아기를 깨어 있게 하는 것이 중요
6:15 PM ~ 6:45 PM		밤잠 들어가기 전 수면 의식
6:45 PM ~ 7:00 PM		네 번째 수유 먹④
7:00 PM ~ 7:00 AM		자신의 잠자리에서 밤잠을 잔다.

4h

4h

3h 45m

(2) 이런 스케줄이 12주에 가능할까?

이런 스케줄이 12주(3개월) 이후 가능하다는 의견도 있으니 참고하자. 이것이 3개월차에 밤잠 12시간을 달성하기 위한 목표 스케줄이다. 우리는 5개월 안에 이 스케줄을 일군다고 생각하고 임하도록 한다. 내가 이 코스의 명칭을 그렇게 정한 것처럼 말이다. 이와 별개로 12주 안에 12시간 자는 것이 꿈이 아니라고 말하는 전문가들도 있다는 것은 알고 있자. 이런 주장들에 부담은 갖지 말고, 그저 참고만 하도록 하자.

앞의 샘플 스케줄에서 볼 수 있듯이, 하루의 첫 번째 낮잠(낮잠①)은 먹①과 먹② 사이에 들어가고, 두 번째 낮잠(낮잠②)은 먹②와 먹③ 사이에 들어가야 한다. 첫 번째 낮잠은 처음 수유한 시각으로부터 2시간 이후에 들어가고, 두 번째 낮잠은 2번째 수유한 뒤에 2시간 뒤에 들어간다. 이 스케줄이 12주가 경과하면 가능하다는 이론인데, 사실 굉장히 타이트한 편이긴 하다. 하지만 아기와 부모에 따라 말 그대로 D+1일차부터 이 목표로 끌고 왔다면 못할 것도 없는 스케줄이다. 아기는 영리하게 적응하기 때문이다. 사실 어떤 스케줄이건 뭐가 좋다 나쁘다 옳다 그르다 말하는 것은 섣부른 판단이다. 중요한 것은 내가 이 책 안에서 서술하고 있는 모든 스케줄은 동일한 선상에 놓인 같은 이론 배경을 깔고 있다는 점이며, 그중에서 조금 더 진도가 빠른 스케줄이 있고, 조금 더 천천히 가는 스케줄이 있을 뿐, 궁극적으로 향하는 목표점이나 방향은 모두 같으니 이 점을 기억하면서 읽어나가도록 하자.

로리의 컨설팅 Tip

아래의 내용은 항상 중요한 부분이므로, 절대 잊지 말자.

'12주 안에 이래야만 한다!'라는 절대적인 룰은 없다. 내 페이스에 맞춰서 올바른 방향으로 가기만 하면 된다. 양육자 자신이 이것들(=수면교육의 방법론)의 바탕이 되는 이론을 명확히 알고 있고, 아기의 성향, 양육자 자신의 성향을 제대로 알고 있으며, 아기가 보여주는 현재의 잠 패턴, 잠연관 등에 대해 객관적 관찰이 가능하기만 하면 된다. 양육자가 그런 편안하고 현명한 마음가짐을 갖고 큰 그림을 볼 수 있다면 아이는 양육자가 인도하는 대로 잘 따라오기 마련이다. 다만 이 수면교육을 '언제부터' 했는지, '어떻게 했는지'는 저마다의 상황에 따라 조금씩 다를 수 있다.

(3) 구체적인 스케줄에 대한 설명

만약 처음 수유한 시각이 오전 7시였다면, 낮잠①은 오전 9시 부근에 시작한다. 수유②가 오전 11시였다면 낮잠②는 오후 1시에 시작한다. (단순화해서 표현하면 그렇다는 것이다.) 밤잠 12시간 달성을 위해서 수유③과 수유④ 사이의 낮잠은 결국에는 없어져야 한다.

그리고 낮잠 자는 시간 동안에 처음부터 너무 조용하게 하지 않는 것이 좋다. 물론 커튼을 내려서 어둠을 조성하는 등, 질 좋은 잠을 잘 수 있도록 환경을 조성해주는 것은 맞다. 하지만 현실적으로 아기가 자고 있는 방 밖까지 고요하게 정적을 유지하긴 쉽지 않다. 집 안에서 일상적으로 나는 소음들은 결코 나쁜 것이 아니다. 오히려 좋은 것이다. 전화벨이 울린다거나 개가 짖는다거나 초인종이 울린다거나 밥솥에서 취사 완료되었다고 알람 소리가 난다거나 하는 등 이런 일상의 소리 안에서 아기가 잠을 자는 법을 배우는 것이 훨씬 좋다. 기억하자. **아기가 가족의 일상과 가족의 라이프 스타일에 적응하는 법을 배우는 것이 아기 자신에게도 좋다.** 아기가 태어났다고 해서 온 가족이 그에 맞춰 아기를 왕으로 모시며 까치걸음하며 적응하는 건 오히려 좋지 않다.

로리의 컨설팅 Tip

'사랑한다'는 것은 무엇일까? '내 모든 걸 너에게 주리~ 내 모든 걸 바쳐서 너를 사랑한다.' 이런 대사에 대해 어떻게 생각하는가? 어떻게 보면 헌신적인 사랑, 로맨틱한 사랑처럼 들릴 수 있지만, 실제로 사랑한다는 건 결코 자신의 삶을 없애고 다른 사랑하는 사람의 삶 위주로 가는 걸 의미하지 않는다. 왜냐하면 그런 사랑은 비현실적이며 건강하지 못한 사랑이라서, 진정한 사랑으로 발전하기 힘들다. 결국에는 건강하게 상대를 사랑하는 것. 그 자체를 지속하기 어려워진다. 그래서, 말이야 좋지만 그런 사랑을 진정한 사랑으로 보긴 힘들다. 우리는 우리의 소중한 아기에게 건강한 사랑을, 진정한 사랑을 줘야 한다. 이렇게 사랑하는 아기인데, 이 아기가 나중에 건강한 사랑이 아니라, '사랑'한답시고 자기 자신을 비현실적으로 100% 헌신하고 희생하면서 타인을 위해 인생을 바치며 살기를 바라는가?

이런 생각을 아래의 벤다이어그램으로 표현해보겠다.

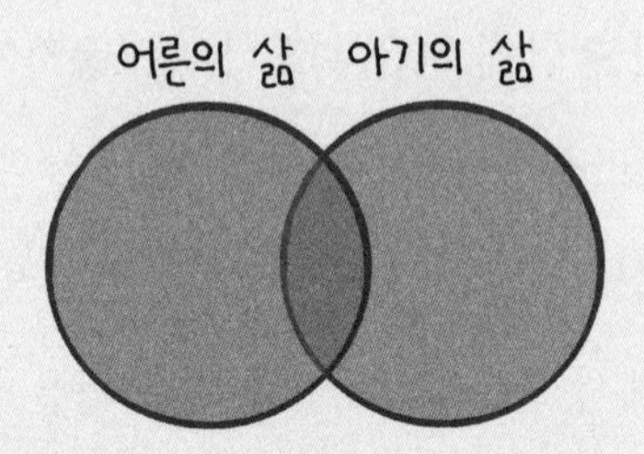

위의 그림처럼 서로의 삶을 존중해주면서 건강하게 공존해나가야 한다. 모든 것을 아기의 삶 위주로 끌고 가는 것 자체가 현대사회에서 비현실적이다. 그 교집합의 비율은 아기의 연령대에 따라 잘 맞춰져야 한다. 무엇보다 분명한 것은 완전한 부분집합으로 끌고 가는 건 서로에게 정말 좋지 않다는 것이다. 바로 다음의 그림처럼 말이다.

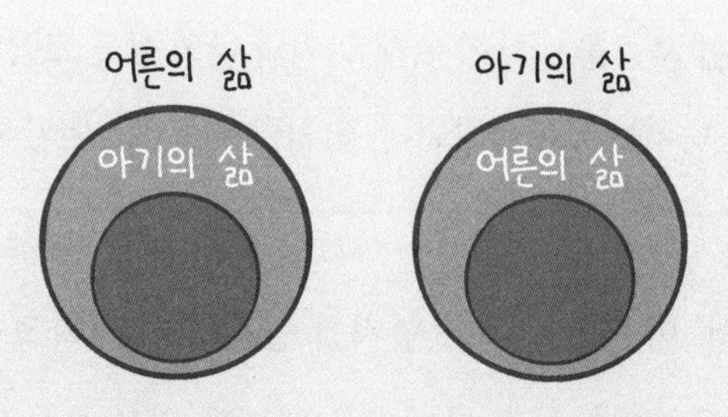

여러분은 현재 위의 그림처럼 아기와 나의 사랑의 관계를 이끌어가려고 하진 않는지 생각해보자. 서로의 각자 다른 삶을 이해하고 있어야 건강한 교집합의 관계로 끌고 갈 수 있다. 그래서 여러분이 이 책을 읽으며 이 시기 아기에 대해 공부하고 있는 것이다. 그런 의미에서 아래의 예를 읽어보자.

<리얼한 예시>

항상 아기가 잘 때 까치발을 하고 살금살금 돌아다닌다면, 그만큼 예민한 아기를 키우게 되는 것이다. 사실 아기는 어디에서건 잘 적응하게 되어 있다.

#상황 1

변기의 물을 내렸다. 쏴아아~

아이가 깼다.

이런 젠장!!! 좀 있다 내릴걸.

#상황 2

취사 버튼을 눌렀다.

밥솥: "OO가 잡곡밥 취사를 시작합니다."

아기: 으앙~!

나: 이런 젠장! 좀 있다 누를걸.

이게 아니다!!! 대신 그냥 이렇게 생각해라.

아이가 깼다. → "깰 수도 있지~ 아이가 이런 상황, 이런 삶에 적응을 해야지 ^^"

가끔은 이런 소리가 들릴 수도 있다는 것. 아이는 당연히 세상 밖으로 나왔으니 조금씩 조금씩 이런 상황에 적응해야 하는 것이다.

그리고 이럴 때, 걸어가라. 뛰지 말고.

부디 아기와 건강한 사랑을 나누기 위해 아기와 나의 삶을 교집합으로 이끌어가라. 어느 한 삶에 종속되는 부분집합이나, 합집합으로 이끌어가지 말고.

또한 '언제, 어디서' 아기를 재워야 할지를 일관성 있게 확고히 밀고 나가는 것은 좋지만, 조금은 융통성을 탑재하고 아기의 시그널도 읽을 줄을 알아야 한다. 아기는 분명히 당신에게 피곤하다고 시그널을 보낼 것이고 그걸 캐치하는 것은 당신의 몫이다. 그 시그널이 느껴질 때 아기를 잠자리에 눕히면 된다. 잠을 자야 하는 장소에 아기를 내려놓아주면 되는 것이다! 그래서 처음에는 모든 것을 호기심 어린 자세로 관찰하고 아기가 보내는 시그널들을 알아차리는 것이 중요하다.

예를 들어보겠다. 아기가 낮잠을 자기로 한 시간인 오전 10시가 아직 되지 않은 상황, 지금은 오전 9시 45분이다. 그런데 아기가 피곤해하고, 공갈젖꼭지를 빨면서 눈을 감기 시작한다. 이럴 때는 아기의 아침 낮잠(낮잠①)을 재우기 위해서 아기를 조금 일찍 아기의 잠자리에 내려놓아도 괜찮다. 그런데 만약 지금 시간이 오전 9시 15분밖에 되지 않은 상황이라면, 낮잠에 들어가는 시간을 9시 30분 정도에 근접하게 시간을 끌어본다. 잠 진입 타겟존으로 미리 설정해두었던 오전 10시에 아침 낮잠이 근접할 수 있도록 이끌어보는 것이다.

그런데 만약 아기가 아기 침대에 내려놓을 때도 울고, 낮잠을 자다가도 깨어나서 운다면?

이럴 때는 밤잠 수면교육에 쓰던 방법을 그대로 쓰면 된다. 예를 들어 아기가 '낮잠 수면 시간'으로 배정한 시간 중에서 절반만 자고 일어났다면, 아기를 도와주러 들어가기 전에 아기에게 3~5분 정도 스스로 진정할 시간을 주는 것이다. 5분 뒤에 아기가 아직도 울고 있다면, 아기가 자고 있는 방으로 들어가서 당신의 진정 계단(262~266p 참고)를 활용해 아기가 스스로 잠에 빠져들 수 있도록 도와주는 기법들을 쓴다.

참고로 쌍둥이의 경우는 매일 같은 시각에 동시에 눕히는 것이 중요하다. 그리고 한 명에게 필요한 수면의 양이 다른 한 명보다 적다고 할지라도, 두 아기는 낮잠으로 배정된 전체 시간 동안, 그들의 잠자리에 머물러야 한다.

* 이 코스에서 살펴본 383p의 샘플 스케줄은 6개월 이후의 가이드라인으로 잡아도 무방하다. 다음은 6개월 이후의 스케줄 운영을 위한 가이드라인이다. (어디까지나 타이트하게 D+1일부터 적용했을 때 그나마 가능한 스케줄로 이해하길 바란다.)

똑게Lab 집중 특강

5개월 이후의 스케줄 운영을 위한 특급 비법 전수

6~8개월

잠텀(깨시)	낮잠	전체 낮잠
2~3시간	2~3회	2~3시간
밤들시	**밤수**	**밤잠**
6:30~8pm	0~1회	11~12시간
총 수면 시간 14~15시간		

9~12개월

잠텀(깨시)	낮잠	전체 낮잠
2.5~3.5시간	2회	2~3시간
밤들시	**밤수**	**밤잠**
6:30~8pm	0회	11~12시간
총 수면 시간 13~15시간		

Course 3. 밤중수유 정복하기

서두에서도 이야기했지만 밤중수유는 신생아 시기에 일시적으로 발생하는 식사 시간이다. 아기의 최종적인 '먹' 목표는 눈을 뜨고 있는 낮에 아침, 점심, 저녁 이렇게 세 번 밥을 먹는 것이다. 즉, 밤중수유는 아기가 5개월이 되기 전에 집중적으로 수행하게 되는 특수 업무인 셈이다. 밤중수유 전략을 제대로 이해하고 따른다면 짧게는 1~2주, 길게는 3~4주 안에 점차적으로 하나씩 사라질 것이다.

밤중수유 정복의 큰 틀

앞으로의 내용에서 이야기하겠지만, 책에서 설명한 대로 밤중수유 정복이 되지 않는다고 해서 애태우지는 말자. 6~12주에는 아기가 먹고자 하는 욕구 패턴을 제대로 따라가고, 아기가 아이 주도 숙면 스킬을 학습하게 되면 그 이후에는 아기 스스로 밤중수유를 떼게 되어 있다. 밤중수유 간격은 '낮에 똑게식으로 얼마나 잘 수유했느냐'와 깊은 관련이 있다. 그래서 밤중수유 간격을 이상적인 목표로 끌고 가려면 낮수텀을 먼저 세팅하는 것이 좋다.

생후 1~4주 아기의 수유 전략

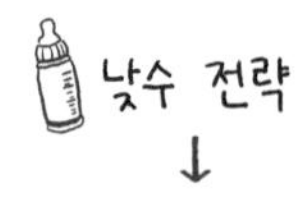

2시간 30분 ~ 3시간 간격

생후 1~2주	2시간 30분~3시간 간격
생후 3~4주	3~4시간 간격

생후 6~8주 이후 낮수텀의 목표는 '3~4시간'이다. 밤중수유 간격(밤수텀)의 최종 목표는 하루의 마지막 수유부터 다음 날 첫 수유까지, 즉 약 '11~12시간' 동안 수유를 하지 않는 것이다. 하루를 양분해서 '밤'이라고 생각하는 그 시간대에는 아기가 살짝 깼거나 얕은 잠을 자며 하는 옹알이 같은 것에는 반응하지 말고 내버려두자. 즉, 생후 6~8주 이후에는 밤에 일부러 수유하려고 아기를 깨우지 말라는 뜻이다.

생후 6~8주 이후의 수유 전략

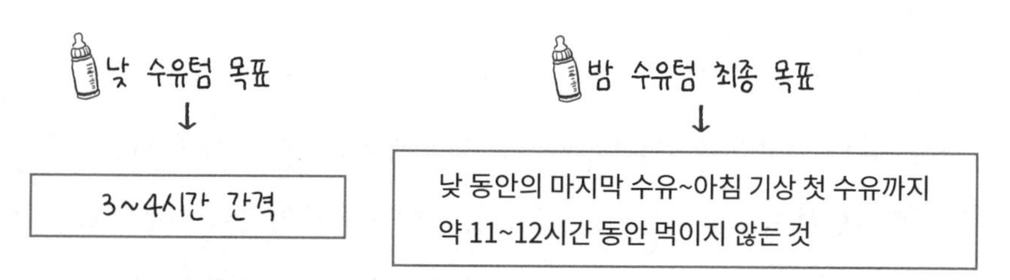

생후 6주 이후에는 아기 자신만의 밤중수유 패턴이 나타나므로 양육자는 아기가 자연스럽게 밤중수유 간격을 넓혀가는 모습을 바라보거나 곁에서 조금만 도와주면 된다.

자, 그럼 이제 단계별로 설명을 하겠다.

1단계

아기의 밤중수유 패턴을 파악하자. 현재 아기의 주수에 따라 아기는 밤중에 한 번만 먹을 수도 있고, 두세 번 먹을 수도 있다. 세 번 먹는 경우를 예로 들어 설명해 보자. 우선 현재 '내 아기의 패턴'을 파악하는 것이 가장 중요하다. 밤에는 의학적으로 필요한 경우를 제외하고는 세 번 이상 수유하지 않는 것이 좋다.

6주 이후에 나타나는 내 아기의 현재 밤수 패턴

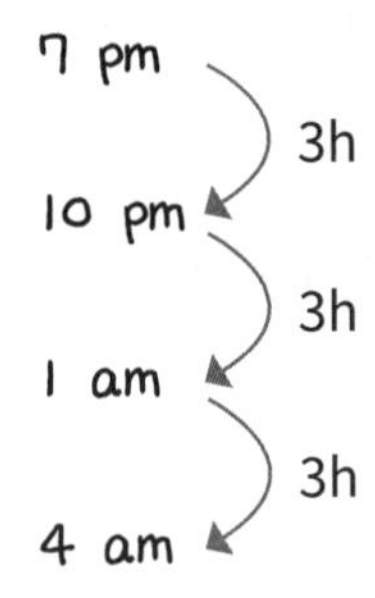

예를 들어 아기가 '막수 저녁 7시, 밤수1 밤 10시, 밤수2 새벽 1시, 밤수3 새벽 4시'와 같은 패턴으로 배고파 한다면, 기본적으로 이렇게 나타난 자연스러운 아기의 패턴을 따라가면서 밤수텀을 넓혀볼 수 있다. 이때 양육자의 육아 피로도 등을 생각해서 성인의 라이프 패턴에 맞춰 양육자가 밤중수유를 하는 시간을 전략적으로 계획해서 진행해볼 수도 있다(특히 밤수1의 경우).

예를 들어 엄마가 밤 12시에 밤잠을 자러 간다면 그때 수유를 하는 것이 더 편리할 수도 있다. 아기가 자연적으로 새벽 1시에 깰 때 수유를 하면서 밤수텀을 자연스럽게 넓혀나가는 것도 좋지만, 이런 경우에는 밤 12시에 수유하는 것이 엄마의 스케줄상 좋다면 그렇게 해도 좋다. 양육자 역시 밤에 아기만큼이나 긴 수면 스트래치가 필요하기 때문이다.

한 번의 밤잠 스트래치

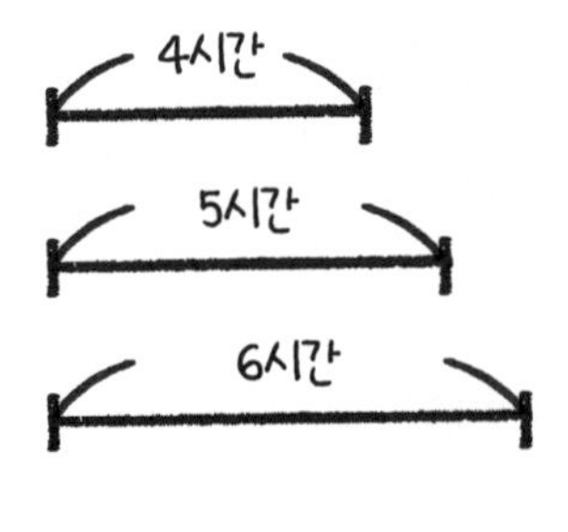

밤잠 수면 스트래치는 밤잠이 서서히 단단해지고 완성되어가면서 조금씩 그 길이가 늘어날 것이다.

만일 아기가 기존의 패턴과 다르게 밤중 식사가 이루어지던 시각대에 자고 있다면? 이를테면 1일차인 일요일까지는 **밤수2**가 새벽 1시에 이루어졌는데, 2일차인 월요일 그 시간에 아기가 자고 있다면? 6~8주 이후의 경우라면 먹이기 위해 깨우지 말고 그냥 두면 된다. 그런데 그렇게 놔두었더니 1시간 뒤인 새벽 2시에 일어나서 배고프다고 보챈다면? 그렇다면 새벽 2시에 먹이고 다음 날부터는 새벽 2시가 새로운 **밤수2**의 시간이 되는 것이다. 이와 연동되어서 **밤수3**과의 간격도 점점 넓어지도록 준비하면 된다.

생후 6주 이후 (출생 예정일 기준)

<밤수2의 추이>

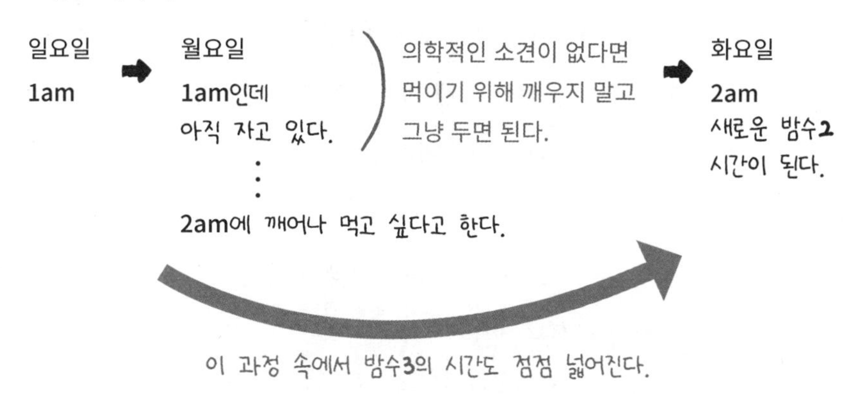

<밤수3까지 고려한 스케줄 예시>

	일요일	월요일	화요일
밤수2	1am	2am에 일어나 먹음.	2am으로 재세팅.
밤수3	4am	4:30am으로 늦어짐.	5~6am으로 예상.

이번에는 그 반대 상황을 생각해보자. 아기가 원래 먹던 밤중수유 시간보다 일찍 일어나면? 이럴 때는 앞에서 이야기했던 '밤수텀 끌기 도구'(371~372p 참고)를 활용해서 동일한 시간에 아기가 젖을 먹을 수 있도록 도와주면 된다. 물론 늘 이렇게 할 필요는 없다. 만약 시간을 끌수록 아기의 움직임이 점점 커지고 울음이 거세진다면, 그냥 먹이는 편이 좋다. 팔을 휘저으면서 몸을 움직이고 소리를 지르며 우는 정도라면, 오히려 아기가 편안하게 다시 잠들기 어려울 수도 있다. 이런 경우에는 원래 하던 시각보다 조금 일찍 밤중수유를 하더라도 아기에게 과잉 자극을 주지 않고 '유령수유'를 하는 편이 낫다. 그러면 아기는 다시 깊은 잠을 자게 될 것이다.

밤중수유의 기본자세

기본적으로 6~8주 이후의 밤중수유 때는 낮에 수유를 할 때처럼 아기를 완전히 깨워서 먹이는 게 아니라, '잠에 취한 상태'로 내버려두면서 먹여야 한다. 젖이나 젖병을 빨아야 하므로 아기가 너무 잠에 취해 제대로 먹지 못한다면 속싸개를 완전히 벗겨서 깨운 뒤 먹이거나 조금씩 깨워가며 먹이도록 한다. 이때 아기와 가능한 한 눈도 마주치지 말고, 말도 걸지 말자. 유령처럼 스르륵 들어가서 수유와 트림만 시킨 뒤 양육자는 유령처럼 스르륵 나오는 것이 좋다. 그래야 아기에게 자극을 주지 않고 본래의 목적인 수유만 하고 나올 수 있다.

경우에 따라서는 기저귀를 갈아야 할 수도 있다. 기저귀를 갈아주는데 아기가 눈을 동그랗게 뜬 채 사랑스럽게 바라보더라도 기저귀만 갈아준 뒤 "잘 자~ OO야~" 하고 인사를 건네고 바람처럼 휘리릭 방을 빠져나와라. 이때 마음이 약해지는 부모가 많은데, '밤중=자는 시간'이라는 일관적인 메시지를 아기에게 줘야 한다는 사실을 기억하자. 부모가 조금이라도 리액션을 하면 아기는 흥분되어 다시 잠들기 힘들어진다. 또 그 시간마다 부모가 유사한 리액션을 해주기를 기대하게 된다. 다음은 아기의 잠을 깨우지 않고 유령수유를 하는 방법이다.

밤중 똑게인이 탑재해야 할 자세

· 투명인간 모드: 과잉 자극 ✕, 방 공유 취침 시 부모는 귀마개 착용 모드.

· 유령수유 자세.

· 아기가 잘 때 보초 서지 말자.

물론 유령수유에서도 예외 사항은 있다. Part 7에서 알아볼 테지만, 미세한 전략을 접목해서 구사할 때는 밤 10시 고정축 밤중수유 시각에는 확실하게 깨워서 먹여야 하는 경우도 있다. 보다 자세한 밤중수유 내용은 심화 과정의 **'꿈수'**와 **'깨수'**를 확인해보자(417~418, 484~485p 참고).

내 아기에게 갈 밤잠 영양분을 높이기(↑) 위한 전략

· 방은 최대한 어둡게 한다.

· 밤중 기저귀 갈기에 대한 기본자세

밤중에는 배변을 하지 않았다면 기저귀를 일부러 시간을 맞춰 갈 필요는 없다. 응가는 위생을 위해서 닦아줘야 하지만, 쉬는 굳이 갈지 않아도 괜찮다. 오줌이 새는 것이 걱정이라면 기저귀를 소형과 대형 2개를 이중으로 채우거나, 방수 이불을 깔면 된다. 밤 기저귀는 대신 흡수력이 좋은 것으로 사용하자. 물론 피부가 예민한 아기라거나 발진 등이 있다면 유연성을 발휘해 기저귀를 갈아줘야 할 수도 있겠지만, 그런 예외적인 경우가 아니라면 가급적 밤에는 기저귀를 가는 등의 행동으로 아기를 과잉 자극하지 않는 것이 중요하다.

· 밤중은 "지금 이 시간은 자라고 있는 시간이다. 모두가 자는 시간이다. 특별한 일이 있지 않은 이상, 이 시간에 깨어 있는 사람은 없다." 이 메시지 하나만 정확히 전달해주면 아기 밤잠 영양은 잘 챙겨줄 수 있다. 아이 컨택은 노노(No No~)! 밤에는 딱히 아기에게 말도 걸지 말고, 눈도 마주치지 않는 것이 좋다.

지금 자야 한다고 알려줘야 할 밤에 아이와 눈을 맞춰서 뭐할 건가? 낮에 아기가 컨디션이 좋을 때 마음껏 아이 컨택 해라! 엄한 때 하면 나쁜 수면 습관만 물려줄 뿐이다.

· 수유와 관련된 물품들은 미리 준비해두기

수유와 관련된 물품들은 미리 준비해둬야 아기의 밤잠이 탄탄해진다. 모유수유를 한다면 수유 시간에 맞춰 미리 수유복을 입고 있자. 분유수유를 하거나 유축된 모유를 먹인다면 미리 젖이 담긴 젖병을 따뜻하게 데워서 아기가 먹고자 할 때 바로 건네줄 수 있도록 한다. 분유를 한 번 먹을 만큼 다른 통에 준비해두었다가 먹이러 가기 직전에 바로 섞어서 준비한다. 특히 밤중에 모유직수가 아니라 젖병으로 먹일 때 실수할 수 있는 부분이 미리 준비해두지 않는 것이다. 준비해놨다가 바로 먹일 수 있어야 한다. 모유/분유를 준비하는 시간이 길어지면 아기가 짜증을 내며 눈을 크게 뜰 수 있다. 이러면서 잠이 완전히 깰 수 있다.

· 아기가 자는 동안 배경음으로 백색소음을 유지한다. (초반에는 쉬~소리가 좋다. 아기가 다시 잠드는 데 도움이 된다.)

밤중수유 차츰차츰 줄여나가기

그럼 지금부터는 밤중수유를 차츰차츰 줄여나가는 방법을 하나의 사례를 참고하여 살펴보도록 하겠다.

'밤수2 → 밤수1 → 밤수3'의 순서로 줄이는 방법

어떤 순서든 상관없이 6주 이후부터는 아기의 밤중수유 패턴을 분석하고 8주부터 서서히 밤수를 줄이는 방향으로 이끌자. 보통 밤수는 '밤수2 → 밤수1 → 밤수3'의 순서로 줄어든다. 물론 상황에 따라 '밤수2 → 밤수3 → 밤수1' 혹은 '밤수1 → 밤수2 → 밤수3'의 순서로 줄어들 수도 있다. 이때 한 번에 한 타임씩 점진적으로 없애 나가면 된다. 밤수를 줄여나가는 방법은 다섯 가지로 설명하겠다.

(1) 먹는 양을 조금씩 줄여서 밤중수유 없애기

아기가 자신만의 밤중수유 패턴을 만든 이후에는 한 회차를 목표로 잡고 그 먹는 양을 점진적으로 줄여가면서 밤중수유를 없애면 된다. 예를 들어 1일차인 일요일 밤수1에는 90ml를 먹였고, 밤수2에는 60ml를, 밤수3에는 90ml를 먹었다고 치자. 그리고 2일차인 월요일에는 아기가 세 번의 밤중수유 때 모두 60ml를 먹었다면, 이는 아기 스스로 밤중수유의 양을 줄인 것이다. 이런 경우라면 그다음 날부터는 더 늘릴 필요 없이 아기가 자연스럽게 줄인 60ml씩 세 번의 밤중수유를 하면 된다.

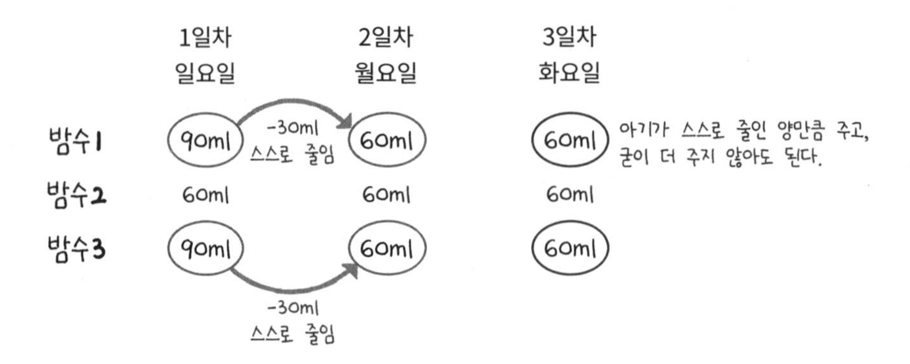

위의 예시처럼 아기가 성장하며 스스로 밤수의 양을 줄이기도 하지만, 양육자가 전략적으로 줄이고자 하는 수유 한 타임을 설정한 뒤, 그 양을 줄여주며 도와줘볼 수도 있다. 모유수유, 분유수유(젖병수유) 방식에 따라 두 가지로 방법을 제시해드리겠다.

① 15ml 감량×3일 기법 - 젖병수유의 경우

첫 스타트부터 3일간 원래 먹던 양에서 15ml를 줄여서 수유한다. 4일차부터는 그 ml에서 또다시 15ml를 줄여 3일간 이어간다. 궁극적으로는 밤중수유의 양이 '0'이 되는 시점까지 부드럽게 이끌어보자.

1단계는 출발 포인트 설정이다. 줄이고자 하는 밤중수유 회차와 지금 먹고 있는 양을 파악해 시작점을 설정한다. 이 전략에서는 보통 밤수2부터 줄이는 경우가 많다. 밤수2부터 줄인다면 두 번째 밤수의 시각대에서 아기가 먹는 양을 잘 관찰해 보자. 일요일 밤수2에서 **90ml**를 먹었다면 2, 3, 4일차인 월/화/수에는 **75ml(90-15ml)**를 먹인다. 그리고 4일차인 목요일부터는 다시 15ml를 줄인 **60ml(75-15ml)**를 먹인다. 이렇게 계속 **3일에 한 번씩 수유량을 15ml씩 줄여나가는 과정**을 반복하면 결과적으로 밤수2가 없어질 때까지 대략 2주 반이 소요된다.

출발 포인트 설정

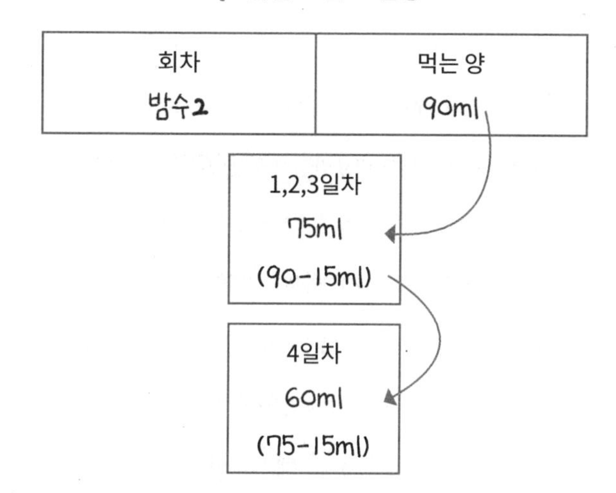

이때 아기 스스로 양을 줄이는 부분도 있는지 체크해야 한다. 만약 양육자가 의도적으로 줄인 양보다 아기가 더 적게 먹는다면, 그것이 양을 줄이는 새로운 기준점이 된다. 예를 들어 아기가 2일차인 화요일에 스스로 (종전의 수유량인 90ml에서 15ml 줄어든 수유량인) 75ml보다 더 적은 양인 60ml를 먹을 수도 있다. 그렇다면 75ml가 아닌, **60ml가 새로운 출발점으로 재설정**되는 것이다. 즉, 3일차인 수요일에는 밤수2에 60ml를 주면서, 아기가 스스로 줄인 60ml를 3일 동안(화/수/목)의 수유량으로 지속하고, 금요일에 60ml에서 15ml를 줄인 45ml를 먹이면 된다.

밤수2의 추이 (젖병수유의 경우)

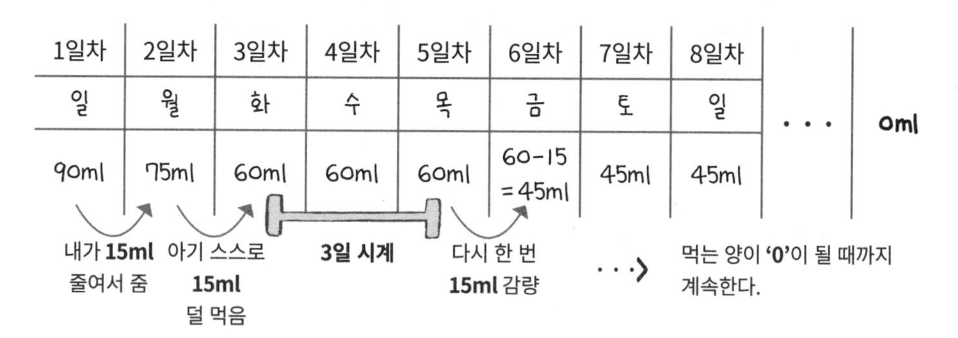

② 3분 감량×3일 기법 - 모유수유의 경우

완모직수를 하는 경우에는 아기가 먹는 양을 정확히 확인하기가 어렵다. 따라서 이 경우에는 정확한 수유량의 계산을 위해 없애기로 목표한 밤중수유 한 타임에만 유축을 하여 젖병수유를 시도할 수도 있다. 그러면 아기가 먹는 양을 정확하게 확인할 수 있을 뿐만 아니라 밤 동안 엄마가 '인간 공갈젖꼭지 노릇'을 하지 않을 수 있다. 이처럼 완모직수를 하더라도 한 타임 정도는 유축한 모유를 젖병으로 먹이면, 아기가 젖도 빨고 젖병도 빨 수 있는 아기가 된다. 아기가 둘 다 빨게 되면 '먹이는 일'을 오직, 엄마 홀로 전담하지 않아도 되기에 엄마가 보다 자유로워진다.

모유직수를 하고 있다면 양을 측정하는 대신 먹이는 시간을 기준으로 삼아 그 시간을 3분씩 줄여나가면 된다. 예를 들어 일요일 밤수**2**에 모유를 12분 동안 먹었다면 그 출발 포인트 시점 이후 이어지는 월/화/수 3일 동안에는 9분을 먹이는 식이다. 디지털시계를 활용하면 시간을 정확하게 체크할 수 있다. 분유수유 때와 마찬가지로 아기가 먹는 시간을 스스로 줄인다면, 그 줄어든 분수가 새로운 출발점이 된다.

밤수**2** 추이 (모유직수의 경우)

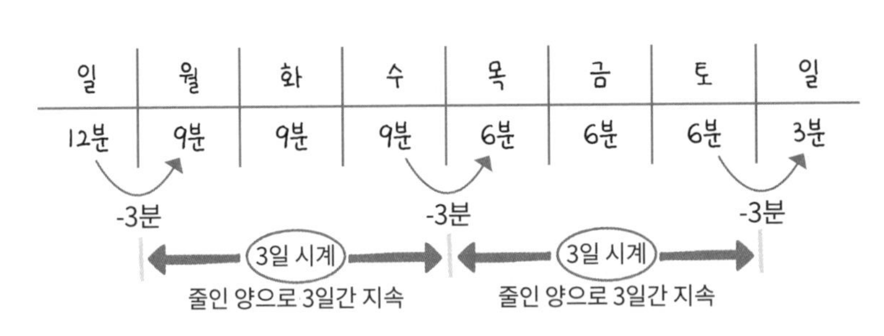

위와 같은 두 가지 방법으로 밤수**2**를 완전히 끊을 때까지 먹는 양을 줄여나가면 된다. 밤수**3**을 끊을 때도 이 과정을 동일하게 반복해서 적용한다.

밤수**2**의 양만 조금씩 줄이고 있음에도 불구하고, 밤수**1**과 밤수**3**의 양도 자연스럽게 줄어들 것이다. 다음 표처럼 아기가 먹는 양을 체크하면서 밤중수유를 줄여보자.

		일	월	화	수	목	금	토	일
밤수1	시간	11pm	11pm	11pm	11:30pm	12am	12am	12am	12am
	먹은 양	90ml	90ml	75ml	75ml	75ml	75ml	75ml	75ml
밤수2	시간	1am	2am	2am	2am	2:30am	3am	3am	0
	먹은 양	60ml	45ml	45ml	30ml	30ml	30ml	15ml	
밤수3	시간	5am	5:30am	6am	6am	6am	6:30am	6:30am	6:30am
	먹은 양	60ml	60ml	60ml	45ml	45ml	30ml	30ml	30ml

동시에 밤수1도 줄어든다.

-15ml

스스로 -15ml

3일 시계 법칙

-15ml

이때는 밤수2가 없어졌다고 보고 그다음 날 먹이지 않기

밤수2만 줄였지만,
밤수1, 밤수3도 자연적으로 줄어든다.

③ 밤중수유가 줄어들 때 염두에 둘 사항

· 아기는 밤에 적게 먹은 양만큼 낮에 더 먹어야 한다.

아기가 낮수 중 언제 가장 배고파 하는지 잘 관찰하여 그때 밤에 줄인 양만큼 더 먹을 수 있도록 해야 한다. 보통 아침 첫 수유를 할 때 아기가 가장 많이 배고파 한다. 그렇다면 그때 30~60ml를 더 먹여야 한다. 밤중수유를 줄이더라도 아기가 하루 동안 먹는 총량은 같아야 한다.

· 후퇴는 No No~!

이 말은 아기가 스스로 줄인 밤중수유의 양을 특별한 까닭 없이 다시 늘릴 필요가 없다는 뜻이다. (6~8주 이후라면, 의학적 소견이 없는 경우에 해당하는 이야기다.)

이 단계에서도 가장 힘든 것은 부모의 심리적인 부분이다. 아기가 먹지 않고 10~12시간 쭉 이어 밤잠을 자게 되면 그 중간에 꼭 젖을 먹여야 하는 것이 아니냐고 걱정하는 부모들도 있다. 그러나 그렇게 할 필요가 없다. 아기는 제대로 세운 수유 스케줄로 충분한 영양분을 공급받을 수 있다. 게다가 이 방법이야말로 낮밤을 구분해주는 가장 명확한 방법이다.

똑게 수면 프로그램을 비롯해 똑게육아는 아기를 하나의 객체로 존중하며 대우해주는 태도를 바탕으로 삼고 있다. 밤중수유를 줄여가는 것 또한 거듭 이야기하지만 기본적으로 아기 개개인이 먹는 패턴을 바탕해서 이루어져야 한다. 이 말은 즉, 첫 번째 단계인 출발 포인트 설정의 양은 아기들 각자의 패턴에 따라 다를 수 있다는 것이다. 예를 들어 밤수2에서 민지는 90ml를 먹어왔고 지민이는 60ml를 먹어왔다면, 민지는 '90-15=75ml'로 줄이는 데서 시작해야 하고, 지민이는 '60-15=45ml'를 줄이는 데서 시작해야 한다는 말이다. 과정과 방법은 동일하지만, 아기 각각의 상황에 따라 구체적인 수치는 모두 다르다. 이런 연유로 쌍둥이 부모님들은 더 많은 일을 하게 되긴 한다.

모유수유를 하는 경우, 밤중수유를 줄이면 모유량이 줄어들까 봐 걱정하는 분들도 있다. 만약 8주 이후에 수유 간격을 4시간으로 세팅했다면, 모유수유를 하는 시간을 2~3분 정도 더 늘려야 한다. 모유량의 감소가 걱정된다면 유축을 활용하는 것도 좋다. 더 많은 모유를 생성해야 하는 상황이라면 매일 각 수유가 끝난 뒤 유축을 해본다. 2주 정도만 이렇게 해도 모유량이 늘 수 있다. 하지만 중요한 것은 결국 엄마의 몸이 모유수유 하는 타이밍에 맞춰 적응한다는 사실이다(인체의 신비!). 밤중수유를 줄여가면서 자연스럽게 낮 동안에 더 많은 모유를 생산하게 되어 곧 밤에 유축 없이도 잘 잘 수 있게 된다. 아기가 낮에 최대 효율로 강렬하게 엄마 젖을 빨기 때문이다. 엄마 몸이나 아기 몸이나 자연스럽게 적응해가는 것이다.

(2) 자기 진정 능력을 끌어올려줘서 밤중수유 없애기

아기가 스스로 누워서 잠드는 방법을 터득하고, 양육자가 하루 스케줄을 제대로 운영한다면 밤중수유는 자연스럽게 끊을 수 있다. 이때 부모는 밤중수유에 대한 걱정을 마음속에서 지워야 한다. 알아서 혼자 잠드는 아이들은 얕은 잠 단계에서 깨지 않고 다시 혼자 잠들 수 있기 때문에 밤중수유 간격도 알아서 늘려가면서 궁극적으로는 밤중수유를 자연스레 없앨 수 있다.

아기가 잠잘 동안 보초 서지 말자. 텔레파시로 그 걱정촉이 모두 전달된다.

부모가 아기가 자면서 내는 자연스러운 작은 소리들에 반응하지 않고, 조바심을 내거나 걱정 텔레파시를 보내지 않으면, 아기는 잘 잔다. 몇 달간 한 방에서 같이 자면서 밤사이 아기에게 별일이 일어나지 않는다는 걸 파악했을 것이다. 사실 아기 잠자리 안전 규칙을 철저하게 지켰다면, 아기 자체가 몸을 움직이지 못하는 단계이고, 아기의 등을 대고 눕혀놔 하늘을 바라보고 있기 때문에 갑자기 하늘에서 보자기가 떨어져 아기 얼굴을 덮거나, 천장이 무너져 내리거나, 갑작스런 화재가 발생하지 않는 이상 아기가 위험에 처할 일은 없다. 아기가 하늘을 보고 바닥에 등을 대고 울고 있는 그 상황 자체는 적어도 아기에게 위험한 상황은 아니라는 것이다. 내가 아기가 울고 있다는 것을 인지했고 그 원인도 파악하려 노력 중이라면 말이다.

영유아 수면교육 전문가로서 나는 '러브스(Luvs) 기저귀' 광고를 좋아한다. (유튜브에서 'Luvs NightLock'으로 검색하면 볼 수 있다.)

first kid (첫째)

vs

second kid (둘째)

이 광고는 첫째와 둘째를 양육하는 엄마의 상반된 태도를 잘 묘사하고 있어서 내가 강의에서 분위기 전환을 위한 참고자료로 종종 보여주는 영상이다. 영상 속에서 엄마는 첫째를 키울 때는 자다 말고 귀신에 홀린 듯 갑자기 확~ 일어나서 잘 자고 있는 아기를 손전등으로 비춰보는 반면, 둘째 때는 안대를 한 채 잘 자고 있건 말건 관심을 끄고 숙면을 취한다. 이렇게 엄마가 아기에게 별 신경을 쓰지 않고 편안한 마음으로 자면, 아기도 잘 잔다.

첫째 때는 처음 육아를 하는 상황이기 때문에 아기가 잘 자고 있음에도 "헉, 애가 잘못된 거 아니야?", "아기 깬 거 아니야?", "혹시 무슨 일 있는 거 아니야?" 하면서 정말 수많은 억측과 걱정이 머릿속과 온몸을 점령해, 솜털 한 올 한 올까지 아기를 향해 예민하게 레이더망을 켜게 된다. 그래서 첫째는 수면교육을 하기도 힘들고, 아기가 통잠을 자거나 혼자 스스로 누워서 잠드는 것이 힘들 수밖에 없다. 이 분야도 당신이 유경험자, 경력자라면 이런 상황들이 죄다 한번 겪어본 것들이 되어 '오토(auto) 수면교육(양육자가 인지하지 않았는데 어느 정도 아기를 내버려둬서 자동적으로 수면교육이 된 상황을 의미함)'이 되는 경우도 많다. 그래서 '둘째는 오토 수면교육을 했다' 이런 말들이 나오게 되는 것이다. 물론 직접 키운 경우가 아니라면 반대 상황에 처하기도 한다. (예를 들자면 친정 엄마가 첫째를 전담으로 키워주었는데, 둘째는 자신이 하던 일을 그만두고 전담으로 하나부터 열까지 직접 키우는 경우.)

아기가 잘 때 내는 소리는 생각보다 상당히 다양하고 많다. 자면서 내는 자연스러운 소리인데, "무슨 일 있는 것 아닌가?", "어디 불편한 것 아닌가?" 하면서 아기를 안아서 들어 올리면 그때부터 문제가 시작되는 것이다. 잘 자고 있는 아기를 괜히 깨운 셈이다. 따라서 무슨 소리가 난다고 해서 아기를 바로 안아서 들어 올리기보다는 바로 반응하지 말고 5분간은 투명인간 모드로 가만히 기다려주자. 안절부절

못하거나 동동대는 마음으로 기다리는 게 아니라 완벽한 투명인간 모드로! '놔두면 금방 잘 거야~' 이런 마음가짐으로 양육자가 단단한 나무처럼 있어야 한다. 5분을 기다리는 동안 아기는 알아서 다시 잠들 수도 있다.

운다고 바로 젖을 물리는 것, 응가를 하지 않았는데도 기저귀를 갈아주는 것도 지양하자. 3분의 2쯤 잠든 상황인데 기저귀를 갈면 깨버린다. 그냥 내버려두면 다시 알아서 잠든다. 그런데 그게 힘든 일이다. 실상은 잘 자고 있어도 밤중에 밀착 보초를 서는 판국이니.

로리의 컨설팅 Tip

'밤중엔 아무도 깨어 있는 사람이 없다. 모두가 자는 시간이다'라는 사실을 아기가 자신을 둘러싼 환경을 통해 자연스럽게 느낄 수 있도록 한다. 이 시간대의 울음은 아기가 엄마를 부르는 것이 아니라 혼잣말을 하고 있는 것일 가능성이 높다. 이런 상황 속에서 작은 울음을 무시한 것은 오히려 아기의 건강한 잠 습관을 잡는 데 호재로 작용한다.

처음 해볼 때는 이에 대해 양육자가 미리 교육이 되어 있지 않다면 거의가 '안 해도 되는 촉을 세워 일을 그르치는 경우'에 빠지기 쉽다. 아기의 울음소리를 예민하게 듣고 즉각적으로 움직이는 바람에 아기의 긍정적인 수면 습관 형성에 오히려 방해가 될 것 같다면, 차라리 아기 울음에 상대적으로 둔감한 아빠를 아기 방에 재우는 편을 추천한다. 아빠들마다 조금씩 성향이 다를 수는 있겠지만, 출산과 육아로 인해 더욱 예민해진 엄마에 비한다면, 대부분의 아빠는 큰 동요 없이 아기 옆에서 잠을 어렵지 않게 잘 것이다. 이때 엄마는 아기 방에서 멀리 떨어진 방에서 숙면을 취할 것을 추천한다. 아기가 심하게 울면 아빠도 깰 것 아닌가. 크게 걱정할 필요가 없다. 바로 이런 면 때문에 아빠가 어떤 면에서는 아기를 더 잘 볼 수 있는 능력을 가지고 있다. 물론 사전에 안전한 환경을 미리 세팅해두는 것은 몇 번이고 강조해도 지나치지 않다.

로리의 독설

처음 육아를 해보는 사람들은 아기가 잘 자고 있어도 마치 팽팽하게 늘어난 고무줄처럼 걱정의 촉을 세우고, "곧 깨는 거 아냐?" 하면서 안절부절못한다. 이런 사람들은 막상 아기가 자고 있어도 '깰 것을 동동대며 기다리는 사람'에 비유할 수 있다. 반면 베테랑 양육자는 아기가 잠들면, 조금 낑낑거리는 소리가 들리더라도 그 소리가 아기가 잠에 진입하는 소리라고 확신할 수 있는 역량을 가지고 있다. 그리하여 아기에게 달려가는 대신에, 아기가 잠든 시간을 잘 활용해 아기를 돌보는 동안 하지 못했던 할 일, 자신이 하고 싶은 일을 한다.

밤중에 마치 아기가 깰 것을 기다리는 사람마냥 보초를 서지 말자고 했다. 하지만 아기가 짜증을 심하게 내며 잠들지 못할 때는 다음의 항목들을 한번 체크해보면 좋다.

· 방 안이 너무 덥지는 않은가?

아기 방은 약간 서늘하다 싶을 정도가 좋다! 겨울철에 조금 따뜻하게 세팅할 때도 23도 이하로 맞추는 것이 좋다. 겨울철 방 온도는 22~23도로 하고, 따뜻한 겨울 내복에 스와들미나 스와들업을 입히면 잘 맞는다. 24~25도 이상 되면 아기가 짜증을 내고 자꾸 깬다. 우리나라 정서로는 아기 방의 온도는 22~23도, 습도는 40~60%가 적당하다. 사실 외국의 지침에 의하면, 아기 방 온도는 18~20도를 추천한다. 아기는 서늘해야 잘 잔다. 더우면 못 잔다. 서늘하게 온도를 세팅했을 때는 내 아이에게 적절한 옷차림 두께와 겹으로 몇 개까지 입혀놓았는지도 잘 체크해보자. 아기 옷을 잘못 입혀 체온조절에 실패하는 경우들도 있다. 엄마가 추위를 너무 많이 타는 유형이라면 이 부분을 같이 유의하자. 온도는 적당하게 세팅해두었는데 실전에서 자신이 춥다고 아기에게 크루아상처럼 겹겹이 계속 옷을 입혀둔 경우도 있었다. 이러면 온도를 적절하게 맞춰두었다고 해도 아기는 더운 온도에서 자는 것과 똑같은 상태가 되기 때문에 답답해하면서 잠을 잘 자지 못한다.

· 방 안이 너무 춥지는 않은가?

아기가 엄한 잠연관이 걸려 있지 않는 한, 의외로 밤잠을 잘 때 아기가 푹 자느냐 안 자느냐의 여부는 온도의 영향을 많이 받는다. 아시아권은 아기 방을 덥게 해서 문제인데 서양권은 온도를 너무 춥게 해두는 것이 문제가 되는 경우가 많다. 그러므로 아기 방의 온도가 너무 추운 건 아닌지도 체크해봐야 하는 부분이다.

· 아기가 토하는가?

아기가 초반에는 역류성 구토를 많이 한다. 분유를 먹는 아기는 더 심하다. 이때는 아기 침대의 한쪽 편 두 다리에 두꺼운 책을 괴어서 침대를 살짝 경사지게 만들어본다. 수유를 마친 후에는 꼭 트림을 시키고, 트림을 하지 않으면 경사진 바운서에 20~30분간 올려놓고 소화시킨다(103~110p 참고).

✡ 수면교육을 하는 와중에 아기가 토를 한다? 이는 양육자를 불안하게 하고, 스트레스가 가득한 상황에 처하도록 만들기에 충분하다.

· **수면교육 중 토하는 현상은 왜 일어나는가?**

원래 심하게 우는 것과 기침하기 등은 아기의 구토 반사(gag reflex)를 일으킨다. 아기는 본래 쉽게 토할 수 있다. 그리고 수면교육을 하며 평상시보다 더 오래 울게끔 놔두는(허용하는) 상황이라면, 아기가 울 때 콧물이나 가래와 같은 점액도 더 많이 생기게 되는데 이것이 또 구토 반사를 일으킨다. 다시 한 번 말하지만, 똑게 수면교육은 아기를 울리는 것을 지향하지 않는다. 아니, **'울리지 않기 위함'**이 분명한 **우리의 목표**라고 서두에 언급했다. 수면교육을 하면서 아기의 울음이 특정 구간 동안 잠시 발생할 수 있다. 만일 처음부터 아기를 눕혀서 재운 것이 아니라 둥가둥가 하며 안아서 재우다가 어느 날부터 아기에게 자신의 잠자리에 누워 자는 방법을 가르치려고 한다면, 아기는 단박에 그 상황을 받아들이기가 혼란스러울 것이다. 아기 입장에서는 "이게 무슨 일이야?"라고 말할 수(= 울 수) 있는 상황인 것이다. 울음의 강도와 우는 시간의 차이만 있을 뿐, 아기들은 이런 **당황스러운 감정**들을 자연스럽게 **'울음'**이라는 수단으로 표현한다. 그런데 이처럼 아기들의 표현의 방법인 우는 행위가 구토 반사를 자극하기 때문에 아기가 그 과정에서 토를 할 수도 있는 것이다.

· **준비만이 살길이다**

그렇다면 수면교육 중 '아기의 토'에 대처하기 위해서는 어떻게 해야 할까? 우선 아기 침대 매트리스에 두 겹이나 세 겹의 시트를 깔아라. 아기가 토를 하지 않더라도 이렇게 해두면 밤기저귀가 새더라도 뒤처리가 훨씬 수월해진다. 더러워진 시트를 조용히 빼내어 갈아주고 아기를 다시 침대에 누워 있는 상태로 재우는 것은 수면교육에 큰 도움이 된다. 또한 밤잠이나 낮잠을 재우기 전, 갈아입힐 **상하의 한 벌**을 늘 준비해두는 것이 좋다. 아기 옷을 갈아입혀야 하는 돌발 상황이 일어날 수 있기 때문이다. 아기의 토나 이물질을 닦을 수 있는 **가제 수건**이나 **물티슈** 등도 **미리 준비**해둬야 양육자가 당황하지 않고 아기에게 과잉 자극을 주지 않으면서 침착하게 아기 옷을 갈아입히거나 매트리스 시트를 갈아줄 수 있다.

· 이제 준비 완료! 구체적인 대처 방법

수면교육 도중에 아기가 토를 했다! 이때 어떻게 대처해야 할까? 첫 번째로 여러분이 해야 할 일은 그저 '침착하게 존재하는 것'이다.

이미 아기는 약간의 스트레스를 받고 있을 것이기 때문에 양육자인 당신이 온몸으로 침착한 분위기를 철철~ 풍겨야만 한다. 아기를 깨끗하게 닦아주고, 잠자리를 정리해주고, 다시 아기를 잠자리에 눕히는 과정을 진행함에 있어서도 이 **침착함, 평온함, 흔들림 없음**이 유지되어야 한다.

이제 당신이 침착함으로 중무장했다고 치고, **아기의 옷을 갈아입히는 실제 과정**에 대해 설명하겠다. 우선 아기를 아기 침대에서 깨끗한 쪽으로 옮긴 뒤, 아기의 몸을 깨끗하게 닦아주고, 준비해둔 새 옷으로 갈아입힌다. **이때 최대한 자극 없이!!** 아기의 몸을 다루어야 한다. 그리고 주의할 점! 가능한 한 아기를 아기 침대에서 빼내지 않도록 한다. 아기의 토를 치우고 뒤처리를 하는 과정은 **아기 침대 위에서 행해야 한다.** 또한 아기에게 말을 건넬 때는 **부드러운 어조의 톤**을 사용하고 필요하다면, 아기를 진정시키기 위한 터칭을 사용한다. 아기에게 괜찮다고 말해주며 안심을 시키고, 양육자의 침착함을 계속 전달한다.

그다음으로는 아기 침대 시트를 갈아준다. 시트의 코너부터 걷어내기 시작해서 토를 한 곳과 가까운 순서대로 **토가 묻은 맨 위의 시트를 빼낸다.** 아기가 오염된 시트 아래에 깔린 깨끗한 시트로 내려갈 수 있도록 천천히 시트를 차츰차츰 걷어낸다.

아기와 아기 침대를 깨끗하게 만들었다면, 그다음으로는 아기 침대 위에 누워 있는 아기를 아주 잠시 짧게 안아준 뒤(아기의 누워 있는 자세를 유지시킨 상태에서 어른이 몸을 내려 잠시 안아주라는 이야기다) 진정시키는 말을 건네준다.

만약 아기가 자는 방에 같이 머물며 수면교육을 진행중이라면 당신의 잠자리나 애초에 머물 곳으로 설정해둔 의자 같은 공간 등으로 후퇴해서 대기하며 아이가 진정될 때까지 기다리면 된다.

수면교육은 일관성을 지켜 잘 시행할 경우, 아기가 새로운 습관을 체득하기까지 약 2주 정도가 소요된다. 물론 아기가 울다가 토를 하는 모습을 보는 것은 양육자에게 큰 스트레스로 다가올 수 있다. 그렇지만 아기는 양육자가 올바른 방향으로 이끌어주기만 하면 결국엔 잘 학습한다. **잠 큐 사인**과 **수면 의식** 그리고 **새로운 건강한 잠연관**을 자신의 것으로 만드는 것이다. 그 과정에서 아기는 2주 내내 울거나 토하기만 하지는 않는다. 아기는 '아~ 지금 나에게 이렇게 자보라는 거구나~' 하는 분위기를 느낀다. 그리고 아기가 스스로 그렇게 할 수 있는 방법을 체득한 단계에 진입하면 수면교육이 한결 수월해진다. 하지만 역시나 여기서도 중요한 것은 수면교육 플랜을 일관성 있게 끌고 갈 수 있는 양육자의 멘탈과 전문 지식, 그리고 평정심과 차분한 기운이다. 그러므로 부디 힘을 내서 수면교육의 일관성을 지켜나가도록 하자. 모두가 처음 수면교육을 할 때 빠지기 쉬운 덫인 '토'에 있어서도 똑게육아의 비책을 알려드렸으니 우리 독자님들은 더욱더 침착함과 평정심으로 무장해 현명하게 토 덫 또한 빠져나갈 수 있을 것이라 믿는다.

· 수면교육 중 양육자가 쉽게 빠지는 토의 덫

수면교육 도중에 아기가 울다가 토하는 상황을 맞닥뜨리면 양육자는 다음과 같은 덫에 빠지기 십상이다. 우선 십중팔구 **죄책감**을 느끼게 된다. 토하는 아기가 아프다고 느끼기 때문이다. 그러나 우리가 생각하는 것만큼 아기는 토를 하면서 아픈 느낌을 받지 않는다. 아기가 쉽게 토를 하는 이유는 기도가 아직 완성되기 전이기 때문이다. 따라서 어른들이 토를 할 때처럼 배 아픈 고통을 느끼거나 토가 올라오는 목구멍에서 고통을 느끼며 토를 한다고 생각하지 않아도 된다.

두 번째 덫은, 토한 아기를 보면서 큰일이 난 것처럼 "아이고~~ 아기야~~!!!

OO야~~ 토를 했었구나. 이 엄마가 그걸 모르고~~ 그걸 미처 몰랐다. 엄마가 멍청하지. 무슨 수면교육은 개뿔. 안아나 주련다. 엄마가 미쳤지~" 하는 식의 반응을 보이는 것이다. 죄책감으로 인해 갑자기 자신이 몹쓸 어미라도 된 양, 자신을 탓하고 아이를 미친 듯이 안아준다. 마치 갑자기 "미안합니다, 아기님. 저는 아기님 당신의 노예랍니다" 이 모드로 죄책감으로 가슴을 내리치며 처절하게 납작 엎드리는 자세를 취한다. 당연히 그 과정에서 일관성은 무너지는 것이다. 그러면 아기는 **그저 토를 했을 뿐인데,** 그때까지와는 다른 반응을 보이는 양육자를 바라보며 '이게 뭐지?' 하고 오히려 어리둥절하게 된다.

자, 이 덫에 빠지게 되면 어떤 결과를 가져올까? 아기는 사실 그저 울다가 생리적인 현상처럼 마치 방귀를 뀌듯 토를 한 것뿐이었다. 그런데 토를 했더니, 엄마가 큰일이 난 것처럼 달려왔고, 대역죄인처럼 자신에게 사과를 하며, 모든 상황을 자신에게 맞춰준다. 게다가 안아주기까지 하고, 그동안 가르쳐주던 방식대로 자라고 하지도 않는다.

그저 방귀가 나와 방귀를 뀐 것처럼 생리적인 현상으로 토를 한 번 한 건데, 그것에 이렇게 노예처럼 반응을 해버리니 **이게 바로 학습이 되면서 다음번에는 토를 하며 양육자가 그렇게 똑같이 반응하기를 기대한다.** 여기서 더 나아가면 자신의 뜻을 관철하기 위해 이 **토를 '써먹는' 단계**에 이르게 된다. 이것이 하루 이틀에 학습이 된다는 것을 명심하자. 다음번에 그렇게 반응해주지 않으면 아기에게는 그게 더 이상한 것이 되는 것이다.

실제로 더 큰 유아의 경우, 위와 같이 부모가 수면교육의 일관성을 잃고 '토의 덫'에 걸린 반응을 보이면, 입안으로 손가락을 집어넣어 토를 유도하거나, 그렇지 않더라도 '토를 써먹어야겠다', '지금 이 상황에서 토가 나와줘야겠다' 생각하고 더 심하게 울며 기침을 과도하게 하면서 토해버리는 경우도 있다.

양육자가 '토의 덫'에 빠지지 않으려면, 아기가 토를 했을 때에도 당황하지 말고 '아기들은 원래 토를 잘 한다고 했지?'라고 생각하면서 **자연스러운 생리현상**처럼 받아들이고 반응해야 한다. 혹시 어디 아픈 데는 없는지, 체온이나 잠 환경 등에서 잘못된 곳은 없는지 **덤덤한 태도**로 체크해주자. 별다른 이상이 없다면, 아이의 몸과 옷에 묻은 이물질을 자극 없는 손길로 깨끗하게 닦아주고 시트도 바꿔준 후, 다시 기존에 해오던 방식으로 아기를 다시 진정시키고 재우면 된다. 똑게인들이여, 부디 '토의 덫'에 걸리지 말고 현명하게 대처하도록 하자.

· 아기가 불편해하지 않는가?

5개월 전 (뒤집기, 되집기가 자유자재로 되기 전) 시기의 아기는 스스로 몸을 움직여서 자신에게 편한 자세를 찾을 수 없다. 아기는 보통 옆으로 모로 누운 자세, 옆구리나 가슴을 대고 자는 자세를 좋아하지만, 이 시기의 아기를 엎드려 재우면 영유아돌연사의 위험이 있으니 양육자가 아기를 옆으로 뉘어 토닥여주면서 진정이 되는지 살펴보자(282~296p 참고). 수건을 돌돌 말아 등 뒤에 받쳐주며 활용할 수도 있다. 그러나 안전을 위해 잠을 잘 때는 꼭 등을 대고 자게 한다. 그 외에 아기 옷에 머리카락이 들어가 있다거나, 침대 안에 불룩한 것이 있어 배기는 것은 아닌지 살펴본다.

· 응가를 했거나 쉬가 많이 새서 축축해졌나?

밤중에 특별한 사안이 아니라면 기저귀를 갈지 않는 편이 아기의 수면을 방해하지 않지만, 때로는 예외의 경우도 생각해봐야 한다. 기저귀가 너무 심하게 젖어서 아이가 불편해하는 것은 아닌지, 응가를 해서 기저귀를 갈아줘야 하는 것은 아닌지 체크해본다.

아기의 '짜증 섞인 울음'이 심하다면 위에서 이야기한 사항을 점검하면서 아이주도 숙면 스킬도 선물해주자. 그전까지 어떤 방식으로 잠을 자왔느냐에 따라 아기는 조금 울 수도 있다. 보통 밤수를 끊은 첫날에는 그동안에 먹어왔던 습관 때문에 울 수 있다. **우리 어른들도 매일 야식을 먹다가 하루아침에 야식 먹던 습관을 단칼**

에 끊어버리려고 하면 예전 습관 때문에 힘든 애씀의 노력이 수반되지 않는가. 습관을 바꾸고 변화하는 과정에는 늘 노력이 수반된다. 그렇지만 밤수를 끊은 첫날, 결국 먹지 않고 잠들었다면 아기는 먹지 않고 잠드는 스킬을 어느 정도는 터득한 셈이라서 둘째 날부터는 조금 더 수월해진다(단, 소거 폭발의 경우는 예외). 따라서 아이가 발광하는 울음을 보이지 않는 이상, 똑게육아 수면교육 방법을 잘 공부한 뒤, '투명인간' 모드로 지켜보는 것을 추천한다. 부모의 감정 상태와 아이의 상황에 따라 체크해야 하는 경우도 생기겠지만, 대체로 밤중에 아기가 울 때는 '모른 척', 감정의 동요없이 태연하고 침착하게 온화한 분위기를 유지하며 무시하는 것, 일명 '친절한 무시'가 최고다. 아기와 같은 방에 있건 다른 방에 있건 양육자는 '투명인간 모드 + 자신감 있는 텔레파시'를 유지하며 숨죽이고 있어보자.

(3) 위안도구 및 진정 전략을 활용해 먹는 시간을 늦춰보기

아이가 밤중에 깨서 먹을 것을 찾는 것 같다면 바로 수유를 하는 대신 다른 위안도구로 수유 시간을 10분, 20분, 30분씩 늦춰보는 전략이다. 예를 들자면 공갈젖꼭지를 물리거나 잠깐 안아서 바운싱을 주며 달랠 수 있다. 그렇게 해서 점차 밤중수유 간격을 넓혀가는 것이다. 밤중수유 간격을 넓히면 점차 밤중수유를 줄이는 것도 용이해진다. 밤중수유 위안도구로는 371~372p 밤수텀 끌기 도구를 참고하자.

(4) 고정축 이용하기

밤중수유 스케줄에서도 고정축을 활용하면 도움이 된다. 보통은 밤 10시를 고정축으로 정해두고 이후의 밤중수유 스케줄을 일궈나가는 것을 추천한다. 우리의 목표는 밤 10시 고정축 수유 시간 이후부터 아침 7시까지 밤중수유 없이 쭉 9시간을 통잠으로 재우는 것이 목표다. 이후 4개월이 지나 아기가 좀 더 성장하면 밤 10시

고정축 밤중수유도 없애는 절차를 가진다(355~356p 참고).

(5) 먼저 깨워 먹이면서 없애기, 먹이는 시간을 아예 정해두기

이번에 살펴볼 먼저 깨워 먹이면서 없애기 전략은 현존하는 세 번의 밤중수유 중 없애고자 하는 타이밍을 정한 후, 아기가 본래 먹던 시간보다 양육자 편에서 먼저 10분, 15분, 30분 일찍 선수를 쳐보는 것이다. 예를 들어 매일 새벽 1시에 아기가 깨서 젖을 먹었다면 12시 30분에 깨워서 먹여보는 것이다. 이런 식으로 아기를 조금씩 점점 일찍 깨워서 먹이다 보면, 해당 밤수 회차가 생략되거나 밤수1의 경우에는 '하루의 마지막 수유(막수)' 시간에 점점 근접하게 된다.

여기서 핵심은 아기가 깨기 전에 양육자가 아기를 먼저 깨워서 먹이는 부분이다. 이것은 아기가 울어서 먹이는 것과 엄연히 다르다. '울면 먹인다'가 아니라, '아기의 장 교육은 내가 시킨다'라는 마인드로 밤중수유 스케줄을 양육자가 주도적으로 일궈나가는 것이다. 또한 5개월 이후의 아기라면 아예 적절한 밤중수유 시간을 정해두고, 그 시간 외에는 아기가 울더라도 밤중수유를 하지 않게 되면 '울음 = 먹기' 와 '밤중에 운다고 해서'='먹을 것을 주는 것이 아니다' 를 가르칠 수 있다. 또한 양육자는 자신이 먹여야 하는 시간에 수유를 했기 때문에 아기가 더는 자면서 배고플 일이 없을 것이라고 확신할 수 있다.

밤중수유 심화 과정

밤수 줄이기 + 진정 전략

흥미로운 연구 결과가 있다. 아기가 밤중에 잘 자느냐 그렇지 않느냐를 결정짓는 중대한 요인이 바로 부모가 밤중에 아기가 내는 소리나 울음에 어떻게 반응하느냐에 달렸다는 것이었다. 매번 먹이는 것으로 반응하는 부모들이 있는데 **먹이지 않고 반응하는 것이** 중요하다.

아기가 6주를 넘어섰고, 몸무게도 잘 늘어나고 있는 상황인데 아기가 매번 1시간, 2시간 간격으로 밤중에 깬다면? 그렇다면 단순히 먹이지 말고 다시 잘 수 있도록 진정시켜주면 된다. 진정 전략은 이 책의 **Part 5**를 참고하여 자신과 아기에게 맞는 진정 전략을 선택해본다. 이러한 노력이 아기의 밤잠을 강화시켜준다.

(1) 4시간 룰

6주 이전 / 6주 이후로 나눠서 생각해보자.

3~6주 아기 밤수 패턴

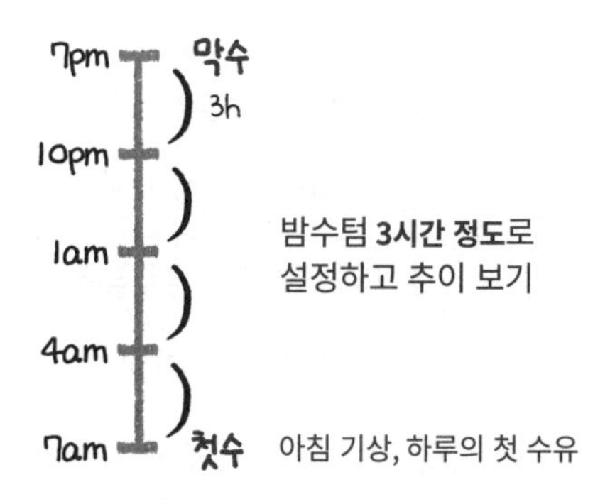

6주 이전의 경우에는 위의 3~6주 아기 밤수의 표처럼 3시간 정도로 밤수텀을 설정하고 그 추이를 지켜보면 된다.

아기가 6.5kg이 넘어가 몸집도 커진 상황. 그리고 아침 7시에 그렇게 많이 배고파하지 않는 것 같으면, 오전 7시~오후 7시 사이의 밤중수유를 하나 생략해도 된다.

아기의 몸무게가 **6.5kg** 정도 되었다면 **밤중에 8시간을 쭉~** 자는 것도 가능해진다.

아기가 6~12주 정도 되었다면, 4.5kg을 넘었을 것이고 이 시점부터 밤중수유는 4시간 간격으로 생각해도 된다. 자정 12시를 기준으로 그전에 한 번, 그 후에 한 번 수유를 한다고 생각하면 업무 파악이 쉬워진다.

6~12주 아기 밤수 패턴

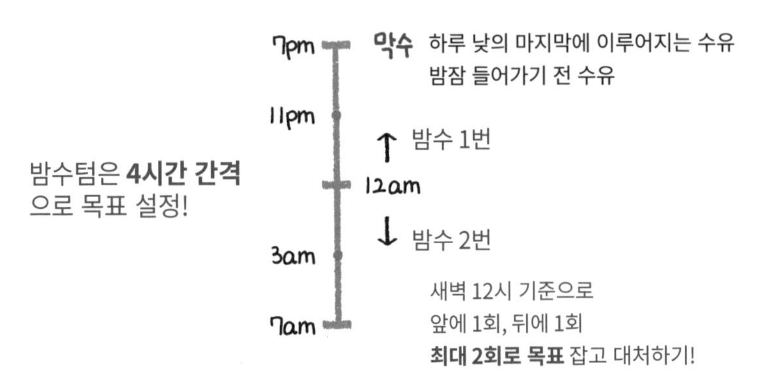

밤중수유를 1회 줄인다! 밤중수유는 총 2번으로!

4시간 룰로 밤중에 3번 하던 수유를 2번으로 줄이는 방법이 있다. 바로 아기가 밤중수유를 한 뒤에 **4시간 미만 간격으로 일어난 경우에는 수유를 하지 않는 것이다.** 먹이기 외의 진정 전략을 쓰는 것이다. 이렇게 먹이지 않고 진정시키는 시간을 티칭 타임(가르치는 시간)이라고 부른다. 이런 과정들이 다음 날 밤에 긍정적으로 작용한다.

이렇게 반응하면 빠르게 4시간 타임 블록을 형성할 수 있다. **밤 11시, 새벽 3시, 아침 7시로 말이다.**

4시간 룰에 따라 밤중수유를 1회 줄이는 데에는 **대략 3일에서 7일 정도**의 시간이 걸릴 것이다. 만약 여러분이 아기를 진정시키다가 4시간 간격이 지나가버렸다면, 진정시키는 것을 잠시 중단하고 먹이도록 한다.

※ 유의사항

· 밤중에 수유 없이 아기가 스스로 진정될 수 있도록 노력해보며 낮 동안(아침 7시~오후 6시 30분 사이)에 5번 정도의 수유는 운영해야 한다.

· 3개월까지는 적어도 1시간 반 정도는 깨어 있어야 한다. 깨시를 1시간 반으로는 벌려두어야 한다. 밤중수유는 어둠 속에서 지루하게 행한다. 아이와 눈을 맞추는 아이 컨택도, 미소를 지어주는 스마일 표정도 금지다.

· 아기가 깨어 있는 낮 동안에 해를 보게 한다. 햇빛을 보게 되면, 신체가 세로토닌을 형성하고 이것이 잠 호르몬인 멜라토닌으로 변환된다.

(2) 꿈수와 깨수

'꿈수'는 '꿈나라 수유'의 약자인데, 주로 밤 10시나 11시에 이루어진다. 아기가 자고 있을 때 완전히 깨우지 않고 반쯤 깬 상태로 수유해서 꿈수이다. 꿈수를 하는 이유로 양육자의 편의를 위한 것도 있다. 보통 엄마나 아빠가 밤잠을 자러 가기 전에 이 꿈수를 하게 되면 어른도 조금 더 길게 밤잠을 잘 수 있기 때문이다.

그러나 만약 정교한 전략을 적용해볼 생각이라면 6~10주 이전 시기에는 꿈수를 추천하지 않는다. 꿈수보다는 깨수를 추천한다. '깨수'는 '완전히 깨워서 수유한다'는 말의 약자다. 아기의 기저귀를 갈고, 완전히 깨워서 좀 더 잘 먹게 하는 것이다.

'깨수'를 할 때는 경우에 따라서 불을 좀 더 켜도 좋다. 속싸개를 벗겨내고, 완전히 깨게 한다. 아기를 안아 올려서 스트레칭을 시켜볼 수도 있다. 그렇게 먹여야 할 양의 반 정도를 먹인다. 목표 수유량의 절반을 다 먹였다면, 아기가 발을 걷어차고, 기저귀를 갈고, 트림을 하게 한 뒤, 조명을 어둡게 다시 바꾼다. 속싸개를 하고, 나머지 절반에 해당하는 양의 수유를 진행한다. 처음 절반($\frac{1}{2}$) 수유를 할 때보다 이후 이어지는 후반 절반($\frac{2}{2}$)을 수유할 때 아기가 더 졸려할 것이다.

만약 아기에게 밤 10시나 11시 밤중수유를 깨수가 아니라 꿈수로 진행한다면 다음을 꼭 체크해본다. 새벽 2시나 3시까지 아기가 먹을 것을 찾는지 아닌지를 말이다. 이것은 꿈수로 아기가 잘 먹었는지 아닌지를 테스트해볼 수 있는 고전적인 사인이다. 꿈수가 제대로 작동하지 않았다면, 즉 충분히 먹지 못했다면 아기는 새벽 1시에 또다시 먹을 것을 찾으면서 잘 진정하지 못하게 된다.

이때 깨수를 통해 풀(full)로 수유를 하여 양육자가 스스로 밤 10~11시 부근의 밤중수유 때 아기가 잘 먹었다는 확신을 가지고 있다면, 이때는 진정 전략으로 아기의 깸에 대처하면 된다.

(3) **밤중깸 상황 대처 순서도**(먹인 지 3~4시간 이내에 아기가 깨어났다면, **밤잠 스트래치 늘리기**)

☑ 전제 사항 : 6~12주 이상의 아기 / 아기 몸무게 4.5kg 이상

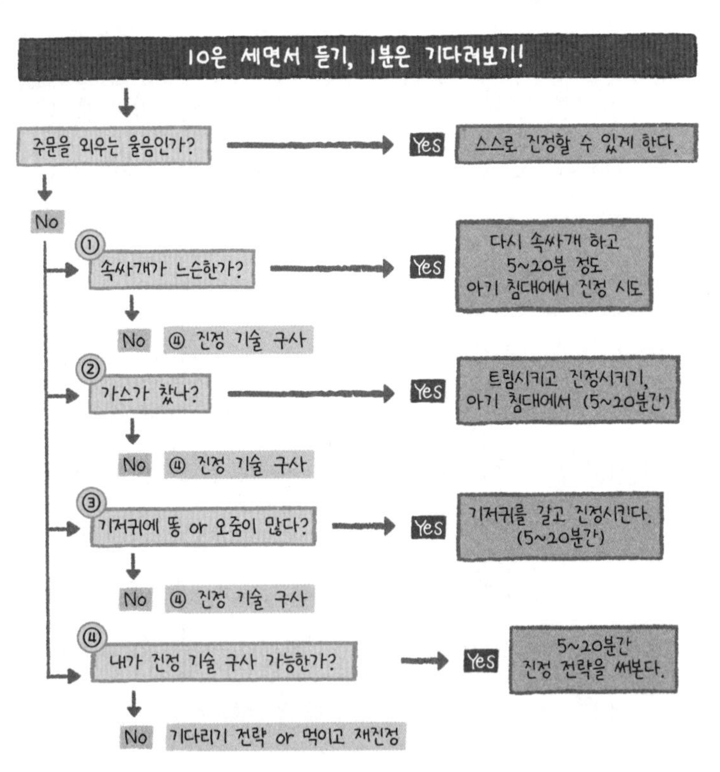

로리의 컨설팅 Tip - 똑게육아 체크업 방법

5~6개월 이후의 아기에게는 똑게육아 **'체크업 방법'**이 유용하다. **잠자리 울음 기다리기 전략**이 이것이다(302~309p 참고). 그 외의 똑게육아 체크업 전략에 대해서는 245p, 318p에서도 구체적으로 커스터마이징을 포함해 알아본 바 있다. 이 방식으로 아기는 수면교육의 과정 동안 우리가 자신의 옆에서 존재하며 격려하고 있다는 것을 느끼고 이해할 수 있다. 여기서는 좀 더 구체적으로 5, 10, 15분을 예로 들어 체크업 플랜을 전수해보도록 하겠다.

*** 5, 10, 15분 체크업**

5분, 10분, 매 15분 간격으로 체크업 하는 플랜이다. (사전 조건이 다 제대로 된 상태라면) 잠자리에서 아기가 울면 **5분**을 기다렸다가 체크업 한다. 그 다음번 체크업은 **10분**을 기다렸다가 한다. 그 뒤에는 **매 15분**을 기다렸다가 체크업 하는 방법이다. (아기가 잠들 때까지 한다.)

체크업을 하러 아기의 잠자리 옆으로 갔을 때는, **15~20초**를 넘기지 않는다.

밤 1	아기를 토닥이거나 터칭하며 체크업 해도 된다. 하지만 아기를 안아 올리지 말자.
밤 2	
밤 3 이후	아기를 터칭하지 말고 목소리로만 체크업 한다.

체크업 할 때는 **긍정적이며 확신에 찬 기운**을 내뿜어야 한다. 즉, **아기가 안심할 수 있도록** 해줘야 한다.

"엄마/아빠는 여기에 있어. 사랑해. OO는 할 수 있어. 잘 자~"

확신에 찬 차분한 말투로 위의 대사를 해야 한다. 스트레스를 한가득 받은 말투로 하면 모든 것이 소용없다. 아기에게 편안함을 전달해주자.

때로는 말을 거는 것이 오히려 아기를 더 자극시킨다. 그럴 때는 그저 **"쉬~~~"**하고 입으로 소리를 내주면 좋다.

15~20초 이상 머물면 아기는 더 화를 내며 울음은 더 고조된다. 나만의 '아기 잠 차트'에 언제 체크업을 했는지 기록해둔다. 다시 아기가 울기 시작하면 시간을 재본다. 아기의 울음이 징징대거나 흐느끼는 식으로 조금씩 잦아들면, 그때부터는 체크업 하지 않는다. 이럴 때 체크업에 들어가면 아기의 울음이 더 거세질 뿐이다. 만약 아기가 안전한 상태이며, 체크업을 하는 것이 오히려 아기의 화를 돋우는 상황이라면 굳이 시간에 맞춰 체크업 할 필요는 없다. 체크업 시간을 **10분, 15분, 매 20분 간격**으로 변형해도 된다. (마찬가지로 **3, 5, 7분 체크업**으로 변형해도 된다.)

차트에 아기가 잠든 시각을 기록하고, 총 울음이 발생한 시간도 계산해본다. 246p의 잠자리에서 발생하는 울음 패턴 표를 보며 우리 아이의 잠 울음 곡조도 분석해본다.

수면교육을 실행하며 매일 밤 아기가 어떤 변화를 보이는지 알아간다.

밤중깸에도 동일하게 **5, 10, 15분 체크업**을 실행하면 된다. 체크업을 할 때 잠자리에서 아기를 꺼내지 않는다. 한밤중에는 부모도 피곤해서 포기할 수 있는데, 그러면 안 된다! 일관성 있게 실행해야 성공한다.

어른을 대상으로 흥미로운 수면 관련 실험을 했다. 밤잠을 자다가 중간에 깨운 뒤 간단한 엑셀 파일 정리 작업을 시켰을 때 이튿날 업무 수행 능력을 살펴보는 실험이었다. 그 결과, 다음 날 피험자는 피곤함을 느꼈던 것은 물론이고, 낮 동안의 업무 수행 능력에서도 확연히 저조한 능력을 보였다. 아이 역시 똑같다! 수면교육을 하고 1~2시간 더 잘 자게 된 아이들은 한결 더 편안해하고 만족스러워한다. 낮 동안의 행동 패턴과 기분도 확연히 달라진다. 이것은 연구 결과에서 입증된 사실이다. 아이들은 실제로 엄마 아빠의 도움 없이 혼자서 잘 때 더 깊은 잠을 더 길게 잘 잔다. 이 또한 실제로 증명된 사실이다. 깨어 있는 채로 침대에 누워 혼자 잠을 청한 아이들보다 잠들 때마다 매번 도와줘야 하는 아이들이 밤에 더 자주 깨는 것으로 밝혀졌다. 또한 도움을 받아야만 잠드는 아이들은 혼자서 잠을 자는 아이들에 비해 평균 수면 시간도 1~2시간가량 적은 것으로 나타났다.

Part 7.

길고 질 좋은 밤잠은 낮 시간에 달렸다

정교한 낮 스케줄로 밤잠 잡기

정교한 낮 스케줄 설계가 이루어지고, 그에 맞게 하루 일과들이 잘 돌아갈 때, 이를 토대로 아기의 밤잠 습관이 탄탄하게 구축된다. 이번 파트에서는 **'낮잠 설계 → 낮잠 운영'**을 어떻게 해야 올바른 밤잠 습관 형성에 도움이 될지에 대해 중점적으로 알아보려 한다. 또한, 이번 파트는 **'모범답안지'**를 제공하고, 그에 대한 **'해설집'**을 제공하는 형태로 구성해보았다.

☆ 이 파트를 읽을 때 중요한 부분

이 대목을 읽고 있는 독자님들의 아기가 해당 모범답안지의 주차/개월수가 아니라도 상관없다. 중요한 것은 이 스케줄의 큰 뼈대를 알고 있어야 하는 부분이다. 이것만 이해하고 있다면, 5~6개월 이후의 스케줄 운영도 문제가 없다. 관통하는 핵심이 동일하기 때문이다. 사실상 스케줄에 있어 진도는 개인차가 있기 때문에 큰 의미를 두지 않기를 바란다. 125~126p, 166p의 주차별/개월수별 잠텀, 낮잠 시간 등을 참고해서 스케줄을 일궈서 마음 편히 하루를 운영하기를 바란다. 5~6개월 이후의 아기를 키우고 있는 부모일지라도 Part 7에 제시된, 현재 상황에서 적당한 샘플 스케줄에 아기를 태우는 것부터 시작해 향후 추이를 지켜봐도 된다. 지금까지 아무런 경황없이 보내서 아기에게 정해진 하루의 패턴이 없었다면, 무엇보다 큰 틀을 볼 수 있는 시각과 영유아 수면의 원리를 익히는 것이 가장 중요하다. 딱 한 번만 제대로 익히면 그 이후부터는 여러분 스스로 만들어나갈 수 있다. 그러므로 부디 똑게육아 수면교육 전반에 깔린 원리를 이해하도록 하자.

Class 1. '최대 깨시' 개념을 활용한 스케줄

깨어 있는 시간(잠텀)과 낮잠 길이

이번 클래스는 아기가 '최대로 깨어 있을 수 있는 시간'(이하 '최대 깨시'라고 표기) 개념을 활용하여 낮 스케줄을 조정하여 밤잠을 잡는 방법을 제시한다. '최대 깨시'를 활용하여 아이의 낮 스케줄을 설계하고 이를 통해 밤잠 습관을 자리 잡게 하기 위해서는 무엇보다 '최대 깨시' 개념을 정확하게 이해하는 것이 중요하다. 앞에서 '깨시(깨어 있는 시간=잠텀)'에 대해 설명했던 내용을 기억하는가? '깨시'는 말 그대로 아기가 잠과 잠 사이에 깨어 있는 시간을 의미한다. 따라서 '최대 깨시'는 아기가 최대로 깨어 있을 수 있는 시간으로, 이 시간보다 더 간격을 벌려 아기를 깨어 있는 상태로 두면 아기가 극도로 피곤해질 수 있음을 기억해야 한다. 즉, '최대 깨시'안에 아기는 잠자리에 들어야 한다. 앞으로의 내용은 이 기준에 바탕을 두고 서술되었음을 염두에 두도록 하자.

이런 맥락에서 이후의 가이드를 참고할 때, 제시된 '깨시' 수치는 일종의 '선행 학습' 수치로 때에 따라서는 여러분 아기의 현재 주차나 개월수에서 2~3개월 이후의 가이드로 보아도 좋다. 미래의 윤곽을 알아야 큰 틀이 보이기 때문에 큰 도움이 될 것이다.

아기마다 아기 본연의 잠 욕구(이 부분은 아기가 타고나는 것이므로 양육자도 컨트롤할 수 없는 부분이다)에 따라 하루에 **적당한** '**깨시**'는 조금씩 다르다. 그러나 통계적 관점에서 언제나 **평균치**는 존재한다. 우리 아기가 잠 욕구가 적은 아이인지 아니면 잠 욕구가 많은 아이에 해당하는지 여부는 '평균 깨시(=잠텀) 수치'를 참고하도록 하자 (112~113, 125~126, 166p 참고).

또한, '깨시'는 아기가 이때까지 어떤 하루들을 보냈는지, 오늘 하루 동안 무엇을 했는지, 전날 밤에는 어떠했는지, 지금까지 아기의 낮잠은 어떠했는지 등에도 달려 있다. 그렇기 때문에 매일 옆에서 밀착하여 바라보며 1:1 컨설팅을 하는 상황이 아닌 이상, "지금 이 아이에게 이 정도가 적당한 깨시다!"라고 단언해줄 수는 없다.

즉, 아기의 생체리듬과 수면 압력의 합이 맞는 위치를 찾는다면 그것이 베스트다.

상한선을 제시한 이유

부모들은 자신의 아이가 모든 면에서 **평균 수치 위에 있기를 바란다.** 하지만 그런 부모들의 바람을 만족시키기 위해서는 그 평균 수치가 **'평균'**이 아니라 **'하한선'**이어야 가능한 이야기다. **평균은 말 그대로 평균이다.** 그러하니 내 아이의 '수면 시간', '깨어 있는 시간'이 동일한 주차 아기의 평균치와 비교했을 때 적다고 해서 너무 불안해하지 말자.

다시 한 번 다음의 내용을 염두에 두자. 평균선을 기준으로 아래에도 수치가 분포되고, 위로도 수치가 분포되어야만 그것이 평균이다. 모두가 평균 이상으로 가고자 한다면, 그때 제시되는 수치는 평균 수치가 아니라 하한선 수치여야 가능하다.

이러한 배경을 바탕으로 이번 스케줄 샘플에서는 일부러 **'최대 깨시'**로 표기했다. 평균을 제시하면 부모들이 위와 같은 오류에 빠지므로 상한선을 제시한 것이다. 이 수치를 보고 **'아기를 이 시간보다는 더 길게 깨어 있게 하면 안 되는구나'** 하고 이해하면 된다. 예를 들어 상한선인, 최대 깨시로 아이의 하루를 운영하려 한다면 그만큼 낮 시간을 조직성 있게 전략적으로 스케줄을 만들어줘야 가능한 법이다.

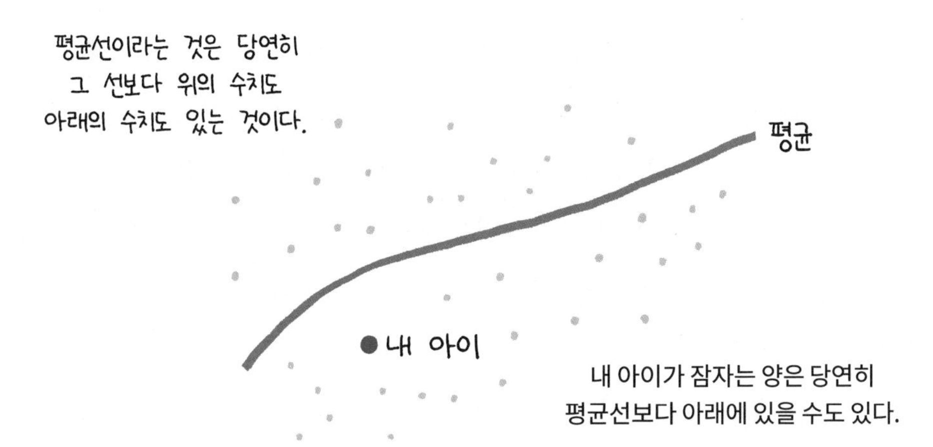

수치를 볼 때의 유의할 사항

위와 같은 이유로 이번 파트에서 제시하는 스케줄에 등장하는 수치는 아기가 '평균적으로 깨어 있는 시간'이 아닌 '최대로 깨어 있는 시간'임을 꼭 기억하자. 그런 전제하에 아기의 개별적인 수면 욕구를 관찰해가며 각자의 아기에게 맞춰 이번 파트에서 제시하는 '최대 깨시'를 참고해 그 시간을 유연하게 조정할 수 있어야만 본 스케줄을 구사할 수 있을 것이다.

만약 아기의 깨어 있는 시간이 적은 편인데, 아기를 잘 관찰했더니 가이드에 명시된 정상적인 기상 시간까지 여전히 잘 진정된 상태이고, 낮잠도 문제없이 잘 잔다면, 아기의 수면 욕구가 좀 높은 편이라고 보면 된다. 즉, 잠을 많이 자는 유형, 잠이 좀 더 많이 필요한 유형이라고 이해하면 되는 것이다.

그러나 아기가 가이드에 명시된 것보다 깨어 있는 시간이 더 적은데, 밤에 자주 깨고, 다시 수면에 돌입하기 위해 진정시키는 것이 어렵다면 이야기가 달라진다. 예를 들어 아기가 아침에는 일찍 깨고 낮잠은 짧게 20~30분 동안만 자는 식으로 잘 자지 못한다면 아마도 아기가 덜 피로한 것이 그 원인일 수 있다.

이런 경우라면 아기의 깨어 있는 시간을 좀 더 늘려보며, 밤잠과 낮잠을 강화할 수 있도록 해본다. 아기의 잠텀(깨시)은 이틀에 5분씩 늘리는 방법을 권한다.

낮잠의 수면 길이는 아기마다 각자 다른 자기만의 수면 욕구를 수용할 수 있도록 융통성 있게 운영하면 된다. 기본적으로 점심 낮잠과 밤잠에 영양분을 주기 위해, 아기의 '아침 낮잠 시간'을 줄이는 방법을 권장한다.

아기 각자에게 맞는 잠드는 시간과 깨어나는 시간을 맞추기 위해 양육자는 며칠 동안 관찰과 실험을 해야 할 필요가 생길 수도 있다. 낮잠을 잘 자고 밤에 잘 자기 시작하면 아기는 낮 동안 깨어 있는 시간을 쉽게 규칙적으로 지켜나갈 수 있게 된다.

똑게(ddoke) 수면교육이란? 아기의 낮잠을 설계하다!

낮잠은 밤에 잠을 잘 잘 수 있는 아기의 능력에 있어 주요한 요소다. 그래서 좋은 낮잠을 자도록 하는 데 중점을 둠으로써 어떤 종류의 특별한 수면교육을 하지 않고도 아기의 밤잠을 크게 개선할 수 있다. 아기가 예상 가능한 시간에 질 좋은 낮잠을 잘 수 있다는 것은 아기의 부모 혹은 양육자가 낮 동안에 자기만의 시간을 가질 수 있음을 의미한다. 이 부분은 **양육자의 정신적·정서적 안정**에 매우 중요하다.

그러나 낮잠을 잘 잔다는 것이 아기에게 항상 쉬운 일은 아니다. 앞에서 알아본 것처럼 8~16주 사이에 아기의 낮잠 수면 주기는 40~45분 길이로 성숙해진다. 이는 정상적인 발달 과정이며 모든 아기에게 일어나는 일이기도 하다. 이때는 얕은 잠을 자는 것이 일상적인 일이다. 또한 아기가 수면 사이클을 이어나가지 못하고 한 사이클의 낮잠만 자기 시작할 수 있는 때이기도 하다.

하루 종일 낮잠 시간이 45분 이하로 유지되는 아기는 정신적·신체적으로 피곤하고, 감정적으로도 행복할 수가 없기 때문에 이것은 분명히 이상적인 상황은 아니다. 계속해서 선잠을 자면 아기는 새로운 정보를 배우는 능력과 집중력을 잃게 되고 신경질적으로 변하게 된다.

낮잠을 잘 자면 다음과 같은 일들이 일어나기 때문에 똑게 수면 프로그램에서는 아기의 신체능력 회복을 위한 '긴 점심 낮잠'을 목표로 한다.

잠자리에 든 지 30분 후가 지나면, 아기는 깊은 잠에 들고 그 단계에서 스트레스가 줄어든다. (스트레스 호르몬인 코티솔이 감소된다.)

✔ 기억력이 강화된다.

✔ 면역력이 회복되고 강화된다.

✔ 에너지 수준이 회복된다.

✔ 성장 호르몬이 방출된다.

1시간 이상 수면을 취한 후 아기가 얕은 잠(렘수면) 상태로 들어가면 아래와 같은 일들이 일어난다.

✔ 스트레스/코티솔 수준이 더욱 떨어진다.

✔ 단기 기억이 장기 기억으로 전환된다.

✔ 뇌의 연결망이 만들어진다.

✔ 새로 학습된 기술이 처리된다.

✔ 감정이 처리되고 조절된다.

이것이 이번 클래스에서 제시하는 똑게 수면 프로그램이 2시간 점심 낮잠의 틀 위에서 만들어져 아기가 영양가 있는 '신체 회복적 수면'을 충분히 취할 수 있게 하는 이유다.

로리의 컨설팅 Tip

양육자의 체감상 스케줄 진도를 빠르게 조금 일찍 가느냐, 늦게 가느냐 하는 차이는 그 시기상의 차이만 있을 뿐이지, 그 과정 중에 적용하고 있는 영유아 수면의 본질적인 특성은 같다. 때에 따라서는 아기가 돌 이후에 해당 특성을 적용하며 나아갈 수도 있는 것이다.

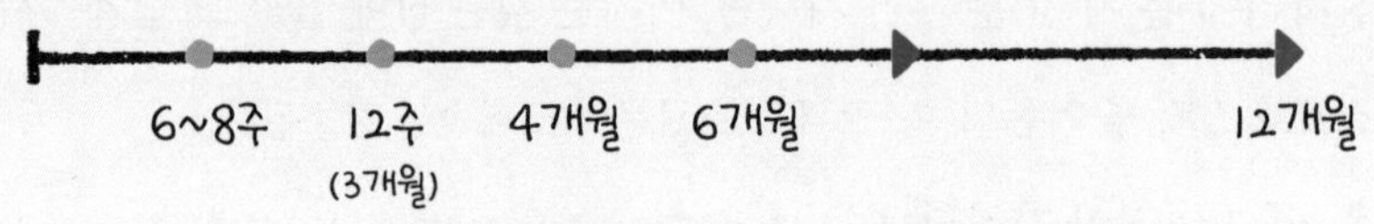

영유아 수면 본연의 특성을 적용하는 것은 같다.
다만, 이 '같은 원리'를 어느 시점에 적용하느냐의 차이
(불변의 과학적인 사실)

굳이 말하자면, 체감상으로 더 빨리 혹은 더 늦게 삶에 적용해보느냐의 차이일 뿐이다.

스케줄표를 제대로 이해하기 위한 용어 정리

이번 클래스에서 제시하는 스케줄은 다소 난이도가 있는 편이다. 따라서 이 클래스에서 사용할 용어들을 별도로 만들게 되었다. (물론 똑게 수면 프로그램의 기본 개념인 '먹텀', '잠텀' 등의 용어들은 이번 클래스에서도 언급된다.) 이번 클래스에서는 구체적이고 세부적인 전략들을 적용해서 아기의 질 좋은 잠과 최상의 컨디션을 위해 하루 동안 최대의 효율을 뽑아낼 수 있도록 구성했다.

이번 클래스에서 제시하는 스케줄을 제대로 소화하기 위해서는 하루를 다음과 같이 구분해서 바라보는 것에 익숙해져야 한다. 또한 각 구간과 해당 구간에서 해야

할 일들을 조합해 만든 용어들도 눈에 잘 익히도록 하자.

아침일깸 (아침에 일찍 깸, Early Wake)

아침 (Morning)

- 아침 시작 (Morning Start)
- 아침 수유 (Breakfast Feed)
- 아침 낮잠 (Morning Nap)
- 오전 수유 (Morning Feed)

점심 (Lunch)

- 점심 수유 (Lunch Feed)
- 점심 낮잠 (Lunch Nap)

오후 (Afternoon)

- 오후 수유 (Afternoon Feed)
- 늦은 오후 낮잠 (Late Afternoon Nap)

저녁 (Evening)

- 저녁 수유 (Dinner Feed)
- 목욕 (Bath)
- 막수 (Bedtime Feed)

밤 (Night)

- 밤잠 (Bedtime)
- 유축 시간 (Expressing Time)

늦은 밤 (Late Night)

- 늦은 밤중수유 (Late Night Feed)

완전 한밤중 (Overnight)

- 완전 한밤중 수유 (Overnight Feed)

아기가 성장함에 따라 낮잠 타이밍도 바뀐다. 예를 들어 시간이 11:40AM/11:45AM으로 표기되어 있을 경우, 8주차에는 11시 40분에, 9주차에는 11시 45분에 점심 낮잠에 들어가는 스케줄이 이상적이라는 뜻으로 해석하면 된다.

자, 그럼 본격적으로 각 주차에 따른 이상적인 스케줄에 대해 알아보자.

이번 클래스에서 제시하는 스케줄은 내가 2011년도부터 본격적으로 연재물을 발행하며 수면교육 코칭과 컨설팅을 해오면서 현장에서 마주했던 다양한 경험을 바탕으로 만들어졌다. 따라서 이 책을 읽을 독자 분들이 꼭 답을 듣고 싶어 하는 궁금증들을 속 시원하게 해소해줄 것이다. 똑게육아를 통해 만난 많은 양육자 분들은 해가 갈수록 더 구체적인 행동 지침을 원했다. 2018년도에 내가 국내 최초로 영유아 수면 자격증을 취득한 이후에는 나에 대한 신뢰가 '묻지 마' 수준으로 커져갔고, 그에 따라 구체적인 방법을 직접 생각하기 귀찮으니 답만 제시해주시면 그대로 따르겠다는 말씀을 해주시는 분들도 더러 나타나곤 했다. 나는 그때마다 '똑게육아 수면교육'의 바탕에 깔린 원리를 이해하시는 분들만이 그 내용을 실전에서 제대로 적용하고 성공할 수 있다고 말해왔다. 하지만 한편으로는 그러한 요청을 마냥 외면할 수만은 없었다. 이번 클래스는 그와 같이 현장에서 꾸준한 요청이 있었던 구체적인 행동 지침에 대한 그간의 나의 심도 깊은 연구에 따른 모범답안지와 해설집이라고 생각해주시면 되겠다. 시간대별로 어떤 행동을 하면 좋은지, 그리고 그 기저에 깔린 원리는 무엇인지 구체적으로 설명할 예정이니 집중해서 읽도록 하자. **이번 클래스의 목표는 뭐다?!**

'긴 점심 낮잠 달성 & 편안한 자기 진정이 가능한 아기 만들기'를 목표로 노력해보자. 사실 이런 것이 똑게육아 수면교육이다. 이런 것을 깊이 있게 한번 읽어보지도 않고 그저 곧바로 아기를 (소위) 울린다? 아이고. 그것이야말로 진정 무책임한 행위다. 몇 번이고 읽어보시길 바란다. 어떤 형태로든 (무의식이 작용해서든) 여러분의 삶에 반영되고 아기에게 수면을 선물할 수 있으니.

※ Part3까지의 스케줄 전수는 직접 고기 잡는 법을 알려주는 먹텀/잠텀 심화강의였다면, 지금부터는 굳이 말하자면 최고로 이상적인 타입의 세세한 스케줄 전수다. 정확한 시간표를 보여주려 한다. 깨시와 낮잠을 하루에 어떻게 분배해야 하는지, 언제 먹여야 하는지 등은 결국 그 항목들이 하루의 어느 시각대에 얼만큼 들어가야 하는지와 관련이 있다. 이걸 최고로 효율적인 답안으로 보여주는 것이다. "일단 이게 답안인데 내 아이에게 맞게 이렇게 맞춰보자!" 라는 생각으로 보면 좋다. Part 3까지의 기본기를 다 여러분 걸로 만들었다면 분명 할 수 있을 것이다.

이번 Part 7에서는 아래의 그림을 기억하기를 바란다. 똑게육아 수면 프로그램에서는 돌 이후에 긴 점심 낮잠 구현을 지향한다. 하루의 중심축이 되는 점심 낮잠을 길게 구현해두면 여러모로 하루 운영에 큰 도움이 된다.

아기의 하루에 분배되는 잠의 형태 그림 예시

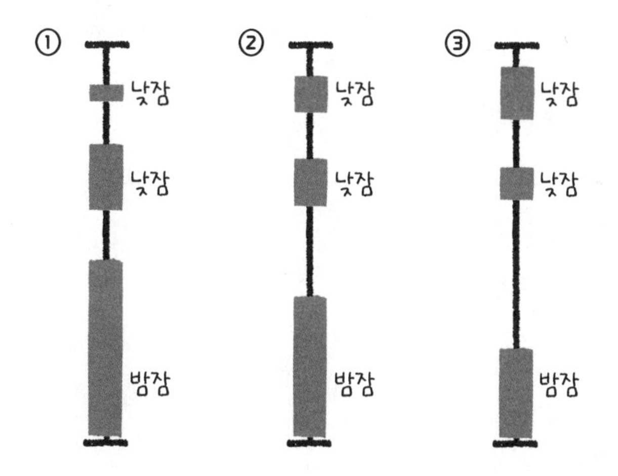

여러분은 어떤 형태로, 아기의 하루 동안의 잠을 배치해 운영하고 싶은가? 어떤 형태가 이상적이라고 생각하는가? 똑게육아에서는 여러분의 아기에게 최적·최상의 질의 잠을 선물해줄 준비가 되어 있다. 여러분은 **①번 형태**로 아기의 하루 동안의 잠을 일구어나갈 수 있다.

주차별 스케줄표

(1) 2~3주 모범답안지 (3~4주 대비 선행 다지기)

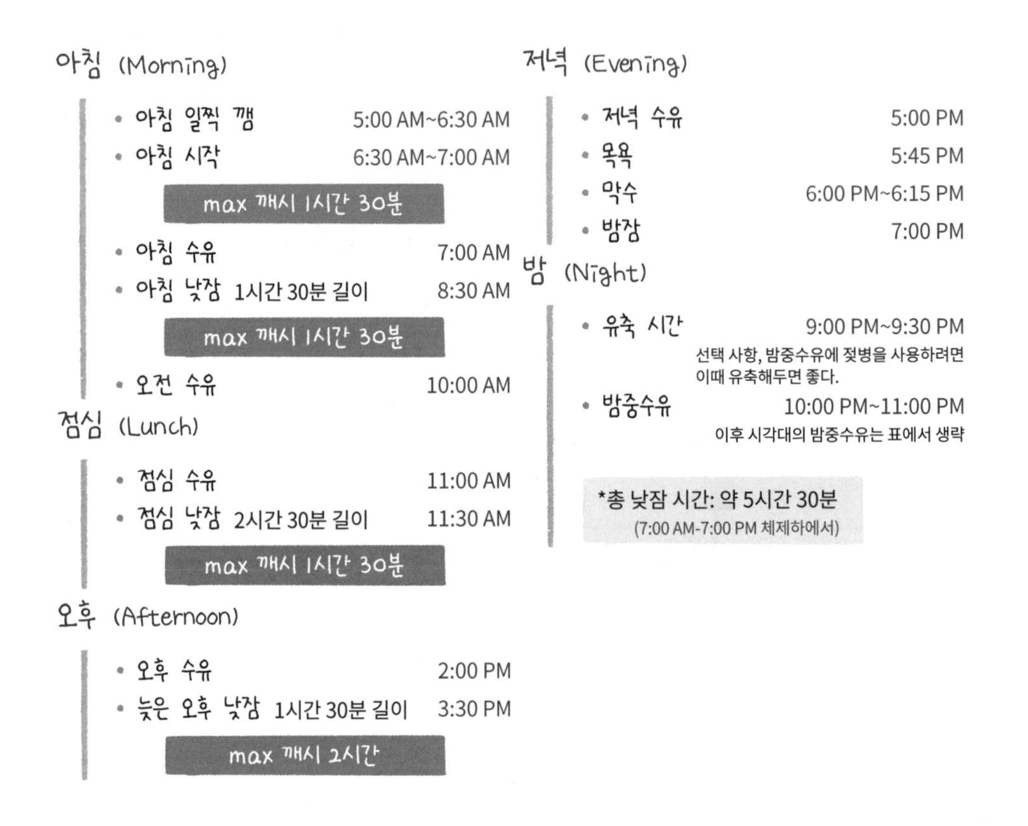

① 2~3주 모범답안 상세 해설집

아침일깸 5:00AM~7:00AM

· 5:00AM~6:30AM에 깨어난 경우

6:30AM 이전에 깨어난 경우, 기본적으로 '밤중깸(한밤중에 깨어난 상황)'으로 취

급한다. 이런 경우, 다시 잠들 수 있도록 아기를 진정시킨다. (수유할 수도 있다.)

■ 구체적인 행동 지침: 5:00AM~6:30AM에 깬다면, 먹여야 하는 양의 절반만 수유한다. 모유수유라면 한쪽 가슴만 먹이고, 분유수유라면 절반의 양만 먹인다. 그리고 아기가 다시 잠들 수 있도록 아기를 진정시키려 노력한다.

· 6:30AM~7:00AM 사이에 깨어난 경우

6:30AM 이후에 일어났다면, 상황을 보고 그때부터 그냥 아침을 시작해도 된다. 그리고 아기가 일찍 일어난 시간만큼 아침 낮잠의 시작을 앞으로 당긴다. 예를 들어 아기가 오전 6시 30분에 깨어난 경우, 오전 8시(원래의 일정대로 오전 7시에 기상했다면 아침 낮잠은 8시 반에 들어갈 계획이었음)에 아기를 잠자리에 눕히고 오전 10시까지 자게 한다. 그다음 계획한 하루 일과 스케줄을 진행한다.

아침 시작 7:00AM

아직 일어나지 않았다면, 아기를 깨운다. 기저귀를 갈아준다.

아침 수유 7:00AM

아기가 6:30AM~7:00AM 사이에 일어났다면, 아침 수유를 풀(full)로 해준다. 만약 6:30AM 이전에 먹였다면, 이 수유는 7:30AM 이후로 미룬다.

늦은 아침 수유 (아침일깸 아기들에게 해당) 7:30AM

만약 아기가 아침에 일찍 일어나서, 5:00AM~6:30AM 사이에 절반 수유를 했다면, 이 시각에 아침 수유에 들어간다.

수면 의식 시동 걸기　8:15AM

아기를 아기 잠자리로 데려간다. 기저귀 체크, 속싸개로 감싸주기, 잠을 잘 재우기 위한 진정 코스를 수행한다.

> ⓘ 최대 깨어 있는 시간: 아침 기상~아침 낮잠까지의 마지노선 잠텀은 1시간 30분

아침 낮잠　8:30AM

이 낮잠은 수면 길이를 1시간 30분으로 목표한다.

깸　10:00AM

만약 이때 아기가 일어나지 않으면 깨운다.

오전 수유　10:00AM

풀(full) 수유를 한다.

점심 수유　11:00AM

점심 낮잠에 들어가기 전에 또 한 번의 먹(수유)을 준다. 이 점심 수유는 아기 방에서 많은 자극 없이 이루어진다.

점심 낮잠 수면 의식　11:15AM

아기를 아기 방으로 데리고 간다. 기저귀 및 수면 환경을 체크한다. 속싸개를 감싸주고 잠잘 준비가 되도록 진정시킨다.

ⓘ 최대 깨어 있는 시간: 아침 낮잠~점심 낮잠까지의 마지노선 잠텀은 1시간 30분

점심 낮잠 11:30AM

이번 점심 낮잠에서는 질 좋은 수면 2시간 30분을 자는 것을 목표로 한다.

깸 2:00PM

아기가 점심 낮잠을 잘 잤다면 이때 깨운다. 점심 낮잠을 잘 못 잤다고 하더라도 이 시각에 깨운다. 잘 못 잤다면 다음번 낮잠에서 조금 더 자는 방향으로 조절한다.

오후 수유 2:00PM

이때 풀(full)로 수유한다.

수면 의식 3:15PM

아기를 아기 방으로 데리고 간다. 기저귀 및 수면 환경을 체크한다. 속싸개를 감싸주고 아기가 잠을 잘 자기 위해 진정될 수 있도록 한다.

ⓘ 최대 깨어 있는 시간: 점심 낮잠~늦은 오후 낮잠까지의 마지노선 잠텀은 1시간 30분

늦은 오후 낮잠 3:30PM

이번 낮잠 수면 시간은 1시간 30분 길이를 목표로 한다.

깸 5:00PM

아기가 일어나지 않는다면 이 시각에 깨운다.

저녁 수유 5:00 PM

모유수유라면 한쪽 가슴만 수유하거나 분유수유라면 절반만 수유한다. 급성장기 등의 이유로 저녁에 집중수유를 하는 중이라면 이 회차에서 풀(full)로 수유한다.

목욕 5:45 PM

아기를 목욕시킨다.

막수 6:00 PM~6:15PM

아기에게 풀(full)로 수유한다.

수면 의식 6:45PM

기저귀를 갈아주고, 속싸개를 감싸주고 아기가 잠잘 준비가 되도록 진정시킨다.

> ⓘ 최대 깨어 있는 시간: 늦은 오후 낮잠~밤잠까지의 마지노선 잠텀은 2시간

밤잠 7:00PM

밤잠에 들어간다.

유축(선택 사항) 9:00PM~9:30PM

늦은 밤중수유에서 젖병을 도입할 거라면, 지금 타임에 유축해두는 것이 좋다. 양쪽 가슴에서 모두 유축해둔다.

늦은 밤중수유(선택 사항) 10:00PM~11:00PM

풀(full)로 수유한다.

한밤중 수유

아기는 한밤중에 몇 번 먹을 수 있다.

총 낮잠 수면 시간

약 5시간 30분 정도. (7:00AM~7:00PM 모범답안지 기준하에서 그렇다.)

② 주제별 심층 해설집

아침 낮잠

아기가 아침 낮잠에 들어갈 때, 좀처럼 진정하지 못한다면 대개의 경우 배가 고픈 것이 원인일 수 있다. 특히 아기가 아침에 마음속으로 정해놓은 아침 기상 시각보다 일찍 일어나 젖을 먹었다면 '하루의 정상적인 시작=첫 식사'인 아침 7시의 수유량이 적었을 것이다. 이런 경우에는 낮잠을 재우기 전에 아기를 먹인다.

아기가 아침 낮잠에서 일찍 깨어난 경우, 재진정을 시킨다. 아기가 하나의 수면 사이클보다 더 긴 시간 동안 자야 한다는 것을 배울 때까지 며칠 동안은 **재진정 코스**를 진행해야 한다. 아기가 재진정이 되지 않을 경우에는 아기를 잠자리에서 일으키고 다음 낮잠을 위해 '최대 깨시(잠텀)'를 이용한다. 이 다음번의 낮잠을 잘 자면, 잘 자지 못해 부족한 앞 타임의 수면을 커버할 수 있다. 다음번 낮잠인 점심 낮잠은 오후 2시까지 잘 수 있도록 해주면 좋다.

아기가 계속해서 깨어나고, 여러분이 이 가이드에 제시된 '깨시=잠텀' 시간보다 더 일찍 아기를 내려놓는(재우는) 경우, 아기는 다음번 낮잠 사이클로 들어갈 만큼 피곤하지 않을 수 있다.

점심 낮잠

점심 낮잠이 계획대로 진행되지 않았을 경우에 대해 아래의 두 가지 상황을 예로 들어 설명하겠다.

· 12:00PM~12:40PM 사이에 깰 경우

한 수면 사이클(45분~1시간) 이후에 아기가 깨는 경우라면 수유하고 다시 잠을 재운다. (아기가 안 잘 수도 있다.) 재진정시키기 위해 시도한 시간이 45분을 넘어섰다면 아기를 깨우고 '정상적인 깨어 있는 시간'과 맞추기 위해 '늦은 오후 낮잠'을 앞으로 이동시킨 후, 수면 부채(sleep debt)를 따라잡기 위해 오후 5시까지 잠을 재운다. 늦은 오후에는 아기를 재우는 것이 조금 더 힘들 수 있다. 그래서 이 스케줄대로 하기 위해서는 아기를 유모차에 태우고 산책시키면서 잠을 재울 수 있다.

똑게Lab 개념 정리

수면 부채(Sleep Debt)

'잠 빚'이라고도 한다. 수면의학계에서 '수면 부채'라고 일컫는 것은 다름아닌 빚에 이자가 붙는다는 의미, 즉 건강에 부정적인 영향을 미치는 것을 말하고 싶어서다. 부족한 잠은 단순한 마이너스 계정이 아니라 대출을 한 상황으로 이해해 이자까지 갚아야 한다는 의미다.

잠이 부족하면 수면 부채가 쌓인다. → 잠은 부족하면 이자까지 함께 갚아야 한다. 그래서 한 번 잠을 못 잤을 경우, 그날, 그 타임에 잠을 덜 잔 것으로 끝난 것이 아니라 반드시 갚아나가며 건강을 뺏기지 않도록 노력해야 한다.

빚이 자꾸 쌓이면 이자(부작용)는 늘어나는데, 그 이자 중 대표적인 것이 뇌 건강 손상(집중력, 기억력, 인지력 저하)이다. 게다가 수면 부채는 '비만'을 유발하고 '성장호르몬' 분비를 막아 아이의 성장을 방해한다. 또한 수면 부채가 쌓이면 교감신경을 흥분시켜 혈당과 혈압을 높이고 코티솔(스트레스 호르몬)을 많이 분비시켜 각종 질병으로 발전된다.

· 12:50PM~1:45PM 사이에 깰 경우

아기가 점심 낮잠에 잘 들어갔지만 다소 일찍 깨어났다면, 예를 들어 2:00PM에 일어난 것이 아니라 1:45PM에 깨어났다면 늦은 오후 낮잠을 15분 더 일찍 시작한다. 여러분은 여기서 '따라잡기 낮잠(catch-up nap, 제대로 못 잔 수면 부채만큼 조금 더 잠을 재우는 것을 '잠 경기'에서 못 잔 만큼의 잠을 채워서 따라잡는다는 의미로 사용한 표현)'을 허용할 수 있고, 5:00PM까지 아기가 자도록 할 수 있다.

늦은 오후 낮잠

'늦은 오후 낮잠'은 대체로 재우기 힘든 낮잠에 속한다. 따라서 아기가 잠을 잘 못 자서 컨디션이 안 좋은 날일 경우에는 좀 더 쉬운 방법으로 재우는 편이 좋다. 이를테면 유모차로 아기를 산책시키거나 차에 태워 드라이브를 하며 재워본다. 늦은 오후 낮잠은 '따라잡기 낮잠'의 역할을 할 수 있다. 즉, 만약 앞에 있었던 두 번의 낮잠이 계획대로 진행되지 않았을 경우, 제시된 시간보다 좀 더 오래 '늦은 오후 낮잠'을 자게 할 수 있다. (이때 전제 사항은 아기의 '깨시'를 낮 동안 잘 관찰하며 적용해 하루 스케줄을 운용하고 있어야 한다.) 그러나 7:00PM에 아기가 잠들기를 원한다면 5:00PM을 넘어서까지 아기가 자도록 허용하지 않도록 한다. 늦은 오후 낮잠이 어떤 이유로든 짧게 끝나 적게 잔 상황이라면, 6:00PM 혹은 6:30PM으로 밤잠 들어가는 시간을 앞당긴다. 부족한 잠을 보충하기 위해 해당 회차의 깨시를 조금 줄여 밤잠 들어가는 시간을 앞당긴 셈이다.

늦은 밤중수유 10:00PM~11:00PM

아기에게 젖병 사용을 가르칠 예정이라면, 2~3주차 때부터 이 시간대의 수유 회차를 활용하는 것이 가장 좋다. 아기는 이 시간대에 매우 졸린 상태이기 때문에 젖을 물리지 않아도 젖병으로 잘 먹을 것이다. 모유수유를 하는 경우라면 남편에게 수유를 넘겨주기에 좋은 시간대이기도 하다. 그렇게 함으로써 엄마는 밤에 일찍 잘 수 있다. 이 회차에 젖병수유(분유 혹은 유축모유)를 하는 것은 아기에게 충분한 양을 먹여서 이후의 수월한 밤중수유를 보장하기 위해서이기도 하다. 물론 이 늦은 밤 수유는 모유직수로 진행해도 된다.

이 늦은 밤중수유를 아기를 깨워서 할지(깨수), 반쯤 잠든 상태에서 할지(꿈수)는 선택 사항이다. 기저귀를 갈아준다면 수유하기 전에 갈도록 한다. 아기를 깨울 수 있어 이 회차 밤수에서 아기가 더 잘 먹을 수 있다(유령수유 예외, 깨수의 예). 아기는 이 수유 후에 더 쉽게 진정되고 졸려 할 것이다. 그런데, 이유가 무엇이든 간에 아기가 평상시보다 한 시간 늦게 밤잠에 든 경우라면, 즉 밤잠을 재우려는데 8:30PM까지 아기가 진정하지 않아 늦게 밤잠이 들었다면, 그날 밤에는 아기의 컨디션을 관찰하며 이 '늦은 밤 수유'를 하기 위해서 굳이 아기를 깨우지 말고, 아기가 자연스럽게 수유를 위해 깨어나도록 해본다.

완전 한밤중 수유

2~3주차에는 밤중수유를 위해 아기가 밤사이에 몇 번씩 깨어나는 것이 매우 정상적이다. 밤중수유(7:00PM~7:00AM)는 아기의 방에서 이루어져야 한다. 조명은 희미하게 켜되, 아기에게 말을 걸거나 하는 등의 자극적인 행동은 삼간다. 필요하다면 기저귀만 갈아준다.

· 1:30AM~4:00AM 사이에 깰 경우

'늦은 밤중수유'를 했다면 아기는 일반적으로 1:30AM~3:30AM 사이에 깨어날 것이다. 아기가 깨는 경우, 다시 진정하고 잘 수 있도록 제대로 이 타임에 양껏 수유하도록 한다.

· 4:00AM~6:30AM 사이에 깰 경우

아기가 4:00AM~6:30AM 사이에 깰 경우, 한쪽 가슴만 비울 정도 또는 먹던 양의 절반만 젖병으로 먹이고 잠을 자도록 진정시킨다. 7:00AM~7:30AM 사이에 다른 쪽 가슴의 젖을 먹이거나 또는 젖병으로 나머지 절반의 양을 먹인다.

※ 앞의 클래스와 연결지어 복습해보기

4주차 무렵, Part 3. 먹-놀-잠 스케줄 141p에서 알아본 것처럼 밤중수유 2회가 1회로 통폐합이 이루어진다.

(2) 3~5주 모범답안지 (4~6주 대비 선행 다지기)

아침 (Morning)

- 아침 일찍 깸 — 5:00 AM~6:30 AM
- 아침 시작 — 6:30 AM~7:00 AM

> max 깨시 1시간 35분(3주차)~1시간 40분(4~5주차)

- 아침 수유 — 7:00 AM
- 아침 낮잠 1시간 20분(4~5주차)~1시간 25분(3주차) 길이 — 8:35 AM/8:40 AM

> max 깨시 1시간 30분

- 오전 수유 — 10:00 AM

점심 (Lunch)

- 점심 수유 — 11:00 AM
- 점심 낮잠 2시간 30분 길이 — 11:30 AM

> max 깨시 1시간 30분

오후 (Afternoon)

- 오후 수유 — 2:00 PM
- 늦은 오후 낮잠 1시간 20분(4~5주차)~1시간 30분(3주차) 길이 — 3:30 PM(3주차)/3:40 PM(4~5주차)

> max 깨시 2시간

저녁 (Evening)

- 저녁 수유 — 5:00 PM
- 목욕 — 5:45 PM
- 막수 — 6:00 PM~6:15 PM
- 밤잠 — 7:00 PM

밤 (Night)

- 유축 시간 (선택 사항) — 9:00 PM~9:30 PM
- 늦은 밤중수유 (선택 사항) — 10:00 PM~11:00 PM

이후 시각대의 밤중수유는 표에서 생략

> *총 낮잠 시간: 약 5시간 10분~5시간 25분
> (7:00 AM~7:00 PM 체제하에서)

아침일깸 5:00AM~6:30AM

아기가 5:00AM~6:30AM 사이에 깬다면, 먹여야 하는 양의 절반만 수유한다. (모유수유라면 한쪽 가슴만 먹이고, 분유수유라면 절반의 분유량만 먹인다.) 그러고는 아기를 다시 진정시키고 잠을 잘 수 있도록 한다.

아침 시작 6:30AM~7:00AM

만약 6:30AM 이후에 일어날 경우, 상황을 관찰한 뒤 그때부터 아침을 시작해도 무방하다. 그리고 아기가 일찍 일어난 시간만큼 첫 번째 낮잠인 '아침 낮잠'의 시작을 앞으로 당겨준다.

아침 기상 7:00AM

아직 일어나지 않았다면, 아기를 깨운다. 기저귀를 갈아준다.

아침 수유 7:00AM

아기가 6:30AM~7:00AM 사이에 일어났다면, 이 시각에 아침 수유를 풀(full)로 해준다. 만약 6:30AM 이전에 먹였다면, 이 수유는 7:30AM으로 미룬다.

늦은 아침 수유 (아침일깸 아기들에게 해당) 7:30AM

만약 아기가 아침에 일찍 일어나서, 5:00AM~6:30AM 사이에 절반 수유를 했다면, 이 시각에 아침 수유에 들어간다.

수면 의식 시동 걸기 8:20AM~8:25AM

아기를 아기 잠자리로 데려간다. 기저귀 체크, 속싸개 감싸주기, 아기가 잠을 잘 자기 위한 진정 코스를 수행한다. 3주차 때는 8:20AM에 시작하고, 4~5주차에는 8:25AM에 시작한다.

ⓘ 최대 깨어 있는 시간: 아침 기상~아침 낮잠까지의 마지노선 잠텀은 1시간 35분(3주차) / 1시간 40분(4~5주차)

아침 낮잠 8:35AM~8:40AM

3주차 때 이 낮잠을 8:35AM에 들어가서 1시간 25분 정도 재우는 것을 목표로 한다. 4~5주차 때, 이 낮잠을 8:40AM에 들어가서 1시간 20분 정도 재우는 것을 목표로 한다.

깸 10:00AM

만약 이때 아기가 일어나지 않으면 깨운다.

오전 수유 10:00AM

풀(full)로 수유를 한다.

점심 수유 11:00AM

점심 낮잠에 들어가기 전에 또 한 번의 먹(수유)을 준다. 이 점심 수유는 아기 방에서 과도한 자극없이 이루어진다.

점심 낮잠 수면 의식 11:15AM

아기를 아기 방으로 데리고 간다. 기저귀 및 수면 환경을 체크한다. 속싸개를 감싸주고 잠잘 준비가 되도록 진정시킨다.

ⓘ 최대 깨어 있는 시간: 아침 낮잠~점심 낮잠까지의 마지노선 잠텀은 1시간 30분

점심 낮잠 11:30AM

이번 점심 낮잠에서는 질 좋은 2시간 30분의 수면을 취하는 것을 목표로 한다.

깸 2:00PM

아기가 점심 낮잠을 잘 잤다면 지금 깨운다. 점심 낮잠을 잘 못 잤다 하더라도 이 시각에 깨운다. 잘 못 잤다면 다음번 낮잠 때 조금 더 재우는 방향으로 한다.

오후 수유 2:00PM

이때 풀(full)로 수유한다.

수면 의식 3:15PM~3:20PM

아기를 아기 방으로 데리고 간다. 기저귀 및 수면 환경을 체크한다. 속싸개를 감싸주고 아기가 잠을 잘 자기 위해 진정될 수 있도록 한다. 3주차 때는 3:15PM, 4~5주차 때는 3:20PM에 수면 의식에 들어간다.

ⓘ 최대 깨어 있는 시간: 점심 낮잠~늦은 오후 낮잠까지의 마지노선 잠텀은 1시간 30분

늦은 오후 낮잠 3:30PM~3:40PM

3주차 때는 이 낮잠을 3:30PM에 들어가서 1시간 30분 정도 재우는 것을 목표로 한다. 4~5주차 때는 이 낮잠을 3:40PM에 들어가서 1시간 20분 정도 재우는 것을 목표로 한다.

깸 5:00PM

아기가 일어나지 않는다면 이 시각에 깨운다.

저녁 수유 5:00PM

모유수유라면 한쪽 가슴만 수유하고, 분유수유라면 절반만 수유한다. 저녁에 급성장기 등의 이유로 집중수유를 하는 중이라면 이 회차에서 풀(full)로 수유한다.

목욕 5:45PM

아기를 목욕시킨다.

막수 6:00PM~6:15PM

아기에게 풀(full)로 수유한다.

수면 의식 6:45PM

기저귀를 갈아주고, 속싸개를 감싸주고, 잠에 들어가기 위해 아기를 진정시킨다.

> ⓘ 최대 깨어 있는 시간: 늦은 오후 낮잠~밤잠까지의 마지노선 잠텀은 2시간

밤잠 7:00PM

밤잠에 들어간다.

유축(선택 사항) 9:00PM~9:30PM

늦은 밤중수유에서 젖병을 사용할 계획이라면, 지금 타임에 유축해두는 것이 좋다. 양쪽 가슴에서 모두 유축해둔다.

늦은 밤중수유 10:00PM~11:00PM

풀(full)로 수유한다.

한밤중 수유

아기는 한밤중에 아직까지 몇 번 먹을 수 있다.

총 낮잠 수면 시간

약 5시간 10분~5시간 25분 정도. (7:00AM~7:00PM 모범답안지 기준하에서 그렇다.)

② 주제별 심층 해설집

아침 낮잠

5주차부터는 아침 낮잠을 시작하는 시각의 목표점을 9:00AM 부근으로 생각하고 스케줄을 운용한다. 이것을 지키기 위해서 8:30AM에 시작했던 아침 낮잠을 점진적으로 조금씩 9:00AM으로 미루는 스케줄로 가본다. 또한 아기가 보내는 피곤한 신호도 잘 관찰하자. 예를 들어 아기가 8:40AM까지 실제적으로 피곤한 신호를 보이지 않을 경우, 8:30AM에 아기를 재우기보다는 아기가 확실하게 보내는 피곤신호를 따라 움직이자.

그 외의 내용은 2~3주 모범답안지(2~3주차에 보는 예습지) 내용과 동일하다.

밤중수유

10:00PM~11:00PM 사이에 이루어지는 '늦은 밤중수유'를 일관성 있게 고수하게 되면, 그 다음번에 이루어지는 한밤중 수유는 점차 오전 7시에 서서히 근접해서 이루어질 것이다. 이렇게 되지 않는 경우는, 아기가 낮잠을 너무 많이 잤을 때의 경우가 그렇다. 낮잠을 많이 자면 이 늦은 밤중수유 이후부터 시작되는 밤잠 스트래치를 오래 잘 만큼 아기가 피곤하지 않은 상태가 된다.

그 외의 내용은 2~3주 모범답안지(2~3주차에 보는 예습지) 내용과 동일하다.

(3) 5~7주 모범답안지 (6~8주 대비 선행 다지기)

아침 (Morning)

- 아침 일찍 깸 — 5:00 AM~6:30 AM
- 아침 시작 — 6:30 AM~7:00 AM

max 깨시 1시간 45분~1시간 50분 (5주차) (6~7주차)

- 아침 수유 — 7:00 AM
- 아침 낮잠 1시간 10분~1시간15분 길이 (6~7주차) (5주차) — 8:45 AM/8:50 AM (5주차) (6~7주차)

max 깨시 1시간 40분

- 오전 수유 — 10:00 AM

점심 (Lunch)

- 점심 수유 — 11:15 AM
- 점심 낮잠 2시간 30분 길이 — 11:40 AM

max 깨시 1시간 40분

오후 (Afternoon)

- 오후 수유 — 2:10 PM
- 늦은 오후 낮잠 1시간~1시간 10분 길이 (6~7주차) (5주차) — 3:50 PM/4:00 PM (5주차) (6~7주차)

max 깨시 2시간

저녁 (Evening)

- 저녁 수유 — 5:00 PM
- 목욕 — 5:45 PM
- 막수 — 6:00 PM~6:15 PM
- 밤잠 — 7:00 PM

밤 (Night)

- 유축 시간 (선택 사항) — 9:00 PM~9:30 PM
- 늦은 밤중수유 (선택 사항) — 10:00 PM~10:30 PM

이후 시각대의 밤중수유는 표에서 생략

*총 낮잠 시간: 약 4시간 40분~4시간 55분
(7:00 AM~7:00 PM 체제하에서)

아침일깸 5:00AM~6:30AM

아기가 5:00AM~6:30AM 사이에 깬다면, 먹여야 하는 양의 절반만 수유한다. (모유수유라면 한쪽 가슴만 먹이고, 분유수유라면 절반의 분유량만 먹인다.) 그러고는 아기를 다시 진정시키고 7:00AM까지 아기가 잠을 잘 수 있도록 한다.

아침 시작 6:30AM~7:00AM

만약 6:30 AM 이후에 일어날 경우, 상황을 관찰한뒤 그때 그냥 아침을 시작해도 괜찮다. 그리고 아기가 일찍 일어난 시간만큼 첫 번째 낮잠인 아침 낮잠의 시작을 앞당겨준다.

아침 기상 7:00AM

아직 일어나지 않았다면, 아기를 깨운다. 기저귀를 갈아준다.

아침 수유 7:00AM

아기가 6:30AM~7:00AM 사이에 일어났다면, 이때 아침 수유를 풀(full)로 해준다. 만약 6:30AM 이전에 먹였다면, 이 수유는 7:30AM으로 미룬다.

늦은 아침 수유 (아침일깸 아기들에게 해당) 7:30AM

만약 아기가 아침에 일찍 일어나서, 5:00AM~6:30AM 사이에 절반 수유를 했다면, 이 시각에 아침 수유에 들어간다.

수면 의식 시동 걸기 8:30AM~8:35AM

아기를 아기 잠자리로 데려간다. 기저귀 체크, 속싸개 감싸주기 등 아기가 잠을 잘 잘 수 있도록 앞서 배운 진정 전략의 진정 코스를 수행한다. 5주차 때는 8:30AM에, 6~7주차에는 8:35AM에 수면 의식을 시작한다.

> ⓘ 최대 깨어 있는 시간: 아침 기상~아침 낮잠까지의 마지노선 잠텀은
> 1시간 45분(5주차) / 1시간 50분(6~7주차)

아침 낮잠 8:45AM~8:50AM

5주차 때는 이 낮잠을 8:45AM에 들어가서 1시간 15분 정도 재우는 것을 목표로 한다. 6~7주차 때는 이 낮잠을 8:50AM에 들어가서 1시간 10분 정도 재우는 것을 목표로 한다.

깸 10:00AM

만약 이때 아기가 일어나지 않으면 깨운다.

오전 수유 10:00AM

풀(full)로 수유를 한다.

점심 수유 11:15AM

점심 낮잠에 들어가기 전, 또 한 번의 먹(수유)을 준다. 이 점심 수유는 아기 방에서 많은 자극 없이 이루어진다.

점심 낮잠 수면 의식 11:25AM

아기를 아기 방으로 데리고 가서 기저귀 및 수면 환경을 체크한다. 속싸개를 감싸주고 잠잘 준비가 되도록 진정시킨다.

ⓘ 최대 깨어 있는 시간: 아침 낮잠~점심 낮잠까지의 마지노선 잠텀은 1시간 40분

점심 낮잠 11:40AM

이번 점심 낮잠은 질 좋은 수면을 2시간 30분을 동안 자는 것을 목표로 한다.

깸 2:10PM~2:30PM

아기가 점심 낮잠을 잘 잤다면 지금쯤 깨운다. 만약 아기가 점심 낮잠을 잘 자지 못했다면 2:30PM까지 더 자도록 둔다.

오후 수유 2:10PM

이때 풀(full)로 수유한다.

수면 의식 3:35PM~3:45PM

아기를 아기 방으로 데리고 간다. 기저귀를 체크해보고, 속싸개를 감싸주고 아기가 잠에 잘 들 수 있도록 진정시킨다. 5주차 때는 3:35PM에 6~7주차 때는 3:45PM에 한다.

ⓘ 최대 깨어 있는 시간: 점심 낮잠~늦은 오후 낮잠까지의 마지노선 잠텀은 1시간 40분

늦은 오후 낮잠 3:50PM~4:00PM

5주차 때는 이 낮잠을 3:50PM에 들어가서 1시간 10분 정도 자는 것을 목표로 한다. 6~7주차 때는 이 낮잠을 4:00PM에 들어가서 1시간 정도 자는 것을 목표로 한다.

깸 5:00PM

아기가 일어나지 않는다면 이때쯤 깨운다.

저녁 수유 5:00PM

모유수유라면 한쪽 가슴만 수유하고, 분유수유라면 절반만 수유한다. 급성장기 등의 이유로 저녁에 집중수유를 하는 중이라면 이 회차에서 풀(full)로 수유한다.

목욕 5:45PM

아기를 목욕시킨다.

막수 6:00PM~6:15PM

아기에게 풀(full)로 수유한다.

수면 의식 6:45PM

기저귀를 갈아주고, 속싸개를 감싸주고, 아기를 잠에 잘 들 수 있도록 진정시킨다.

> ⓘ 최대 깨어 있는 시간: 늦은 오후 낮잠~밤잠까지의 마지노선 잠텀은 2시간

밤잠 7:00PM

밤잠에 들어간다.

유축 (선택 사항) 9:00PM~9:30PM

늦은 밤중수유에서 젖병을 사용한다면, 지금 타임에 유축하는 것이 좋다. 양쪽 가슴에서 모두 유축해둔다.

늦은 밤중수유 (선택 사항) 10:00PM~11:00PM

풀(full)로 수유한다.

한밤중 수유

아기는 한밤중에 아직까지는 몇 번 먹을 수 있다.

총 낮잠 수면 시간

약 4시간 40분~4시간 55분 정도. (7:00AM-7:00PM 모범답안지 기준하에서 그렇다.)

② 주제별 심층 해설집

수유

아기는 6주차 무렵에 이르면 두 번째 급성장기를 맞이한다. 이 급성장기 동안에는 수유를 길게 해야 할 필요가 있고, 저녁에는 집중수유를 하게 될 수도 있다. 밤에도 더 먹기 위해 아기가 좀 더 깰 수도 있다.

아기(특히 젖병으로 수유하는 아기)가 점심 낮잠 전에 이루어지는 '점심 수유'를 거부하기 시작하는 경우, 점심 낮잠을 충분히 잘 자도록 하기 위해 ***오전 수유, *점심 수유로 두 번에 나누어서 수유를 하는 것이 아니라 10:30AM쯤에 한 번만 수유를 시도한다**(스케줄표 관련 용어 복습 429p).

또한 아기가 점심 낮잠을 잘 자지 못하고 깨어났다면 이유를 분석해본다. 이때 아기에게 점심 수유를 하지 않은 경우라면 배고픔이 원인일 수 있다. 그럴 경우 아기가 재진정할 수 있도록 곧바로 수유한다. 이런 일이 며칠 이상 계속된다면 **오전 수유를 10:00AM에** 하고 점심 수유를 **11:15AM에** 하던 원래의 스케줄로 돌아간다. 특히 급성장기라면 더욱 그렇다.

이 시기에도 트림을 잘 시키는 것이 중요하다. 배에 찬 가스를 잘 빼줘야 불편함을 느끼지 않기 때문이다.

수면

아기는 이제 더 오래 깨어 있는 것이 가능하고, 아기의 수면은 더 얕아지게 된다. 아기는 35~45분 정도의 수면 사이클 끝에 얕은 수면을 취하게 된다. 다시 수면으로 되돌아가기 위해 아기 스스로 재진정하는 기회를 만들어줄 필요가 있다(진정 전략은 Part 5. 248~318p 참고).

일찍 깸/아침 기상

앞의 3~5주 모범답안지(3~5주차에 보는 예습지) 내용과 동일하다.

아침 낮잠

앞의 3~5주 모범답안지(3~5주차에 보는 예습지) 내용과 동일하다.

점심 낮잠

아기가 5주차쯤 되었고 아침 일과가 바쁘게 돌아갔다면 점심 낮잠은 11:40AM에 가깝게 시작될 것이다. 이때 낮잠을 재운다면 2:10PM에 깨우는 것을 잊지 말자. 이번 낮잠 수면 시간이 2시간 30분보다 길어져서는 안 된다.

아기가 9주차가 넘어가면 점심 낮잠 시간은 11:45AM~2:15PM 혹은 12:00PM ~2:30PM 정도로 이동할 것을 미리 알고 있으면 좋다.

점심 낮잠이 계획대로 진행되지 않았을 경우는 아래의 두 가지 상황을 예로 들어 설명하겠다.

· 12:10PM~12:40PM사이에 깰 경우

아기가 45분~1시간 정도의 한 수면 사이클 이후 깨어난 경우다. 아기가 울지 않는 한 스스로 재진정하도록 10분 정도의 시간을 허용한다. 아기가 재진정하지 않거나 우는 경우, 수유를 조금하고 2:30PM(또는 점심 낮잠을 위해 눕힌 뒤로 2시간 30분이 경과된 시점)까지 다시 아기가 잠들 수 있도록 재진정시키려고 노력한다. 그 시간이 경과하면 아기를 다시 깨운다.

재진정시키기 위해 시도한 시간이 45분을 넘어섰다면 아기를 깨우고 정상적인 깨어 있는 시간과 맞추기 위해 '늦은 오후 낮잠'을 앞으로 이동시킨 후, 수면 부채를 따라잡기 위해 5:00PM까지 잠을 재운다. 늦은 오후에는 아기를 재우는 것이 조금 더 힘들 수 있다. 그래서 이 스케줄대로 하기 위해서는 아기를 유모차에 태우고 산책시키면서 잠을 재울 수 있다.

· 1:00PM~2:00PM 사이에 깰 경우

아기가 점심 낮잠에 잘 들어갔지만 다소 일찍 깨어났다면, 예를 들어 2:10PM에 일어난 것이 아니라 1:50PM에 깨어났다면 늦은 오후 낮잠을 15분 더 일찍 시작한다. 여러분은 여기서 따라잡기 낮잠을 허용할 수 있고, 오후 5시까지 아기가 자도록 할 수 있다.

늦은 오후 낮잠

5주차 정도 되면 늦은 오후 낮잠이 3:50PM에 시작된다. 그러나 7주차 정도 되면 늦은 오후 낮잠이 4:00PM에 가까워져서 시작된다.

그 외의 내용은 3~5주 모범답안지(3~5주차에 보는 예습지) 내용과 동일하다.

한밤중 수유

· 4:00AM~6:30AM 사이에 깰 경우

아기가 4:00AM~6:30AM 사이에 깰 경우, 한쪽 가슴만 비울 정도 또는 젖병으로 먹던 양의 절반만 먹이고 잠을 자도록 진정시킨다. 7:00AM~7:30AM 사이에 다른 쪽 가슴의 젖을 먹이거나 또는 젖병으로 나머지 절반을 먹인다.

(4) 7~9주 모범답안지 (8~10주 대비 선행 다지기)

아침 (Morning)

- 아침 일찍 깸 — 5:00 AM~6:30 AM
- 아침 시작 — 6:30 AM~7:00 AM

max 깨시 1시간 55분~2시간
(7~8주차) (9주차)

- 아침 수유 — 7:00 AM
- 아침 낮잠 1시간~1시간 5분 길이 (9주차) (7~8주차) — 8:55 AM/9:00 AM (7~8주차) (9주차)

max 깨시 1시간 55분~2시간
(7~8주차) (9주차)

- 오전 수유 — 10:00 AM

점심 (Lunch)

- 점심 수유 — 11:15 AM
- 점심 낮잠 2시간 25분~2시간 30분 길이 (9주차) (7~8주차) — 11:40 AM/11:45 AM (7~8주차) (9주차)

max 깨시 1시간 50분~2시간
(7~8주차) (9주차)

오후 (Afternoon)

- 오후 수유 — 2:10 PM
- 오후 낮잠 50분~1시간 길이 (9주차) (7~8주차) — 4:00 PM/4:10 PM (7~8주차) (9주차)

max 깨시 2시간

저녁 (Evening)

- 저녁 수유 — 5:00 PM
- 목욕 — 5:45 PM
- 막수 — 6:00 PM~6:15 PM
- 밤잠 — 7:00 PM

밤 (Night)

- 유축 시간 (선택 사항) — 9:00 PM~9:30 PM
- 늦은 밤중수유 (선택 사항) — 10:00 PM~11:00 PM

이후 시각대의 밤중수유는 표에서 생략

*총 낮잠 시간: 약 4시간 15분~4시간 35분
(7:00 AM~7:00 PM 체제하에서)

① 7~9주 모범답안지 상세 해설집

아침일깸 5:00AM~6:30AM

아기가 5:00AM~6:30AM 사이에 깼다면, 먹여야 하는 양의 절반만 수유한다. (모유수유라면 한쪽 가슴만 먹이고, 분유수유라면 절반의 분유양만 먹인다.) 그러고는 다시 아기를 진정시키고 잠을 잘 수 있도록 한다.

아침 시작 6:30AM~7:00AM

만약 6:30AM 이후에 일어났다면, 그때 그냥 아침을 시작해도 무방하다. 그리고 첫 번째 낮잠인 아침 낮잠을 그만큼 앞당겨준다.

아침 기상 7:00AM

아직 일어나지 않았다면, 아기를 깨운다. 기저귀를 갈아준다.

아침 수유 7:00AM

아기가 6:30AM~7:00AM 사이에 일어났다면, 이때 아침 수유를 풀(full)로 해준다. 만약 6:30AM 이전에 먹였다면, 이 수유는 7:30AM으로 미룬다.

늦은 아침 수유 (아침일깸 아기들에게 해당) 7:30AM

만약 아기가 아침에 일찍 일어나서, 5:00AM~6:30AM 사이에 절반 수유를 했다면, 이 시각에 아침 수유에 들어간다.

수면 의식 시동 걸기 8:40AM~8:45AM

아기를 아기 잠자리로 데려간다. 기저귀 체크, 속싸개 감싸주기, 아기가 잠을 잘 잘 수 있도록 진정 코스를 수행한다.

7~8주차 때는 8:40AM에 시작하고, 9주차 때는 8:45AM에 수면 의식을 시작한다.

> ⓘ 최대 깨어 있는 시간 : 아침 기상~아침 낮잠까지의 마지노선 잠텀은 1시간 55분(7~8주차) / 2시간(9주차)

아침 낮잠 8:55AM~9:00AM

7~8주차 때는 이 낮잠을 8:55AM에 들어가서 1시간 5분 정도 재우는 것을 목표로 한다. 9주차 때는, 이 낮잠을 9:00AM에 들어가서 45분~1시간 정도 재우는 것을 목표로 한다.

깸 9:45AM~10:00AM

만약 이때 아기가 일어나지 않으면 깨운다.

오전 수유 10:00AM

풀(full)로 수유한다.

점심 수유 11:15AM

점심 낮잠에 들어가기 전에 또 한 번의 먹(수유)을 준다. 이 점심 수유는 아기 방에서 많은 자극 없이 이루어진다.

점심 낮잠 수면 의식 11:25AM~11:30AM

아기를 아기 방으로 데리고 가서 기저귀 및 수면 환경을 체크한다. 속싸개를 감싸주고 잠잘 준비가 되도록 진정시킨다. 7~8주차에는 11:25AM에 시작하고, 9주차에는 11:30AM에 시작한다.

> ⓘ 최대 깨어 있는 시간 : 아침 낮잠~점심 낮잠까지의 마지노선 잠텀은
> 1시간 55분(7~8주차)/2시간(9주차)

점심 낮잠 11:40AM~11:45AM

7~8주차에는 이번 낮잠을 11:40AM에 시작해서 질 좋은 수면을 2시간 30분 동안 취하는 것을 목표로 한다. 9주차에는 11:45AM에 시작해서 질 좋은 수면을 2시간 25분의 동안 취하는 것을 목표로 한다.

깸 2:10PM~2:30PM

아기가 점심 낮잠을 잘 잤다면 지금쯤 깨운다. 만약 아기가 점심 낮잠을 잘 못 잤다면 2:30PM까지 더 자도록 둔다.

오후 수유 2:10PM

이때 풀(full)로 수유한다.

수면 의식 3:45PM~3:55PM

아기를 아기 방으로 데려가서 기저귀와 수면 환경을 체크한다. 속싸개를 입히고 아기가 잠을 잘 잘 수 있도록 진정시킨다. 7~8주차 때는 3:45PM에, 9주차 때는

3:55PM에 수면 의식에 들어간다.

> ⓘ 최대 깨어 있는 시간 : 점심 낮잠~늦은 오후 낮잠까지의 마지노선 잠텀은
>
> 1시간 50분(7~8주차) / 2시간(9주차)

늦은 오후 낮잠 4:00PM~4:10PM

7~8주차 때는 이 낮잠을 4:00PM에 들어가서 1시간 정도 자는 것을 목표로 한다. 9주차 때는 이 낮잠을 4:10PM에 들어가서 50분 정도 자는 것을 목표로 한다.

깸 5:00PM

아기가 일어나지 않는다면 지금쯤 깨운다.

저녁 수유 5:00PM

모유수유라면 한쪽 가슴만 수유하거나 분유수유라면 절반만 수유한다. 급성장기 등의 이유로 저녁에 집중수유를 하는 중이라면 이 회차에서 풀(full)로 수유한다.

목욕 5:45PM

아기를 목욕시킨다.

막수 6:00 PM~6:15PM

아기에게 풀(full)로 수유한다.

수면 의식 6:45PM

기저귀를 갈아주고, 속싸개를 입혀주고 아기가 잠에 잘 들 수 있도록 진정시킨다.

ⓘ 최대 깨어 있는 시간 : 늦은 오후 낮잠~밤잠까지의 마지노선 잠텀은 2시간

밤잠 7:00PM

밤잠에 들어간다.

유축 (선택 사항) 9:00PM~9:30PM

늦은 밤중수유에서 젖병을 사용할 계획이라면, 이 시각쯤에 유축해두는 것이 좋다. 양쪽 가슴에서 모두 유축해둔다.

늦은 밤중수유 (선택 사항) 10:00PM~11:00PM

풀(full)로 수유한다.

한밤중 수유

아기는 한밤중에 아직까지 몇 번 먹을 수 있다.

총 낮잠 수면 시간

약 4시간 15분~4시간 35분 정도. (7:00AM~7:00PM 모범답안지 기준하에서 그렇다.)

② 주제별 심층 해설집

수유

아기는 생후 9주차에 또 한 차례 폭발적인 성장을 경험한다.

급성장기 피라미드

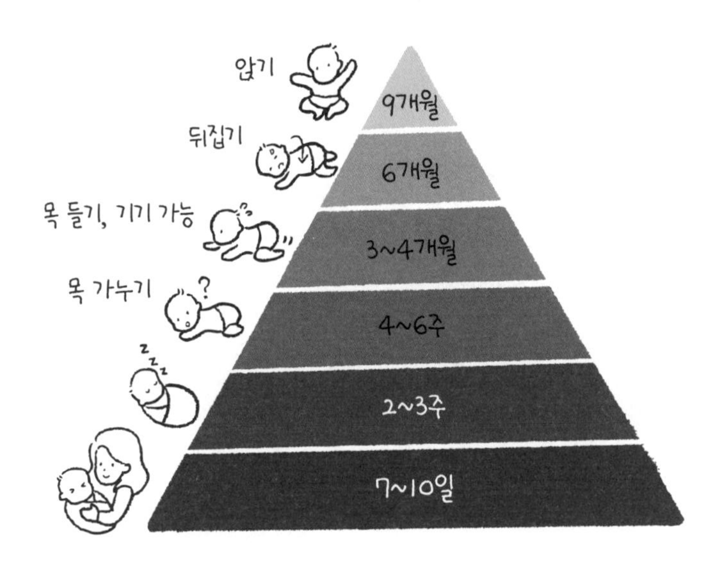

이 급성장기 시기 동안에는 수유를 길게 해야 할 필요가 있으며, 저녁에 집중수유를 하게 될 수도 있다. 밤에도 더 먹기 위해 아기가 좀 더 깰 수도 있다. 아기(특히 젖병으로 수유하는 아기)가 점심 낮잠 전에 이루어지는 '점심 수유'를 거부하기 시작하는 경우, 점심 낮잠을 충분히 잘 자도록 하기 위해 오전 수유, 점심 수유로 두 번에 나누어서 수유를 하는 것이 아니라 10:45AM쯤에 한 번만 수유를 시도한다.

또한 아기가 점심 낮잠을 잘 자지 못하고 깨어났다면 이유를 분석해본다. 이때 아기에게 점심 수유를 하지 않은 경우라면 배고픔이 원인일 수 있다. 그럴 경우 곧바로 재진정하도록 수유한다. 이런 일이 며칠 이상 계속된다면 오전 수유를 10:00AM

에 하고 점심 수유를 오전 11:15AM에 하던 원래의 스케줄로 돌아간다. 특히 급성장기라면 더욱 그렇다.

이 시기에도 수유 시에는 아기의 배에 가스가 차거나 복통이 생기지 않도록 트림을 잘 시켜야 한다.

수면

지금까지 똑게 진정 전략을 제대로 이해하고 적용해보았다면, 이 주차쯤 이르렀을 때 아기의 진정이 훨씬 더 빨리 이루어져야 한다. 아기가 진정하는 데 몇 분밖에 걸리지 않아야 한다(진정 전략은 Part 5 참고).

일찍 깸/아침 기상

· 5:00AM~6:30AM 사이에 깨어난 경우

아기가 6:30AM 이전에 깨어난 경우, '밤중깸(한밤중에 깨어난 상황)'으로 취급한다. 다시 잠들 수 있도록 아기를 진정시킨다. (수유할 수도 있다.)

· 6:30AM~7:00AM 사이에 깨어난 경우

아기가 6:30AM~7:00AM 사이에 깨어난 경우, 아기가 일찍 일어난 시간만큼 아침 낮잠의 시작을 앞으로 이동시키며 하루를 시작한다. 아침 낮잠을 9:45AM까지 자게 해서 부족한 수면 양을 채워준다. 그다음 계획한 하루 일과 스케줄을 진행한다.

아침 낮잠

아기가 아침 낮잠에 들어갈 때, 진정하지 않는다면 대개의 경우 배가 고프기 때문일 수 있다. 특히 아기가 아침에 일찍 일어나 젖을 먹었다면 '하루의 정상적인 시작=첫 식사'인 아침 7시의 수유량이 적었을 것이다. 이런 경우에는 낮잠을 재우기 전에 아기를 먹인다.

아기는 이 주차부터 아침 낮잠을 자연스럽게 줄이기 시작할 것이다. 아침 낮잠에서는 약 35~45분 정도의 하나의 수면 사이클만 자고 일어나는 것이 좋다. 만약 아기가 이 주차에서 아침 낮잠을 이보다 더 길게 잔다면 깨우는 것이 좋다. 왜냐하면 길어진 아침 낮잠이 '점심 낮잠'에 부정적인 영향을 끼치기 때문이다. 이 주차 이후로 아침 낮잠을 한 사이클 이상으로 길게 자게 하는 것은 ① 점심 낮잠에서 1번의 잠 사이클만 자고 깨어나게 하거나 ② 원래 자야 하는 점심 낮잠 길이를 다 채우지 못하고 일찍 깨어나게 만든다. 그만큼(점심 낮잠을 길게 잘 만큼) 피곤하지 않게 되기 때문이다.

점심 낮잠

아기가 9주쯤 되었고 아침 일과가 바쁘게 돌아갔다면 점심 낮잠은 11:45AM쯤에 가깝게 시작될 것이다. 이때 낮잠을 재운다면 2:15PM에 깨우는 것을 잊지 말자. 전체 낮잠 시간이 '2시간 반' 보다 길어져서는 안 된다.

'최대 깨시' 스케줄에서는 아기가 3~4개월에 가까워지면 12:00PM~2:15/2:30PM에 점심 낮잠을 자야 한다. 아기가 적절한 깨어 있는 시간을 유지했는데, 점심 낮잠에서 이 가이드와 다르게 진행된다면 아기를 2:30PM까지 다시 잠을 자도록 진정시키고 그다음에 깨운다.

아기는 7주차가 되면 깨어 있을 때 더 말똥말똥한 상태가 되고, 동시에 아기의 수면은 더 얕아진다. 8주차쯤에는 점심 낮잠이 계획대로 운영되지 않기 시작할 수 있다. 35~45분 정도의 수면 사이클 끝에 더 얕은 수면을 취하게 되기 때문이다. 이럴 때는 다시 수면으로 되돌아가기 위해 스스로 재진정할 수 있는 기회를 아기에게 제공해줘야 한다. 점심 낮잠이 계획대로 진행되지 않았을 경우에 대해 아래의 두 가지 상황을 예로 들어 설명하겠다.

· 12:10PM~12:50PM사이에 깰 경우

아기가 45분~1시간 정도의 한 수면 사이클 이후 깨어난 것이다. 아기가 울지 않는 한 스스로 재진정하도록 15분 정도의 시간을 허용한다. 아기가 재진정하지 않거나 우는 경우, 수유를 조금하고 2:30PM(또는 점심 낮잠을 위해 눕힌 뒤로 2시간 30분이 경과된 시점)까지 다시 아기가 잠들도록 재진정시키려고 노력한다. 그 시간이 경과하면 아기를 다시 깨운다.

아기가 15분 후에도 스스로 재진정하지 못하거나 울고 있으면 진정 전략에서 배운 기법들, 예를 들면 옆눕&쉬토닥, 살짝 흔들기나 수유하기를 이용하여 아기 침대에서 재진정시킨다. 아기가 재진정하지 못한다면 오후 수유의 절반 정도의 양을 먹일 필요가 있다. (자극 없이 밤중수유를 하는 것처럼 행한다.) 아기를 깨우고 '늦은 오후 낮잠'을 자게 하는 것보다 2:30PM 이전에 20분이라도 더 '점심 낮잠'을 재우고, '늦은 오후 낮잠'도 재우는 편이 더 낫다. 이제부터는 아무리 당신이 노력하더라도 계속해서 '늦은 오후 낮잠'이 한 수면 사이클 정도에서 끊길 것이다.

· 1:10PM~2:10PM사이에 깰 경우

아기가 점심 낮잠에 잘 들어갔지만 일찍 깨어났다면, 예를 들어 2:15PM에 일어난 것이 아니라 1:50PM~1:55PM에 깨어났다면 늦은 오후 낮잠을 15분 더 일찍 시작한다. 당신은 여기서 따라잡기 낮잠을 허용할 수 있고, 5:00PM까지 아기가 자도록 할 수 있다.

늦은 오후 낮잠

아기가 점심 낮잠을 잘 잤고 2:15PM에 깨어났거나 잘 자지 못했지만 2:30PM까지 잤다면, 늦은 오후 낮잠이 4:15PM에 시작될 것이다. 아기가 정오 12:00PM부터 2:30PM까지 견고하게 잘 잤다면 늦은 오후 낮잠은 오후 4:30PM에 더 근접해서 시작된다.

참고로 3~4개월 이후에는 점심 낮잠을 2시간 10~15분 자고 늦은 오후 낮잠은 4시 30분 무렵에 30분 정도 자는 스케줄에 근접해진다.

늦은 밤중수유 (10:00PM~11:00PM)

이 늦은 밤 수유를 아기를 깨워서 할지(깨수), 반쯤 잠든 상태에서 할지(꿈수)는 선택 사항이다. 아기 기저귀를 갈아준다면 수유하기 전에 갈도록 한다. 아기가 좀 더 깨어날 수 있어 이 회차 밤수에서 더 잘 먹을 수 있다. 이 수유 후에 아기는 더 쉽게 진정되고 졸려할 것이다.

한밤중 수유

이 무렵에도 밤중수유를 위해 아기가 밤사이에 몇 번씩 깨어나는 것은 정상적이다. 늦은 밤중수유와 함께, 일반적으로 이 시기에는 4:30AM~6:30AM 부근에 깨게 된다. 당신이 늦은 밤중수유를 10:00PM~11:00PM에 고수하고 있다면 아기가 일반적으로는 4:30AM~6:30AM 사이에 일어나게 된다는 뜻이다.

아침 기상 수유 전에 밤중수유를 먹였다면, 아기가 7:00AM에 충분히 배고프지 않아서 적은 양만을 먹게 될 확률이 있다. 그렇기 때문에 이 시기에는 오전 수유와 점심 수유를 '점심 낮잠' 전에 두 번으로 행할 것을 권한다. 이것을 중간 시각에 한 번으로 수유하는 것보다는 이전의 스케줄처럼 두 번으로 나누어서 수유하는 것이 좋다.

사실 이 모범답안지의 틀을 짜는 것은 매우 힘들었다. 내가 이 파트에서 제일 알려주고 싶었던 것은 429p에서 언급했던, 하루를 구분한 단어들로 여러분이 스스로 오늘 하루를 분석해볼 수 있었으면 하는 것이었다. 432~475p에 걸친 모범답안지들에는 여백이 많다. 모범답안지 상세 해설집 파트에서는 일부러 여러분이 메모를 할 수 있는 공간을 충분히 만들어두었다. 이 책에서 제시하는 모범답안지의 틀에 아기의 하루 일과를 관찰하며 발생한 시간을 옆에 적어보면서 비교해가며 공부해보자.

내가 Part 7에서 하루의 큰 틀을 보여주기 위해 네이밍한 하루의 업무들을 참조하면, 아무 의미 없이, 패턴 없이 돌아간다고 생각했던 아기의 하루 일과 중 어떤 업무들이 구체적으로 이루어지며 이어가지는지에 대해 조직적이고 짜임새 있게 바라볼 수 있을 것이다.

처음에는 해당 용어들이 낯설기도 하고 헷갈릴 수도 있을 것이다. 그렇지만 아무 의미 없이 했던 양육 활동 업무들을 **아침, 점심, 오후, 저녁, 밤**으로 구분해 해당 활동을 특정한 이름으로 불러주면 내가 하는 양육 활동 업무가 하루에서 어떤 의미인지도 이해할 수 있게 되고 그 윤곽이 보여 체계성이 생긴다. 우리가 느끼는 감정들에도 이름을 붙여서 불러줘야 정확히 어떤 감정인지 뇌에서 객관적으로 확실히 인지할 수 있듯이 말이다.

여러분들이 이것만 성취해도 이번 파트에서 내가 여러분들에게 전달하고자 했던 부분은 큰 소득이 있는 셈이다.

아기의 현재 상황(수면 패턴, 수면 시간 등)을 이 책의 여백에 시각과 함께 차분히 적어보며 아기의 하루를 분석해보자.

(5) 9~12주 모범답안지 (3~4개월 대비 선행 다지기)

아침 (Morning)

- 아침 일찍 깸 — 5:00 AM~6:30 AM
- 아침 시작 — 6:30 AM~7:00 AM

max 깨시 2시간

- 아침 수유 — 7:00 AM
- 아침 낮잠 45분~1시간 길이 — 9:00 AM

max 깨시 2시간~2시간 5분
(9주차) (10~12주차)

- 오전 수유 — 10:00 AM

점심 (Lunch)

- 점심 수유 — 11:15 AM
- 점심 낮잠 2시간 15분 길이 — 11:45 AM/11:50 AM (9주차) (10~12주차)

max 깨시 2시간 10분

오후 (Afternoon)

- 오후 수유 — 2:00 PM
- 늦은 오후 낮잠 45~50분 길이 (10~12주차) (9주차) — 4:10 PM/4:15 PM (9주차) (10~12주차)

max 깨시 2시간

저녁 (Evening)

- 저녁 수유 — 5:00 PM
- 목욕 — 5:45 PM
- 막수 — 6:15 PM~6:30 PM
- 밤잠 — 7:00 PM

밤 (Night)

- 유축 시간 (선택 사항) — 9:00 PM~9:30 PM
- 늦은 밤중수유 (선택 사항) — 10:00 PM~10:30 PM

이후 시각대의 밤중수유는 표에서 생략

*총 낮잠 시간: 약 4시간 15분~4시간 35분
(7:00 AM~7:00 PM 체제하에서)

① 9~12주 모범답안지 상세 해설집

수면 의식 시동 걸기 8:45AM (*이 시각 이전의 아침 해설집은 459p와 동일)

아기를 아기 잠자리로 데려간다. 기저귀 체크, 속싸개 입히기, 아기가 잠을 잘 잘 수 있도록 진정 코스를 수행한다.

ⓘ 최대 깨어 있는 시간 : 아침 기상~아침 낮잠까지의 마지노선 잠텀은 2시간

아침 낮잠 9:00AM

45분~1시간 정도 잠을 자는 것이 목표다.

깸 9:45AM~10:00AM

만약 이때 아기가 일어나지 않으면 깨운다.

오전 수유 10:00AM

풀(full)로 수유한다. (10:45AM~11:00AM에 오전 수유와 점심 수유를 합해서 한 번에 할 수도 있다. 아기가 어떤 쪽을 더 선호하는지 관찰해보자)

점심 수유 11:15AM

점심 낮잠에 들어가기 전에 또 한 번의 먹(수유)을 준다.

점심 낮잠 수면 의식 11:30AM~11:35AM

아기를 아기 방으로 데리고 가서 기저귀 및 수면 환경을 체크한다. 속싸개를 해

주고 잠잘 준비가 되도록 진정시킨다. 9주차에는 11:30AM에 시작하고, 10주차부터는 11:35AM에 시작한다.

ⓘ 최대 깨어 있는 시간 : 아침 낮잠~점심 낮잠까지의 마지노선 잠텀은 2시간(9주차)/2시간 5분(10~12주차)

점심 낮잠 11:45AM~11:50AM

9주차에는 이번 낮잠을 11:45AM에 시작하고, 10주차부터는 11:50AM에 시작한다. 이번 낮잠은 2시간 15분의 질 좋은 수면을 목표로 한다.

깸 2:00PM~2:20PM

아기가 점심 낮잠을 잘 잤다면 지금쯤 깨우도록 한다. 만약 아기가 점심 낮잠을 잘 못 잤다면 2:20PM까지 더 자도록 둔다.

오후 수유 2:00PM

이때 풀(full)로 수유한다.

수면 의식 3:55PM~4:00PM

아기를 아기 방으로 데려가서 기저귀를 체크해보고, 속싸개를 입히고 잠을 잘 자기 위해 진정될 수 있도록 한다. 9주차 때는 3:55PM에, 10주차부터는 4:00PM에 한다.

ⓘ 최대 깨어 있는 시간 : 점심 낮잠~늦은 오후 낮잠까지의 마지노선 잠텀은 2시간 10분

늦은 오후 낮잠 4:10PM~4:15PM

9주차 때는 이 낮잠을 4:10PM에 들어가서 50분 정도 자는 것을 목표로 한다. 10주차부터는 이 낮잠을 4:15PM에 들어가서 45분 정도 자는 것을 목표로 한다.

깸 5:00PM

아기가 일어나지 않는다면 지금쯤 깨운다.

저녁 수유 5:00PM

모유수유라면 한쪽 가슴만 수유하거나 분유수유라면 절반만 수유한다. 급성장기 등의 이유로 저녁에 집중수유 중이라면 이 회차에서 풀(full)로 수유한다.

목욕 5:45PM

아기를 목욕시킨다.

막수 6:15PM~6:30PM

아기에게 풀(full)로 수유한다.

수면 의식 6:45PM

기저귀를 갈아주고, 속싸개를 해주고 아기를 잠을 위해 진정시킨다.

ⓘ 최대 깨어 있는 시간 : 늦은 오후 낮잠~밤잠까지의 마지노선 잠텀은 2시간

밤잠 7:00PM

밤잠에 들어간다.

유축 (선택 사항) 9:00PM~9:30PM

늦은 밤중수유에서 모유수유 시 젖병을 사용한다면, 지금 타임에 유축하는 것이 좋다. 양쪽 가슴에서 모두 유축해둔다.

늦은 밤중수유 (선택 사항) 10:00PM~10:30PM

풀(full)로 수유한다.

한밤중 수유

아기는 한밤중에 아직까지 1회 정도 더 먹을 수도 있다.

총 낮잠 수면 시간

약 4시간~4시간 5분 정도. (7:00AM~7:00PM 모범답안지 기준하에서 그렇다.)

② 주제별 심층 해설집

수유

12주차도 급성장기에 속한다. 급성장기 동안에는 한 번 수유를 할 때 길게 해야 할 필요가 있으며, 저녁에 집중수유를 하게 될 수 있다. 밤에도 더 먹기 위해 아기가 좀 더 깰 수도 있다.

만약 아기가 점심 낮잠 전에 행하는 점심 수유를 거부한다면(특히나 젖병으로 먹는 아기들에게서 이런 현상이 많이 발생한다) 오전 수유, 점심 수유를 나눠 하지 말고 11:00AM즈음에 한 번의 수유로 끝내는 스케줄로 시도해볼 수 있다. 오전 11시 부근에 한 번 수유하지만 아기가 점심 낮잠 동안에 잠을 푹 잘 잘 수 있도록 배를 완전히 풀(full)로 채워놨음을 확신하면서 말이다. 이처럼 점심 낮잠 전에 점심 수유를 하지는 않았는데, 아기가 점심 낮잠에서 잘 깬다면? 그렇다면 이때는 배고픔이 그 원인이라고 추측해보고 아기를 재진정시키기 위해 수유를 시도해볼 수도 있다.

또한 이런 일이 며칠 이상 계속된다면 예전 스케줄로 돌아가는 것이 낫다. 즉, 오전 수유를 하고, 점심 수유를 하는 방식의 스케줄 말이다. 특히나 급성장기라고 판단되면 두 번 수유하는 스케줄로 유지하는 것이 좋다.

수면

축하한다! 아기가 이제 12주, 3개월이 되었다면, 신생아 시기에서 벗어난 셈이다. 이제부터야말로 아기들은 스스로 진정할 수 있는 법을 제대로 배워야 한다. 어른들이 잠을 잘 때처럼 그 어떤 도움 없이 스스로 잠자는 방법을 배워야 하는 것이다.

이러한 발달상의 변화 때문에 아기는 보다 더 얕은 수면 단계를 가지게 된다. 한 수면 사이클은 35~45분 정도이며 수면 사이클의 끝자락에서 아기는 얕은 수면을 취하게 된다. 아기는 한 사이클 뒤에 다시 수면으로 되돌아가기 위해 스스로 진정하고 재진정하는 기회가 꼭 필요하다. 낮잠에서 깨어났는데, 10~15분 후에 다시 재진정하지 않는 경우에는 들어가서 아기가 다시 잠들도록 아기 침대에서 재진정시킨다.

아침 낮잠

앞에서 살펴본 7~9주차 모범답안지(7~9주차에 보는 예습지) 내용과 동일하다.

점심 낮잠

점심 낮잠이 잘못되는 경우는 아래의 두 가지 상황을 예로 들어 설명하겠다.

· 12:30PM~1:00PM 사이에 깰 경우

아기가 45분~1시간 정도의 한 수면 사이클 이후 깨어난 것이다. 아기가 울지 않는 한 스스로 재진정하도록 15~20분 정도의 시간을 허용한다. 아기가 재진정하지 않는다면 오후 수유의 반을 할 필요가 있다. (자극 없이 밤중수유를 하는 것처럼 행한다.) 아기를 깨우고 '늦은 오후 낮잠'을 자게 하는 것보다 2:00PM/2:20PM 이전에 20분이라도 더 점심 낮잠을 재우고, 오후 낮잠도 재우는 것이 더 낫다.

· 1:20~1:50PM 사이에 깰 경우

아기가 점심 낮잠에 잘 들어갔지만 다소 일찍 깨어났다면, 늦은 오후 낮잠을 15분 더 일찍 시작한다. 당신은 여기서 '따라잡기 낮잠'을 허용할 수 있고, 5:00PM까지 아기가 자도록 할 수 있다.

늦은 오후 낮잠

이 무렵이 되면 늦은 오후 낮잠은 이제 매우 짧아질 것이다. 늦은 오후 낮잠은 대체로 아기를 잠들게 하는 데 힘이 드는 낮잠에 속한다. 아기가 잠을 잘 못 자서 컨디션이 안 좋은 날일 경우에는 좀 더 쉬운 방법으로 재우는 것을 시도해본다. 이를테면 아기를 유모차에 태워 산책시키거나 차에 태워 드라이브를 하며 재워본다. 늦은 오후 낮잠은 '따라잡기 낮잠'의 역할을 할 수 있다. 즉 만약 앞에 있었던 두 번의 낮잠이 처음의 계획대로 진행되지 않았을 경우, 제시된 시간보다 좀 더 오래 '늦은 오후 낮잠'을 자게 할 수 있다. (이때 전제 사항은 아기의 '깨시'를 낮 동안 잘 관찰하며 적절하게 하루 스케줄을 운영하고 있어야 한다.)

그러나 7:00PM에 아기가 잠들기를 원한다면 5:00PM을 넘어서까지 아기가 자도록 허용하지 말자. 아기가 자신의 나이에 해당하는 전체 낮 수면 시간보다 더 오래 자지 않도록 해야 한다. '늦은 오후 낮잠'이 어떤 이유로든 짧게 끝났다면, 밤잠 들어가는 시간을 6:00PM 혹은 6:30PM으로 앞당긴다. 부족한 잠을 보충하기 위해 해당 회차의 '깨시'를 조금 줄여 밤잠 들어가는 시간을 앞당긴 셈이다.

늦은 밤중수유

이 늦은 밤중수유는 이제 더 빨라져야만 한다. 아기에게 젖병 사용을 가르칠 예정이라면, 이 시간대의 수유 회차를 활용하는 것이 가장 좋다. 아기는 이 시간대에 매우 졸린 상태이기 때문에 젖을 물리지 않아도 젖병으로 잘 먹을 것이다. 모유수유를 하는 경우라면 남편에게 수유를 넘겨주기에 정말 좋은 시간대이기도 하다. 그렇게 함으로써 엄마는 밤에 일찍 잘 수 있다. 이 회차에 젖병수유(분유수유)를 하는 것은 아기에게 충분한 양을 먹여서 이후 수월한 밤중수유를 보장하기 위해서이기도 하다. 물론 이 늦은 밤중수유는 모유직수로 진행해도 된다.

이 늦은 밤중수유를 하고 난 뒤, 아기가 어느 정도 계속 깨어 있다면, 이때는 아기가 낮잠을 총 어느 정도를 잤는지를 체크해봐야 한다. 이 늦은 밤 수유를 **'깨수'**로 할지, **'밤중수유'**로 할지는 상황에 따라 판단해본다. 아기 기저귀를 갈아줘야 한다면 수유하기 전에 갈도록 한다. 아기를 깨울 수 있어 아기가 더 잘 먹을 수 있다. 이 수유 후에 아기는 더 쉽게 진정되고 졸려할 것이다. 그런데, 이유가 무엇이든 간에 아기가 평상시보다 한 시간 늦게 밤잠에 들었다면, 즉 밤잠을 재우려는데 8:30PM까지 아기가 진정하지 않았다면 그날 밤에는 늦은 밤중수유를 하기 위해서 굳이 아기를 깨우지 말자. 아기가 자연스럽게 수유를 위해 깨어나도록 하자.

한밤중 수유

늦은 밤중수유가 아직 남아 있을 수 있으며, 일반적으로 이 시기에는 5:30AM~7:00AM 부근에 깨게 된다.

아침 기상 전에 밤중수유를 했다면, 아기가 7:00AM에 충분히 배고프지 않아서 적은 양만을 먹게 될 확률이 있다. 그렇기 때문에 이 시기에는 오전 수유와 점심 수유를 '점심 낮잠' 전에 두 번으로 행할 것을 권한다. 중간 시각에 한 번으로 수유하는 것보다는 이전의 스케줄처럼 두 번으로 나누어서 수유하는 것이 좋다.

10:00PM~11:00PM 사이에 이루어지는 늦은 밤 수유는 계속 그 시간대를 고수하게 되면, 그 다음번에 이루어지는 한밤중 수유는 점차 7:00AM에 서서히 근접해서 이루어질 것이다. 이렇게 되지 않는 경우는, 너무 낮잠을 많이 잔 경우에 그렇다. 낮잠을 많이 자면 아기는 이 늦은 밤중수유 이후부터 시작되는 밤잠 스트레치를 오래 잘 만큼 피곤하지 않은 상태가 된다.

이후에 이어지는 많은 문의들로 인해 이후 개월수의 모범답안지는 똑게육아 슬립패스를 이용해 열람 가능하다. 똑게육아 수면교육 멤버십 체제를 이용하면 된다. 이 컨텐츠들은 지난 10년간 그야말로 혼신의 힘을 다해 연구해왔던 똑게육아의 핵심 자료로 본 서적을 발간할 당시만 하더라도 내가 이 부분을 이 정도 수준까지 만들어내게 된, 그 깔린 **WHY**를 꼭 잘 이해하셨으면 좋겠다는 기도를 매일 밤 잠자리에 들 때마다 드렸던 것 같다. 또한 책을 읽고 계신 독자님들을 무수히 직간접적으로 만나면서 '이것을 잘 이해하시고 적용까지 하실 수 있을까' 하는 설레임과 기대감에 잠을 이루지 못할 정도였다. 출간 1년이 지난 뒤, 내가 당초 생각했던 것 이상으로 잘 이해하고 적용하시는 후배님들을 보게 되었고 나는 그 모습을 보고 그간의 고통들이 씻겨나간 듯 큰 감동과 함께 말로 형언할 수 없는 보람을 느꼈다.

'짧-길' 낮잠 전략 전수

· 낮잠①: 아침 낮잠 (Morning Nap)
· 낮잠②: 점심 낮잠 (Lunch Nap)

짧(게) ⟶ 낮잠①은 45분~1시간으로 제한
길(게) ⟶ 낮잠②는 질 좋은 잠을 길~~~게

똑게에서
6개월 이후부터 '짧-길' 낮잠을 추천하는 이유

1. 긴~낮잠①은 밤잠의 연장선.
   낮잠①을 길게 자는 것은 '종달새' 현상을 강화시킴.

2. 낮잠①을 짧게 자는 것 ⟶ 낮잠②를 길게 자게 함.
   낮잠②를 취하는 시각대는 가장 원기 회복력이 강한 낮잠을 잘 수 있는 시각대이기 때문에 이 시각대에 길고 깊게 자는 것이 중요함.

3. 긴 아침 낮잠 ⟶ 짧은 점심 낮잠을 초래함.
   점심 낮잠을 짧게 자게 된다면, 아기는 오후 1시~ 오후 4시 사이를 약 45분 길이의 짧은 낮잠으로만 버티게 되어
   ⟶ 밤잠 들어갈 때 매우 피곤한 상태가 됨.
   ⟶ 밤잠도 잘 못 자게 됨.
   ⟶ 악순환이 이어짐.

4. '짧은 아침 낮잠'은 비교적 쉽게 달성할 수 있다.

아침에 아이와 장을 같이 보러 가는 등의 용무를 보며 달성하기 쉽다.
따라서 낮잠①은 최대 1시간만 재운다고 생각하고 임하며
낮잠②, 즉 점심 낮잠을 하루의 중심으로 삼으면
밤잠에 들어가기 전에 하루의 중심축 낮잠②에서 양질의 잠을 취할 수 있게 된다.

5. 15~18개월 무렵 낮잠 1회 체제 전환 시에도 쉽게 효율적으로 전환이 가능하다.

아침 낮잠/낮잠①을 탈락시키고
점심 낮잠/낮잠②를 유지시키기

'짧-길' 낮잠 전략을 활용하게 되면, 아래의 전략과 비교 시 훨씬 수월하게 낮잠 1회 체제로의 전환이 가능하다.

· 아침 낮잠을 계속해서 조금씩 뒤로 이동시키기.
· 동시에 점심 낮잠도 뒤로 조금씩 이동시키기.
⟶ 점심 낮잠 탈락시킴.
⟶ 결과적으로 아침 낮잠을 하루의 중심 시간대로 이동시키기.

이 전환이 이루어지는 동안,
⟶ 피곤한 아기가 몇 달간 유지됨.
⟶ 힘든 전환을 겪게 됨.

6. '12개월 잠 퇴행기'의 힘듦은 '긴 아침 낮잠, 짧은 점심 낮잠 스케줄'을 가진 아이들에게 절정으로 나타남.

Class 2. '보충수유' & '충전낮잠'을 활용한 스케줄

이번 클래스에서 제시하는 모범답안지에는 앞의 클래스보다 조금 더 디테일한 전략과 대처를 담았다. 이번 모범답안지에서는 해설을 꼼꼼하게 읽으면서 '보충수유', '징검다리 낮잠', '충전 낮잠' 등 더욱 업그레이드된 똑게 수면 전략에 대해 배워보자. 앞선 클래스에서 '꿈수', '깨수' 등의 개념을 배웠는데 이번에는 그것들을 실제로 적용한 스케줄을 익혀보는 셈이다.

'분할수유'와 '보충수유'를 활용한 모범답안지

이번에 소개할 스케줄은 '분할수유'와 '보충수유' 개념을 바탕으로 한다. 모범답안지 스케줄을 알아보기 전에, 이번 스케줄 공부를 위해 익혀둬야 할 용어 및 개념들에 대해 좀 더 자세한 해설집을 준비했다.

· 분할수유

분할수유(split feeds)는 말 그대로 나눠서 하는 수유다. 수유해야 하는 양의 절반이나 거의 전부를 먹일 때, 일정 기간 동안 휴식을 취한 후에 직수로든 젖병으로든 남은 모유/분유를 먹이는 것이다. 아기가 아직 매우 어려서 깨어 있는 시간이 짧을 때는, 아기가 깨어 있는 상태에서 전반부를 먹이고, 잠자기 직전에 후반부를 먹인다는 것을 의미한다.

분할수유를 잘 활용하면 아기가 더 많이 먹을 수 있도록 격려할 수 있다. 수유를 잠시 멈추고 휴식을 취하는 동안 아기의 식욕이 조금 더 돋워지면서 두 번째의 쪼개진 수유 타임까지 활용해 아기가 더 많이 먹을 수 있도록 끌고 간다. 분할수유의 장점은 다음 수유 시간까지 더 오래도록 자게 만들어주는 것이다. 아기가 충분히 배부르게 먹고 난 후에 잠을 자게 되어 배고픔을 느낄 일이 없기 때문이다.

· 보충수유

보충수유(top-up feeds)도 아기에게 풀(full)로 양껏 수유를 한다는 점에서 분할수유와 기본적인 개념이 비슷하다. 보충수유는 수유를 마치고 다음번의 중요한 낮잠이나 먹 시간을 제대로 루틴에 올리기 위해 추가로 수유를 더해주는 것이다. 그래서 영어로 'top-up(위로 더해서 올려주는)' 수유라고 부른다. 분할수유가 완전히 깨어 있는 상태에서 $\frac{1}{2}$을 먹이고, 차분한 진정 모드에서 나머지 $\frac{1}{2}$의 분량을 먹이고 바로 잠으로 직행하는 것이라면, 보충수유는 먹이고서 더 채워준다는 의미다. 보충수유의 목적은 분할수유와 동일하다. 이 역시 다음번 수유 시간을 지연시키고, 아기가 더 오래 잘 수 있게 만들기 위함이다.

*** 앞선 클래스 내용 복습 429p**

- 오전 수유 (Morning Feed) - 먹2
- 점심 수유 (Lunch Feed) - 먹2 추가 Top up

→ 보충수유

- 저녁 수유 (Dinner Feed) - 먹4 ($\frac{1}{2}$)
- 막수 (Bedtime Feed) - 먹4 ($\frac{2}{2}$)

→ 분할수유

주차별 스케줄표

자, 그럼 지금부터 분할수유와 보충수유를 활용한 주차별 모범답안지를 살펴보도록 하자.

(1) 2~3주 아기 모범답안지 & 해설집

	2주차 시작 시점 스케줄	3주차 시작 시점 스케줄
먹1	7am	7am
먹 후 잠깐 놀기		
긴장 풀기/수면 의식	8:15am	8:15/8:30am
낮잠1	8:30am~10am	8:30/8:45am~10am
먹2	10am	10am
먹 후 잠깐 놀기		
보충수유	11am	11am
긴장 풀기/수면 의식	11:15am	11:15/11:30am
낮잠2	11:30am~2pm	11:30/11:45am~2pm
먹3	2pm	2pm
먹 후 잠깐 놀기		
긴장 풀기/수면 의식	3:15pm	3:30pm
낮잠3	3:30pm~5pm	3:45pm~5pm
먹4 (절반만 수유)	5pm	5pm
목욕	5:30/5:45pm	5:30/5:45pm
먹4 (나머지 절반 수유) 진정 모드에서 하기	6pm	6pm
밤잠	6:30pm~9:50pm	6:30pm~9:50pm
10분간 완전히 깨우기 (때에 따라 놀아주거나 활동하기, 10pm 밤수를 잘 먹이기 위함임)		
밤수 (절반만 수유)	10pm	10pm
10분간 살짝 깨우는 활동		
밤수 (나머지 절반 수유) 진정 모드에서 하기	10:30/10:45pm	10:30/10:45pm
밤잠	11pm~7am	11pm~7am
총 낮잠 수면 시간 (7am~7pm 기준)	5시간 30분	5시간~5시간 15분

· 5pm: 먹4의 절반($\frac{1}{2}$)만 수유한다.
· 5:30pm / 5:45pm: 목욕시키기, 밤중수면 옷 입히기, 수면 환경 갖춰주기, 속싸개 해주기 등의 활동을 한다.
· 6pm: 먹4의 남은 절반($\frac{2}{2}$)을 수유한다.
· ~ 6:30pm: 아기를 진정시킨다.

※ 분할수유: 먹4는 5pm/6pm으로 분할된 수유다. 이렇게 밤잠을 자기 전에 분할수유를 제공해주면, 다음번 10pm에 이루어지는 밤수1 전에 긴 수면 스트레치를 만들 수 있다.

※ 보충수유: 낮잠 2 전에 들어가는 수유. (Class. 최대 깨시 스케줄에서는 '점심 수유') 다음번 수유와의 간격을 넓히기 위해서 추가로 더 채워서 먹이는 것이라고 생각하면 된다.

※ 진정 모드 상태로 먹이는 회차
· 먹4의 두 번째 절반 (먹4 = 막수, 나머지 절반 $\frac{2}{2}$)
· 밤수1의 두 번째 절반 (밤수1 10:30/10:45pm 수유, 나머지 절반 $\frac{2}{2}$)

위의 두 수유에서는 진정 모드에서 수유한다. 이 회차에 수유할 때는 기저귀 체크 및 속싸개 둘러주기 등 이상적인 수면 환경을 조성한 뒤 수유하고, 아기가 먹고 바로 스르륵 잠들 수 있도록 한다.

위 표에서 언급된 과정을 모두 순조롭게 진행하고 나면, 아기는 다음번 수유 시간인 10pm까지 밤잠을 잔다. 이후 10pm/10:45pm에도 분할수유 전략을 적용해볼 수 있다. 이때는 '꿈수'가 아닌 '깨수(깨워서 하는 수유)'로 진행한다. 앞서 막수에서 분할수유를 제대로 적용하게 된다면, 아기가 배부르게 먹었기 때문에 밤잠을 자다 깨는 것을 지연시킬 수 있다.

생후 첫 몇 개월간은 아기가 이 수유 타이밍(10pm인 밤수1)에 매우 졸려할 수 있다. 그래서 이 수유를 하기 전에 아기가 완전히 깨어 있는지 확인하고, 이 분할수유 사이에 잠깐 쉬는 시간을 가지면서 이 두 번의 분할수유에서 아기가 제대로 충분한 양을 섭취하고 있는지 확인해야 한다.

· 9:50pm에 아기를 깨우고 기저귀를 갈아주고, 10분간 놀이/활동을 하며 아기가 완전히 깨어 있도록 한다.

· 10pm에 절반의 수유를 마친 뒤, 10분간 활동을 하며 다음번 수유 $\frac{2}{2}$를 먹이기 위해 아기가 다시 깨어날 수 있도록 한다. 다음번 밤수1의 나머지 절반 $\frac{2}{2}$는 기저귀 체크, 잠자리로 이동, 속싸개 해주기 등을 한 뒤 진정 모드에서 먹인다.

· 10:30pm/10:45pm에 남은 절반 $\frac{2}{2}$를 수유한다.

· ~ 11:00pm까지 아기를 진정시킨다.

특히 어린 신생아 시기에는 보충수유를 낮잠2 전에 제공한다. 역시 이번 전략도 궁극적으로는 낮잠2, 점심 낮잠을 더 오래 자는 것을 목적으로 한다. 아기가 성장함에 따라, 아기의 개월수가 뒤로 갈수록 결국에는 하루에 낮잠 1회만 자게 되는 시점이 오는데 낮잠2를 이렇게 조성해두는 것은 하루에 낮잠을 1회 자게 되는 시점에 효율적으로 도달하는 과정이다. 신생아에게 보충수유를 하는 것은 아기가 낮잠을 설치지 않게 하는 데 도움이 될 수 있다. 배고픔으로 인해 아기가 일찍 일어나지 않도록 만들어주기 때문이다. (이때 부지불식간에 생기는 '먹-잠' 연관만 조심하면 된다.)

(2) 3~6주 아기 모범답안지 & 해설집

	3주차 끝날 무렵 스케줄	6주차 시작 시점 스케줄
먹1	7am	7am
	놀기/활동	
긴장 풀기/수면 의식	8:15/8:30am	8:45am
낮잠1	8:30/8:45am~10am	9am~10am
먹2	10am	놀기/활동 10:30am
	놀기/활동	
보충수유	11am	11:30am
긴장 풀기/수면 의식	11:15/11:30am	11:45am
낮잠2	11:30/11:45am~2pm	12pm~2:30pm
먹3	2pm	2:30pm
	놀기/활동	
긴장 풀기/수면 의식	3:30pm	3:30pm
낮잠3	3:45pm~5pm	4pm~5pm
먹4 (절반만 수유)	5pm	5pm
목욕	5:30/5:45pm	5:30/5:45pm
먹4 (나머지 절반 수유) 진정 모드에서 하기	6pm	6pm
밤잠	6:30pm~9:50pm	6:30pm~9:50pm
	10분간 완전히 깨우기 (때에 따라 놀아주거나 활동하기, 10pm 밤수를 잘 먹이기 위함임)	
밤수 (절반만 수유)	10pm	10pm
	10분간 살짝 깨우는 활동	
밤수 (나머지 절반 수유) 진정 모드에서 하기	10:45pm	10:30pm
밤잠	11pm~7am	10:45pm~7am
총 낮잠 수면 시간 (7am~7pm 기준)	5시간~5시간 15분	4시간 30분

(3) 6~12주 아기 모범답안지 & 해설집

	6주차 끝날 무렵 스케줄	12주차 스케줄
먹1	7am	7am
	놀기/활동	
긴장 풀기/수면 의식	8:45am	8:45am
낮잠1	9am~10am	9am~9:45am
	놀기/활동	
먹2	10:30am	11am
	놀기/활동	
보충수유	11:30am	보충수유 없음
긴장 풀기/수면 의식	11:45am	11:45am
낮잠2	12pm~2:30pm	12pm~2:15pm
먹3	2:30pm	2:30pm
	놀기/활동	
긴장 풀기/수면 의식	3:30pm	3:30pm
낮잠3	4pm~5pm	4:30pm~5pm
먹4 (절반만 수유)	5pm	5pm
목욕	5:30/5:45pm	5:30/5:45pm
먹4 (나머지 절반 수유) 진정 모드에서 하기	6pm	6:15pm
밤잠	6:30pm~9:50pm	6:30pm~9:50pm
	10분간 완전히 깨우기 (때에 따라 놀아주거나 활동하기, 10pm 밤수를 잘 먹이기 위함임)	
밤수 (절반만 수유)	10pm	10pm
	10분간 살짝 깨우는 활동	
밤수 (나머지 절반 수유) 진정 모드에서 하기	10:30/10:45pm	10:30/10:45pm
밤잠	11pm~7am	11pm~7am
총 낮잠 수면 시간 (7am~7pm 기준)	4시간 30분	3시간 30분

☆ '징검다리 낮잠'과 '충전 낮잠'을 활용한 모범답안지

앞에서 분할수유·보충수유의 개념을 적용한 스케줄을 살펴보았다면, 지금부터는 여기에 더해 '징검다리 낮잠'과 '충전 낮잠'을 적용한 다음의 모범답안지를 알아보자.

'징검다리 낮잠'은 짧은 10~15분 정도의 낮잠을 말한다. 아침에 일찍 일어난 경우나 예정된 다음번 낮잠 스케줄에 아기를 부드럽게 연결시키기 위해 사용한다. 징검다리 낮잠은 아기가 6~7개월이 되었을 무렵, 탄탄한 아기의 하루 루틴을 형성하는 데 유용하게 활용해볼 수 있다. 앞서 Part 4에서 알아본, 생체리듬상 피곤한 시간대에 낮잠을 재우는 스케줄이 생각처럼 진행되지 않았을 때, 깨시 중간에 짧게 징검다리 낮잠 방식으로 재워볼 수 있는 것이다.

징검다리 낮잠은 7:30AM, 10:30AM, 2:30PM에 짧게 재워볼 수 있다. 아기가 너무 피곤해지지 않도록 잠 충전을 짧게 해줘서 다음번 스케줄에 이상적으로 태울 수 있다.

이 징검다리 낮잠에서는 아기가 쉽게 잠들 수 있는 방법을 사용해도 크게 문제가 되지 않는다. 다만 짧게 재우고 깨우는 것이 중요하다. 또한 이 테크닉은 양육자와 아기의 기질에 맞아야 사용할 수 있다. 짧게 재우고 깨우는 것이 되는 아기의 경우만 가능하다. '징검다리 낮잠'을 시도할 때 유난히 많이 울고 짜증을 내는 아이도 있기 때문이다. 따라서 꼭 사용해야 하는 테크닉은 아니므로 상황에 맞게 조절하면 된다.

긴 점심 낮잠과 공고하고 탄탄한 아기의 하루를 완성하고 싶은 분이라면 시도해 볼 만하다. 징검다리 낮잠과 낮잠②에서의 재진정 전략을 꾸준히 활용한다면 6~7개월 무렵에 길고 탄탄한 점심 낮잠을 중심축으로 이상적인 아기의 하루가 완성될 수 있다.

다음에 살펴볼 모범답안지에서는 징검다리 낮잠도 활용해서 설계한 스케줄을 보여줄 예정이다. 단, 이번 스케줄표에서 밤중수유 부분은 생략한다. 이와 관련된 내용은 밤중깸 상황 대처 순서도(418p)와 Part 6의 'Course 3. 밤중수유 정복하기' 내용(390p)을 참고해 실행하면 된다.

다음에 제시된 모범답안지들은 6주 이후부터 시작되는 스케줄이다. 낮 동안에는 다음에 제시된 모범답안지에 적힌 스케줄을 참조하여 운영하고, 밤중에 아기가 3~4시간 전에 깨어난다면, 밤중깸 상황 대처 순서도대로 반응하면 된다.

(1) 6주 아기 모범답안지 & 해설집 ('깨시'가 60~75분인 경우)

시간	활동	설명
7AM	아침 기상 첫수	· 하루의 첫 수유. · 아침 업무 개시 시간(셔터를 올리고 영업 시작하는 시간). 아침 첫수는 가능하면 풀 피딩(full feeding) 한다고 생각하자.
7:30AM	징검다리 낮잠	아기가 6:30AM 전에 일어났다면, 징검다리 낮잠을 10분 정도만 재운다. 이 징검다리 낮잠은 아침 낮잠을 제시간에 들어가게 해서 일관성 있고 탄탄하게, 이후의 하루 스케줄을 운영할 수 있도록 도와준다.
8:20AM or 8:30AM	수면 의식	아기가 잠자는 방에서 낮잠 수면 의식을 시작한다. 그전에 (10을 가장 어둡다고 했을 때) 8~9 정도의 수준으로 방을 어둡게 하고, 실내 온도는 18~22도(계절에 따라 23~24도), 습도는 50~60% 정도로 맞춰서 아기가 잠들기에 쾌적한 환경을 세팅한다.
8:30AM or 8:45AM	아침 낮잠 (낮잠①)	아침 낮잠(낮잠①)은 제한하는 것을 권장한다. 그래야 점심 낮잠(낮잠②)을 길게 잘 수 있기 때문이다. 생체 시계 리듬상으로도 낮잠②를 길게 자는 것이 좋다. 점심 시각대인 낮잠② 부근에 아기의 각성 레벨 수치가 떨어져 있기 때문에 이 시간대에 잘 재우면 아기가 신체 회복을 할 수 있어 정말 좋다. 또한 낮잠②를 길게 자야 낮잠③도 짧게 유지할 수 있다. 이렇게 유기적으로 하루 일과가 진행될 때 아기가 밤잠에 들어가는 시간을 6:30PM~7PM으로 운영할 수 있다.
10AM	깸, 수유	아기가 낮잠①에서 깸. 수유 시작.

시간	활동	설명
11AM	**보충수유**	이 시각대에 보충수유를 한다. 이 보충수유는 아기가 긴 점심 낮잠을 잘 수 있게 도와준다. 만일 아침 낮잠(낮잠①)이 오전 10시 이전에 끝났다면, 이때 10분 정도 징검다리 낮잠을 자게 한다.
11:10AM	**수면 의식**	아기가 자는 방에서 낮잠 수면 의식을 시작한다.
11:15AM	**점심 낮잠 (낮잠②)**	아기가 자신의 잠자리에서 자기 진정의 시간을 가지다 잠이 든다. 점심 낮잠을 자기 전에는 아기에게 15~20분간의 자기 진정 기회를 주자. 이 낮잠②는 하루 중 가장 중요한 낮잠이므로, 이때 2시간의 수면을 달성할 수 있도록 집중해보자. 아기가 4개월이 되면 이 낮잠의 시작점은 정오 12시로 옮겨간다. 4개월 아기의 깨시(=잠텀)는 보통 2시간이다. 아기가 이 시각대에 깨어난다면, 재진정 전략을 적용해 아기에게 다시 잠에 들어야 하는 상황임을 가르쳐주자. 재진정이 잘 되지 않으면, 아기를 잠자리에서 들고 나와 1PM에 추가로 낮잠을 잘 수 있게 한다.
1:30PM	**깸, 수유**	아기가 낮잠②에서 깸. 수유 시작.
3PM	**충전 낮잠 1**	충전 낮잠은 20~40분간의 짧은 낮잠을 말한다.
4:30PM	**충전 낮잠 2**	충전 낮잠은 20~40분간의 짧은 낮잠을 말한다.
5PM	**깸, 수유**	아기가 충전 낮잠**2**에서 깸. 수유 시작(적은 양만 먹인다).
5:30PM	**목욕**	목욕과 마사지 시간
6PM	**막수**	아기가 잠을 잘 방에서 마지막 수유를 한다. 속싸개를 입히고, 불은 끄고, 평온하고 차분한 분위기를 조성하여 아이가 이완되어 잠이 올 수 있는 환경을 만든다.
6:30PM or 7:00PM	**밤잠**	밤잠에 들어간다. 7PM까지 계속 아기를 깨워두기보다는 막수를 풀(full)로 먹였고 아기가 피곤한 신호를 보이면 잠자리에 눕힌다. 아기의 잠 신호를 캐치해서 그에 걸맞게 대응하는 것이 중요하다. 밤잠에 들어가는 시간은 가이드에 적힌 시간에서 10~15분 정도의 유동성이 항상 존재한다.

(2) 6주 아기 모범답안지 & 해설집 ('깨시'가 90분인 경우)

시간	활동	설명
7AM	**아침 기상 첫수**	· 하루의 첫 수유. · 아침 업무 개시 시간(셔터를 올리고 영업 시작하는 시간). 아침 첫수는 가능하면 풀 피딩(full feeding) 한다고 생각하자.

시간	활동	설명
8:30AM	아침 낮잠 (낮잠①)	
10AM	깸, 수유	아기가 낮잠①에서 깸. 수유 시작.
11AM	보충수유	이 시각대에 보충수유를 한다.
11:30AM	점심 낮잠 (낮잠②)	
2PM	깸, 수유	아기가 낮잠②에서 깸. 수유 시작.
4:15PM	낮잠③	
5PM	깸, 수유	아기가 낮잠③에서 깸. 수유 시작
5:30PM	목욕	목욕과 마사지 시간
6PM	막수	아기가 잠을 자는 방에서 행하며, 속싸개를 하고, 불은 끈 상태에서 아기가 이완할 수 있도록 해주고, 졸음이 오도록 분위기를 형성해준다.
6:30PM or 7PM	밤잠	밤잠에 들어간다. 꼭 7PM까지 깨워놔야 하는 것이 아니라 아기의 신호를 잘 파악해서 큰 틀 안에서 유동성 있게 잠자리에 눕힌다. 아기가 피곤해 하거나 졸려 할 때 보여주는 사인들을 잘 관찰해서 그 해석을 토대로 시행해본다.

⑶ 9주 아기 모범답안지 & 해설집

시간	활동	설명
7AM	아침 기상 첫수	· 하루의 첫 수유. · 아침 업무 개시 시간(셔터를 올리고 영업 시작하는 시간). 아침 첫수는 가능하면 풀 피딩(full feeding) 한다고 생각하자.
7:30AM	징검다리 낮잠	아기가 6:30AM 이전에 깼다면, '징검다리 낮잠'을 10분 정도만 재운다. 일관성 있는 스케줄을 확립하기 위해 써볼 수 있는 장치다. 아기의 잠 배터리가 꺼지지 않게 잠깐만 충전해준다고 생각하면 된다. 아침 낮잠을 비롯해서 이어지는 낮잠들을 원래 계획했던 제시간에 들어갈 수 있게 만들어준다.

시간	활동	설명
8:30AM or 8:45AM	수면 의식	아기가 잠자는 방에서 낮잠 수면 의식을 시작한다. 수면 환경을 구축한 뒤 진정시킨다.
9AM	아침 낮잠 (낮잠①)	아침 낮잠은 제한해줄 것을 권장한다. 점심 낮잠을 더 길게 잘 수 있도록 도와주기 때문이다. 점심 시각대인 낮잠②에서 아이들의 생체리듬상 자연스럽게 피곤함이 커진다. 각성 레벨 수치가 떨어져 있는 점심 시간대에 잘 재우면 아기가 신체적으로 회복하기 정말 좋다. 또한 낮잠②를 길게 자야 낮잠③이 또 짧게 유지가 가능해진다. 이것이 조화가 잘 맞아 떨어질 때, 밤잠을 6:30PM~7PM 사이에 잘 잘 수 있게 되는 것이다.
10AM	깸, 수유	아기가 낮잠①에서 깸. 수유 시작.
11AM	보충수유	이 시각대에 보충수유를 해줘서 점심 낮잠을 길게 가져갈 수 있도록 한다.
11:30AM	수면 의식	낮잠 수면 의식을 하고 아기의 잠자리에서 슬슬 잠 시동을 걸어본다.
11:30AM or 11:45AM	점심 낮잠 (낮잠②)	이 점심 낮잠(낮잠②)은 하루의 중심, 허리가 된다. 하루에서 가장 중요한 낮잠이라고 할 수 있다. 여러분이 2시간으로 만들기 위해 집중해야 할 낮잠이 된다. 이 낮잠을 2시간 정도 잘 수 있도록 만들어주면 아이의 컨디션이 더 좋아지고 하루 운영이 더욱 수월해진다. 만약 2PM 전에 아기가 일어났다면, 다시 스스로 진정할 수 있도록 자기 진정 시간을 준다.
2PM	깸, 수유	점심 낮잠(낮잠②)에서 깨어나고 수유를 한다. 점심 낮잠을 충분히 자지 못한 상황이라면, 이 시각대에 징검다리 낮잠을 짧게 재워 늦은 오후 낮잠을 4:30PM에 들어갈 수 있도록 한다.
2PM or 2:30PM	수유	수유를 한다.
4:30PM	늦은 오후 낮잠 낮잠③	이 낮잠은 '고양이 잠', '깍두기 낮잠'이라고도 불린다. 30분 동안만 재우도록 한다. 유모차나 카시트, 아기띠 등에서 짧게 잘 수도 있다. 이 시각대에 재우는 것이 힘들 수도 있기 때문에, 그럴 때는 유모차를 끌고 산책을 하면서, 혹은 아기띠를 메고 밖을 걷는 활동 속에서 아기가 잠이 들더라도 이 시각대에 낮잠이 발생할 수 있도록 시도해보는 것이 좋다. 이 낮잠의 수면 시간을 30분으로 줄이면, 아이는 저녁 7PM에 밤잠에 들어가기 더 쉬워진다. 이 낮잠은 8개월쯤 되면 탈락된다.
5PM	깸, 수유	아기가 낮잠③에서 깸. 수유 시작(적은 양만 먹인다).

시간	활동	설명
5:30PM	목욕	목욕과 마사지 시간 편안한 분위기로 목욕과 마사지를 해준다.
6:15PM or 6:30PM	막수	밤잠에 들어가기 전에 하는 하루의 마지막 수유다. 이 막수는 풀 피딩(full feeding)을 하여 아기의 먹탱크를 완전히 꽉 채워준다. 막수는 아기가 자는 방에서 한다. 수유등만 잔잔하게 켜두고, 어둠을 유지한다. 평온한 분위기와 기운이 중요하다. 서두르지 말고 차분한 기운을 아기에게 빌려준다고 생각하고 임한다. 막수를 잘 끝내고 밤잠에 들어간다.
6:30/7PM	밤잠	막수가 끝나고 깨어 있는 상태에서 눕힌다. 아기가 막수를 잘 먹었고, 피곤해하는 것 같다면 꼭 저녁 7PM까지 아기를 깨워둘 필요가 없다. 그동안 아기를 잘 관찰해 아기의 피곤 큐 사인이 파악되었다면, 전체 스케줄과 정황 속에서 아기를 깨어 있는 상태에서 눕혀본다. 가이드에 적힌 시간에서 10~15분 정도의 유동성은 항상 있을 수 있다.

(4) 12주 아기 모범답안지 & 해설집

시간	활동	설명
7AM	아침 기상 첫수	· 하루의 첫 수유. · 아침 업무 개시 시간(셔터를 올리고 영업 시작하는 시간). 첫수는 꼭 빠방하게 풀(full)로 먹인다고 생각하자.
7:30AM	징검다리 낮잠	아기가 6:30AM 전에 일어났다면, 징검다리 낮잠을 10분간 재운다.
8:30AM	수면 의식	낮잠 수면 의식을 시작하고 질 좋은 수면 환경 속에서 아기를 진정시키기 시작한다.
8:45AM	아침 낮잠 (낮잠①)	10AM까지만 자게 하는 것이 좋다. 형제가 있어서 원이나 학교에 데려다 줘야 하는 경우라면 이 아침 낮잠을 유모차에서 재워도 괜찮다.
10AM	깸	아기가 낮잠①에서 깸.
10:30AM	수유	수유한다.
11AM or 11:15AM	보충수유	보충수유는 이 시각대에 배치하여 길고 탄탄한 점심 낮잠 구축을 위해 이용한다.

시간	활동	설명
11:30AM	수면 의식	낮잠 수면 의식을 하고 아기 방에서 슬슬 잠 시동을 건다(15~20분 정도 소요).
11:45AM	점심 낮잠 (낮잠②)	하루 중 가장 중요한 낮잠이다. 이 낮잠에서 '2시간 정도의 수면'을 달성하는 것을 목표로 잡고 집중해보자. 그렇게 되면 아기의 컨디션이 더 좋아질 뿐만 아니라 하루 운영이 더욱 수월해진다. 만약 아기가 2PM 전에 일어났다면, 재진정 전략을 써본다. 만약 현재 당신이 아기의 하루를 4개의 짧은 낮잠으로 운영하고 있다면, 1:30PM에 다시 한 번 추가로 낮잠을 재우도록 한다.
2PM or 2:15PM	수유	수유를 한다.
4:30PM	늦은 오후 낮잠 낮잠③	늦은 오후 낮잠(낮잠③)은 30분 동안만 재우도록 한다. 이 낮잠 회차는 때에 따라 유모차, 아기띠, 카시트 등에서 쉽게 재울 수도 있다.
5PM	깸, 수유	아기가 낮잠③에서 깸. 수유 시작(적은 양만 먹인다).
5:30PM	목욕	편안한 분위기에서 목욕과 마사지를 해준다.
6:15PM	막수	밤잠에 들어가기 전에 하는 수유, 하루의 마지막 수유=막수. 희미한 수유등만 켜놓고 아기의 자는 방에서 시행한다. 릴랙스되고 조용한 분위기 속에서 아기를 진정시키며 행한다. 밤잠에 들어가기 위해 속싸개를 입히고, 불은 끄고, 평온하고 차분한 분위기를 조성하여 아이가 이완되어 잠이 올 수 있는 환경을 만든다.
6:30PM or 7:00PM	밤잠	밤잠에 들어간다. 밤잠을 위해 깨어 있는 상태에서 잠자리에 눕힌다.

※ 똑게육아 스케줄은 여러가지 타입이 있어 각자의 상황에 맞게 참고하면 좋다. 그런데 그중 가장 세세하게 OO시에 무엇을 하면 좋고 식으로 가이드해주는 형식은 바로 지금 파트에서 전수해드린 스케줄이다. Part3까지의 내용으로도 충분히 하루를 일구어 나갈 수 있지만, 이 부분이야말로 내가 연구한 더 깊은 심화 내용을 담고자 사활을 걸고 집필했던 파트이다. '최대깨시 스케줄'과 함께 위의 표 형식의 모범답안지 스케줄들에 대한 문의가 이어졌다. 많은 분들을 도와드리고자 현재는 **똑게육아 슬립패스**에서 열람할 수 있도록 멤버십 체제로 운영 중이다. 똑게육아의 core핵심자료로, 똑게육아에 깔린 원리와 내용을 이해하지 않고는 그 적용 자체가 힘들기 때문에 앞의 Part들을 몇 번이고 정독하며 제대로 이해하는 부분이 중요하다. 그대로 해야 한다는 의미가 아니다. 깔린 **WHY**를 이해하여, 자신의 현재 아기의 스케줄에 맞게 변주할 수 있는 능력을 갖춰야 한다.

Class 3. 모범답안지 실행을 위한 지식 전수

이번 클래스에서는 Part 7에서 알아본 모범답안지의 스케줄을 실행하기 위해 알고 있으면 좋은 지식들을 전수하겠다.

모범답안지 실행 성공을 위한 체크 사항

· 아기의 몸무게가 회복된 이후 일주일 동안 아기의 몸무게가 150g씩 늘지 않는다면 하루 동안 계속 아기가 조금씩 배고픔을 느낄 가능성도 있으니 체크해보자. 특히 6주 이하의 아기의 경우 이 '배고픔'이 더 중요한 요소가 된다. 효율적인 수유가 이루어지고 있는지 점검해보고, 도움이 필요할 경우에는 주변의 수유 전문가와 상담해보자.

· 속싸개를 이용해라. 만약 아기가 속싸개를 잘 뚫고 나온다면, 더 좋은 속싸개를 구입하거나 마련한다.

· 낮잠 시간과 수유 시간 및 수유량을 기록한다. 이는 아기의 패턴을 관찰할 수 있는 쉽고 빠른 방법이다.

· 하루에 한 번은 산책을 나간다. 한 번의 낮잠에서라도 스트레스를 날려버리고 좋은 공기를 쐬어본다. 아기 또한 외부의 새로운 자극을 즐거워할 것이다.

· 가끔씩 아기를 토닥여주고 둥가둥가 해준다거나 먹여 재웠다고 해서 급작스럽게 아기에게 커다란 수면 문제가 생기는 것은 아니다. 너무 매 순간 강박을 가지지 말자. 자신은 잘한다고 했는데 더미(263p 참고) 한 가지를 계속해서 잠재우기 위해 매번 쓰는 경우, 문제가 되기 쉽다.

· 세 번째 낮잠과 네 번째 낮잠을 다 재우고 난 뒤, 밤잠 전의 저녁 시간에 이루어지는 분할수유와 목욕을 1시간 안에 행할 수 있도록 한다. 이 행위(분할수유+목욕)는 이 시간대에 아기에게 발생하는 과도한 피로를 없애는 데 효과적이다.

· 매일 하루를 상쾌하게 시작하자. 만약 전날 생각한 대로 아기의 잠연관과 스케줄이 안 좋게 이어졌다 하더라도 잊어버리자.

· 아기와의 하루를 즐겨라. 이 초반의 신생아 시기는 나중에 뒤돌아 생각해보면 그저 빠르게 쏜살같이 흘러가버리고 만다.

'점심 낮잠'에 대한 고찰

'점심 낮잠'은 스케줄상 하루의 두 번째에 위치해 있는 낮잠이다. 그런데 이 낮잠은 아기가 3개월이 되기 전에는 구축이 안 될 수도 있다. 또한 3개월 전에는 '두 번째 낮잠'이라고 부르는 것 자체가 의미가 없을 수도 있다. 그렇지만 우리 독자님들이라면 초반 3개월 시기에 있더라도 아기의 하루를 관찰하고 운영하면서 '이 하루의 두 번째 낮잠'이 아기의 하루에서 어떤 역할을 하는지를 미리 인지하고서 일관성을 가지고 점심 낮잠에서 아기를 재진정시키는 노력을 기울이면 좋겠다. 아기가 이 회차의 낮잠을 결국에 제대로 구현하기 위해서 첫 3개월 동안은 아기를 계속 지속적으로 가르치고 격려하며 북돋워줘야 한다. 그렇게 했을 때에야 비로소 3~5개월 무렵이 되었을 때 이 두 번째 낮잠이 하루 스케줄상 제대로 자기 자리를 잡게 되면서 달성하기 쉬운 구간이 된다.

이런 맥락에서, 하루 스케줄상 첫 번째로 발생하는 아침 낮잠을 6~8주차 이후부터 제한해주면서 그 수면 주기를 한 사이클로만 끌고 나간다면, 아기가 이 두 번째 낮잠을 길게 잘 수 있도록 도와주는 셈이다. 하루의 중간에 위치한 두 번째 낮잠인 점심 낮잠은 신체 회복에 좋다. 신체 회복에 큰 도움을 주는 두 번째 낮잠을 길게 재우게 되면, 마지막 오후의 낮잠은 짧게 자도 아기가 컨디션을 적절히 유지할 수 있다. '마녀시간'으로 불리는 저녁 무렵에는 더 짧은 파워 충전 낮잠으로 컨디션 난조를 헤쳐나갈 수도 있다.

'오후 늦은 낮잠'과 '충전 낮잠'에 대한 고찰

하루의 마지막 낮잠인 '오후 늦은 낮잠' 같은 경우는 재우기가 힘든 낮잠에 속하는데 그 이유는 '슬립존(sleep zone)'이 명확히 열리지 않기 때문이다. 그렇지만, 희소식이 있다면, 이 늦은 오후 낮잠은 사라지는 시기가 있다는 사실이다. 따라서 오후 늦은 낮잠은 5~6개월 이전의 육아 기간에 주어지는 일시적인 업무로 생각해도 된다. 이런 맥락에서 힘드신 분들은 신생아 시기에 꼭 이 오후 늦은 낮잠까지 교육시켜야 한다고 생각하지 않아도 된다. 즉, 굳이 말하자면 '오후 늦은 낮잠'은 아기가 잠드는 것을 양육자가 옆에서 조금은 거들어줘도 괜찮은 회차의 낮잠에 속한다.

이를테면 이 시간에 낮잠을 재울 때는 아기를 유모차에 태우고 산책을 한다거나, 아기띠에 메고 걷거나 하는 등의 더미를 이용해도 괜찮다. 아기의 건강한 잠을 위해 내가 추구하는 지향점과 목표점만 확실하게 계획해두었다면 이번 회차의 경우 적절한 선에서의 더미 사용은 아기의 바른 수면 습관 형성에 크게 부정적인 영향을 끼치지 않는다. 오후 늦은 낮잠은 밤잠 전에 자게 되는 마지막 낮잠이므로 아기가 아주 피곤하지 않은 상태로 밤잠에 들어갈 수 있도록 도와주는 역할도 한다. 이 낮잠은 아기의 주차가 진행될수록 자연스럽게 점차 줄어든다. 한 번의 수면 사이클을 넘기지 않게 되는 것이다.

짧은 낮잠 → 긴 낮잠 구현을 위한 노력

아기가 태어나고 초반인 5~6주 전까지는 아기가 쉽게 길게 잔다고 생각할 수도 있다. 그런데, 곧 아기만의 수면 사이클이 나타나는 단계에 도달했다면, 재진정 전략 없이는 긴 낮잠을 달성하기가 힘들다. 그래서 짧은 낮잠이 펼쳐질 때는 하루가 짧은 낮잠으로 보다 자주, 많이 채워질 수도 있다. 만일 짧은 낮잠으로 펼쳐질 때는 최소 4개 정도로 구성하는 것이 좋다. 당신이 앞서 배운 진정 전략으로 두 번째 수면 사이클에 진입할 때 제대로 진정시켜서 잠 연장을 시켜줬다면, 아기가 길게 낮잠을 자는 방법을 옆에서 북돋워주고 가르쳐준 셈이다. 이것을 아기가 곧 스스로 터득하게 되면 낮잠을 재우기가 훨씬 편해진다.

4개의 짧은 낮잠 패턴으로 아기의 하루가 이상적으로 진행되었다면, 이후 3~4개월 무렵이 되었을 때는 2개의 짧은 낮잠과 1개의 긴 낮잠으로 구현된다. 이 구조는 아기의 점점 성숙해져가는 생체리듬인 서캐디언 리듬과도 일치한다. 또한 아기가 성장할수록 아기에게는 긴 낮잠이 더욱더 필요해진다.

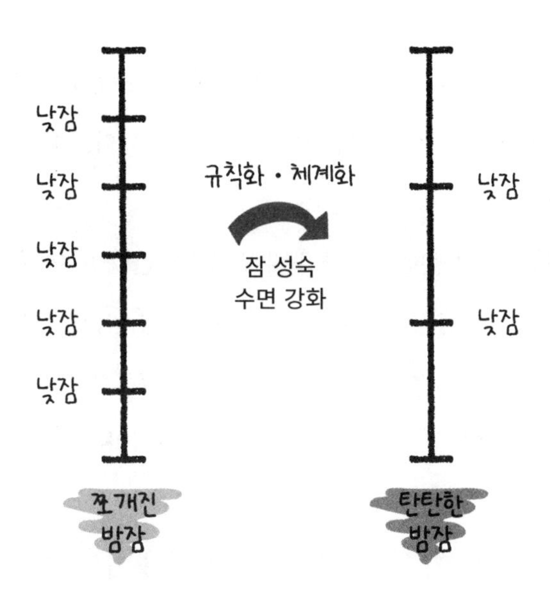

고양이 잠, 토막 잠 해결법

자, 그렇다면 아기에게 낮잠을 더 오래 자는 법을 어떻게 가르치면 될까? 이미 진정 전략에서도 알아보았지만, 이 책을 여기까지 읽은 당신이라면 이제는 여러 가지 테크닉을 접목할 수 있는 능력을 갖게 되었을 것이므로 이 대목에서 **재진정 전략**을 적용한 예를 같이 알아보고자 한다.

그 방법의 핵심은 바로, 다음번 수유할 때까지(=다음번 먹텀까지) 자도록 아기를 다시 재우는 것이다. 다시 재우는 것은 특히 처음 시도할 때 어려울 수 있으므로 아기가 깨어난다면 먼저 아기가 무슨 행동을 하는지 지켜보자. 만약 아기가 기분이 좋아 보이고 울지 않는다면, 아기에게 다가가지 말고 침대에 그냥 놔두어라. 아기가 불편하기 시작하면 그때 아기에게 다가가고 아기가 속싸개에 잘 감싸져 있는지 확인해라. 4개월 전의 아기가 속싸개에 잘 감싸져 있지 않다면 가능한 빨리 아기를 속싸개로 다시 감싸라. 그런 후에 아기를 다시 침대에 정자세로 눕히고 어깨나 팔에 가깝게 가슴을 부드럽게 쓰다듬어라. 쓰다듬을 때는 아기의 심장박동 리듬에 맞춰 쓰다듬어줘야 하며, '쉬쉬' 소리를 내면서 달래야 한다. 아기가 다시 잠들 때까지 계속 쓰다듬어라.

아기를 다시 재우는 과정에서 아기가 많이 불편해한다면, 아기를 들어 올리고 팔에 안고 쓰다듬어서 아기를 진정시키고 재우도록 하자. 이때 아기를 들어 올렸다면 그 상태로 집 안을 돌아다니지는 말자! 아기는 방 안에서 자신의 잠자리(가능하면 아기 침대) 가까이에 있어야 한다. 지금은 자야 할 시간이라는 사실을, 아기가 온몸과 분위기로 알아야 한다. 그것을 알려주는 건 당신 몫이다.

항상 아기가 잠에 빠지기 전에 침대에 눕혀야 함을 기억하자. 또한 아기를 진정시키는 마지막 단계는 아기가 침대에 누워 있을 때 하려고 노력하자. 하지만 상황에 따라 아기가 잠들 때까지 팔로 안고 있어야 한다고 해도 (아기가 3~4개월 전이라면) 너무 염려할 필요는 없다. 여기서의 핵심은 아기를 다시 잠들게 하는 것이므로 아기를 재우기 위해 당신의 팔로 안고 있어야 한다면 그 방법도 상관없다. 그러나 아기가 다시 잠들면 남은 시간 동안에는 침대 위에서 자도록 해야 한다. 아기가 어느 정도 진정 기법에 익숙해졌다면 다시 재우는 과정을 전부 침대 위에서 시행하도록 노력하자.

아기를 다시 재울 때 공갈젖꼭지를 사용하는 것도 좋은 방법일 수 있다. 지금까지 공갈젖꼭지를 사용한 적이 없었고 아기가 12주가 채 안 됐다면, 이 시기에 공갈젖꼭지를 사용하는 것도 좋다. 공갈젖꼭지를 처음 사용할 때는 아기가 그것을 빠는 데 익숙해질 때까지 1~2분 정도 아기의 입에 갖다 대고 있어야 할 수 있으며, 아기들이 공갈젖꼭지를 빨기 시작하면 진정하는 데 도움이 될 것이다. 아기를 다시 재울 때 공갈젖꼭지를 주고 쓰다듬어서 다시 잠들 수 있게 해본다. 공갈젖꼭지는 몇 번 정도 다시 집어줘야 할 수도 있지만 아기가 진정되고 잠에 들게 되면 자연스럽게 공갈젖꼭지를 입에서 뱉어낼 것이다. 아기가 원하지 않거나 잠들어 있다면 굳이 공갈젖꼭지를 입에 넣어주려고 하지 말자.

아기는 수유 시간이 아닌 이상 분명히 다시 잠들 것이다. 아기가 다시 잠드는 법을 습득하는 것은 당신이 얼마나 일관된 방식으로 아기를 다시 재우느냐에 달려 있다. 따라서 아기를 다시 재울 때는 항상 같은 방식을 사용해야 한다. 그래야 짧은 시간 내에 아기가 당신의 방식을 기억하고 그 과정이 익숙해져서 저항을 점점 덜하게 된다. 즉, 쉽게 질 좋은 잠을 잘 수 있는 능력을 배우게 된다는 뜻이다. 또한 아기를 다시 재울 때는 중간에 포기하지 마라. 아기는 잠에서 깨고 나서 30~45분 정도는 피곤함을 별로 느끼지 않을 수 있기 때문에 다시 재우는 때에도 그 정도의 시간이 걸릴 수 있다. 다음번에 더 쉽게 재울 수 있도록 아기가 잠들 때까지 앞에서 설명한 과정을 꾸준하게 시도해본다. 아기는 결국 첫 번째 수면 사이클 이후에 다시 스스로 잠들 수 있게 될 것이다. 첫 번째 수면 사이클을 넘어서 스스로 수면 시간을 연장해 자기 시작할 것이며, 이렇게 되면 다시 재우는 일로 여러분이 신경 쓸 필요가 없게 된다.

앞서 논의한 바와 같이, 30~45분간의 수면 사이클은 수면 발달의 정상적인 부분이다. 하지만 여기서 우리는 아기가 더 긴 낮잠을 잘 수 있도록 노력을 해줘야 한다. 그래야만 더 긴 낮잠으로 확장이 된다. 이 노력은 앞으로 아기의 수면 습관이 건강하게 잡히는 데 중요한 역할을 한다. '짧은 토막 잠(=고양이 잠, 캣냅)'을 극복하기 위해, 여러분이 취할 수 있는 몇 가지 단계들을 이때까지 우리가 배운 내용들을 복습할 겸 다시 한 번 설명하겠다.

첫째, 훌륭한 수면 환경을 조성해주는 것이다. '어둠'은 질 좋은 수면 호르몬 생산을 촉진하고 적절한 침구는 안전하고 독립적인 수면을 지원해준다.

둘째, 아기가 너무 피곤하지 않게 혹은 덜 피곤하도록 시간을 잘 맞춰서 하루 스케줄을 운영하면 다음의 수면 사이클로 더 쉽게 전환될 수 있다. 그런 맥락에서 똑게 수면 프로그램의 일과를 따르거나 개월별 '적절한 깨어 있는 시간(=적정 잠텀)'을 참고하는 것이 도움이 된다.

당신이 원하지 않는 잠연관을 제거하기 위해서 '진정 전략'을 쓰기 전에, 먼저 낮잠에 들어가는 시간을 며칠 동안 노력해서 세팅해두자. 아기의 체내시계에 맞게 하루 스케줄을 일구었다면 현재 쓰이고 있는 '잠연관'에 따라 즉, 아기가 어떤 상태로 잠에 빠져들었는지에 따라 아기가 이어지는 다음번 수면 사이클에 쉽게 다시 들어갈 수 있을지, 아니면 짧은 토막 잠을 자게 될 것인지가 결정된다.

만약 잠연관이 품 안에서 둥가둥가 하거나 먹이거나 더미(잠을 재우기 위해 불특정 변수를 넣어보는 것을 말한다. 주로 눈앞의 상황만 모면하려고 주는 잠목발을 의미하기도 한다)를 제공해야 하는 것이라면, 아기가 45분 뒤에 깼을 때, 다시 스스로의 힘으로 잠드는 것은 굉장히 힘들 수밖에 없다. 만일 이런 상황에 처한다면 아기들에게 이 45분의 수면 사이클은 매우 정상적이라는 사실을 이해한 뒤, 이 45분의 수면 사이클을 바꾸려고 하는 것이 목표가 아니라 아기가 45분 뒤에 쉽게 다시 잠들 수 있도록 도와주는 것이 우리의 목표임을 파악해둬야 한다. 아기가 자기 자리에서 잠을 자게 하는 긍정적인 잠연관을 만들어 운영해주면 아기는 더 쉽게 다시 잠들 수 있다.

이제 더 긴 낮잠을 작업할 준비가 되었다면, 4~5개월 전의 아기들에게는 '느리고 꾸준한' 방법으로 시도하는 것이 좋다. 똑게 수면 프로그램에서는 이 나이대의 아이들을 재우기 위한 방법으로 5S와 같은 (속싸개와 백색소음 등) 일관되고 긍정적인 잠연관을 사용한다. 낮잠 수면 의식을 잘 세우고, 아기를 아기 잠자리에서 진정시키면서 재우면, 아기는 '아, 이곳이 내가 잠드는 곳이구나'라는 사실을 제대로 배우게 된다. 그리고 이런 학습은 아기가 한 수면 사이클 뒤에 이어지는 다음 수면 사이클에 빠져드는 것을 쉽게 만든다.

만약 아기가 한 수면 사이클 뒤에 깨어나 울고 있다면 아기는 아마 여전히 피곤하거나 배고픈 상태인 것이다. 이럴 경우에는 보충수유를 하기 전에, 15분에서 20분 정도 재진정 코스를 시도해본다. 보충수유 후에는, 아기가 여전히 피곤해하는지 관찰해본 뒤, 아기를 일으켜 놀리다가 다음번 낮잠 시간에 다시 눕히며 '긍정적인 잠연관'으로 잠들 수 있도록 시도해보자(긍정적인 잠연관은 208p 참고).

재진정 코스를 진행하며 쓰는 양육자의 반응들이 더 일관되면 일관될수록, 긴 낮잠은 더 빨리 구현된다. 사실 이 부분은 양육자들마다 다를 수 있어서 어떤 부모는 이를 6주차에 준비하지만, 또 어떤 부모는 6개월쯤 되어서야 준비가 될 수도 있다.

재진정 코스로 상정한 15~20분의 시간은 아기에게 낮잠을 더 오래 자도록 꾸준히 가르치기에는 사실 충분하지 않다. 따라서 준비가 되었다면 이 재진정 코스 시간을 30~40분으로 늘려본다. 당신의 목표는 낮잠을 통합하는 것을 돕기 위해 아기를 아기 잠자리에 1~2시간 동안 두는 것이다. 이것은 점진적으로 이루어지는 과정이므로 교육 첫날부터 단박에 아이의 낮잠이 바뀔 것이라고 기대해서는 안 된다.

낮잠은 밤잠보다 해결하기가 더 어려운 문제이므로, 낮잠 연장에 완전히 안착하려면 2주는 소요된다. 그 과정에서 퇴행적인 모습이 나올 수 있지만, 그럼에도 불구하고 흔들리지 말고 양육자로서 일관성을 유지해야 하고 인내해야 한다. 그 과정을 모두 거치고 나면 비로소 통낮잠이 따라온다.

낮잠 수면 재진정 코스의 예

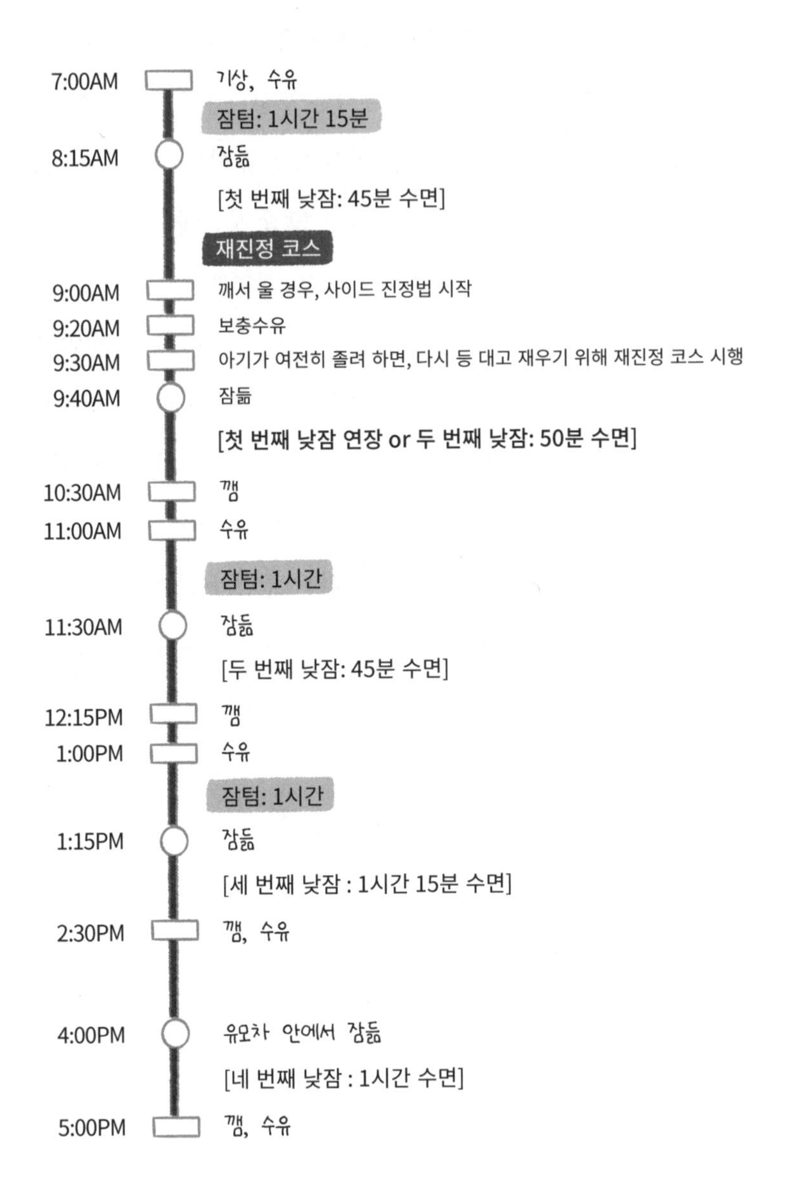

이번 챕터에서의 주된 주제는 '긴 점심 낮잠 구현'으로 이해해도 좋다. 신생아 시기에 공고하게 완성되어 있지 않던 잠은 점점 완성이 되어가는데, 완성되어가는 순서는 아래와 같다.

먼저 밤잠부터 완성이 되고, 그 뒤에 낮잠①이 완성된다. 그리고 마지막에 낮잠②가 완성되는 수순이다. 모든 케이스가 다 그런 것은 아니지만 대개가 그렇다. 그러므로 낮잠②가 빨리 2시간 길이로 완성되지 않는다고 조바심을 가질 필요가 없다. (낮잠②가 2시간 길이가 되려면 하루 스케줄 구성과 타이밍 또한 중요한 부분이다.) 또한 Part 7에서는 가장 효율적이고 이상적인 스케줄을 제시한 것이므로, 낮잠①과 낮잠②의 길이는 각자의 상황에 맞게 9개월이나 돌까지 서로 같은 길이로 가지고 가도 큰 문제는 없다.

그렇지만 낮잠의 경우 하나의 사이클 이상의 잠으로, 즉 그 연장에 대한 욕심은 가졌으면 한다. 처음에는 힘들 수 있지만, 계속 아기에게 꾸준히 기회를 주면 아기는 낮잠 연장도 굉장히 잘 해낸다.

낮잠 연장은 밤잠 때와 달리 그다음 수유텀이나 잠텀이 연결되어 있어 충분한 연습 시간을 주는 것이 어려울 수도 있다. 하지만, 아기가 4~5개월을 경과한 이후라면 20~30분 정도는 낮잠 연장을 할 수 있도록 기회를 주는 것이 좋다. 본래 낮잠 수면교육은 아기를 자극하는 요소가 더 많아 밤잠 수면교육보다 어려울 수 있지만, 양육자가 제대로 된 잠 환경을 제공해주고 영유아 수면 자체에 대한 지식을 겸비하고 있는 상태라면 충분히 해낼 수 있다!

5~6개월 뒤에 낮잠②를 완성하는 부분이 원래 가장 힘이 드는 마지막 수면교육 단계이기도 하다. 낮잠 연장이 안되는 분들이 있다면 잠이 공고하게 완성되는 숙성 순서를 유념한 채, 여기서 포기하지 말고 재진정 전략을 꾸준히 시행하면서 낮에도 양질의 잠을 아이에게 선물하길 바란다. **꿀잼 인생은 꿀잠에서 시작된다고 한다.** 깨어 있는 낮 동안 아기와 행복한 시간을 보내고 싶다면 꿀잠은 필수다. 이 책을 완독한 것만으로도 여러분은 아기의 꿀잠 선물을 향해 한걸음 성큼 다가섰다!

에필로그

이 책은 내가 첫째를 낳은 2011년 이후, 지난 10년간 집요하게 집중력을 가지고 깊게 파고들어 탐구한 영유아 수면의 비밀에 대한 연구 성과를 담은 책이다. 머릿속을 계속 떠나지 않던 구상을 내 손으로 정확히 현실에서 구현하는 순간은 정말이지 짜릿하고 통쾌하다. 이번 책은 본격적으로 작업에 들어간 시간만 따져보면 만 3년이 걸렸다. 3년여에 걸친 초고 집필 작업을 마쳤을 때의 엄청난 환희와 감격을 나는 지금도 잊을 수가 없다. 드디어 장기간에 걸친 작업을 마치게 되었다. 일상에서의 온갖 소음을 걸러내고 정신을 온전히 집중해 내가 가진 최고의 진수만을 독자 분들에게 선보이기 위해 가다듬고 또 가다듬어가며 한 권의 책으로 드디어 창조해낸 것이다.

'책'이라는 매체는 한 사람이 공들여 가다듬은 생각을 가장 효과적으로 전달하는 매체가 아닌가 생각한다. 시대가 변화하며 지식을 전파하는 주요한 수단이 동영상 매체로 넘어가는 추세다. 5분짜리, 1분짜리의 '요즘 이게 이슈인데, 결론은 이것이다'라고 요약하여 알려주는 동영상들이 텍스트 정보들을 대체할 판국이다. 이러한 상황 속에 우리가 유념해야 할 부분은 그럼에도 불구하고 어떠한 지식을 습득할 때는 그 안에 깔려 있는 배경과 이면을 이해하는 데 의식적으로라도 에너지를 들이려 노력해야 하는 점이다. 오늘날 현대사회에서 파편적으로 쏟아지는 정보의 양은 그 어느 때보다도 많다. 그러나 이것들 자체만으로는 지혜라고도, 지식이라고도 보기 힘들다. 자극적이고 짧은 매체들이 범람하는 시대, 어떤 정보가 타당한지 아닌지, 전체의 맥락에서 어떻게 해석하고 받아들여야 하는지, 그 중요성은 어느 정도인지를 스스로 판단하려면 자신의 머릿속에 해당 지식의 구조와 맥락이 먼저 자리 잡고 있어야 한다. 그런데 제대로 된 지식의 구조는 단편적으로 짧게 요약된 정보들만으로는 만들 수 없다. 나는 생각의 깊이와 질을 깊게 가져가고 싶다. 이 지구상에서 내 머릿속의 깊은 사유들을 다른 사람에게 체계적으로 제대로 전할 수 있는 유일한 매체가 나는 책이라고 생각한다. SNS에 올라가는 짧은 토막글과 책 속에서 하나의 주제로 관통하며 깊이 있게 이어지는 텍스트는 그 정보의 깊이 측면에서 완전히 다르다.

이렇게 '책'이라는 매체를 좋아하는 나이지만 이 책을 완성하는 과정 자체는 정말이지 고난의 연속이었다. 솔직히 말하자면 첫 책인 《똑게육아》를 집필할 때도 실신할 정도로 너무 힘들어서 막상 책이 출간된 이후에는 쳐다보기도 싫을 정도였다. 당시에 나는 책의 집필을 일종의 '소명'으로 생각했고, 책을 완성해서 세상에 선보였으니 내가 할 일은 충분히 했다고 생각하며 두 손을 탁탁 털면서 "나는 할 만큼 했어"라는 혼잣말을 몇 번이나 되뇌었다. (심지어 당시에는 직장생활을 병행하고 있었다.)

아이러니한 것은 그때 나는 아이를 키우면서 공부하고 경험한 것을 좀 더 많은 사람들에게 나누어 도움을 주겠다는, 나에게 주어진 소명을 완수하기 위해 책을 집필했고, 나름대로는 그 일을 '완료 처리' 한 셈이었는데, 그것을 시작으로 사람들이 나를 더 찾기 시작했다는 사실이다. 삶은 내가 생각했던 방향이 아닌 쪽, 생각해보지도 못했던 쪽으로 나를 계속 끌고 갔다. 정말이지 신기할 정도였다. 그리고 그것이 신의 뜻이라면 나는 기꺼이 따르기로 했다.

나는 첫째가 태어나고 둘째가 태어나기 전인 시절이었던 2011년도부터 'New Mom's Survival Guide'라는 이름으로 글을 쓰며 연재를 시작했다. '부모'라는 세계를 하나의 직업으로 보고 MBA와 직장에서 전략기획안을 도맡아 썼던 경력, MIT에서 수행했던 리서치들, 경제학 논문을 작성한 경험들을 바탕으로 연구해 쓴 '부모의 세계'와 '육아의 실상', '육아 전략'에 대한 이야기였다. 나의 글의 차별점은 소위 직장에서 잘나가는 경영 전략 브레인 역할에 대한 감을 놓지 않으면서, 새로운 직업인 부모라는 영역에서도 그 상황을 또 하나의 전문 기업에 출근하는 형태로 서술하며 하나하나 세부적으로 분석했던 부분이었다. 이에 더해 모든 컨텐츠가 리서치 결과를 토대로 해 그 근거가 확실한 부분이었다. 이후 2013년도에 둘째가 태어나자 첫아이 때 여러 시행착오를 거치며 해온 육아라는 영역에서 '유레카'의 경이를 느끼게 됐다. 두 번째 육아 경험을 통해 비로소 확 트인 시각과 그간에 공부했던 내용들의 퍼즐이 하나로 맞춰지는 느낌을 받은 것이다. 그리고 이를 나누고자 '똑게육아, 첫째를 둘째처럼 키울 수 있다면'이라는 이름으로 새롭게 연재를 하게 되었다. 그렇게 연재해온 내용들을 혼신의 힘을 다해 정제하여 2015년에 생애 첫 책인 《똑게육아》를 출간했다.

특허받은 나의 육아 비책, 육아법, 전문적인 육아 지식을 책으로 출간한 것은 2015년도이지만, 따지고 보면 나는 2011년도부터 매해마다 새롭게 부모가 되는 분들을 만나왔다. 책 출간과 수면 자격증 취득 후에는 클래스와 컨설팅을 통해 더욱 가까운 곳에서 수강생들을 만나게 되었다. 10여 년이 넘는 시간 동안 '육아'라는, 나 역시 겪었던 특수한 상황에 놓인 독자 분들과 지속적으로 소통하다 보니 매

년 조금씩 달라지는 분위기 또한 예민하게 감지되곤 했다. 우선 큰 줄기의 흐름으로는 '똑게육아'가 대중적으로 퍼져나가면서, '수면교육의 바이블'이자 '육아 필독서'로 자리 잡게 된 부분을 느낄 수 있었다. 더불어서 내 안에서도 큰 변화가 일렁였다. 2015년 《똑게육아》를 집필할 때, '이보다 더 구체적이고 체계적일 수는 없다'라는 심정으로 책을 완성했지만, 이후 수면교육과 관련한 전문 자격증을 취득하고 현장에서 보다 더 긴밀히 컨설팅과 클래스를 진행해오다 보니 '똑게육아'의 콘텐츠들이 2015년도 버전의 내가 이야기했던 수준 이상으로 넘어서 있었다. 내 안에서 이 내용들을 다시금 체계적으로 정리해내고 싶은 욕구, 그때의 나 자신을 넘어선 수준의 창조물을 만들고 싶다는 생각이 깊어졌다. 그리고 그 과정은 첫 책을 내는 과정보다 몇 곱절은 더욱 힘든 과정의 연속이었다.

더군다나 2020~2021년에는 코로나 19로 인해 두 명의 아이들과 밀착된 생활을 하면서, 글을 쓸 짬을 내기가 더욱 어려웠다. 그런 녹록치 않은 상황은 '내가 왜 이 일을 시작했으며, 이토록 지독하게 힘든 여정을 왜 다시 하려는 것일까?'라는 질문을 스스로에게 던지게 했다. 그 질문을 가만히 붙들고 곰곰이 생각해보니 결국 이 모든 노력은 아기를 낳아 키우는 세상의 모든 부모들을 향한 '애정'과 '사랑', '믿음'으로 귀결되는 것 같다. 내가 겪었던 시행착오를 나의 후배들은 덜 겪기를 바라는 마음, 내가 알게 된 귀한 정보들이 육아로 힘들어하는 양육자들에게 작은 도움이라도 되기를 바라는 마음 말이다.

육아는 굉장한 노동이다. 초보 부모들은 아이들이 자라면서 스스로 할 수 있는 것이 많아지면 육아의 고됨과 어려움이 점점 나아지지 않을까 싶은 생각을 할 것이다. 하지만 경험을 해보니 아니더라. 물론 쉬워지는 부분도 있지만 어떤 부분은 더 어려워진다. 세상에서 가장 힘들고 위대한 일을 하게 된 후배들에게 나는 그대들이 절대 혼자가 아니라고 이 책을 통해 힘을 주고 싶다. 아이가 태어나면 지극히 사소한 것까지 양육자 스스로 결정해야 하고 그에 따른 책임과 걱정도 생긴다. 바로 그 부분에서 나는 내가 가진 확실한 지식으로 여러분을 지원하려 한다. 여러분이 이 책을 통해 대한민국 제1호 영유아 수면교육 전문가인 나를 코치로 삼아 보다 수월한 육아의 첫걸음을 내딛을 수 있으리라고 생각한다.

육아로 바쁜 와중에도 꼭 시간을 내서 이 책을 읽고 모두가 수월한 육아의 혜택을 누렸으면 좋겠다. 내가 누리지 못했던 것, 나는 매일 밤 '이게 뭔가~' 싶어 주룩주룩 눈물을 흘리며 했던 일이지만 후배들은 조금이나마 우아하고 품격 있게 육아를 해나가면 좋겠다. 나는 그 발전을 보고만 있어도 행복할 것이다.

변화는 한순간에 일어나지 않는다. 항상 과정이 뒤따른다. '똑게 수면 프로그램'은 과학적으로 증명된 실험과 연구 결과를 토대로 만들어진 프로그램이므로 확신하고 따라와도 좋다. 개선 효과가 당장에 나타나지 않으면 이 책을 처음부터 차근차근 다시 읽어보자. 서두르지 말자. 필기를 계속해가며 어느 부분을 놓쳤는지, 어디서 잘못됐는지 그 원인을 잘 찾아보자.

이제 이 책을 마무리하며 이 책의 독자인 나의 후배들에게 당부하고 싶은 점들이 몇 가지 있다. 앞서 매해 새롭게 부모가 되는 분들을 만나왔다고 했다. 그 흐름을 보자면 갈수록 나와 똑게육아에 대한 신뢰가 두터워져 육아의 소용돌이로 인해 깊게 사고하기가 귀찮고 로리님이 말씀하시는 것은 다 진리니 말씀해주시는 대로 따라만 하겠다고 말씀하시는 분들도 더러 나타나기 시작했다. 나에 대한 신뢰에 고마움을 느끼는 것은 당연하지만, 이러한 현상 속에서 내가 아쉽게 생각한 부분은 갈수록 깊게 사고하기보다는 이론적인 부분은 듣고 싶어하지 않고 "그래서 어쩌라는 건데?" 딱 "How to Guide만 말해줘"라는 자세가 더 강해진 흐름이다. 물론 육아와 살림 등 아기가 태어난 뒤에 180도 이상으로 달라진 삶 때문에 정신이 없는 부분 또한 누구보다도 실근무자인 내가 격하게 이해를 한다. 하지만 올바른 똑게육아를 구사하기 위해서는 근본적인 부분을 제대로 이해하고 나가야 한다는 말을 하지 않을 수 없었다. 그러면서도 한편으로는 그러한 현장의 니즈를 마냥 외면할 수만은 없었다. 따라서 이번 책에서는 구체적인 행동 지침에 대한 모범답안지와 예시들을 자세하게 제시드리고자 노력의 노력을 더했다. 물론 똑같이 따라하기는 힘들 수 있지만 유용하게 적용해 모두의 육아에 행복을 가져다주었으면 한다.

또한 아이의 수면(잠)은 똑게육아로 잘 항해해 왔는데, 훈육에 대해 똑게육아식 집대성을 원하시는 분들의 요청이 계속 이어져왔다. 똑게육아로 조금은 수월하게 육아 스타트를 했다면, 이어지는 '훈육'은 꼭 《똑게육아 하트법칙》을 꼼꼼하게 공부해 초등학교 데뷔 시(가장 처음 데뷔하는 작은 사회) 그 진가를 실제로 체감하길 바란다. (사실은 수면교육 및 '먹' 교육 모~두, 지금 이 책에서 배운 것들이 0세 훈육에 포함된다.)

마지막으로 당부하고 싶은 사항이 하나 남아 있다. 부디 책을 좀 지저분하게 활용해라! 이 책을 구매했다면 애지중지하며 책장에 고이 모셔두기보다는, 마음껏 필기하고 줄도 치고 인덱스도 붙여가면서 책이 너덜너덜해지도록 공부하면서 읽기를 권한다. 육아로 잠시 멈춘 여러분의 뇌가 다시 깨이는 기분이 들 것이다. 이 책에 실린 내용을 육아에 적용하여 그 달콤한 과실을 맛보려면 직접 여러분의 손에 펜을 들고 자신의 소중한 아기를 위해 아기의 하루 일과를 기록하고 분석하며 책의 내용을 진심으로 이해하고 체화해서 적용해야 한다. 그 과정을 거쳤을 때 똑게 우등생, 똑게 1등석은 바로 당신의 것이 될 것이다.

당신의 아기가 배움에 적극적인 아이로 크길 바라는가?

그렇다면 당신이 먼저 적극적으로 배우는 모습을 보여주자.

그렇게 배우고, 탐구하고, 개척하는 자세로

치열한 육아의 현장에서 살아남자.

살아남는 것에서 그치지 말고

궁극에는 육아를 즐기는 경지에 도달해보자.

누구보다 당당하고 자신감 있게!

육아는 당신을 고양시켜줄

인생의 가장 멋지고 아름다운 기회이니.

참고문헌

· American Academy of Pediatric Policy Statement, Pediatrics, Vol. 116 no. 5, 2005.
· American Academy of Pediatric, "Does Bed Sharing Affect the Ri sk of SIDS?" Pediatrics 100, no. 2, 1997.
· American Academy of Pediatrics. Caring for Your Baby and Young Child: Birth to Age 5. 4th ed. Bantam Books, 2005.
· B. L. Goodlin-Jones et al, Night waking, sleep-wake organization, and self-soothing in the first year of life, J Dev Behav Pediatr, 2001.
· Benjamin Spock, M.D., Dr. Spock's Baby and Child Care: 9th Edition, Pocket Books, 2011.
· Bowlby, John., A Secure Base : Parent-Child Attachment and Healthy Human Development. Basic Books, 1988.
· Brain Basics: Understanding Sleep, National Institute of Neurological Disorders and Stroke, 2019.
· Bruce D. Perry, MD, PhD & Ronnie Pollard, MD, PhD, Homeostasis, Stress, Trauma, and Adaptation, A Neurodevelopmental View of Childhood Trauma, 1998.
· C. A. Wilson, et al. Clothing and bedding and its relevance to sudden infant death syndrome: further results from the New Zealand Cot Death Study, Journal of Paediatrics and Child Health 1994.
· Canapari, C.A., Is Your Sound Machine Harming Your Child's Hearing? May 9, 2014.
· Cappuccio, F. P. et al, Meta-analysis of short sleep duration and obesity in children and adults. Sleep, 31(5), 2008.
· Caring for Your Baby and Young Child – Birth to Age Five : The Complete and Authoritative Guide (The American Academy of Pediatrics), ed. Steven P. Shelov M.D., F.A.A.P., New York : Bantam Books, 1998.
· Caring for Your Baby and Young Child : Birth to Age 5 by Academy of American Pediatrics, Random House, 2009.
· Children and Sleep, National Sleep Foundation in America Poll, 2004.
· Cindy-Lee Dennis, and Lori Ross, Relationships among infant sleep patterns, maternal fatigue, and development of depressive symptomatology, Birth 2005.
· Controlled crying and long-term harm study Price, Wake, Ukoumunne, & Hiscock,
· Controlled Crying, Australian Association of Infant Mental Health Position Paper, 2002.
· Controlled Crying, The Australian Association for Infant Mental Health Inc. (AAIMHI), Revised 2004.
· Cortese, S. et al. Sleep and alertness in children with attention deficit / hyperactivity disorder. Sleep, 29(4), 2006.
· Damato, Elizabeth G. and Burant, Christopher, Sleep patterns and fatigue in parents of twins, \J Obstet Gynecol Neonatal Nurs. 2008.
· Diana Eyer, Mother Infant-Bonding: Scientific Fiction, New Haven: Yale University Press, 1992.
· Dr. Rupert Rogers, Mother's Encyclopedia (New York : The Parents Institute, Inc., 1951).
· Edward F. Chang, et al. Environmental noise retards auditory cortical development, Science 2003.
· Elsie M. Taveras, et al. Short sleep duration in infancy and risk of childhood overweight, Arch Pediatr Adolesc Med. 2008.

· Erika E. Gaylor, et al. A Longitudinal Follow-Up Study of Young Children's Sleep Patterns Using a Devel opmental Classification System, Behavioral Sleep Medicine 2005.
· Evelyne Touchette, et al. Associations between sleep duration patterns and overweight/obesity at age 6, Sleep. 2008.
· Evelyne Touchette, et al. Factors associated with fragmented sleep at night across early childhood, Archives of Pediatrics and Adolescent Medicine. 2005.
· Fern R. Hauck, et al. Infant sleeping arrangements and practices during the first year of life, Pediatrics. 2008.
· Golan, N. et al. Sleep disorders and daytime sleepiness in children with attention deficit / hyperactivity disorder. Sleep, 27(2), 2004.
· Gomez, R. et. al. Learning, memory, and sleep in children. Sleep Medicine Clinics, 6, 45-57, 2011.
· Gopnik, A., Mel tzoff, A., Kuhl, P. The Scientist in the Crib: What Early Learning Tells Us About the Mind. New Yo rk : William Morrow, 2000.
· Gronfier C., et al. Efficacy of a single sequence of intermittent bright light pulses for delaying circadian phase in humans. Americal Journal of Physiology, 287(1), 174-181, 2003.
· Gruber, R. et al. Impact of sleep extension and restriction on children's emothinal lability and impulsivity. Pediatrics, 130(5), 2012.
· Heidi L. Richardson, et al. Influence of swaddling experience on spontaneous arousal patterns and autonomic control in sleeping infants, Journal of Pediatrics 2010.
· Heidi Murkoff with Sharon Mazel, What to Expect the First Year, Workman, 2008.
· Hart, C. et al. Changes in children's sleep duration on food intake, weight, and leptin. Pediatrics, 132(6), 2013.
· Harvey Neil Karp, Safe Swaddling and Healthy Hips: Don't Toss the Baby out With the Bathwater, Pediatrics 2008.
· Hawley E. Montgomery-Downs, et al. Infant feeding methods and maternal sleep and daytime functioning. Pediatrics, 2010.
· Heidi L. Richardson, Minimizing the risks of sudden infant death syndrome: to swaddle or not to swaddle? Journal of Pediatrics 2009.
· Helen Ball, Parent–Infant Sleep Lab and Medical Anthropology Research Group, Airway covering during bed-sharing, 2009.
· Henderson, J. M. T., K. G. France, J. L. Owens, and N. M. Blampied. Sleeping Through the Night: The Consolidation of Self-Regulated Sleep Across the First Year of Life. Pediatrics 126, no. 5, 2010.
· Henderson, Jacqueline M.T., Karyn G. France, and Neville M. Blampied.The Consoliation of Infants' Nocturnal Sleep Across the First Year of Life. Sleep Medicine Review 15, no.4, 2011.
· Hirshkowitz, Max, Kaitlyn Whiton, Steven M. Albert, Cathy Alessi, Oliviero Bruni, Lydia DonCarlos, Nancy Hazen, et al. National Sleep Foundation's Updated Sleep Duration Recommendations: Final Report. Sleep Health, 2015.
· Hiscock, H., & Wake, M., Randomised controlled trial of behavioral infant sleep intervention to improve infant sleep and maternal mood. British Medical Journal, 324(7345), 1062-1065, 2002.
· Hiscock, Harriet, and Margot J. Davey., Sleep Disorders in Infants and Children. Journal of Paediatrics

and Child Health 54, 2018.
- Hysing, Mari, Allison G. Harvey, Leila Torgersen, Eivind Ystrom, Ted Reichborn-Kjennerud, and Borge Sivertsen., Trajectories and Predictors of Nocturnal Awakenings and Sleep Duration in Infants., Journal of Developmental and Behavioral Pediatrics 35, 2014.
- Ian M. Paul, et al. Preventing obesity during infancy: a pilot study, Obesity (Silver Spring), 2011.
- Ivo Iglowstein, et al. Sleep duration from infancy to adolescence: reference values and generational trends, Pediatrics. 2003.
- J. E. Jan, et al. Use of melatonin in the treatment of paediatric sleep disorders, Journal of Pineal Research, 2007.
- J. P. Shonkoff and A. S. Garner, The Lifelong Effects of Early Childhood Adversity and Toxic Stress, Pediatrics 129, 2012.
- Jack P. Shonkoff, Andrew S. Garner, American Academy of Pediatrics (AAP), The Lifelong Effects of Early Childhood Adversity and Toxic Stress, Pediatrics, 2012.
- Jacqueline M. T. Henderson, et al. Sleeping Through the Night: The Consolidation of Self-regulated Sleep Across the First Year of Life.
- James E. Jan, et al. Sleep hygiene for children with neurodevelopmental disabilities, Pediatrics, 2008.
- Jan H. Ruys, et al. Bed-sharing in the first four months of life: a risk factor for sudden infant death, Acta Paediatrica 2007.
- Janet C. Lam, et al. The effects of napping on cognitive function in preschoolers, Journal of Developmental and Behavioral Pediatrics, 2011.
- Janice F. Bell, et al. Shortened nighttime sleep duration in early life and subsequent childhood obesity, Archives of Pediatrics and Adolescent Medicine. 2010.
- Joan Younger Meek, M.D., and Sherill Tippins., American Academy of Pediatrics, The American Academy of Pediatrics New Mother's Guide to Breastfeeding. Bantam, 2005.
- Jodi A. Mindell, et al. A nightly bedtime routine: impact on sleep in young children and maternal mood, Sleep, 2009.
- Journal of Human Lactation, Volume 14, Number 2, June 1998.
- Julie P. Smith, and Robert I. Forrester, Association between breastfeeding and new mothers' sleep: a unique Australian time use study, International Breastfeeding Journal, 2021.
- Karen, R., Becomming Attatched. Atlantic, February 11, 1990.
- Karla Zadnik, et al. Myopia and ambient night-time lighting, Nature 2000.
- Karp, Harvey, M.D., The Happiest Baby on the Block : The New Way to Calm Crying and Help Your Newborn Baby Sleep Longer. Bantam Dell, 2002.
- Kathleen Huggins, R.N., The Nursing Mother's Companion, Harvard Common Press, 2010.
- Kelly, Yvonne, John Kelly, and Amanda Sacker., Time for Bed: Associations with Cognitive Performance in 7-Year-Old Children: A Longitudinal Population-Based Study." Journal of Epidemiology and Community Health 67, no. 11, 2013.
- Kleitman, N. Sleep and Wakefulness. 2nd ed. Chicago: University of Chicago Press, 1963.
- Kleitman, N., and T.G. Engelmann, Sleep Characteristics of Infants." Journal of Applied Physiology 6, 1953.

- Kluger, J., The Science Behind Dr. Sears : Does It Stand Up? Time, May 10, 2012.
- Landhuis, C. E. et al. Childhood sleep time and long term risk for obesity : A 32-year prospective birth cohort study. Pediatrics, 122(5), 2008.
- Lawrence & Lawrence, Breastfeeding: A guide for the Medical Professional (7th ed.). Philadelphia : Saunders, 2010.
- Liat Tikotzky, et al. The role of parents in the development of infant sleep patterns, 2009.
- Lockley, S. W., Brainard G. C., Czeisler, C. A. High sensitivity of the human circadian melatonin rhythem to resetting by short wavelength light. Journal of Clinical Endocrinology and Metabolism, 88(9), 4502-5, 2003.
- Lockley, S.W., Brainard G.c., Czeisler, C.A, High sensitivity of the human circadian melatonin rhythm to resetting by short wavelength light. Journal of Clinical Endocrinology and Metabolism, 88(9), 4502-5, 2003.
- M F Elias, et al. Sleep/wake patterns of breast-fed infants in the first 2 years of life, Pediatrics, 1986.
- M. A. Keener, C. H. Zeanah, and T. F. Anders, "Infant Temperament, Sleep Organization, and Nighttime Parental Interventions," Pediatrics 81, 1988: 762– 71, 1988.
- Marc Weissbluth, Happy Sleep Habits, Happy Child, New York, Ballantine Books 1987.
- Maxted, Aimee E, et al. Infant Colic and Maternal Depression. Infant Ment Health J. 2005.
- Mc.Clure, Vimala Schneider. Infant Massage: Handbook for Loving Parents. Rev. ed. Bantam 2000.
- Melissa M. Burnham, Beth L. Goodlin-Jones, Erika E. Gaylor, and Thomas F. Anders,, Nighttime sleep-wake patterns and self-soothing from birth to one year of age: a longitudinal intervention study, J Child Psychol Psychiatry. 2002.
- Michael E. Lamb, Ph.D., in Pediatrics, 70, no. 5, 1982.
- Mindell, J.A., and J.A. Owens., A Clinical Guide to Pediatric Sleep. 3rd 3d. Philadelphia: Lippincott Wil liams & Wilkins, 2015.
- Mindell, Jo di A., and Melisa Moore., Bedtime problems and night wakings in children, Prim Care, 2008.
- Mosko, S. et al. Infant Arousals During Mother-Infant Bed Sharing : Implications for Infant Sleep and Sudden Infant Death Dyndrome Research. Pediatrics, 100(5), 841-849. 1997.
- National Sleep Foundation Sleep in America Poll, Adult Sleep Habits and Styles, 2005.
- Oskar G Jenni, et al. A longitudinal study of bed sharing and sleep problems among Swiss children in the first 10 years of life, Pediatrics. 2005.
- Paavonen, E. et al. Short sleep duration and behavioral symptoms of attention deficit / hyperactivity disorder in healthy 7 to 8 year old children. Pediatrics, 123(5), 2009.
- Paruthi, Shalini, Lee J. Brooks, Carolyn D'Ambrosio, Wendy A. Hall, Suresh Kotagal, Robin M. Lloyd, Beth A. Malow, et al. Recommended Amount of Sleep for Pediatric Populations: A Consensus Statement of the American Academy of Sleep Medicine. Journal of Clinical Sleep Medicine 12, 2016.
- Patricia Franco, et al. Influence of Swaddling on Sleep and Arousal Characteristics of Healthy Infants, Pediatrics 2005.
- Pediatrics, 100, no. 6, p. 1036, 1997.
- Penelope Leach, Your Baby and Child, Knopf Doubleday, 2010.
- Pennsylvania Department of Health. Cries to Smiles. Harrisburg, PA : Pennsylvania Department of

Health, Breastfeeding Awareness and Support Group, 2007.
· Price, A. M. H., Wake, M., Ukoumunne, O. G., & Hiscock, H., Five-year follow-up of harms and benefits of behavioral infant sleep intervention: Randomized trial. Pediatrics, 130(4), 2012.
· Price, M. H. et al. Five-year follow up of harms and benefits of behavioral infant sleep intervention: randomized trial. Pediatrics, 130(4), 643-651, 2012.
· Pryor, Gale, and Kathleen Huggins. Nursing Mother, Working Mother. Rev. ed. Harvard Common Press, 2007.
· Rahman, S. A. et al, Spectral modulation attenuates molecular, endocrine, and neurobehavioral disruption induced by nocturnal light exposure. American Journal of Physiology, 300(3), 518-527, 2011.
· Rattenborg, N. C., et al. Half-awake to the risk of predation, Nature, 397, 397-398, 1999.
· Reese, Suzanne P. Baby Massage : Soothing Strokes for Healthy Growth. Studio, 2006.
· Ribble, Margaret, The Right of Infants (New York : Columbia University Press 1943).
· Rivkees, S. A, Developing Circadian Rhythmicity in Infants. Pediatrics, 112(2), 377, 2003.
· Ronald G Barr, et al. Age-related incidence curve of hospitalized Shaken Baby Syndrome cases: convergent evidence for crying as a trigger to shaking, Child Abuse and Neglect 2006.
· Rosalind P Oden, et al. Swaddling: will it get babies onto their backs for sleep? Clinical Pediatrics, 2011.
· Rovee-Collier, C. Current Directions in Psychological Science, 8 (3), 80-85, 1999.
· Sally A Baddock, et al. Differences in infant and parent behaviors during routine bed sharing compared with cot sleeping in the home setting, Pediatrics. 2006.
· Sammons, William, M.D., The Self-Calmed Baby : Teach Your Infant to Calm Itself – and Curb Crying, Fussing, and Sleeplessness. St. Martin's Press, 1991.
· Sasko D. Stojanovski, et al. Trends in Medication Prescribing for Pediatric Sleep Difficulties in US Out patient Settings, Sleep, 2007.
· Schmitt, Barton D. M.D., Your Child's Health : The Parent's One-Stop Reference Guide to Symptoms, Emergencies, Common Illnesses, Behavior Problems, Healthy Development. 2nd ed. Bantam Books, 2005.
· Sheldon, H. et al, Principles and Practice of Pediatric Sleep Medicine(2nd ed.). Philadelphia: Saunders, 2014.
· Sheldon, S., R. Ferber, M. Kryger, and D. Gozal, eds. Principles and Practice of Pediatric Sleep Medicine. 2nd 3d. London: Elsevier Saunders, 2014.
· Siegel, D, Parenting from the Inside Out: How a Deeper Self-Understanding Can Help You Raise Children Who Thrive: 10th Anniversary Edition, TarcherPerigee, 2013.
· Siegel, D, Pocket Guide to Interpersonal Neurobiology: An Integrative Handbook of the Mind, W. W. Norton & Company, 2012.
· Signe Karen Dørheim, et al. Sleep and depression in postpartum women: a population-based study, Sleep, 2009.
· Slalavitz & Perry, Controlled crying, 2010.
· Sleep-Wake Patterns of Breast-Fed Infants in the First Two Years of Life," Pediatrics 77, no. 3, 1986.
· Spock, Benjamin, M.D., Baby and Child Care (Pocket Books / Simon & Schuster Inc, 1996).
· Stamm, Jill, Ph.D., Bright from the Start : The Simple Science-Backed Way to Nurture Your Child's Developing Mind from Birht to Age 3. Gotham Books, 2007.
· Stanford Sleep Studies and Parent's Sleep Deprivation, Dament. The Promise of Sleep. New York : Dell, 2000.

· Stephen H. Sheldon, Richard Ferber, Meir H. Kryger, David Gozal
· T. F. Anders, et al. Sleeping through the night: a developmental perspective, Pediatrics, 1992.
· T. Pinilla, and L L Birch, Help me make it through the night: behavioral entrainment of breast-fed infants' sleep patterns, Pediatrics. 1993.
· Task Force on Sudden Infant Death Syndrome. SIDS and Other Sleep Related Infant Deaths: Updated 2016 Recommendations for a Safe Infant Sleeping Environment" Pediatrics Official Journal of the American Academy of Pediatrics, 2016.
· Teti, D. M., Long-Term Co-Sleeping with Baby Can Be a Sign of Family Problems. Child and Family Blog, June 1, 2016.
· Therese Doan, Breast-feeding increases sleep duration of new parents, Journal of Perinatal and Neonatal Nursing, 2007.
· Thomas F. Anders, et al. Sleeping Through the Night: A Developmental Perspective, Pediatrics, 1992.
· Touchette et al. Factors associated with fragmented sleep at night across early childhood. JAMA Pediatrics, 159(3), 2004.
· Walker, M. Breastfeeding Management for the Clinician : Using the Evidence (2nd ed.). Sudbury, MA : Jones & Bartlett Learning, 2009.
· Wanaporn Anuntaseree, et al. Night waking in Thai infants at 3 months of age: association between parental practices and infant sleep, Sleep Med. 2007.
· West, Diana, and Lisa Marasco. The Breastfeeding Mother's Guide to Making More Milk. Foreword by Martha Sears, R.N. McGraw-Hill, 2008.
· William Sears, M.D. and Martha Sears, R.N., The Baby Book, Brilliance Audio, 2014.
· William Sears, M.D., Baby and Martha Sears, R.N., The Baby Book (Boston: Little, Brown & Company, 1993).
· Williams, Kate E., Jan M. Nicholson, Sue Walker, and Donna Berthelsen. Early Childhood Profiles of Sleep Problems and Self-Regulation Predict Later School Adjustment., British Journal of Educational Psychology 86, no. 2, 2016.
· Z. Mei et al. Assessment of Iron Status in US Pregnant Women from the National Health and Nutrition Examination Survey (NHANES), 1999– 2006, American Journal of Clinical Nutrition 93, no. 6 : 1312–20, 2011.
· Stephen H. Sheldon et al. Principles and Practice of Pediatric Sleep Medicine, 2nd EditionPediatrics, 2014.

■ 미국 국립의학도서관(National Library of Medicine)
https://www.nlm.nih.gov

■ 스탠퍼드대 어린이 건강 연구소(Stanford Children's Health)
https://www.stanfordchildrens.org

■ 하버드 의과대학 수면의학과(Harvard Medical School, Division of Sleep Medicine)
https://sleep.hms.harvard.edu

똑게 육아

영유아 수면교육 NO.1

초판 1쇄 발행 2022년 2월 24일
개정판 59쇄 발행 2025년 2월 10일

지은이 로리(김준희)
글, 그림, 기획, 구성 김준희
로리의 Tip, 로리의 독설 그림 ©은교
발행인 박성현
편집 한다연
디자인 첫번째별디자인
마케팅 심승연, 이한결

펴낸곳 북로스트
출판등록 2020년 4월 23일
팩스 02-2179-8214
전자우편 bookroasting@gmail.com
ISBN 979-11-976721-2-5 (13590)